普通高等教育"十二五"规划教材

工程力学

李章政　编
罗特军　审

化学工业出版社

·北京·

本书共 16 章。为便于组织教学，分成相对独立的四篇：第一篇静力学、第二篇杆件基本变形、第三篇杆件复杂变形、第四篇动力学基础，每篇有 4 章。少学时可选讲第一、二两篇，中等学时根据专业要求不同可选讲第一、二、三篇或第一、二、四篇，多学时可全部讲授。为了课后复习的需要，每章后面配有大量的思考题、选择题和计算题。作为教科书适合于工科类如工程管理、工程造价、食品工程、石化工程、纺织、材料、地质、建筑环境与设备、市政工程、机械工程等专业的本科生，作为参考书适合于准备参加国家注册考试的有关工程技术人员，本书也可作为高等学校工科专业理论力学、材料力学的参考书目。

图书在版编目（CIP）数据

工程力学/李章政编．—北京：化学工业出版社，2012.2（2015.11重印）
 ISBN 978-7-122-13252-9

Ⅰ．工⋯　Ⅱ．李⋯　Ⅲ．工程力学-教材　Ⅳ．TB12

中国版本图书馆 CIP 数据核字（2012）第 004212 号

责任编辑：满悦芝　　　　　　　　　　文字编辑：张绪瑞
责任校对：战河红　　　　　　　　　　装帧设计：尹琳琳

出版发行：化学工业出版社（北京市东城区青年湖南街 13 号　邮政编码 100011）
印　　装：三河市延风印装有限公司
787mm×1092mm　1/16　印张 21　字数 523 千字　2015 年 11 月北京第 1 版第 3 次印刷

购书咨询：010-64518888（传真：010-64519686）　售后服务：010-64518899
网　　址：http://www.cip.com.cn
凡购买本书，如有缺损质量问题，本社销售中心负责调换。

定　价：38.00元　　　　　　　　　　　　　　　　　　　　版权所有　违者必究

前　言

工程力学就是工程领域中的力学，由传统的理论力学和材料力学组成，属于基础力学的范畴。它研究物体机械运动的一般规律和结构构件安全工作应满足的条件，应用力学知识初步解决工程实际问题。

工程力学涉及工程和力学两个方面，力学是工程的理论根基，工程则是力学的应用场所。所以，工程力学一方面应讲清楚力学的基本原理，另一方面还应侧重于工程应用，以此体现工程力学是工程中的力学，而不仅仅是理论中或物理学中的力学。有鉴于此，本书在以下几个方面进行了尝试：(1) 重视工程背景。力学问题往往来源于实际工程，书中配置了一些典型的工程图片，说明力学背景、计算模型的简化。(2) 加强力学应用。生产、生活中的某些自然现象和工程经验，用力学原理予以解释或说明，尽可能地将力学公式应用于实际，并给出简单工程问题的解析案例。(3) 引进较新成果。在构件的静强度计算中，保留传统容许应力法的同时，介绍近几十年在工程结构设计中广泛采用的以概率理论为基础的极限状态设计公式；交变应力计算中，保留传统的单一安全系数法，但同时介绍在钢结构设计中采用的以容许应力幅为基础的疲劳强度设计方法。(4) 淘汰过时提法。20 世纪 80 年代在结构设计中就已经采用稳定系数法计算压杆（受压构件）的整体稳定性，故不再提及材料力学中的所谓"折减系数法"。(5) 例题丰富。例题或解算范例，是基本理论及其应用的体现，更是教材和非教材的区别之一，本书配有 121 道例题，可帮助初学者更好地学习和理解工程力学基本理论和工程应用概貌。通过上述努力，期望使工程力学真正成为力学和工程之间的一座桥梁，从而避免力学与工程脱节的现象。

编者曾先后在陕西工学院、成都科技大学、四川大学从事教学和科研工作，本书是在多年的教学实践和工程经验积累的基础上写成的，共十六章。为便于组织教学，本书分成相对独立的四篇：第一篇静力学、第二篇杆件基本变形、第三篇杆件复杂变形、第四篇动力学基础，每篇有四章。少学时可选讲第一、二两篇，中等学时根据专业要求不同可选讲第一、二、三篇或第一、二、四篇，多学时可全部讲授。为了课后复习的需要，每章后面配有大量的思考题、选择题和计算题。本书作为教科书适合于工科类如工程管理、工程造价、食品工程、石化工程、纺织、材料、地质、建筑环境与设备、市政工程、机械工程等专业的本科生，作为参考书适合于准备参加国家注册考试的有关工程技术人员，本书也可作为高等学校工科专业理论力学、材料力学的参考书目。为方便教师教学，本书配有免费电子教案，请发 e-mail 到 manyuezhi@163.com 索取。

四川大学罗特军教授审阅了全书，提出了宝贵的修改意见，特此感谢！由于编者学术水平和工程见识有限，书中疏漏难免，望读者不吝指教，提出宝贵的批评意见，以便将来进一步修改，使本书尽可能完美。

李章政

辛卯年重阳于东盛园

目 录

第一篇 静 力 学

第1章 静力学基本概念 … 2
1.1 力和力系的概念 … 2
1.2 力矩和力偶 … 4
1.3 静力学公理 … 7
1.4 约束与约束反力 … 11
1.5 物体受力分析 … 16
思考题 … 18
选择题 … 18
计算题 … 19

第2章 平面力系简化 … 21
2.1 平面汇交力系的合成 … 21
2.2 两个静力学基本定理 … 24
2.3 平面一般力系的简化 … 26
2.4 平行力系的合成结果 … 28
思考题 … 32
选择题 … 33
计算题 … 34

第3章 平面力系平衡问题 … 36
3.1 平面力系的平衡方程 … 36
3.2 平衡方程的应用 … 37
3.3 平面桁架受力分析 … 44
3.4 考虑摩擦时的平衡问题 … 48
思考题 … 53
选择题 … 54
计算题 … 55

第4章 空间力系简介 … 58
4.1 空间力的基本知识 … 58
4.2 空间力系的平衡条件 … 60
4.3 物体的重心、质心与形心 … 63
思考题 … 66
选择题 … 66

计算题 ·· 67

第二篇　杆件基本变形

第 5 章　轴向拉伸与压缩 ··· 70
5.1　内力和应力的概念 ··· 70
5.2　轴力与轴力图 ·· 72
5.3　轴向拉压正应力计算 ··· 74
5.4　材料的力学性能 ·· 78
5.5　轴向拉伸与压缩变形 ··· 87
思考题 ··· 91
选择题 ··· 91
计算题 ··· 93

第 6 章　剪切与扭转 ·· 95
6.1　剪切与扭转的概念 ··· 95
6.2　剪切的实用计算 ·· 97
6.3　扭矩与扭矩图 ·· 101
6.4　圆轴扭转 ··· 103
6.5　非圆截面扭转 ·· 107
思考题 ··· 110
选择题 ··· 110
计算题 ··· 110

第 7 章　梁的弯曲 ·· 113
7.1　弯曲变形的概念 ·· 113
7.2　剪力与弯矩 ··· 114
7.3　截面几何性质 ·· 121
7.4　弯曲正应力 ··· 124
7.5　弯曲剪应力 ··· 129
7.6　梁的转角与挠度 ·· 133
思考题 ··· 139
选择题 ··· 139
计算题 ··· 141

第 8 章　压杆稳定 ·· 145
8.1　稳定的基本概念 ·· 145
8.2　欧拉临界压力 ·· 147
8.3　压杆临界应力 ·· 150
8.4　压杆稳定计算 ·· 153
思考题 ··· 159
选择题 ··· 159
计算题 ··· 160

第三篇 杆件复杂变形

第9章 应力状态分析 ········ 162
- 9.1 应力状态的概念 ········ 162
- 9.2 平面应力状态分析 ········ 163
- 9.3 应力圆及其应用 ········ 168
- 9.4 空间应力状态简介 ········ 170
- 9.5 广义胡克定律 ········ 173
- 思考题 ········ 177
- 选择题 ········ 177
- 计算题 ········ 178

第10章 强度理论及其应用 ········ 180
- 10.1 结构的可靠性与失效 ········ 180
- 10.2 常用的强度理论 ········ 181
- 10.3 强度理论应用案例 ········ 185
- 思考题 ········ 190
- 选择题 ········ 190
- 计算题 ········ 191

第11章 杆件组合变形 ········ 192
- 11.1 组合变形的概念 ········ 192
- 11.2 拉伸（压缩）与弯曲组合变形 ········ 193
- 11.3 弯曲与弯曲组合变形 ········ 197
- 11.4 扭转与弯曲组合变形 ········ 200
- 思考题 ········ 203
- 选择题 ········ 204
- 计算题 ········ 204

第12章 交变应力 ········ 207
- 12.1 交变应力与疲劳失效 ········ 207
- 12.2 交变应力参数 ········ 210
- 12.3 材料的疲劳极限 ········ 212
- 12.4 机械零件疲劳强度计算 ········ 215
- 12.5 建筑钢结构疲劳强度验算 ········ 219
- 思考题 ········ 223
- 选择题 ········ 223
- 计算题 ········ 224

第四篇 动力学基础

第13章 运动学参数 ········ 228

  13.1 点的运动描述 ·· 228
  13.2 刚体的基本运动 ··· 233
  13.3 点的复合运动 ·· 238
  13.4 刚体的平面运动 ··· 244
  思考题 ·· 250
  选择题 ·· 251
  计算题 ·· 252

第 14 章　动力学方程 ··· 255
  14.1 质点运动微分方程 ·· 255
  14.2 质心运动定理 ·· 259
  14.3 刚体定轴转动微分方程 ·· 262
  14.4 刚体平面运动微分方程 ·· 266
  思考题 ·· 267
  选择题 ·· 268
  计算题 ·· 268

第 15 章　达朗贝尔原理 ··· 271
  15.1 惯性力与动静法 ··· 271
  15.2 刚体的动静法 ·· 274
  15.3 转子轴承的附加动反力 ·· 278
  15.4 平移构件的动应力 ·· 279
  思考题 ·· 281
  选择题 ·· 282
  计算题 ·· 283

第 16 章　单自由度系统的振动 ··· 285
  16.1 单自由度系统的自由振动 ·· 285
  16.2 单自由度系统的受迫振动 ·· 291
  16.3 隔振的基本原理 ··· 295
  16.4 建筑结构抗震简介 ·· 298
  思考题 ·· 303
  选择题 ·· 303
  计算题 ·· 304

附　　录

附录 1　材料的强度设计值 ·· 305
  附表 1.1 钢材的强度设计值（GB 50017—2003） ······························ 305
  附表 1.2 普通钢筋强度设计值 ·· 305
  附表 1.3 螺栓连接的强度设计值（GB 50017—2003） ···················· 306
  附表 1.4 混凝土的轴心抗压和轴心抗拉强度设计值 ······························ 306
  附表 1.5 烧结砖砌体的抗压强度设计值（GB 50003—2001） ········· 307

附表1.6　木材的强度设计值（GB 50005—2003） …………………… 307
附录2　型钢表 …………………………………………………………… 308
　　附表2.1　热轧等边角钢（GB 9787—1988） …………………………… 308
　　附表2.2　热轧不等边角钢（GB 9788—1988） ………………………… 311
　　附表2.3　热轧槽钢（GB 707—1988） …………………………………… 313
　　附表2.4　热轧工字钢（GB 706—1988） ………………………………… 314
　　附表2.5　热轧H型钢（GB/T 11263—2005） ………………………… 315
附录3　习题答案 ………………………………………………………… 319
参考文献 ……………………………………………………………………… 327

第一篇　静力学

(a) 金字塔

(b) 桔槔

古代人类对力学知识的利用案例

　　机械运动（mechanical movement）就是物体（body）之间在空间的相对位置随时间而变化，它是宇宙一切物质运动的最简单形式。物体相对于地球（earth）处于静止或作匀速直线运动的状态称为平衡（equilibrium），是物体机械运动的一种特殊形式。静力学（statics）研究物体平衡时作用力之间的关系。

　　人类早期通过生产实践获得了力学方面的知识，并善加利用。图(a)为古埃及吉萨金字塔群，建于公元前2700年～公元前2600年，是帝王陵墓建筑群，其中以第四王朝法老胡夫的金字塔最大。胡夫金字塔每边长232m，高146m，倾斜面的倾角约75°，用230余万块巨石砌筑而成，平均每块石头重2.5吨，施工中运用了滑轮组。金字塔上小下大，利于维持平衡和稳定，经历数千年仍然保持其雄姿。图(b)表示的是古代文献《庄子·天地》中记载的桔槔，它是一种原始的提水工具，春秋时代已有应用。桔槔又称"吊杆"，用一横木支着在树杈或木柱上，一端用绳挂一只水桶，另一端系重物，使两端上下运动以汲取井水。桔槔其实就是利用了杠杆（lever）的力学原理。

　　古希腊学者阿基米德（Archimedes，公元前287—公元前212）研究了杠杆的平衡和物体的重心位置，为静力学奠定了科学基础。后来，斯蒂文从"永久运动不可能"的公设出发论证了力的平行四边形法则，罗贝瓦尔证明了一般情况下的平行四边形法则。伐里农（1687）发展了古希腊静力学的几何学观点，提出力矩的概念和计算方法。潘索（1803）在《静力学原理》一书中建立了力系简化和平衡的系统理论。静力学从而成为理论力学（theoretical mechanics）的组成部分之一。

第 1 章 静力学基本概念

1.1 力和力系的概念

1.1.1 力的概念

力（force）是物体之间的相互**机械作用**（mechanical action），这种作用使物体的运动状态发生改变或使物体产生**变形**（deformation）。物体之间通过**接触**（contact）以推拉挤压或摩擦而产生的作用，为接触作用，形成所谓的拉力、压力（推挤力）和摩擦力等；物体之间不以接触而产生的作用，通常是**场**（field）的作用，如在重力场中产生**重力**或**引力**（gravity），在电磁场中产生电磁力。直接作用于物体上的力，在土木工程领域习惯上称为**荷载**（load），而在机械、航空航天等领域则称为**载荷**（load）。

施加于物体上的力，使物体产生内、外两种效应。使物体运动状态发生改变的效应称为**力的外效应**（external effect）或**运动效应**（effect of motion），而力使物体产生变形的效应则称为力的**内效应**（internal effect）或**变形效应**（effect of deformation）。

纤夫拉船的力使船能逆流而上不至于顺水向下运动，机车的牵引作用使列车沿轨道或飞速前进或缓缓而行，地球对月球的引力使月球不断改变运动方向而绕地球运转，这些都是力的外效应的体现。考虑外效应时，通常忽略物体的变形，而将其抽象为**刚体**（rigid body）。所谓刚体就是在受力情况下，保持形状和大小不变的物体。如图 1.1 所示为行进中的列车，当讨论其运动状态变化的规律时，可将每节车厢看作是一个刚体。若刚体的尺寸对所研究的运动状态变化无关时，则可将刚体简化为**质点**（mass point）。质点就是具有质量而无大小和形状的物体，它是对实际物体的一种抽象。如研究飞船绕地球运动的规律时，因飞船尺寸与其到地球的距离相比小很多，所以可将飞船视为质点。

图 1.1 机车牵引作用

平衡是运动状态不发生改变的情况，也就是外效应为零或零外效应（简称零效应）的一种特定状态，本篇静力学就是研究这种状态下作用于物体上的各力之间的关系。

机械工程中锻锤对锻件击打使其改变形状，轧钢厂中轧辊对钢板的挤压而使钢板变薄，道路施工中压路机反复碾压路基使其下沉而密实，这些都是力的内效应的表现。外力作用下物体产生形状或尺寸改变，这种现象称为变形或形变。一切固体在外力作用下都会变形，即使是最硬的金刚石也不能例外。研究物体的内效应时，物体只能作为**变形体**（deformable body），而不能再当成刚体。

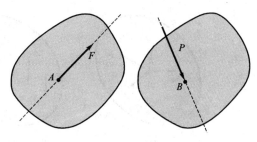

图 1.2 力的表示

实践表明，力对物体的效应取决于力的**大小**（magnitude）、**方向**（direction）和**作用点**（point of acting）**三个要素**（three elements）。如图 1.2 所示，力的大小可用拉丁字母 F、P、Q 等表示，基本单位是牛（N），常用单位为千牛（kN），且有 $1kN=10^3N$；力的方向用带箭头的线段（箭线）表示，箭头的指向为力的方向，通过力的作用点沿力的方向的直线称为力的作用线；箭线的起点 A 或终点 B 就是力的作用点。

力的作用点是物体相互作用位置的一个抽象，因为物体间的接触总会占有一定的面积，力是作用于该接触面积上的。如果接触面积很小，可以抽象为一个点，这时的作用力称为**集中力**（concentrated force）；如果接触面积较大，作用力分布于该面积上，则为**分布力**（distributed force）。

同时具有大小和方向的量，数学上定义为**矢量**或**向量**（vector）。数学上的矢量在空间内可以自由移动，称为**自由矢量**（free vector）。作用于物体上的力正是矢量，但它不能自由移动（作用点固定），所以力矢量是**定位矢量**或**固定矢量**（fixed vector），它满足数学上关于矢量的运算规则。在空间力系和动力学章节中，矢量表达式内的力印成粗体 $\boldsymbol{F}$、$\boldsymbol{P}$、$\boldsymbol{Q}$ 等。

1.1.2 力系的概念

作用在物体上的力通常不止一个，而是多个力共同施加于同一物体。将作用于物体上的一组力称为**力系**（force system）。力系的分类如下。

(1) 根据力系所占据的空间位置不同分类

根据力系所占据的空间位置不同，可以分为**平面力系**（coplanar force system）和**空间力系**（spatial force system）。

① 平面力系是指各力的作用线位于同一平面内的力系，故又称其为共面力系，如图 1.3 所示。

② 空间力系是指各力作用线不在同一平面内的力系，如图 1.4 所示。因为所有工程结构（如轮船、飞机、汽轮机、发电机、水坝、桥梁、房屋）都是空间结构，所以结构所受之力通常都是空间力系。但为了方便计算，很多情况下可将实际的空间结构简化为平面结构，相应的力系也就简化成为平面力系。

(2) 按力系中各力的空间方位不同分类

按力系中各力的空间方位不同，力系又可分为**汇交力系**（concurrent force system）、**平行力系**（parallel force system）和**一般力系**（general force system）。

① 汇交力系是指各力的作用线汇交于一点的力系，又称为共点力系。图 1.3(a) 所示力系为平面汇交力系，图 1.4(a) 所示力系为空间汇交力系。

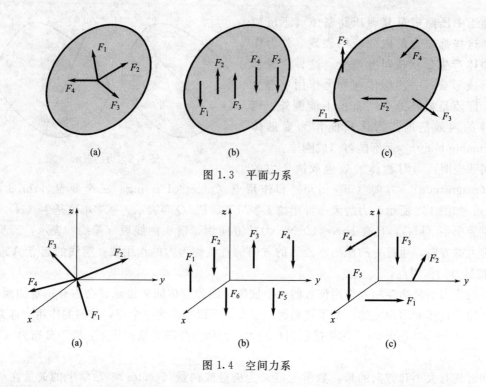

图 1.3 平面力系

图 1.4 空间力系

② 平行力系是指各力的作用线相互平行或汇交于无穷远处的力系。图 1.3(b) 所示力系为平面平行力系,而图 1.4(b) 所示力系则为空间平行力系。

③ 一般力系是指各力的作用线既不相互平行又不汇交于同一点的力系。图 1.3(c) 所示力系为平面一般力系,而图 1.4(c) 所示力系则为空间一般力系。

如果作用于物体上的两个力系对物体的外效应相同,则该二力系互为**等效力系**(equivalent force system)。若一个力与一个力系等效,则该力称为力系的**合力**(resultant),力系中的每一个力称为合力的分力。外效应等于零的力系,即零效力系,通常称为**平衡力系**(equilibrium force system)。

1.2 力矩和力偶

1.2.1 力对点之矩

力 F 对其所在平面内任一点 O 之矩定义为力和力臂的乘积,若用 $M_O(F)$ 表示该力矩,则有

$$M_O(F) = \pm 力 \times 力臂 = \pm Fd \tag{1.1}$$

点 O 称为**矩心**(moment center),**力臂**(arm of a force)d 是矩心 O 到力 F 作用线的垂直距离,如图 1.5(a) 所示。平面上力对点之矩是代数量,式(1.1) 中的正负号通常规定为:力使物体绕矩心逆时针方向转动时为正,反之为负。根据这一约定,图 1.5(a) 所示的力对 O 点的力矩应为正值。力矩的基本单位是牛·米(N·m),常用单位为千牛·米(kN·m)。

从 O 点分别向力矢量的起点 A 和终点 B 作连线,它们与 F 一起形成三角形 OAB,如图 1.5(b) 所示。三角形 OAB 的面积为

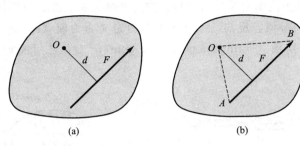

图 1.5 力对点之矩

$$A_{\triangle OAB} = \frac{1}{2} \times AB \times d = \frac{1}{2} Fd \tag{1.2}$$

所以，由式(1.1)和式(1.2)可得

$$M_O(F) = \pm 2A_{\triangle OAB} \tag{1.3}$$

说明力 F 对 O 点之矩在数值上等于以 O 点、力 F 的起点和终点为顶点的三角形面积的二倍，这就是力对点之矩的一个几何解释。

力对点之矩是力使物体绕矩心转动效应的度量。图 1.6 所示为扳手拧紧螺母，在手柄上 A 点施加一力 F，使螺母绕 O 点转动。当 d 不变时，F 越大，转动越快；当 F 不变时，d 越大，转动越快。但只要乘积 Fd 保持不变，转动效应就相同。欲使物体转动，省力的方法之一就是增大力臂。若改变力的方向，则转动方向也会发生改变。

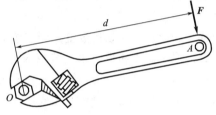

图 1.6 力矩的转动效应

力 F 沿作用线滑移，力的大小和力臂都不变，对 O 点之矩亦不改变。力对点之矩在下列两种情况下等于零：

① 力等于零；
② 力的作用线通过矩心。

【例 1.1】 已知力 $F=100$kN 作用在矩形板的角点 A，沿对角线 CA 方向，如图 1.7 所示。试求力 F 对 O 点之矩。

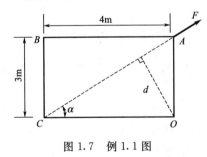

图 1.7 例 1.1 图

【解】
由三角关系计算力臂

$$\sin\alpha = \frac{OA}{CA} = \frac{3}{5} = 0.6$$

$$d = CO\sin\alpha = 4 \times 0.6 = 2.4\text{m}$$

力矩为

$$M_O(F) = -Fd = -100 \times 2.4 = -240\text{kN} \cdot \text{m}$$

负号仅表示力 F 使物体绕 O 点顺时针方向转动。

1.2.2 力偶的概念和性质

大小相等、方向相反、相距为 d 的两个力，数学上的矢量之和为零，即无合力存在，但其效应并不为零，它可以使物体产生转动，图 1.8 所示的两种受力情况为其实际案例。其中图 1.8(a) 所示为钳工两手作用于丝锥扳手上的两个等值反向的力，使丝锥转动以加工内螺纹；图 1.8(b) 所示为汽车驾驶员双手转动方向盘时施加于盘上的等值反向二力，使行驶中的汽车转向。人们将等值、反向、不共线的二力定义为**力偶**（couple），其中二力所构成的平面称为**力偶的作用面**（acting plane of a couple），二力之间的垂直距离称为**力偶臂**（arm of couple）。

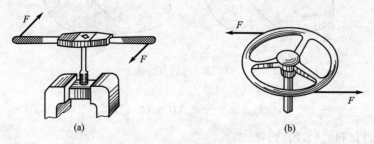

图 1.8　丝锥和方向盘受力

力偶不使物体产生移动效应，仅使物体产生转动效应。力偶对物体的转动效应，取决于力偶中力 F 与力偶臂 d 的乘积，该乘积称为**力偶矩**（moment of couple），用符号 M 表示

$$M = \pm Fd \tag{1.4}$$

力偶矩和力矩一样是代数量，当多个力偶（力偶系）作用于同一平面时，可以代数相加而得到合力偶矩。力偶矩的正负号仅表示力偶的转向，通常以使物体逆时针转者为正，反之为负，如图 1.9 所示。力偶矩的单位同力矩的单位。力偶矩的大小、转向和作用面，称为力偶的三要素，只要这三个要素相同，对物体的作用效应就相同。

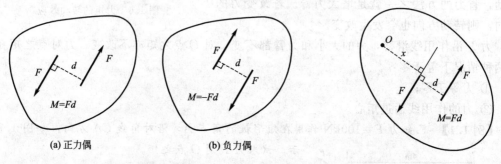

图 1.9　力偶与力偶矩　　　　　　　　　图 1.10　力偶对任一点之矩

现在来计算力偶对作用面内任意一点 O 的矩。如图 1.10 所示，设力偶臂为 d，O 点距其中一个力的垂直距离为 x（其取值不受限制），则有

$$M_O(F,F) = -Fx + F(d+x) = Fd = M \tag{1.5}$$

说明力偶对作用面内任意一点之矩都等于力偶矩 M，与矩心的位置无关。

根据力偶的定义和式(1.5)，可以归纳出力偶所具有的性质。

① 力偶无合力。矢量和为零，没有合力，即力偶不能与一个力等效。力偶不能用力来平衡，只能由另外的力偶去平衡。

② 力偶对其作用面内任意一点的力矩，恒等于力偶矩，与矩心的位置无关。

③ 力偶的等效性和等效代换性。

同一平面内的两个力偶，如果它们的力偶矩大小相等，转向相同，则该二力偶等效（外效应相同），且可以相互替代。

a. 力偶可在其作用平面内任意移动位置,不改变它对物体(刚体)的转动效应;

b. 只要保持力偶矩的大小和力偶的转向不变,可以同时改变力偶中力的大小、方向和力偶臂的长短,而不会改变力偶对物体(刚体)的转动效应。

如图 1.11 所示为力偶等效代换的示例。表示平面力偶时,可以不标明力偶在平面上的具体位置以及组成力偶的力和力偶臂的值,用一带箭头的弧线表示力偶的转向,在弧线旁边标注力偶矩的大小即可(不必再标注正负符号),如图中右侧所示的 10N·m(逆时针转)、2N·m(顺时针转)。

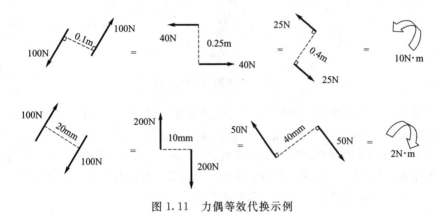

图 1.11 力偶等效代换示例

1.3 静力学公理

静力学的理论体系是建立在**公理**(axiom)之上的,所谓公理就是被人们公认的经长期的实践检验是正确的道理。公理至今无法得到严格的逻辑证明,所以又称为公设。从公理出发,可以证明静力学的一些原理和定理。

1.3.1 二力平衡公理

二力平衡公理认为:若物体受两个力作用处于平衡状态,则该二力必定大小相等、方向相反、作用线相同(等值、反向、共线),如图 1.12 所示。

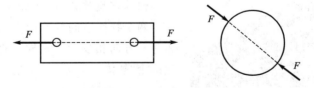

图 1.12 二力平衡

二力平衡公理又称为二力平衡条件,对于刚体而言,它是平衡的充分必要条件;但对于只能受拉、不能受压的柔性物体(比如绳索),二力平衡条件只是必要条件,而并非充分条件。钢丝绳受等值、反向、共线的一对拉力作用可以保持平衡状态,但若是一对压力,绳索就不能保持平衡。

在两个力作用下保持平衡的物体,称为二力物体(简称为二力体)。如果二力物体是杆件,则称为二力杆件或二力杆。二力杆的受力特点是,两个力必须沿作用点的连线。二力杆件本身可以是直杆，也可以是曲杆。

如图 1.13 所示的三铰拱 ABC，为曲线杆件组成的结构。该结构在 A、C 两处用圆柱销与大地（基础）连接，B 处用圆柱销将 AB、BC 连成一个整体，如不计杆件自重，则 BC 杆仅在 B、C 两点受力，属于二力杆，F_B 和 F_C 沿 B、C 两点的连线。

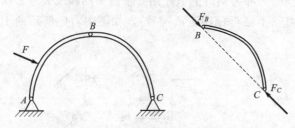

图 1.13　曲线二力杆示例

直杆二力杆的例子也很多。如图 1.14 所示的屋架，屋面荷载通过檩条传到屋架上弦节点（杆件相交处），不计杆件自身重量，每根弦杆和腹杆仅在节点受力，都可以按二力杆对待。由二力杆组成的这类屋架，工程上称为**桁架**（truss）。桁架可以由木材、钢材制作，也可以由钢筋混凝土预制，外围的杆件称为弦杆，中间的杆件称为腹杆。屋架的上弦杆件通常受压，下弦杆件受拉，腹杆可能受拉、也可能受压。

图 1.14　二力杆件的工程应用之一：屋架

桁架在工程上不仅用作屋架，也可以作为桥梁的承重结构，如图 1.15 所示。

1.3.2　作用与反作用公理

图 1.15　二力杆件的工程应用之二：桥梁

作用与反作用（action and reaction）公理认为：两个物体之间的作用力与反作用力总是大小相等、方向相反、沿着同一直线，且分别作用在这两个物体上。该公理也就是**牛顿第三定律**（Newton third law）。

以古代马车为例，马拉车的力等于车拉马的力，分别作用于马和车；同样，桌面上的茶杯对桌面的压力和桌面对茶杯的支承力大小相等、方向相反、沿同一直线，前者作用于桌面，后者作用于茶杯；车床切削**零件**（spare part）时，车刀施加于零件上的力（切削力）与零件对车刀的抵抗力形成作用与反作用，大小相等、方向相反，分别作用于零件表面和车刀尖。两个物体上的作用力与反作用力，既对立又统一，总是成对出现，同时消失，失去一方，它方就不存在。

作用与反作用公理和二力平衡公理尽管都可以简单理解为两个力"等值、反向、共线"，但两者之间却有本质区别。二力平衡公理中的两个力作用于同一物体（二力同体），而作用与反作用公理中的两个力却是作用于不同的物体（二力异体）。

1.3.3 加减平衡力系公理

加减平衡力系公理认为：在作用于物体上的任何一个力系上，加上或去掉一个平衡力系，不改变原力系对物体的作用效应（外效应）。

因为平衡力系的外效应为零，所以加上或去掉零效力系，并不改变物体的运动状态。这一公理可以用来简化某一已知力系。该公理只适用于刚体，不适用于变形固体，因为加上或去掉平衡力系，会影响物体的内效应。

实践中人们发现，在小车的 A 点用力 F 推车，和在 B 点（A、B 为 F 的作用线上的两点）用力 F 拉车，其效果是一样的，如图 1.16 所示。说明刚体上的力可以沿作用线滑移，其外效应不变。

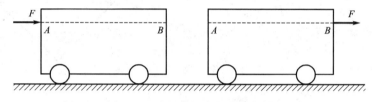

图 1.16 力沿作用线滑移的实例

利用加减平衡力系公理可以证明上述观察到的现象。设物体上 A 点作用一个力 F，在力 F 的作用线上有任意一点 B［见图 1.17(a)］，今在 B 点沿 AB 线上施加一对平衡力，即最简单的平衡力系［见图 1.17(b)］，不改变物体的外效应。将图 1.17(b) 中作用于 A 点和 B 的平衡力去掉，得到图 1.17(c) 所示的受力情况，它就是将作用于 A 点的力 F 沿作用线滑移到 B 点的结果。很明显，图 1.17(a) 和图 1.17(c) 等效。

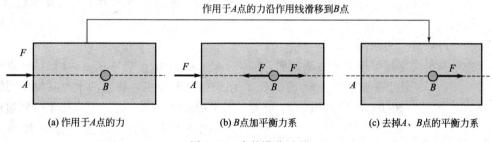

图 1.17 力的滑移过程

作用于刚体上的力可沿其作用线任意滑移，而不改变其对物体的作用效应（外效应），这一性质称为**力的可传性**（transmissibility of force）。这时力矢量由定位矢量演变为**滑动矢量**（sliding vector），三要素由大小、方向和作用点退化为大小、方向和作用线。

需要注意的是，力的可传性不适用于变形固体，因为力沿作用线滑移，会使内效应发生改变。

1.3.4 平行四边形公理

平行四边形公理又称为平行四边形法则，该法则认为：作用于物体上同一点的两个力，可以合成为一个合力。合力的作用点不变,合力的大小和方向是以这两个力为边所作的平行四边形的对角线来确定的,如图 1.18(a) 所示。

为了方便,可以不必画出整个平行四边形,采用如下方法画出力三角形即可:第一个力矢量不动,将第二个力矢量的起点与第一个力矢量的终点相连,第一个力矢量的起点到第二个力矢量的终点作一箭线,该箭头线就是合力的矢量线,如图 1.18(b) 所示。

平行四边形法则是共点二力合成的基本法则。如果作用于同一点的力不止两个,则可依次利用平行四边形法则进行合成,形成多个平行四边形或一个力多边形。这种合成力的方法,称为矢量加法或几何和,因几何作图线条很多,解算麻烦,故本书不采用这种方法,而是采用解析方法合成。

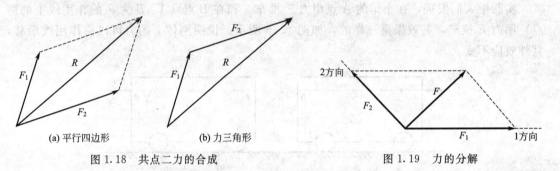

图 1.18 共点二力的合成   图 1.19 力的分解

平行四边形法则除用于对共点二力进行合成以外,还可用于对力进行分解。如图 1.19 所示,已知一力 F,要求沿 1 方向和 2 方向进行分解,则可过 F 的矢量终点作平行线分别平行于 1 方向和 2 方向,形成以力 F 为对角线的平行四边形,平行四边形的两条邻边就是分力 F_1 和 F_2。实际应用中通常是将力沿直角坐标轴作正交分解。

力的合成结果是唯一的。力的分解结果可能是唯一的,也可能是不唯一的。若已知分解方向,则分解的结果是唯一的;但若未知分解方向,则力的分解是不唯一的,答案有很多种。

根据力的可传性、平行四边形法则和二力平衡公理,可以得到**三力平衡汇交定理**(theorem of equilibrium of three forces):物体受三个力作用处于平衡状态,此三力的作用线必然汇交于一点,且三力共面。

三力平衡汇交定理可按下述方法证明。如图 1.20(a) 所示,物体在 A、B、C 三点分别受力 F_1、F_2、F_3 处于平衡状态。设 F_1、F_2 作用线相交于 O 点,将这两个力其沿作用线滑动到 O 点,如图 1.20(b) 所示。F_1、F_2 成为作用于 O 点的共点二力,可采用平行四边形法则合成为合力 R,该合力 R 作用于 O 点。此时三力平衡的情况演变为二力平衡,即 R 与 F_3 平衡,根据二力平衡公理,R 与 F_3 应该位于同一直线上,所以 F_3 的作用线必然通过 R 的作用点 O,三力汇交于 O 点。F_3 与 R 共线,而 R 与 F_1、F_2 共面,所以三力 F_1、F_2、F_3 共面。如果 F_1、F_2 作用线不相交(平行),则 F_3 也与之平行,交点在无穷远处,形成平行力系。

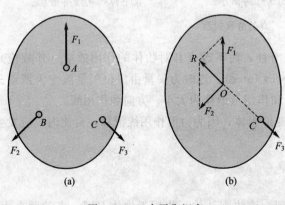

图 1.20 三力平衡汇交

值得注意的是，三力汇交只是物体平衡的必要条件，而非充分条件。若三力不汇交，则物体必然不平衡；若三力汇交，则物体未必就平衡。要使物体平衡，汇交的三力在大小或量值上还需要满足一定的关系。

1.4 约束与约束反力

1.4.1 约束与约束反力的概念

一些物体比如卫星、飞船、飞机等在空间的运动不受其他物体的预加限制，可以自由运动，这样的物体称为**自由体**（free body）；而在地面的物体如高速运行的列车、静止的屋架等，其空间运动受到了其他物体的预加限制，这种受其他物体限制的物体称为**受约束体**或**被约束体**（constrained body）。

人们将对物体运动预加限制的其他物体称为**约束**（constraint）。轨道之于列车，墙、柱之于屋架，轴承之于转轴，桥墩之于桥梁等等，都是约束的例子。

当物体受到约束时，物体和约束之间存在相互作用，即作用力和反作用力。约束施加于被约束物体上的力称为**约束力**（constraint force）或**约束反力**、**反力**（reactions of constraint）。约束力是被动力，大小未知，其方向总是和限制物体的运动方向相反。限制物体向左移动，反力必向右；限制物体向右移动，反力必向左；限制物体向下移动，反力必向上；限制物体转动，必然是反力矩（反力偶）等。

物体上所受的力分为**主动力**（applied force，active force）和约束力两类。除约束力以外的其他力统称为主动力，如物体的重力、结构承受的风力、屋面上的雪压力等都是主动力。主动力通常是已知的或可测定的，约束力（约束反力、反力）随主动力而变。

1.4.2 常见的约束类型及反力

对工程结构或机构进行力学分析和计算，首先应分析约束力。约束力的特征取决于被约束体与约束体接触面的物理性质和连接方式。接触面的物理性质分为绝对光滑和存在摩擦两种，本章不考虑摩擦。光滑接触条件下，连接方式多种多样，形成了不同类型的约束。这里介绍几种常见的约束类型和反力特点，并给出工程实际中结构支座构造和简化图示的案例。

（1）柔绳

钢丝、钢绳、链条、带（皮革、胶带）等柔软体对物体运动的限制属于柔性体约束，可以归入**柔绳**（flexible cable）类。柔绳的特点是只能承担拉力，不能承担压力，即可以限制物体沿绳的方向离开，而不能限制物体沿绳的方向进入。因此，柔绳对物体的约束反力作用于连接点，方向沿绳索中心背离物体，恒为拉力。如图 1.21 所示为一根柔绳吊挂一个重物，设重物的重量（重力）为 G，绳对重物的反力 F_T 作用于吊挂点，垂直向上。

柔绳约束在机械传动中用来传递运动，如图 1.22 所示的带传动中，带将主动轮 O_2 的转动传给从动轮 O_1。假想地切开带轮中的带，由于它是被预拉后套在两带轮上的，所以无论是在带的紧边上，还是松边上都为拉力。紧边和松边上的拉力差（$F_{T1}-F_{T2}$）对从动轮的轮心 O_1 产生力矩 $M=(F_{T1}-F_{T2})R$（其中 R 为从动轮的半径），从而使从动轮转动。这样，主动轮转动带动从动轮转动，实现了运动传递。同理，脚踏自行车、三轮车，脚踏力产生的力矩，使链轮转动，再通过链条的拉力来传递运动，最后使脚踏车前进。

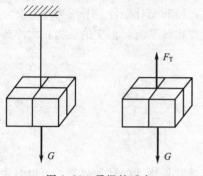
图1.21 柔绳的反力

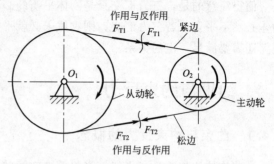
图1.22 柔绳在机械工程中的应用案例——带轮

钢丝、钢丝绳在土木工程中应用广泛。如图1.23(a)所示为斜拉桥,利用拉索将桥梁固定于桥塔。拉索取代了河中的桥墩,可以增加桥梁跨径,便于通航、排洪;拉索和桥塔、桥梁组成多个三角形结构,稳定性高。如图1.23(b)所示为大型浮吊(起吊设备的一种),利用拉索来平衡成百上千吨的起吊重量[起吊重量又称为起重量,在行业中特指质量,以吨(t)为单位,1t=1000kg]。

(a) 斜拉桥中的拉索 (b) 大型浮吊中的拉索

图1.23 拉索在土木中的应用实例

(2) 光滑接触面

两个物体之间的接触,通常是面接触,如果不考虑摩擦,则可将接触面简化为**光滑面**(smooth surface)。面接触在特殊情况下退化为点接触、线接触。这种接触约束阻碍物体沿两接触面的公共**法线方向**(normal direction)往约束内部的运动,物体可以自由地沿公法线方向脱离接触,也可以自由地在接触面**切线方向**(tangential direction)运动。因此,光滑接触面给被约束物体的反力,方向必定沿接触面的公法线,且只能是压力(箭头指向物体),该反力称为**法向反力**(normal reaction)或正压力,可用符号 F_N 表示其大小。

如图1.24所示为光滑接触面约束的例子。其中图1.24(a)所示为置于水平地面上的静

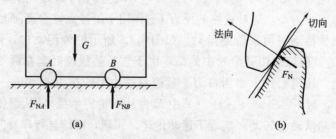

图1.24 光滑接触面

止中的小车，车轮与地面的接触可以认为是圆柱面与水平面的接触（线接触），法向反力 F_{NA}、F_{NB} 沿接触处的公法线即竖直方向，通过车轮中心，且车轮受压（箭头指向车轮）；图 1.24(b) 所示为机械上齿轮传动中两齿之间的啮合情况，下齿对上齿的反力 F_N，通过啮合点的公法线，使上齿受压。

(3) 光滑圆柱销

在机器或机构中常用圆柱形销钉将两个零件或物体连接在一起，如图 1.25(a) 所示。如果销钉和销钉孔是光滑的，那么销钉只限制两物体的相对移动，不限制两物体的相对转动。具有这种性质的约束，称为**光滑圆柱铰链**（smooth cylindrical pin），简称**铰链**（hinge, pin）。图 1.25(c) 所示为铰链的简化符号。销钉和销钉孔之间属于光滑接触，反力 F_R 应沿圆柱面在接触点处的公法线，即通过孔中心的径向方向，物体受压。但接触点不能预先确定，反力方向也就不能预先确定，造成反力的大小和方向都未知，实际分析中用正交两个分力 F_x、F_y 来代替，如图 1.25(b) 所示。

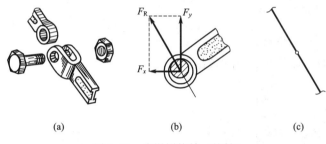

图 1.25 光滑圆柱销（铰链）

如图 1.26 所示为某地下铁路施工现场模板及其支撑中的圆柱销钉和销钉孔。

(4) 结构支座

土木工程中，常常可以见到一些约束直接支承在基础或另一静止的物体上，这种约束称为**支座**（support）。支座是约束的一种特殊情况，它将上部荷载往下传递到基础或支承的静止物体上。

① 辊轴支座

辊轴支座（roller support）采用几个圆柱形滚轮支承结构，如图 1.27(a) 所示。结构可以自由转动，且沿支承面的移动不受限制，这种约束只限制物体在垂直于支承面方向的移动，故反力 F_N 垂直于支承面。辊轴是一种光滑面约束，又称为可动铰链支

图 1.26 光滑圆柱销钉和销钉孔结构

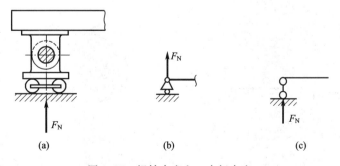

图 1.27 辊轴支座和二力杆支座

座,可用如图 1.27(b) 所示的符号予以简洁表示。一根垂直于支承面的二力杆(链杆)也具有这种约束性质,如图 1.27(c) 所示。故辊轴支座和二力杆支座等效,在对物体进行受力分析时,图 1.27(b) 和 (c) 可以互换。

② 固定铰链支座

光滑圆柱铰链连接两个物体时,若其中一个物体与地面或机架固连,则形成**固定铰链支座**(fixed hinge support),如图 1.28(a) 所示。固定铰链支座限制物体沿水平方向和竖直方向的移动,不限制物体的转动,约束反力 F_R 通过圆柱销中心,但大小和方向均未知,常用正交二分力 F_x 和 F_y 表示,如图 1.28(b) 所示。

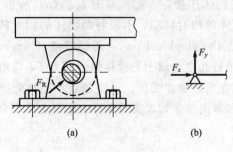

图 1.28 固定铰链支座

如图 1.29 所示为土木工程上所使用的两种支座。其中图 1.29(a) 为球形压力支座,它允许结构转动,但不能移动,所以可以简化为固定铰链支座;图 1.29(b) 为板式橡胶支座,允许结构转动,水平方向可以有微小位移,也可以没有位移,所以根据实际情况,这种支座既可以简化为固定铰链支座,也可以简化为可动铰链支座。

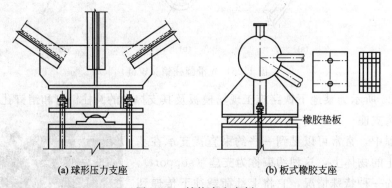

图 1.29 结构支座案例

③ 固定支座

固定支座(fixed support)又称为**固定端**(fixed end support)或**插入端**(built-in end support),它是同时限制物体的移动和转动,通常用图 1.30 所示的符号来表示。限制水平方向的移动应有水平反力 R_x、限制竖直方向的移动就存在竖向反力 R_y,限制转动就一定有反力偶 M。

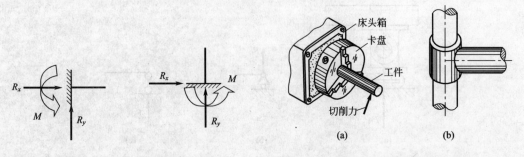

图 1.30 固定支座　　　　　图 1.31 机械上的固定端

如图 1.31 所示为机械上的固定端的两种形式。其中图 1.31(a) 为固定在车床三爪卡盘上的待加工的圆柱形工件，相对于卡盘而言，工件既不能移动，也不能转动。当卡盘转动时，便带动工件旋转，车刀作径向或轴向运动，便可加工出所需要的工件。图 1.31(b) 为套在立柱上的机器横梁，成为固定端。

在房屋建筑领域，钢筋混凝土现浇框架结构，柱的纵向受力钢筋插入基础内（这样的钢筋称为插筋），使柱与基础之间形成整体，柱脚成为固定端，如图 1.32(a) 所示；对于单层厂房的预制钢筋混凝土柱，其底部插入杯形基础中，如图 1.32(b) 所示，当杯口与柱之间填细石混凝土并振捣密实时，可以简化为固定支座。而当杯口与柱之间填沥青麻丝时，则只能简化为固定铰链支座。

 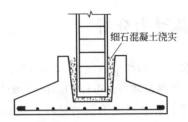

(a) 现浇钢筋混凝土柱与基础固结　　(b) 预制钢筋混凝土柱与基础固结

图 1.32　钢筋混凝土柱与基础固结

拱桥的拱圈两端通常做成固定端，这样的拱称为无铰拱。如图 1.33 所示为位于重庆万州区的长江大桥，就是无铰拱。该桥 20 世纪 90 年代建成通车，时称"万县长江大桥"。固定端的构造是水平方向采用截面面积为 34.8m² 的钢筋混凝土平撑两根埋于岩层内（长度 33~45m），竖向地基中采用截面面积为 25m² 的两根立柱（长度 21m），这样来支承拱座，实现不移动不转动的目标。水利工程中的双曲拱坝，通常是将拱坝埋于河流两侧的山体中数十米，以达到固定的目的。可见，大型工程中的固定端，工期和造价都相当可观。

图 1.33　固定支座的应用之无铰拱

④ 定向支座

定向支座（directional bearing）或**定向滑动支座**（directional sliding bearings）只允许物体沿某一方向发生移动或滑动，其余方向不允许发生任何移动和转动，它是固定支座放松一个移动约束形成的，存在约束反力和约束反力偶。定向支座可以简化为垂直于滑动面或滑

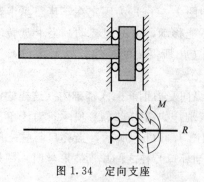

图 1.34 定向支座

槽的二平行链杆,如图 1.34 所示。定向支座的约束反力 R 垂直于滑动面,指向待定,约束反力偶 M 转向待定。

机械工程中,内燃机汽缸允许活塞沿汽缸壁移动,但垂直于汽缸壁的方向不能移动,也不能转动,所以汽缸对活塞的约束,可以看成定向支座。土木工程中,结构对称、外荷载也对称时,可选取半个结构进行力学分析,以减小计算工作量。如果是奇数跨对称结构,在结构的对称面处可简化为定向支座;但如果是偶数跨对称结构,则应将结构的对称面处简化为固定支座。

1.5 物体受力分析

去掉物体的一切约束(限制),即将受力物体从其周围环境隔离出来,形成**自由物体**(free body)或**脱离体**(isolated body),画上全部的已知力(或主动力)和约束反力,得到物体的受力图。作物体受力图的过程,就是物体的受力分析。

画受力图是对物体进行力学计算的第一步,也是最重要的一步,如果这一步错了,以后的计算就不可能准确。因此,画物体的受力图必须认真、仔细。

作物体受力图的步骤为:
① 确定研究对象,取出自由体(脱离体);
② 画出全部主动力;
③ 根据约束性质画约束反力;
④ 检查。

画物体受力图的注意事项如下:
① 不要漏画约束反力。必须搞清楚所研究的对象(受力物体)与周围哪些物体(约束或施力物体)相接触,在接触处一定有反力,且该反力应与相应的约束类型相符。
② 不要多画力。每画出一个力,都能明确指出它是周围哪个物体施加的。
③ 作用与反作用。分析两个物体之间的相互作用力时,要检查这些力的箭头是否符合作用与反作用的关系(反向、共线)。
④ 成对出现的内部作用力不画。

【例 1.2】 如图 1.35(a)所示为一个圆形碾子,自重 G,在碾子边上受到水平力 F 作

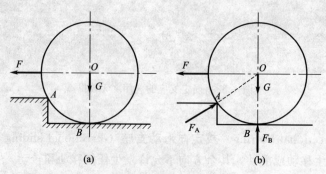

图 1.35 例 1.2 图

用，正从地面欲越过台阶，试画出碾子的受力图。

【解】 以碾子为研究对象，取出脱离体如图 1.35(b) 所示。画主动力，共两个：自重 G 和外加力 F。画约束反力，碾子与周围仅两处接触：A、B 两处均为光滑接触，碾子受压，通过接触处的公法线（通过碾子的中心 O），所以反力 F_A 作用于 A 点，沿 AO 方向；反力 F_B 作用于 B 点，竖直向上。

【例 1.3】 试作如图 1.36(a) 所示直角拐 $ABCD$（工程上称为刚架）的受力图，已知该架子在 B 处受水平集中力作用，在 CD 段上作用有竖直向下的分布力，A 处为固定铰链支座，D 处为竖直链杆（二力杆）支座。

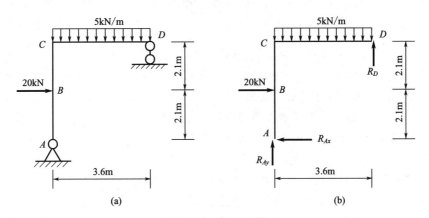

图 1.36　例 1.3 图

【解】 以刚架 $ABCD$ 为研究对象，取出脱离体，如图 1.36(b) 所示。首先在刚架上画出主动力（已知力），B 处水平右指的集中力 20kN，CD 段上向下的均匀分布力，单位长度上的量值为 5kN/m；然后根据约束性质画约束反力，A 处为固定铰链约束，正交二个反力，R_{Ax} 和 R_{Ay}；D 处为二力杆约束，反力 R_D 沿杆件的方向（竖直方向）。

【例 1.4】 试作如图 1.37(a) 所示结构中杆件 AB 和 BC 的受力图。

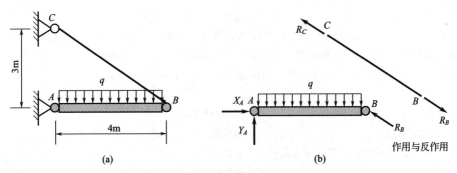

图 1.37　例 1.4 图

【解】

(1) BC 杆受力图

取 BC 杆为脱离体，该杆没有主动力作用，在 C 处以固定铰链支座与大地相连、B 处以圆柱铰（或销）与 AB 相连，也即该杆件只在 B、C 两点受力，属于二力杆件，所受二力沿

B、C 两点的连线，假设为拉力，如图 1.37(b) 所示。

(2) AB 杆受力图

取 AB 杆为脱离体，如图 1.37(b) 所示。该杆上有向下的均匀分布的主动力 q；A 处为固定铰链支座，约束反力用正交二力 X_A 和 Y_A 表示；B 处反力大小为 R_B，它与 BC 杆在 B 处的反力为作用与反作用的关系。需要注意的是，本书中力矢量箭头旁边的符号只表示力的大小，故 B 点作用与反作用的大小均为 R_B。但在其他参考书中，力矢量箭头旁边的符号表示力的矢量（符号自身包含力的大小和方向），故作用与反作用需要区分，如 $\boldsymbol{R}_B$ 和 $\boldsymbol{R}'_B$。

思 考 题

1.1 何谓力和力的作用效应？
1.2 有人言"分力一定小于合力"。试问这种说法是否正确？
1.3 刚体受三力作用平衡，这三个力的作用线是否在同一平面？如果作用在刚体上的三个力汇交于一点，则该刚体是否平衡？
1.4 试比较力和力偶、力矩和力偶矩的异同点。
1.5 凡是两端用铰链连接的直杆，都是二力杆吗？
1.6 判断下列说法是否正确：
(1) 刚体受到等值、反向、共线的两个力作用，就能保持平衡。
(2) 对刚体而言，力是滑动矢量，三要素为大小、方向、作用线。
(3) 作用与反作用因为等值、反向、共线，所以可使物体平衡。
(4) 加减平衡力系公理只适用于受力系作用处于平衡的刚体。
(5) 板式橡胶支座可以作为固定支座使用。
(6) 固定端或插入端与固定铰链支座的区别在于是否限制物体转动。

选 择 题

1.1 光滑面对物体的约束反力，作用在接触点处，其方向沿接触面的公法线，（ ）。
A. 指向受力物体，为压力　　　B. 指向受力物体，为拉力
C. 背离受力物体，为压力　　　D. 背离受力物体，为拉力

1.2 作用在同一物体上的两个力 F_A 和 F_B，满足等值、反向的条件，则该二力可能是（ ）。
A. 作用和反作用力或一对平衡的力　　　B. 一对平衡的力，或一个力偶
C. 一对平衡的力或一个力和一个力偶　　D. 作用和反作用力，或一个力偶

1.3 力偶用（ ）度量。
A. 二力的大小　　　B. 二力的方向
C. 二力之间的距离　　D. 力偶矩

1.4 力对 A 点的矩为零，则力对 A 点的（ ）。
A. 移动效应为零　　　B. 外效应为零
C. 转动效应为零　　　D. 内效应为零

1.5 楔形块 G、H 自重不计，并在光滑的 mm' 平面和 nn' 平面处接触，若其上分别作用有两个大小相等、方向相反、作用线相同的力 F，如图 1.38 所示，试问该二楔形块是否处于平衡状态？（ ）
A. 两物体 G、H 都不平衡　　　B. 两物体 G、H 都平衡
C. 物体 G 平衡，物体 H 不平衡　　D. 物体 G 不平衡，物体 H 平衡

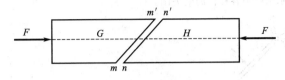

图 1.38　选择题 1.5 图

1.6　下列说法中，错误的是（　　）。
A. 物体受到大小相等、方向相反的力作用时就处于平衡状态。
B. 作用在物体上的汇交力系，如果合力为零，则物体处于平衡状态。
C. 力的三要素为大小、方向、作用点。
D. 作用力与反作用力总是大小相等、方向相反，沿同一直线分别作用在两个物体上。

1.7　关于约束反力和主动力的如下一些说法，正确的是（　　）。
A. 约束反力和主动力是一对平衡力。
B. 约束反力和主动力是互为作用力与反作用力。
C. 约束反力和主动力分别作用在不同的物体上。
D. 约束反力和主动力作用在同一物体上。

计　算　题

1.1　用手拔钉子拔不动，但用钉锤就能很容易地将钉子拔起。如图 1.39 所示的钉锤，锤柄上作用有 100N 的力（垂直于锤柄），试求此力对钉锤与台面接触点 A 的力矩。

1.2　如图 1.40 所示的带轮，已知半径 $R=200\text{mm}$，带拉力分别为 $F_1=1500\text{N}$、$F_2=750\text{N}$，试求带轮转动的力矩。若包角 α 由 $150°$ 改为 $120°$，问带轮转动的力矩是否改变？

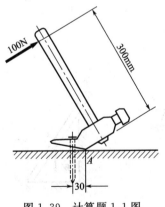

图 1.39　计算题 1.1 图

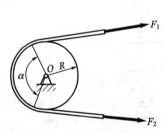

图 1.40　计算题 1.2 图

1.3　试分别画出如图 1.41 所示系统中杆件 AB 和 CD 的受力图。

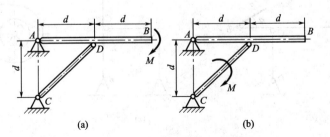

图 1.41　计算题 1.3 图

1.4 作如图1.42所示结构中各杆件的受力图。

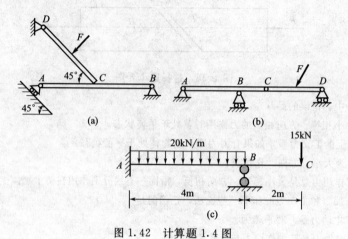

图1.42 计算题1.4图

1.5 试画出如图1.43所示结构中各杆件的受力图。

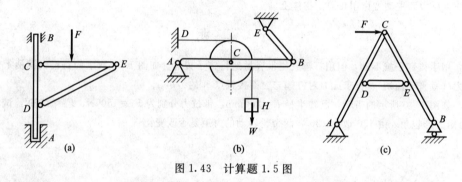

图1.43 计算题1.5图

1.6 试画出如图1.44所示各物体的受力图。

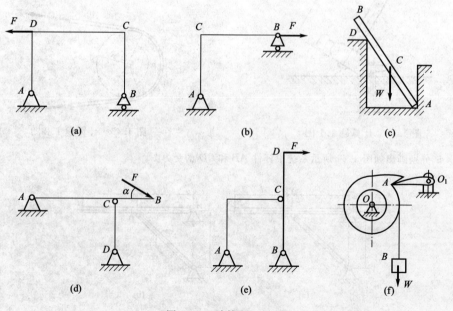

图1.44 计算题1.6图

第2章 平面力系简化

2.1 平面汇交力系的合成

2.1.1 力在直角坐标轴上的投影

力 F 在直角坐标轴上的**投影**（projection）就是从力矢量的起点和终点分别向坐标轴作的垂线，垂足点之间的距离（长度）为投影的大小。力矢量 F 的起点为 A，终点为 B，与 x 轴正向的夹角为 α，如图 2.1 所示，则该力对 x、y 轴的投影 F_x、F_y 为

$$\left. \begin{array}{l} F_x = F\cos\alpha \\ F_y = F\sin\alpha \end{array} \right\} \tag{2.1}$$

因为夹角 α 的取值范围为 $0°\sim360°$，所以投影值 F_x、F_y 为代数量，既可能为正值、负值，也可能为零值。实际计算时，通常采用力与坐标轴所夹的锐角（$\leqslant 90°$ 角）来计算，正负符号的判断法则为：箭头投影与坐标轴指向一致者为正，反之为负。

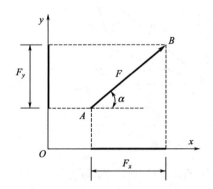

图 2.1 力在坐标轴上的投影

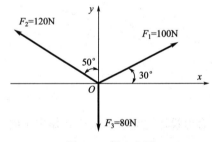

图 2.2 例 2.1 图

【例 2.1】 分别计算如图 2.2 所示三个力在 x、y 轴上的投影。

【解】

利用投影的定义计算各力在 x、y 轴上的投影

$$F_{1x} = F_1\cos30° = 100 \times 0.866 = 86.6\text{N}$$

$$F_{1y} = F_1\sin30° = 100 \times 0.5 = 50\text{N}$$

$$F_{2x} = -F_2\sin50° = -120 \times 0.766 = -91.9\text{N}$$

$$F_{2y} = F_2\cos50° = 120 \times 0.643 = 77.2\text{N}$$

$$F_{3x} = 0\text{N}$$

$$F_{3y} = -80\text{N}$$

需要指出的是，在直角坐标系下，力在坐标轴上投影的大小与力沿坐标轴分解的分力的

大小完全相同，其区别在于投影是代数量，而分力仍然是矢量。

若已知投影的大小，则力的大小和方向可以由下式确定

$$\left. \begin{array}{l} F = \sqrt{F_x^2 + F_y^2} \\ \tan\alpha = \dfrac{F_y}{F_x} \end{array} \right\} \quad (2.2)$$

依据投影的正负确定力所在的象限（$F_x>0$、$F_y>0$，第一象限；$F_x<0$、$F_y>0$，第二象限；$F_x<0$、$F_y<0$，第三象限；$F_x>0$、$F_y<0$，第四象限），从而唯一确定夹角 α 的值。

2.1.2 合力投影定理

作用点相同的二力 F_1 和 F_2，它们的合力 R 可由平行四边形法则确定，如图 2.3(a) 所示；合力 R 也可由图 2.3(b) 所示的力三角形求得。现将合力 R 与分力 F_1、F_2 同时向坐标轴 x、y 投影，则由图示的几何关系可知

$$\left. \begin{array}{l} R_x = F_{1x} + F_{2x} \\ R_y = F_{1y} + F_{2y} \end{array} \right\} \quad (2.3)$$

式(2.3) 说明，合力在某一坐标轴上的投影等于分力在同一坐标轴上投影的代数和，这一关系即为合力投影定理。

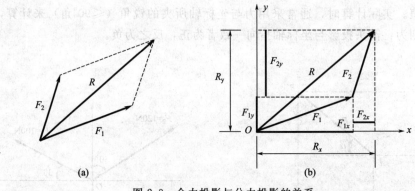

图 2.3 合力投影与分力投影的关系

合力投影定理可以推广到作用于同一点的多个力 F_1、F_2、$\cdots$、F_n 的情形，即有

$$\left. \begin{array}{l} R_x = F_{1x} + F_{2x} + \cdots + F_{nx} = \sum\limits_{i=1}^{n} F_{ix} \\ R_y = F_{1y} + F_{2y} + \cdots + F_{ny} = \sum\limits_{i=1}^{n} F_{iy} \end{array} \right\} \quad (2.4)$$

式(2.4) 通常简记为

$$\left. \begin{array}{l} R_x = \sum F_x \\ R_y = \sum F_y \end{array} \right\} \quad (2.5)$$

2.1.3 平面汇交力系的合成

平面汇交力系的合成，通常有两种方法，一是几何法，二是解析法。几何法就是按一定的比例尺依次利用平行四边形法则作平行四边形或力多边形，直接在图上量取合力的大小和方向，或由正弦定理、余弦定理求解合力的大小和方向角。几何法虽然简单，但直接从图上

量取的结果精度较差,几何求解有时又比较繁杂,所以该法目前基本不用了。解析法就是利用力在直角坐标轴上的投影来计算合力的大小,确定合力的方向,这是求合力的主流方法。

首先按合力投影定理,由式(2.5)计算合力在 x、y 轴上的投影 R_x 和 R_y,然后依据如下关系确定合力的大小和方向

$$\left.\begin{array}{l} R=\sqrt{R_x^2+R_y^2}=\sqrt{(\sum F_x)^2+(\sum F_y)^2} \\ \tan\alpha=\dfrac{R_y}{R_x}=\dfrac{\sum F_y}{\sum F_x} \end{array}\right\} \quad (2.6)$$

在确定合力的方向时,需要由 R_x、R_y 的正负判断合力所在的象限,才能唯一确定合力 R 与 x 轴正向的夹角 α。

【例 2.2】 试求如图 2.4 所示汇交力系的合力。

【解】
由合力投影定理计算合力的投影

$$R_x = \sum F_x = 60\cos30° + 0 - 120\cos45°$$
$$= 60 \times 0.866 + 0 - 120 \times 0.707$$
$$= -32.9\text{kN}$$

$$R_y = \sum F_y = 60\sin30° + 50 + 120\sin45°$$
$$= 60 \times 0.5 + 50 + 120 \times 0.707 = 164.8\text{kN}$$

合力的大小为

$$R = \sqrt{R_x^2 + R_y^2} = \sqrt{(-32.9)^2 + 164.8^2} = 168.1\text{kN}$$

合力的方向

$$\tan\alpha = \frac{R_y}{R_x} = \frac{164.8}{-32.9} = -5.0$$
$$\alpha = -78.7° \text{ 或 } 101.3°$$

因为 R_x 为负、而 R_y 为正,合力位于第二象限,所以
$$\alpha = 101.3°$$

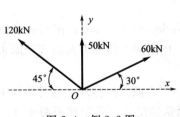

图 2.4 例 2.2 图

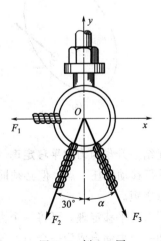

图 2.5 例 2.3 图

【例 2.3】 螺栓环眼上套有三根钢丝绳,分别受力 $F_1=3$kN、$F_2=6$kN、$F_3=15$kN,其方向如图 2.5 所示。欲使合力 R 的指向为铅垂向下,试问合力 R 的大小、力 F_3 与铅锤方

向的夹角 α 分别应为多少？

【解】

选取坐标轴 Oxy 如图 2.5 所示。根据题意应有：$R_x=0$，$R_y=-R$，所以

$$R_x=\sum F_x=-F_1-F_2\sin30°+F_3\sin\alpha=0 \tag{1}$$

$$R_y=\sum F_y=-F_2\cos30°-F_3\cos\alpha=-R \tag{2}$$

由式(1) 得

$$\sin\alpha=\frac{F_1+F_2\sin30°}{F_3}=\frac{3+6\times0.5}{15}=0.4$$

故 $\alpha=23.58°$ 或 $156.42°$。将 α 的值代入式(2)，得合力的大小 R

$$R=F_2\cos30°+F_3\cos23.58°=6\times0.866+15\times0.9165=18.94\text{kN}$$

$$R=F_2\cos30°+F_3\cos156.42°=6\times0.866+15\times(-0.9165)=-8.55\text{kN}$$

合力的大小应为正值，$\alpha=156.42°$ 不是问题的解，因为它导致 $R<0$，不符合题意。所以，本问题的答案为：合力的大小 $R=18.94\text{kN}$，力 F_3 与铅锤方向的夹角 $\alpha=23.58°$。

2.2 两个静力学基本定理

2.2.1 力的平移定理

平面上 A 点作用一个力 F，如图 2.6(a) 所示。今在平面内任一点 B 施加一个平衡力系，根据加减平衡力系公理，不改变物体的外效应。该平衡力系取为等值（大小为 F）、反向、共线的一对力 (F,F')，如图 2.6(b) 所示。作用于 A 点之 F 与作用于 B 点之 F' 构成一个力偶，其力偶矩 $M=Fd=M_B(F)$，于是得到作用于 B 点的力 F 和一个力偶 M，如图 2.6(c) 所示。这相当于将作用于 A 点之力 F 平行移动到新的作用点 B，但需附加一个力偶，该力偶的力偶矩为原力对新点之矩。

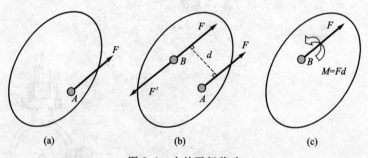

图 2.6 力的平行移动

上述结果升华为**力的平移定理**（theorem of translation of a force）：作用在物体上的力 F 可以平行移动到任一点，但必须同时附加一个力偶，此附加力偶的力偶矩等于原来的力对新作用点之矩。

根据力的平移定理，可将一个力分解为一个力和一个力偶；同样地，也可将同平面内的一个力和一个力偶合成为一个力。如图 2.7(a) 所示为房屋结构中的钢筋混凝土柱，在竖向外荷载作用下，柱有两种等效的受力形式，如图 2.7(b)、(c) 所示。图 2.7(b) 所示为压力 N 偏离中心线的距离为 e，称为偏心受压；图 2.7(c) 所示为压力 N 作用于截面中心，力偶矩（弯矩）$M=Ne$，这时称为压弯组合。在钢筋混凝土结构和砌体结构中，采用偏心受压

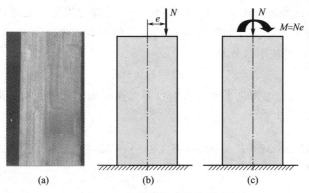

图 2.7 房屋结构中柱的受力

的说法；而在钢结构和木结构中，则采用压弯组合的说法。偏心受压和压弯组合、偏心受拉和拉弯组合，是可以等效的。即一个力不能与一个力偶等效，但一个力却可以和另外一个与它平行的大小相等的力再加上一个力偶等效。

2.2.2 合力矩定理

以作用于 A 点的力 F 为合力，沿坐标轴 x、y 的两个分力分别为 F_x 和 F_y，如图 2.8 所示。现考察合力和分力对平面上任一点 O 取矩的数量关系。假设力 F 对 O 点的力臂为 d，F_x 的力臂为 d_y，F_y 的力臂为 d_x，它们之间存在如下的几何关系

$$BD = OD - OB = d - \frac{d_y}{\cos\alpha}$$

$$AB = \frac{BD}{\sin\alpha} = \frac{d}{\sin\alpha} - \frac{d_y}{\sin\alpha\cos\alpha}$$

$$BC = d_y \tan\alpha$$

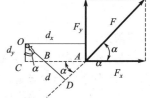

图 2.8 合力与分力取矩

因为 $AC = AB + BC$，所以

$$d_x = \frac{d}{\sin\alpha} - \frac{d_y}{\sin\alpha\cos\alpha} + \frac{d_y\sin\alpha}{\cos\alpha} = \frac{d}{\sin\alpha} - \frac{d_y\cos\alpha}{\sin\alpha}$$

由此得到

$$d = d_x\sin\alpha + d_y\cos\alpha \tag{2.7}$$

合力对 O 点取矩

$$M_O(F) = Fd \tag{2.8}$$

分力对 O 点取矩

$$M_O(F_x) = F_x d_y = F d_y \cos\alpha$$

$$M_O(F_y) = F_y d_x = F d_x \sin\alpha$$

两个分力对 O 点取矩之代数和为

$$M_O(F_x) + M_O(F_y) = F(d_y\cos\alpha + d_x\sin\alpha)$$

将式(2.7)代入上式，得

$$M_O(F_x) + M_O(F_y) = Fd \tag{2.9}$$

比较式(2.8)和式(2.9)，就有

$$M_O(F) = M_O(F_x) + M_O(F_y) \tag{2.10}$$

式(2.10)说明，合力 F 对 O 点之矩等于两个分力 F_x 和 F_y 对 O 点之矩之和，此即合

力矩定理（theorem of moment of resultant force），又称为伐里农定理。

利用合力矩定理不难证明，如果力 F 作用线上任一点的坐标为 (x, y)，则该力对坐标原点 O 的矩 $M_O(F)$，可按下式计算

$$M_O(F) = F_y x - F_x y \tag{2.11}$$

合力矩定理的一般表述为：平面力系的合力对作用面内任一点的矩等于力系中各分力对同一点的矩的代数和，即

$$M_O(R) = M_O(F_1) + M_O(F_2) + \cdots + M_O(F_n) = \sum_{i=1}^{n} M_O(F_i)$$

上式通常简记为

$$M_O(R) = \sum M_O(F) \tag{2.12}$$

应用上式计算力矩值时，合力取矩方便则用合力取矩，分力取矩方便则用分力取矩，视具体情况而定。

【例 2.4】 物体 ABC 受两个主动力作用，如图 2.9 所示，试计算该主动力系对固定端 A 之矩。

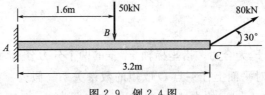

图 2.9 例 2.4 图

【解】

利用合力矩定理计算主动力系对 A 点的力矩，其中 C 点之力 80kN 对 A 点之矩由水平和铅垂两个分力分别计算。

$$\begin{aligned}
M_O(R) &= \sum M_O(F) \\
&= -50 \times 1.6 + (80\cos30°) \times 0 + (80\sin30°) \times 3.2 \\
&= -80 + 128 \\
&= 48 \text{kN} \cdot \text{m}
\end{aligned}$$

2.3 平面一般力系的简化

2.3.1 主矢和主矩

对于如图 2.10(a) 所示的平面一般力系，因作用点各不相同，故不能直接利用平行四边形法则进行合成。此类力系简化（或合成）的方法，理论上是先选择一个公共点 O（称为简化中心），每个力向简化中心 O 平行移动，得到一个汇交力系；力在平行移动的同时，需要附加一个力偶，力偶矩为原力对新点（简化中心）的矩，由各附加力偶组成力偶系，如图 2.10(b) 所示。汇交力系可以合成为一个力，力偶系可合成为一个力偶，如图 2.10(c) 所示。

作用于简化中心 O 的汇交力系的合力 R，称为原力系的**主矢量**（principal vector），简称主矢。主矢的大小和方向由下式确定

$$\left. \begin{aligned} R &= \sqrt{R_x^2 + R_y^2} = \sqrt{(\sum F_x)^2 + (\sum F_y)^2} \\ \tan\alpha &= \frac{R_y}{R_x} = \frac{\sum F_y}{\sum F_x} \end{aligned} \right\} \tag{2.13}$$

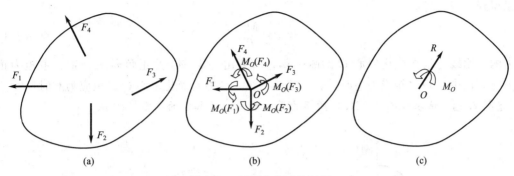

图 2.10 平面力系简化过程

主矢与简化中心 O 无关。

作用于平面内的力偶系，合成为一个合力偶，该合力偶的力偶矩称为**主矩**（principal moment）。主矩为各附加力偶的力偶矩的代数和，即

$$M_O = M_O(F_1) + M_O(F_2) + \cdots + M_O(F_n) = \sum M_O(F) \tag{2.14}$$

因为各附加力偶的力偶矩为原力系中各力对简化中心 O 的矩，所以主矩一般与简化中心 O 的选取有关，故用 M_O 表示。

平面一般力系可以简化为作用于简化中心的主矢 R 和作用于力系所在平面内的主矩 M_O，如图 2.10(c) 所示。主矢和主矩二者一起才与原力系等效。主矢使物体随简化中心移动，主矩使物体绕简化中心转动。

两个力系对物体的运动效应（外效应）相同的条件是主矢相等，以及对同一点的主矩相等，这个条件也被称为**等效力系定理**（theorem of equivalent force system）。

2.3.2 平面一般力系合成的结果

力系向简化中心简化，得到主矢和主矩，根据主矢和主矩是否为零，最后结果有三种可能的情况：平衡、合力偶、合力。

(1) 平衡

主矢和主矩都为零：$R=0$，$M_O=0$，物体的运动效应为零，处于平衡状态。关于平衡的应用，将在本书第 3 章介绍。

(2) 合力偶

当 $R=0$，$M_O \neq 0$ 时，主矩便与原力系等效，说明原力系合成的结果为一力偶。合力偶矩就等于主矩 M_O，此时 M_O 与简化中心 O 无关。

(3) 合力

当主矢 $R \neq 0$ 时，力系简化的结果为一合力，合力的大小、方向与主矢完全相同，合力作用点（线）的位置与主矩 M_O 有关。

① 当 $M_O = 0$ 时，合力作用于简化中心（或合力作用线通过简化中心）。

② 当 $M_O \neq 0$ 时，合力作用线不通过简化中心。

设合力作用线到简化中心的距离为 d（见图 2.11），由合力矩定理，对简化中心取矩应有

$$Rd = \sum M_O(F) = M_O$$

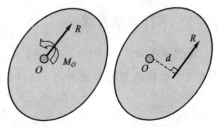

图 2.11 合力作用线的位置

所以得到

$$d = \frac{M_O}{R} \tag{2.15}$$

合力的作用线究竟在简化中心 O 的哪一侧，需要由主矩 M_O 的正负号来判别：主矩为正，合力对简化中心 O 之矩应为逆时针转；主矩为负，合力对简化中心 O 之矩应为顺时针转。

【例 2.5】 试求如图 2.12(a) 所示力系的合力，已知圆的半径 $r=2\text{m}$。

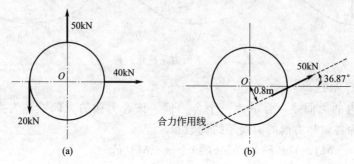

图 2.12　例 2.5 图

【解】

以圆心 O 为简化中心（计算时并不需要在图上进行平行移动），主矢的投影为

$$R_x = \sum F_x = 40\text{kN}$$

$$R_y = \sum F_y = 50 - 20 = 30\text{kN}$$

主矢的大小就是合力的大小，主矢的方向就是合力的方向

$$R = \sqrt{R_x^2 + R_y^2} = \sqrt{40^2 + 30^2} = 50\text{kN}$$

$$\tan\alpha = \frac{R_y}{R_x} = \frac{30}{40} = 0.75，因为在第一象限，所以 \alpha = 36.87°$$

对简化中心的主矩为

$$M_O = \sum M_O(F) = 0 + 0 + 20 \times 2 = 40\text{kN} \cdot \text{m}$$

合力作用线距圆心（简化中心）的距离

$$d = \frac{M_O}{R} = \frac{40}{50} = 0.8\text{m}$$

因为主矩为正，合力对 O 之矩应为逆时针转，所以合力作用线应当位于 O 点的下方，如图 2.12(b) 所示。

2.4　平行力系的合成结果

2.4.1　平行力系合成

设力系的 n 个力 F_1、F_2、…、F_n 相互平行，且平行于 y 坐标轴（见图 2.13），各力作用线到坐标原点的距离分别为 x_1、x_2、…、x_n，则合力的投影为

$$R_x = \sum F_x = 0$$

$$R_y = \sum F_y = -(F_1 + F_2 + \cdots + F_n) = -\sum F$$

合力的大小

$$R=\sqrt{R_x^2+R_y^2}=\Sigma F \tag{2.16}$$

合力的方向竖直向下，与各分力同向。如果用 x_R 表示合力作用线到坐标原点的距离，依据合力矩定理，合力和分力同时对坐标原点取矩，应有

$$-Rx_R=-F_1x_1-F_2x_2-\cdots-F_nx_n=-\Sigma F_ix_i$$

所以

$$x_R=\frac{\Sigma F_ix_i}{R} \tag{2.17}$$

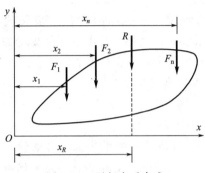

图 2.13　平行力系合成

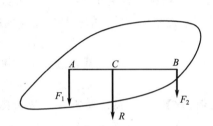

图 2.14　两同向平行力合成

对于两个同向平行力 F_1、F_2，可沿作用线滑移到 A、B 两点（A、B 的连线垂直于力的作用线），如图 2.14 所示。则合力大小为

$$R=F_1+F_2 \tag{2.18}$$

方向与分力相同，作用线通过 C 点。由合力矩定理

$$M_C(R)=M_C(F_1)+M_C(F_2)$$

即

$$0=F_1\times AC-F_2\times BC$$

所以

$$F_1\times AC=F_2\times BC \tag{2.19}$$

由此可得如下结论：两个同向力的合力的大小等于该两个力大小之和，合力的方向与二力的方向相同，合力的作用线内分此二力作用线间的距离为两线段，两线段的长度与二力的大小成反比。

对于图 2.15 所示的两个反向平行力 F_1 和 F_2（设 $F_1>F_2$），则合力大小为

$$R=F_1-F_2 \tag{2.20}$$

方向与较大分力相同，作用线通过 C 点。合力对 C 点取矩等于分力对 C 点之矩的代数和

$$0=-F_1\times AC+F_2\times BC$$

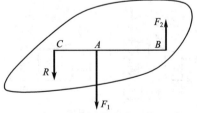

图 2.15　两反向平行力合成

即

$$F_1\times AC=F_2\times BC \tag{2.21}$$

所以，两个反向力的合力的大小等于该两个力大小之差，合力的方向与较大的一个力的方向相同，合力的作用线在较大的一个分力的外侧，外分此二力作用线间的距离为两线段，并使两线段的长度与二力的大小成反比。

2.4.2 分布线荷载的合成

工程上经常碰到分布力系。力系按物体体积分布者为**体积力**（body force），简称体力，比如物体的自重；力系按物体表面积分布者为**表面力**（surface force），简称为面力，如积雪对屋面的压力、水坝受到的水压力、墙体受到的水平风压力等。这些分布力系通常是平行力系，和自重有关的荷载沿铅垂方向，风压力沿水平方向，水压力可能沿水平方向、也可能沿铅垂方向。对于细长物体（杆件），体力和面力都可以简化为沿长度方向分布的线力（线荷载）。

单位体积（面积、长度）上的荷载，称为荷载**集度**（intensity），有体积荷载集度（kN/m^3）、面积荷载集度（kN/m^2）和线荷载集度（kN/m）之分。其中线荷载集度通常用 q 表示，它是结构构件上的一种常见荷载形式。各荷载集度之间存在如下关系：

$$面积荷载集度 = 体积荷载集度 \times 高或厚（深）$$
$$线荷载集度 = 体积荷载集度 \times 构件横截面面积$$
$$线荷载集度 = 面积荷载集度 \times 受荷宽度$$

【**例 2.6**】 某钢筋混凝土房屋结构楼面自上至下的做法为：硬木地板（自重面积荷载 $0.2kN/m^2$），20mm 厚水泥砂浆找平层（自重体积荷载 $20kN/m^3$），80mm 厚钢筋混凝土现浇楼板（自重体积荷载 $25kN/m^3$），钢丝网抹灰吊顶（自重面积荷载 $0.45kN/m^2$）。试求楼层的自重面积荷载；若梁间距（板宽）为 3.0m，求传到梁上的线荷载。

【**解**】

(1) 面积荷载

硬木地板	0.2
水泥砂浆找平层	$20 \times 0.02 = 0.4$
现浇钢筋混凝土楼板	$25 \times 0.08 = 2.0$
+ 钢丝网抹灰吊顶	0.45
	$3.05 kN/m^2$

(2) 线荷载

$$q = 3.05 \times 3.0 = 9.15 kN/m$$

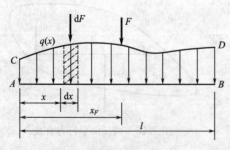

图 2.16 分布线荷载的合成

对于图 2.16 所示的线荷载，荷载集度是 x 的函数 $q(x)$，分布图形为 ACDB。取无限小长度（微分长度）dx，该段长度上的合力为 dF，则有

$$dF = q(x)dx$$

积分上式，得 AB 段上的合力

$$F = \int_0^l q(x)dx = q(x) \text{ 曲线下的面积} \tag{2.22}$$

微分线段 dx 上的力 dF 对 A 点取矩

$$dM_A = -xdF = -q(x)xdx$$

积分上式得分布力系对 A 点的力矩

$$M_A = -\int_0^l q(x)xdx$$

设合力作用线到 A 点的距离为 x_F，则由合力矩定理，得

$$M_A = -Fx_F = -\int_0^l q(x)x\,\mathrm{d}x$$

所以

$$x_F = \frac{\int_0^l q(x)x\,\mathrm{d}x}{F} \tag{2.23}$$

式(2.23)说明线荷载合力的作用线通过荷载分布图形 $ACDB$ 的形心。

2.4.3 常见线荷载的合成结果

线荷载最常见的分布形式是均匀分布、三角形分布和梯形分布，这里给出其合力大小和作用点（线）的位置的计算公式，以便于本书和其他后续课程的应用。

(1) 均匀分布荷载

均匀分布荷载 q 的分布长度为 l，荷载分布图形为矩形，如图 2.17 所示。由式(2.22)和式(2.23) 得

$$F = \int_0^l q\,\mathrm{d}x = ql \tag{2.24}$$

$$x_F = \frac{\int_0^l qx\,\mathrm{d}x}{F} = \frac{ql^2/2}{ql} = \frac{1}{2}l \tag{2.25}$$

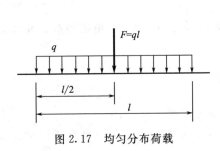

图 2.17 均匀分布荷载　　　　图 2.18 三角形分布荷载

(2) 三角形分布荷载

如图 2.18 所示为三角形分布荷载，最大荷载集度为 q，分布长度为 l。分布集度为零的点为 x 的起点，荷载集度 $q(x)$ 为

$$q(x) = \frac{qx}{l}$$

则由式(2.22) 和式(2.23) 得

$$F = \int_0^l q(x)\,\mathrm{d}x = \frac{q}{l}\int_0^l x\,\mathrm{d}x = \frac{1}{2}ql \tag{2.26}$$

$$x_F = \frac{\int_0^l q(x)x\,\mathrm{d}x}{F} = \frac{q}{Fl}\int_0^l x^2\,\mathrm{d}x = \frac{2}{3}l \tag{2.27}$$

(3) 梯形分布荷载

在长度为 l 的范围内，荷载按梯形分布，最小集度 q_1、最大集度 q_2，如图 2.19(a) 所示。合力和合力作用线的位置可按上述积分方法求得，也可将梯形荷载分解为矩形荷载（均

匀分布）和三角形荷载，如图 2.19(b) 所示。均布荷载的集度为 q_1、三角形分布荷载的最大集度为 (q_2-q_1)。

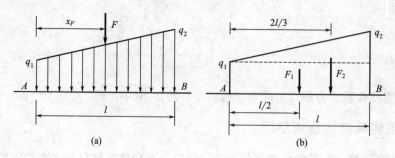

图 2.19 梯形分布荷载

矩形荷载的合力为 $F_1=q_1l$，作用点距 A 点 $l/2$；三角形荷载的合力为 $F_2=(q_2-q_1)l/2$，作用点距 A 点 $2l/3$。所以梯形荷载合力的大小为

$$F=F_1+F_2=q_1l+\frac{1}{2}(q_2-q_1)l=\frac{1}{2}(q_1+q_2)l \tag{2.28}$$

由式(2.17)得合力作用线到 A 点的距离 x_F

$$x_F=\frac{F_1x_1+F_2x_2}{F}=\frac{q_1l\times l/2+(q_2-q_1)l/2\times 2l/3}{(q_1+q_2)l/2}=\frac{l}{3}\times\frac{q_1+2q_2}{q_1+q_2} \tag{2.29}$$

合力作用线到 B 点的距离 x' 应为

$$x'=l-x_F=\frac{l}{3}\times\frac{2q_1+q_2}{q_1+q_2}. \tag{2.30}$$

本问题如将梯形荷载分解为最大荷载集度分别为 q_1 和 q_2 的两个三角形荷载，同样可以得到相同的结果。

思 考 题

2.1 力在给定坐标轴上的投影是代数量，其正负号应如何确定？

2.2 同一个力在两个相互平行的轴上的投影有什么关系？如果两个力在同一坐标轴的投影相等，问这两个力的大小是否一定相等？

2.3 平面一般力系向简化中心简化时，可能产生哪几种结果？

2.4 相互不平行的平面力系，在 y 轴上投影的代数和等于零，且对平面上一点 A 之矩的代数和等于零，问此力系简化的结果是什么？

2.5 合力矩定理在实际计算中如何应用？

2.6 两个平面一般力系等效的条件是什么？

2.7 试列举工程结构承受汇交力系、平行力系作用的例子，并分析各力系的特点。

2.8 水平杆件横截面面积为 A，长度为 l，单位体积的自重（又称容重、重度）用 γ 表示，将其简化为沿杆件长度分布的线荷载，问自重线荷载集度 q 是多少？

图 2.20 思考题 2.9 图

2.9 如图 2.20 所示的公路上指路标牌，

自重可以略去不计，刮风时承受的风压力垂直于牌面，如果单位面积上的风荷载（wind load）为 w，如何根据指路牌的宽 b、高 h 求合力大小和合力作用点位置？

选 择 题

2.1 如图 2.21 所示的平面一般力系，若分别向 A 点和 B 点简化，则其结果应该是（　　）。
A. 主矢相等，主矩相等
B. 主矢相等，主矩不相等
C. 主矢不相等，主矩相等
D. 主矢不相等，主矩不相等

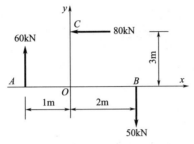

图 2.21　选择题 2.1 图

2.2 平面一般力系向 1 点简化时，主矢 $R=0$，主矩 $M_1 \neq 0$；如果将该力系向另一点 2 简化，则（　　）。
A. $R \neq 0$，$M_2 \neq 0$；
B. $R=0$，$M_2=0$
C. $R=0$，$M_2 \neq 0$
D. $R \neq 0$，$M_2=0$

2.3 如图 2.22 所示的平面汇交力系，已知合力为零，则下列给出的 P_1 和 P_2 值中，哪个正确？（　　）
A. $P_1=8.66 \text{kN}$，$P_2=13.66 \text{kN}$
B. $P_1=10 \text{kN}$，$P_2=12 \text{kN}$
C. $P_1=12.25 \text{kN}$，$P_2=13.66 \text{kN}$
D. $P_1=12.25 \text{kN}$，$P_2=15 \text{kN}$

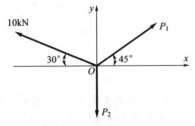

图 2.22　选择题 2.3 图

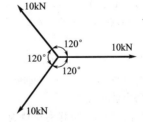

图 2.23　选择题 2.5 图

2.4 下列四种受力情况中，（　　）应按分布力系来考虑。
A. 自行车轮胎对水平地面的压力
B. 楼板对楼面梁的作用力
C. 车床工作时车刀对工件的切削力
D. 滚珠轴承对转轴的支持力

2.5 如图 2.23 所示为由三个力组成的平面汇交力系，其合力的大小为（　　）。
A. 30kN
B. 20kN
C. 10kN
D. 0

2.6 砖墙承重的房屋结构中，预制挑梁受力如图 2.24 所示，其中悬挑部分的均布荷载 q 为阳台预制板传来的压力，集中力 F 为阳台栏杆（或栏板）传递的力，插入墙体部分所受的力 P 为墙内挑梁受到墙体重力和楼板压力的合力。试问 P 值为下列何项值时，此梁不致绕 O 点倾覆。（　　）
A. 大于 12.5kN
B. 大于 10kN
C. 小于 12.5kN
D. 小于 10kN

2.7 水泥砂浆的重度（或容重）为 20kN/m³，若在楼板上铺设 20mm 厚的砂浆找平层，则楼板受到

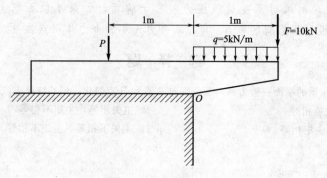

图 2.24 选择题 2.6 图

的该项面荷载（集度）为（　　）kN/m^2。

A. 0.04 　　　　B. 0.4 　　　　C. 4.0 　　　　D. 10.0

计 算 题

2.1　如图 2.25 所示为作用于物体上同一点的四个力，已知 $F_1=20kN$、$F_2=30kN$、$F_3=25kN$、$F_4=40kN$，试确定合力的大小和方向。

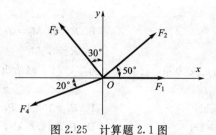

图 2.25 计算题 2.1 图

2.2　设力 F 在直角坐标轴 x、y 上的投影分别为 F_x、F_y，力的作用线上任一点的坐标为 (x, y)，试证明该力对坐标原点 O 的矩可由下式计算

$$M_O(F)=F_y x - F_x y$$

2.3　某物体 A 点上受二力作用。$F_1=400N$，与 x 轴正向成 θ 角；$F_2=700N$，沿 x 轴正向，该二力的合力大小为 $R=1000N$。试求夹角 θ 和合力的方向。

2.4　平面力系的四个力 F_1、F_2、F_3 与 F_4，其投影 F_x、F_y 及作用点的坐标 (x, y) 列于下表之中，力的单位为千牛（kN），坐标的单位为米（m）。试将该力系向坐标原点 O 简化，并求其合力作用线的方程。

	F_1	F_2	F_3	F_4
F_x	1	−2	3	−5
F_y	4	3	−4	−4
x	2	−2	3	−6
y	1	−1	−3	4

2.5　已知 $F_1=2kN$，$F_2=4kN$，$F_3=10kN$，三力分别作用在边长为 100cm 的正方形 $ABCD$ 的 D、A、C 三点上，如图 2.26 所示。试求该三力合成的结果。

2.6　已知三力 $F_1=F_2=F_3=100N$，分别作用在等边三角形 ABC 的三个顶点，方向沿三角形的三条边，如图 2.27 所示。若三角形的边长为 20cm，求力系合成的结果。

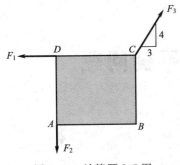
图 2.26 计算题 2.5 图

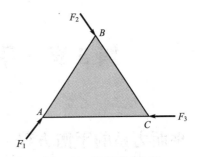
图 2.27 计算题 2.6 图

2.7 某墙体高 3.5m，宽 3.3m，承受垂直墙面的风压力 0.80kN/m^2，结构设计计算时要求将风压力转换成沿墙高分布的线荷载，试求线荷载集度 q。

2.8 弯杆承受的外力和外力偶如图 2.28 所示。试求：(1) 合力的大小和方向；(2) 合力作用线在 AB 线上的位置；(3) 合力作用线在 BC 线上的位置。

2.9 砌筑在基岩上的堤坝，高为 h、宽为 b，如图 2.29 所示。堤前水深等于堤高 h，水和堤身的单位体积重量分别为 γ_w 和 γ。问欲防止堤身绕 A 点翻倒（倾覆），比值 h/b 应等于多少？（提示：沿堤坝的长度方向取 1m 来分析。）

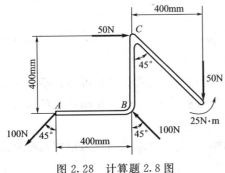
图 2.28 计算题 2.8 图

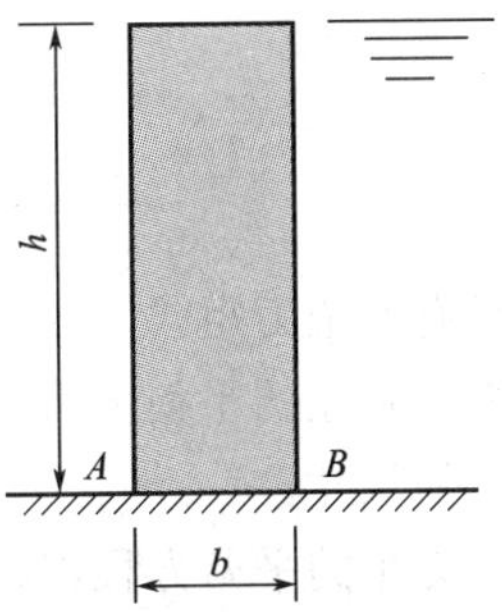

图 2.29 计算题 2.9 图

2.10 如图 2.30 所示为某拦河大坝，它主要由拦水坝和水闸两部分组成。坝前承受上游水压力作用、坝后承受下游水压力作用，设坝前水深 27m，上、下游水位差 12m，沿坝体长度方向取 1m，试画出坝前坝后（或闸前闸后）水压力的分布图，并计算各自合力的大小和作用点位置（取水的重度为 10kN/m^3）。

图 2.30 计算题 2.10 图

第3章 平面力系平衡问题

3.1 平面力系的平衡方程

3.1.1 平面一般力系的平衡方程

由第2章可知，平面一般力系向简化中心O简化，可得主矢R和主矩M_O，主矢使物体随简化中心移动、而主矩则使物体绕简化中心转动。很明显，若主矢和主矩均为零，则物体的运动效应（外效应）为零，该平面一般力系为平衡力系。所以，平面一般力系平衡的充分和必要条件是：力系的主矢和力系对平面内任一点的主矩都分别等于零，即$R=0$，$M_O=0$。根据式(2.13)和式(2.14)，得平面一般力系**平衡方程**（equilibrium equation）的基本形式如下

$$\left.\begin{array}{r}\sum F_x=0\\ \sum F_y=0\\ \sum M_O(F)=0\end{array}\right\} \quad (3.1)$$

该基本方程只有一个力矩式，故又称为平衡方程的一力矩式。从式(3.1)可知，平面一般力系有且仅有三个独立的平衡方程，最多可求解**三个未知量**（three unknowns）：未知的约束反力或有关几何尺寸。

平面一般力系的平衡方程，根据使用上的方便性，还有二力矩式和三力矩式两种形式。

二力矩式平衡方程为

$$\left.\begin{array}{r}\sum F_x=0，或\sum F_y=0\\ \sum M_A(F)=0\\ \sum M_B(F)=0\end{array}\right\} \quad (3.2)$$

它要求投影轴x（或y）不垂直于A、B两点的连线。如果x轴（或y轴）垂直于A、B两点连线，则对于作用线通过A、B两点连线的非零外力F而言，亦能满足式(3.2)，这与满足该式是平衡的充分必要条件相矛盾。所以要求x轴（或y轴）不垂直于A、B两点的连线，上述非零力F虽然能满足式(3.2)中的第二式和第三式，但不能满足第一式，所以物体不平衡。限制条件是关于这一特殊漏洞的一个"补丁"。

三力矩式平衡方程为

$$\left.\begin{array}{r}\sum M_A(F)=0\\ \sum M_B(F)=0\\ \sum M_C(F)=0\end{array}\right\} \quad (3.3)$$

其中A、B、C三点不能选在同一直线上，即取矩的三点不应共线。第一式说明力系只能合成一个通过A点的合力R；当第二式被同时满足时，力系若有合力，则必通过A、B两点；因A、B、C三点不共线，故当满足第三式时，必定$R=0$。因而可断定，凡满足式(3.3)的

平面一般力系必然是平衡力系。

平面一般力系共有三种不同形式的平衡方程，每一种形式都只包含三个独立的平衡方程。实际应用中采用哪一种形式的平衡方程，完全取决于计算是否简便，以力求避免求解联立方程为目标，尽量使一个方程只包含一个未知量。

3.1.2 特殊平面力系的平衡方程

对于非平面一般力系的特殊力系，其独立的平衡方程数目还会减少。

(1) 平面汇交力系

平面汇交力系是平面一般力系的特殊情况之一，以汇交点为简化中心，式(3.1) 的第三式恒满足，余下第一、第二两式

$$\left.\begin{array}{l}\sum F_x=0\\ \sum F_y=0\end{array}\right\} \tag{3.4}$$

有两个独立的平衡方程，可求解两个未知量。

(2) 平面平行力系

设力系平行于 y 轴，则式(3.1) 的第一式自然满足，剩下两式

$$\left.\begin{array}{l}\sum F_y=0\\ \sum M_O(F)=0\end{array}\right\} \tag{3.5}$$

平面平行力系也只有两个独立的平衡方程，亦只能求解两个未知量。平面平行力系的平衡方程还可以写成如下的二力矩式

$$\left.\begin{array}{l}\sum M_A(F)=0\\ \sum M_B(F)=0\end{array}\right\} \tag{3.6}$$

其中 A、B 两点的连线不与力系平行。

(3) 平面力偶系

平面力偶系向任一点简化，主矢恒等于零，因此式(3.1) 中的第一、二两式自动满足，平衡方程为

$$\sum M_O(F)=0 \tag{3.7}$$

仅剩下一个独立的平衡方程，仅能求解一个未知量。

3.2 平衡方程的应用

3.2.1 单个物体平衡

平衡方程求解单个物体或结构整体的平衡问题时，可按如下步骤进行。

(1) 选取研究对象，画受力图

首先根据题意，选取需要分析的物体（研究对象），将其从周围物体中脱离出来，成为自由体，然后在自由体上画出全部主动力和所有约束反力，得到物体的**受力图**（free body diagram）。

(2) 列平衡方程

根据力系的类型和需要求解的未知量的数目，对照受力图列出相应独立平衡方程。为使计算简捷，应尽可能地使每个方程中只包含一个未知量，为此，坐标轴应与较多未知力的

作用线垂直，矩心可取在两个未知力作用线的交点上。

(3) 解方程

求解所列平衡方程，得到未知的约束反力。若求得的约束反力为负，说明力的方向与受力图中假设的方向相反；如果用它代入另一方程求解其他未知量时，应连同负号一并代入。

【例3.1】 火箭与水平面成 $\beta=25°$ 角方向作匀速直线运动，如图 3.1 所示。已知火箭推力 $F=100\text{kN}$，与运动方向成 $\alpha=5°$ 角，火箭重 $W=200\text{kN}$，求空气动力 Q 的大小和它与飞行方向的交角 γ。

【解】 火箭为研究对象，受力如图 3.1 所示，为平面汇交力系。因为 $\alpha+\beta=25°+5°=30°$，所以平衡方程为

$$\sum F_x=0: F\cos30°+Q\cos(\beta+\gamma)=0$$
$$\sum F_y=0: F\sin30°+Q\sin(\beta+\gamma)-W=0$$

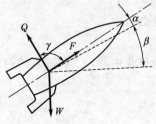

图 3.1 例 3.1 图

由此解得空气动力的大小

$$Q=\sqrt{(-F\cos30°)^2+(W-F\sin30°)^2}=\sqrt{(-100\times0.866)^2+(200-100\times0.5)^2}=173.2\text{kN}$$

空气动力与飞行方向的夹角

$$\cos(\beta+\gamma)=-\frac{F\cos30°}{Q}=-\frac{100\times0.866}{173.2}=-0.5$$

$$\beta+\gamma=120°$$

$$\gamma=120°-\beta=120°-25°=95°$$

【例3.2】 求图 3.2(a) 所示构架 B、C 处的约束反力 R_B 和 R_C。

【解】 以构架为研究对象，去掉约束 B、C 成为自由体。因 AB、AC 直杆均为二力杆件，所以 B 处反力 R_B 的作用线沿 AB 杆，C 处反力 R_C 的作用线沿 AC 杆，受力如图 3.2(b) 所示。研究对象所受之力为平面汇交力系，平衡方程为

$$\sum F_y=0: R_B\sin60°-F=0$$
$$\sum F_x=0: R_C-R_B\cos60°=0$$

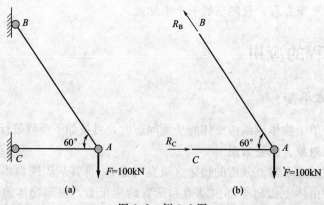

图 3.2 例 3.2 图

所以解得

$$R_B=\frac{F}{\sin60°}=\frac{100}{\sqrt{3}/2}=115.47\text{kN}$$

$$R_C = R_B\cos60° = \frac{100}{\sqrt{3}/2}\times0.5 = 57.74\text{kN}$$

结果都为正，说明受力图中所假定的方向就是实际方向，即约束反力使 AB 杆受拉、使 AC 杆受压。

【例 3.3】 如图 3.3(a) 所示杆件 ABC（通常称为梁 ABC），A 端为固定铰支座，B 处为链杆支座（或可动铰支座）。已知 $q=9\text{kN/m}$，$F=45\text{kN}$，$l=6\text{m}$，试求支座反力。

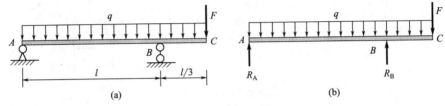

图 3.3　例 3.3 图

【解】

取 ABC 为研究对象，A 端虽然为固定铰支座，按约束性质反力应该为一水平力和一竖直力，但是因为外荷载（主动力）为平行力系，且 B 处链杆支座的约束反力也和外荷载平行，故 A 端固定铰支座的水平反力必定为零，所以物体的受力图如图 3.3(b) 所示。一般地讲，如果物体受 n 个力作用而平衡，且已知 $n-1$ 个力相互平行，则第 n 个力必然平行于力系中的其他诸力，形成平行力系。

平面平行力系，采用二力矩形式的平衡方程，可以避免求解联立方程：

$$\sum M_A(F)=0: R_Bl - q\times\frac{4l}{3}\times\frac{2l}{3} - F\times\frac{4l}{3} = 0$$

$$\sum M_B(F)=0: -R_Al - F\times\frac{l}{3} + q\times\frac{4l}{3}\times\left(\frac{2l}{3}-\frac{l}{3}\right) = 0$$

由此解得约束反力

$$R_A = \frac{4}{9}ql - \frac{1}{3}F = \frac{4}{9}\times9\times6 - \frac{1}{3}\times45 = 9\text{kN}$$

$$R_B = \frac{8}{9}ql + \frac{4}{3}F = \frac{8}{9}\times9\times6 + \frac{4}{3}\times45 = 108\text{kN}$$

结果为正，说明反力的指向与图示方向一致。

【例 3.4】 如图 3.4(a) 所示的刚架 ABCD，A 处为固定铰支座，C 处为链杆支座，试求该结构的支座反力。

【解】

以刚架 ABCD 为研究对象，受力如图 3.4(b) 所示。此为平面一般力系，采用基本形式的平衡方程，即可解出三个未知的约束反力。

$$\sum F_x = 0: 20 - R_{Ax} = 0$$

$$\sum F_y = 0: R_{Ay} + R_D - 5\times3.6 = 0$$

$$\sum M_A(F) = 0: R_D\times3.6 - 20\times2.1 - (5\times3.6)\times1.8 = 0$$

由此解得

$$R_D = [20\times2.1 + (5\times3.6)\times1.8]/3.6 = 20.67\text{kN}$$

$$R_{Ax} = 20\text{kN}$$

$$R_{Ay} = 5\times3.6 - R_D = 18 - 20.67 = -2.67\text{kN}$$

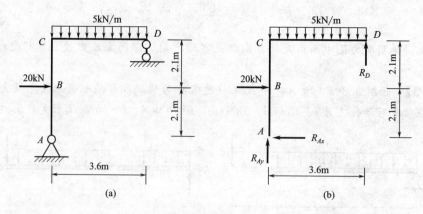

图 3.4 例 3.4 图

A 处竖向反力 R_{Ay} 为负，说明实际指向与图示方向相反，即应该是竖直向下（注：不需要去修改受力图）。

【例 3.5】 飞机属于有动力的航空飞行器，依靠固定在机身上的机翼产生升力而"悬浮"于空中水平向前飞行，提供动力的发动机通常安装在机翼的下方，如图 3.5 所示。其中机翼与机身之间为固定连接，可将机翼简化为一个悬臂构件 OA，如图 3.6(a) 所示。空气升力按梯形分布，已知 $q_1 = 60\text{kN/m}$，$q_2 = 40\text{kN/m}$。机翼重 $P_1 = 45\text{kN}$，发动机重 $P_2 = 20\text{kN}$，发动机螺旋桨的反作用力偶矩 $M = 18\text{kN} \cdot \text{m}$。求机翼处于平衡状态时，机翼固定端 O 处的约束反力。

图 3.5 飞机的主要组成

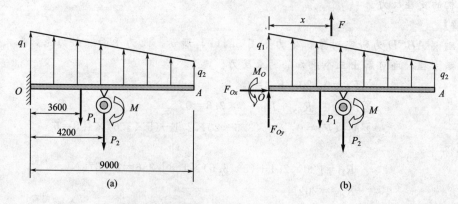

图 3.6 例 3.5 图

【解】

以机翼 OA 为研究对象,根据固定端的约束性质,O 处的约束反力应该有水平力 F_{Ox}、竖向力 F_{Oy} 和力偶 M_O,如图 3.6(b) 所示,属于平面一般力系。先计算空气升力的合力大小 F 和作用点的位置 x。

$$F = \frac{1}{2}(q_1 + q_2)l = \frac{1}{2} \times (60 + 40) \times 9 = 450 \text{kN}$$

$$x = \frac{l}{3} \times \frac{q_1 + 2q_2}{q_1 + q_2} = \frac{9}{3} \times \frac{60 + 2 \times 40}{60 + 40} = 4.2 \text{m}$$

平衡方程为

$\sum F_x = 0: F_{Ox} = 0$

$\sum F_y = 0: F_{Oy} + F - P_1 - P_2 = 0$

$\sum M_O(F) = 0: M_O + Fx - P_1 \times 3.6 - P_2 \times 4.2 - M = 0$

解得

$$F_{Ox} = 0$$

$$F_{Oy} = P_1 + P_2 - F = 45 + 20 - 450 = -385 \text{kN}$$

$$M_O = 3.6P_1 + 4.2P_2 + M - Fx = 3.6 \times 45 + 4.2 \times 20 + 18 - 450 \times 4.2 = -1626 \text{kN} \cdot \text{m}$$

本题的受力图中可以不画出反力 F_{Ox},按平面平行力系求解,所得结果完全相同。O 处反力的实际指向竖直向下,反力偶矩为顺时针转。

3.2.2 物体系统平衡

工程结构、机构,除单个物体以外,还存在大量的由多个物体组成的系统,物体之间通过约束彼此相连,这样的系统称为**物体系统**或**物系**(multi-body system)。在物体系统中,一个物体受力和其他物体相联系,系统整体受力又和局部相联系。

物体系统平衡,则组成该系统的每一个物体都处于平衡状态,反之亦然。物体系统平衡的求解方法有两种。一是先整体后局部的方法,即首先整体平衡,求出部分反力或列出相关平衡方程;然后从系统中选取某些物体(局部)为研究对象,写出平衡方程;最后解算所列方程得到全部未知量的值。二是拆件法,即将物体系统拆散,分别以每个物体为研究对象,列出各自的平衡方程,联立解算全部未知量。实际应用时采用何种方法,需要根据题目要求具体分析而定,但解题步骤是相同的,那就是:

① 选取研究对象;
② 画研究对象的受力图;
③ 列平衡方程;
④ 解出全部结果。

【例 3.6】 三铰刚架的尺寸和受力如图 3.7(a) 所示,已知 $F = 12 \text{kN}$,$q = 6 \text{kN/m}$,试求固定铰支座 A、B 的约束反力。

【解】

采用先整体,后局部的方法。

(1) 以整体为研究对象,受力如图 3.7(b) 所示,为平面一般力系,所以应有

$\sum F_x = 0: F - R_{Ax} - R_{Bx} = 0$ ①

$\sum M_A(F) = 0: R_{By} \times 6 - q \times 6 \times 3 - F \times 8 = 0$ ②

$$\sum M_B(F) = 0: -R_{Ay} \times 6 + q \times 6 \times 3 - F \times 8 = 0 \quad ③$$

由②、③两式分别解得：
$$R_{By} = 3q + 4F/3 = 3 \times 6 + 4 \times 12/3 = 34 \text{kN}$$
$$R_{Ay} = 3q - 4F/3 = 3 \times 6 - 4 \times 12/3 = 2 \text{kN}$$

式①包含两个未知量，解不出结果。

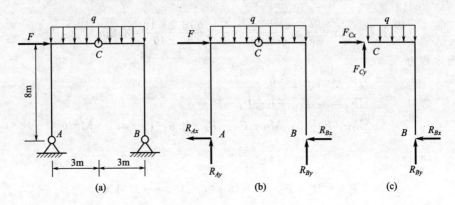

图 3.7 例 3.6 图

(2) 以 BC 为研究对象，受力如图 3.7(c) 所示

因为本题不需要求 C 铰反力，所以只需列出一个不包含 F_{Cx}、F_{Cy} 的平衡方程即可：
$$\sum M_C(F) = 0: R_{By} \times 3 - R_{Bx} \times 8 - q \times 3 \times 1.5 = 0 \quad ④$$

所以
$$R_{Bx} = \frac{1}{8}(3R_{By} - 4.5q) = \frac{1}{8}(3 \times 34 - 4.5 \times 6) = 9.375 \text{kN}$$

再由式①得
$$R_{Ax} = F - R_{Bx} = 12 - 9.375 = 2.625 \text{kN}$$

【例 3.7】 图 3.8(a) 所示结构，由 ABC 和 CD 两个物体（梁）在 C 处铰接成整体，A 处为固定铰支座，B、D 处为可动铰支座。试求支座 A、B、D 的约束反力。

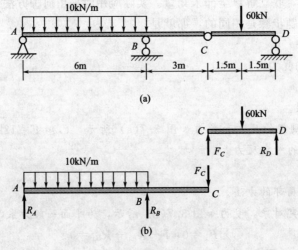

图 3.8 例 3.7 图

【解】

物体系统由两个物体 ABC 和 CD 在 C 处用铰连接而成,可将其拆开分别研究,各自平衡。先画 CD 的受力图,外力和 D 处反力均沿竖直方向,所以 C 处反力 F_C 亦沿竖直方向,为平面平行力系;物体 ABC 和物体 CD 在 C 处形成作用与反作用的关系,ABC 也承受平面平行力系作用,受力如图 3.8(b) 所示。

(1) CD 平衡

由平衡方程

$$\sum M_C(F) = 0: R_D \times 3 - 60 \times 1.5 = 0$$

$$\sum M_D(F) = 0: 60 \times 1.5 - F_C \times 3 = 0$$

解得

$$R_D = 30 \text{kN}, \quad F_C = 30 \text{kN}$$

(2) ABC 平衡

由平衡方程

$$\sum M_B(F) = 0: -R_A \times 6 - F_C \times 3 + 10 \times 6 \times 3 = 0$$

$$\sum M_A(F) = 0: R_B \times 6 - F_C \times 9 - 10 \times 6 \times 3 = 0$$

解得

$$R_A = -0.5 F_C + 30 = -0.5 \times 30 + 30 = 15 \text{kN}$$

$$R_B = 1.5 F_C + 30 = 1.5 \times 30 + 30 = 75 \text{kN}$$

3.2.3 静定与超静定的概念

确定物体空间位置所需的独立坐标数目称为物体的**自由度**(degree of freedom),用 n 表示。确定平面上一个点的位置需要 (x, y) 两个坐标,故自由度 $n=2$;物体在平面上的位置可由两个点唯一确定,即需要 (x_1, y_1) 和 (x_2, y_2) 四个坐标,但两点之间的距离保持不变,四个坐标中只有三个独立,所以自由度 $n=3$。

工程上将自由度 $n>0$ 的物体系统称为**机构**(mechanism),机构的运动状态是变化的,变化规律由动力学方程描述;将自由度 $n=0$ 的物体系统称为**结构**(structure),结构的运动状态不发生改变,属于静力平衡问题。

在静力学的平衡问题中,每个物体独立的平衡方程数是一定的,物体系统总的独立平衡方程数也是一定的。如果未知量的数目与所能建立的独立平衡方程数目相等,则未知量可以通过平衡方程全部求出,这类问题称为**静定问题**(statically determinate problems),相应的结构称为**静定结构**(statically determinate structure)。如果未知量的数目多于独立平衡方程数目,仅用平衡方程不能求出全部未知量,这类问题称为**超静定问题**(statically indeterminate problems),相应的结构称为**超静定结构**(statically indeterminate structure)。

超静定结构是在静定结构的基础上,人为增加约束或支座形成的,该新增约束称为多余约束或赘余约束。多余约束的个数称为超静定次数,或未知量数目与独立平衡方程数目的差值为超静定次数。超静定问题需要补充方程,才能求解全部约束反力。补充方程的依据之一就是"变形协调"或"变形相容",这在第 5 章有简单介绍。更详细的超静定问题的解法,可参见《结构力学》。

3.3 平面桁架受力分析

3.3.1 平面桁架及其分类

桁架（truss）是由二力杆系所组成的工程结构，各杆件处于同一平面内的桁架称为**平面桁架**（plane truss）。桁架各杆件在端部通过铰接（焊接、螺栓、铆钉、榫头）**节点**（joint）相连，并假定：

① 各节点都是无摩擦的**理想铰**（ideal hinge），且不计杆件自重；
② 各杆件之轴线为直线，且通过铰中心；
③ 外荷载只作用在节点上，且平行于桁架平面。

根据上述假定，组成桁架的每根杆件只承受沿轴线方向的拉力或压力作用，沿轴线方向发生伸长或缩短变形，截面上受力均匀，材料得以充分利用，跨越能力较大。

桁架的外围杆件称为弦杆，弦杆分上弦杆和下弦杆；中间杆件称为腹杆，腹杆分竖腹杆和斜腹杆。根据外形不同，桁架可为三角形桁架、抛物线形桁架、梯形桁架和平行弦桁架，如图3.9所示。根据所使用的材料不同，桁架又可分为木桁架、钢桁架（见图1.15、图3.10）、钢木组合桁架（见图1.14）以及钢筋混凝土桁架（见图3.11）。

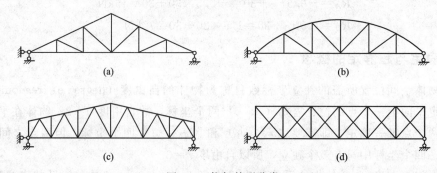

图 3.9 桁架外形分类

(a) 南京长江大桥：钢桁架梁桥

(b) 重庆朝天门长江大桥：钢桁架拱桥

图 3.10 钢桁架桥梁

桁架结构在工程中应用广泛，起重机、油田井架、电视塔、桥梁、屋架等结构都可以采用桁架结构。如图3.10(a)所示为20世纪60年代建成的南京长江大桥，为铁路公路两用桥，主体结构为钢桁架梁桥；如图3.10(b)所示是本世纪初建成通车的重庆朝天门长江大桥，钢桁架拱桥，除满足交通需要外，还成为城市的一大景观。桁架结构用于房屋建筑工程，是作为屋架以支承屋面，形成屋盖，如图3.11所示。砌体厂房多采用木屋架或钢木组

图 3.11 厂房屋架：钢筋混凝土桁架

合屋架，钢结构厂房一般采用钢屋架，而钢筋混凝土厂房则采用钢筋混凝土屋架。

3.3.2 节点法分析桁架

所谓**节点法**（method of joint）就是取桁架的每一个节点为研究对象，因承受平面汇交力系作用，所以可列出两个独立的平衡方程。设结构有 n 个节点，则可列出 $2n$ 个独立的平衡方程，能求解 $2n$ 个未知量。计算时，一般先由整体平衡求出支座反力，然后从不超过两个未知量的节点开始，写平衡方程，依次求解。这样，可求出静定桁架每根杆件所受到的力。

桁架杆件所受到的力，因为沿杆件轴线，所以称为**轴向力**或**轴力**（axial force），用 N 表示，以受拉（箭头离开节点）者为正，受压（箭头指向节点）者为负。若杆件用数字 1、2…进行编号，则轴力以 N_1、N_2…表示；若杆件没有编号，则以杆端节点的两个字母作为下标予以标记，如 N_{AB}、N_{AC}…。

桁架结构中，凡轴力为零的杆件，称为**零力杆件**或**零杆**（zero-force member）。零杆此时不参与受力，可事先找出来并从结构中去除，使计算简单化。出现零杆的情况有以下两种。

① L 形节点：不共线的两杆节点，称为 L 形节点。如果无节点荷载作用，则该两杆皆为零力杆件，如图 3.12(a) 所示；若节点上有荷载作用，但外荷载的方向沿其中一根杆件，则另一杆为零杆，如图 3.12(b) 所示。

② T 形节点：三杆交汇且其中两杆共线的节点，称为 T 形节点，如图 3.12(c) 所示。若节点上无荷载作用，则第三杆（不共线的杆）必为零力杆件，且共线二杆所受的力相等。

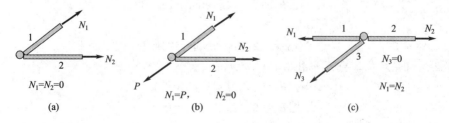

图 3.12 零力杆件

需要指出的是，零杆并不是桁架中的无用杆件，更不能去掉。在一组荷载作用下是零杆，在另一组荷载作用下可能就不是零杆，实际工程中它们有受力的机会。再者，零杆在保

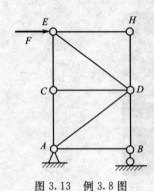

图 3.13 例 3.8 图

持静定桁架几何稳定方面还起着重要作用。

【例 3.8】 试分析图 3.13 所示桁架的零力杆件。

【解】

节点 C 为 T 形节点，且不受外力作用，其中不共线的 CD 杆就是零力杆件；节点 H 为 L 形节点，且该节点上无外荷载作用，所以该节点相交的两杆 HE、HD 都为零力杆件；节点 B 为 L 形节点，外力为支座反力，竖直向上，即 B 点支座反力沿 BD 杆，故另一杆 BA 为零力杆件。

【例 3.9】 求图 3.14 所示桁架每一根杆所受的轴力。

【解】

(1) 支座反力

以整体为研究对象，受力如图 3.14 所示，属于平面一般力系。平衡方程为

$$\sum F_x = 0: X_A = 0$$
$$\sum F_y = 0: Y_A + Y_B - 10 - 10 - 10 = 0$$
$$\sum M_A(F) = 0: Y_B \times 16 - 10 \times 4 - 10 \times 8 - 10 \times 12 = 0$$

解得

$$X_A = 0, \quad Y_A = 15 \text{kN}, \quad Y_B = 15 \text{kN}$$

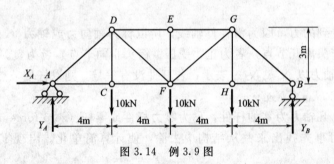

图 3.14 例 3.9 图

(2) 节点法求轴力

已知弦杆长 4m，竖腹杆长 3m，则斜腹杆长为 5m。设斜杆与水平线的夹角为 α，依据三角关系有 $\sin\alpha = 0.6$，$\cos\alpha = 0.8$。

A 节点为研究对象，受力如图 3.15(a) 所示

$$\sum F_x = 0: N_{AD}\cos\alpha + N_{AC} = 0$$
$$\sum F_y = 0: N_{AD}\sin\alpha + 15 = 0$$

解得

$$N_{AD} = -25 \text{kN}, \quad N_{AC} = 20 \text{kN}$$

C 节点为研究对象，受力如图 3.15(b) 所示

$$\sum F_x = 0: N_{CF} - N_{CA} = 0$$
$$\sum F_y = 0: N_{CD} - 10 = 0$$

解得

$$N_{CF} = 20 \text{kN}, \quad N_{CD} = 10 \text{kN}$$

D 节点为研究对象，受力如图 3.15(c) 所示

$$\sum F_x = 0: N_{DE} + N_{DF}\cos\alpha - N_{DA}\cos\alpha = 0$$

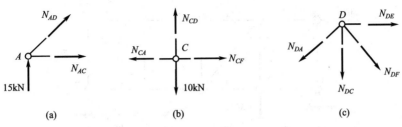

图 3.15 节点受力图

$$\sum F_y = 0: -N_{DC} - N_{DF}\sin\alpha - N_{DA}\sin\alpha = 0$$

解得

$$N_{DF} = 8.33\text{kN}, \quad N_{DE} = -26.66\text{kN}$$

E 节点为研究对象,是 T 形节点且无外荷载作用,所以

$$N_{EF} = 0, \quad N_{EG} = N_{DE} = -26.66\text{kN}$$

根据对称性,可得右半部分杆件的轴力。各杆轴力标注于杆件旁边,如图 3.16 所示,图中正值为拉力,负值为压力,单位为 kN。

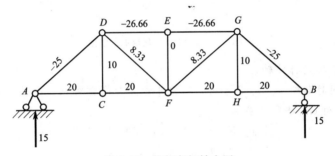

图 3.16 桁架各杆轴力图

3.3.3 截面法分析桁架

用一个截面截取桁架的某一部分作为自由体,建立平衡方程,求解杆件轴力的方法,称为**截面法**(method of section)。

作用于平面桁架某一部分上的荷载多为平面一般力系,存在三个独立的平衡方程,最多可以求解三个未知量。因此,截面法求解桁架时,总是先以整体为研究对象,求出支座反力,然后用截面截断杆件使结构一分为二,取其中一部分平衡,求解截断杆件的轴力。只要一次截断的杆件不超过三根,就容易求解。

【例 3.10】 试求图 3.17 所示桁架中杆件 1、2 和 3 的轴力。

【解】

(1) 支座反力

以整体为研究对象,受力如图 3.18(a) 所示。由平衡方程

$$\sum F_x = 0: 30 - X_A = 0$$
$$\sum M_B(F) = 0: -Y_A \times 12 + 120 \times 9 - 30 \times 4 = 0$$
$$\sum M_A(F) = 0: R_B \times 12 - 120 \times 3 - 30 \times 4 = 0$$

解得

$$X_A = 30\text{kN}, \quad Y_A = 80\text{kN}, \quad R_B = 40\text{kN}$$

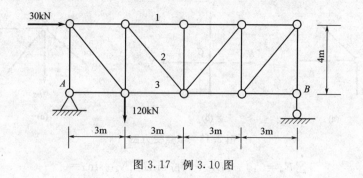

图 3.17 例 3.10 图

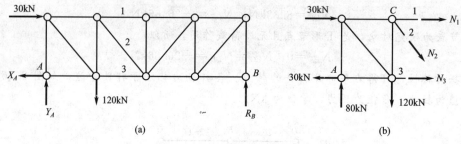

图 3.18 整体和部分的受力图

(2) 截面法求指定杆件轴力

用一个截面同时截断 1、2、3 号杆,取左半部分为研究对象,受力如图 3.18(b) 所示,设 1、2 杆的交点为 C。平衡方程为

$$\sum M_C(F) = 0: N_3 \times 4 - 80 \times 3 - 30 \times 4 = 0$$
$$\sum F_y = 0: 80 - 120 - N_2 \times 0.8 = 0$$
$$\sum F_x = 0: N_1 + N_3 + N_2 \times 0.6 + 30 - 30 = 0$$

所以,得

$$N_3 = 90 \text{kN}, N_2 = -50 \text{kN}, N_1 = -60 \text{kN}$$

3.4 考虑摩擦时的平衡问题

3.4.1 摩擦力的概念

相互接触的两个物体在接触面如发生沿切线方向的相对运动或相对运动趋势时,存在该方向的约束以阻止相对运动,这种切向约束称为**滑动摩擦**(sliding friction)或**摩阻**(friction resistance),其约束反力就是**摩擦力**(friction force)。滑动摩擦简称摩擦,它是机械运动中普遍存在的一种自然现象。无论是人步行,还是车辆行驶、机械运转,都存在摩擦。力学上通常将存在摩擦的接触称为粗糙接触,不考虑摩擦时的接触称为光滑接触,而不管实际接触是否真正光滑或凹凸不平。

摩擦在现实中利弊俱存。工程上广泛利用有利的一面,如机械加工中很多夹具利用摩擦夹紧工件,带轮利用摩擦传递运动,制动器利用摩擦刹车,螺栓利用摩擦紧锁;挡土墙、重力坝利用摩擦抵抗土压力、水压力引起的滑移,维持稳定;夹片式锚具、锥塞式锚具均利用摩擦锚固(固定)预应力钢筋;桩基础中,摩擦桩利用桩侧土的摩阻力支承上部结构。摩擦之弊端主要表现在以下几方面：摩擦引起机械发热，零件磨损，使机器精度降低，缩短使用寿命；同时，摩擦还会阻碍机械的运动，消耗能量，使机械效率降低。实际工程需要减小摩擦作用，降低不利影响。

滑动摩擦可分为**干摩擦**（dry friction）、**流体摩擦**（fluid friction）和**内摩擦**（internal friction）三种类型。干摩擦是指两固体的粗糙表面无润滑地相互接触，有相对滑动或滑动趋势时，两表面上产生的阻碍相互滑动的机械作用；流体摩擦则是流体（液体或气体）的相邻层面或与固体之间的界面以不同速度运动时，流体相邻层面上或与固体表面相切的方向产生的摩擦；内摩擦为物体内部各部分发生相对运动时，相关部分之间产生的摩擦。土颗粒之间的摩擦就属于内摩擦，土力学中要涉及这种摩擦。

除滑动摩擦以外，还有滚动摩擦。古人很早就知道用轮的滚动来代替橇的滑动，可省不少的力，说明滚动摩阻远小于滑动摩阻。这里只介绍滑动摩擦，且不涉及流体摩擦。

3.4.2 滑动摩擦力

(1) 静滑动摩擦力

物体之间存在相对运动趋势时，粗糙接触表面处的切向约束反力，称为静滑动摩擦力，简称**静摩擦力**（static friction force）。静摩擦力 F 的方向与运动趋势相反，而运动趋势则需要根据主动力来判断。如图 3.19(a) 所示的物体受外力（主动力）P 作用，则物体沿水平接触面就有向左滑动的趋势，故摩擦力水平向右指，如图 3.19(b) 所示。作为约束反力，摩擦力 F 的大小是未知的，应由平衡方程确定。对于图 3.19(b) 所示处于静止状态的物体，应有

$$\sum F_x = 0: F - P\cos\beta = 0$$

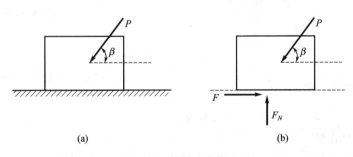

图 3.19 静滑动摩擦力

所以解得摩擦力的大小为

$$F = P\cos\beta$$

实践证明，静摩擦力的大小虽然由主动力来确定，但取值却有一个范围，即

$$0 \leqslant F \leqslant F_{\max} \qquad (3.8)$$

由平衡方程解出的 F 若超过最大值，则物体将不能保持静止状态，而会产生滑移。**最大静摩擦力**（maximum friction force）$F_{\max}$ 是物体在将滑而未滑的临界状态下取得的，其值由**库仑摩擦定律**（Coulomb law of friction）确定

$$F_{\max} = \mu F_N \qquad (3.9)$$

说明最大静摩擦力与接触面的法向反力 F_N 成正比，其比例系数 μ 在工程界称为**静摩擦系数**（static friction coefficient），在力学界近年改称为**静摩擦因数**（static friction factor）。

静摩擦系数通常简称摩擦系数、摩阻系数，它主要与材料和接触面的粗糙程度有关，还与干湿度、温度等因数有关，而与接触面积的大小无关。摩擦系数可通过实验测定，常用材料的摩擦系数取值范围参见表3.1。

表3.1　常用材料摩擦系数参考值

材料	摩擦系数 μ	材料	摩擦系数 μ
钢与钢	0.10～0.20	木材与木材	0.40～0.60
钢与木材	0.40～0.50	木材与土	0.30～0.70
钢与石材	0.30～0.50	木材与砖	0.60
钢与橡胶	0.90	混凝土与岩石	0.50～0.80
钢与铸铁	0.30	混凝土与砖	0.70～0.80
钢与青铜	0.15	混凝土与土	0.30～0.40

【例3.11】 如图3.20(a) 所示的物块处于静止状态，已知重量 $W=20\text{N}$，水平推力 $P=100\text{N}$，物块和墙面之间的摩擦系数为0.25，则物块受到的静摩擦力 $F=(\quad)$。

A. 25N　　　　B. 20N　　　　C. 30N　　　　D. 40N

【解】

物块在自重作用下，有下滑的趋势，故静摩擦力 F 向上，接触面的法向反力 F_N 水平向右，受力如图3.20(b) 所示。由平衡条件

$\sum F_x = 0$：$F_N - P = 0$

$\sum F_y = 0$：$F - W = 0$

解得

$F = W = 20\text{N}$

$F_N = 100\text{N}$

最大静摩擦力

$F_{max} = \mu F_N = 0.25 \times 100 = 25\text{N}$

因为满足条件 $F < F_{max}$，所以物块确实处于

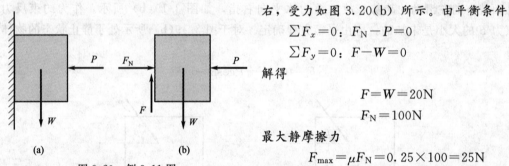

图3.20　例3.11图

静止状态，$F=20\text{N}$ 是问题的解，正确答案为 B。

(2) 摩擦角与自锁

物体之间接触处的摩擦力为切向反力，它与法向反力一起可以合成为一个合力 R，该合力称为全反力。当摩擦力取最大值时，全反力作用线与接触面法线之间的夹角 φ 称为**静摩擦角** (angle of static friction)，简称摩擦角，如图3.21所示。

摩擦角和摩擦系数之间的数量关系为

$$\tan\varphi = \frac{F_{max}}{F_N} = \frac{\mu F_N}{F_N} = \mu \quad (3.10)$$

摩擦角和摩擦系数一一对应。设主动力 P 与接触面法线之间的夹角为 α，平衡时应有

$F_N = P\cos\alpha$，$F = P\sin\alpha$

因为

$F \leqslant F_{max} = \mu F_N = \mu P\cos\alpha$

即

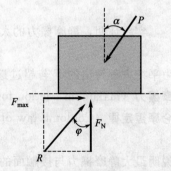

图3.21　摩擦角与自锁

$$P\sin\alpha \leqslant P\cos\alpha\tan\varphi$$

所以
$$\tan\alpha \leqslant \tan\varphi \text{ 或 } \alpha \leqslant \varphi \tag{3.11}$$

上式说明，只要夹角 $\alpha \leqslant \varphi$，不管外力多大物体总能处于平衡状态，这一现象称为**自锁**(self-lock)。这种与主动力的大小无关，而只跟摩擦角有关的平衡条件(3.11)，称为自锁条件。砂石、煤炭、粮食等散粒物体堆积时会形成自然坡角，这就是自锁现象所致。散粒物体堆积的最大坡角，称为休止角，其值等于内摩擦角。

土颗粒之间的摩擦角，称为土的内摩擦角。土的内摩擦角是地基土的一个重要的力学参数（抗剪强度指标之一），与地基的承载能力和边坡的稳定密切相关。

(3) 动滑动摩擦力

物体之间发生相对运动时，接触面切线方向的约束反力（摩擦阻力），就是**动滑动摩擦力**(dynamic friction force)，通常简称为动摩擦力或动摩阻力。动摩擦力的方向与相对运动方向相反，大小 F_d 也与接触面的法向反力成正比，即

$$F_d = \mu' F_N \tag{3.12}$$

比例系数 μ' 称为动（滑动）摩擦系数，其值由实验测定。动摩擦系数一般略小于静摩擦系数，且随运动速度的增大而减小，当速度不大时，可以认为是常数。对于精度不高的分析计算，可近似地取 $\mu' = \mu$。

3.4.3 考虑摩擦时的平衡问题

考虑摩擦时的平衡问题，仍然应用平衡方程求解，只是在受力分析中必须画上摩擦力这一约束反力。摩擦力总是沿着接触面的切线并与物体的相对运动趋势相反，而相对运动趋势需要根据主动力的作用情况来判定。摩擦平衡问题可以分为两类。

(1) 判断是否平衡

摩擦力的大小 F 是未知的，应由平衡方程确定，其值不超过 F_{max} 时物体平衡，否则不平衡，据此可以判断物体是否平衡。例 3.11 便属于这一类问题。

(2) 求解平衡范围

摩擦力在一个范围内取值 $F \leqslant F_{max}$，这导致问题的解答不是一个确定的值，是由不等式确定的一个范围。只有在将滑而未滑的临界状态，摩擦力才为定值，这时可以列出补充方程 $F = F_{max} = \mu F_N$，得到问题解答的上限值或下限值。结果到底是上限值还是下限值，可以根据实际情况按经验判断，也可直接求解不等式。

【例 3.12】 图 3.22(a) 所示梯子 AB，长度为 l，自重 $W = 200\text{N}$ 作用于中点 C。该梯子置于水平地面和竖直墙面之间，梯子与地面和墙面的摩擦系数相等，其值为 $\mu = 0.3$，为保证重量 $G = 800\text{N}$ 的人爬上梯子的顶端 B 仍能使 AB 处于静止状态，试问梯子与水平面的夹角 α 取值应为多少？

【解】

(1) 受力图

以梯子为研究对象，主动力为竖向力，梯子相对于墙面有下滑趋势，相对于地面有向右滑的趋势，受力如图 3.22(b) 所示，共有五个未知量，即 A、B 点水平和竖向反力，梯子与水平面的夹角 α。

(2) 平衡方程

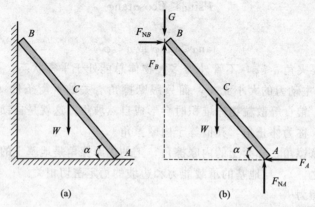

图 3.22 例 3.12 图

平面一般力系,有三个独立的平衡方程

$$\sum F_x = 0: F_{NB} - F_A = 0$$
$$\sum F_y = 0: F_B + F_{NA} - G - W = 0$$
$$\sum M_B(F) = 0: F_{NA}l\cos\alpha - F_A l\sin\alpha - W \times \frac{l}{2} \times \cos\alpha = 0$$

(3) 补充方程

考虑梯子处于将滑而未滑的临界状态,则有以下两个补充方程:

$$F_A = \mu F_{NA}, \quad F_B = \mu F_{NB}$$

(4) 求解 α

由以上三个平衡方程和两个补充方程,可解得

$$\tan\alpha = \frac{(G+W) - 0.5(1+\mu^2)W}{\mu(G+W)} = \frac{(800+200) - 0.5 \times (1+0.3^2) \times 200}{0.3 \times (800+200)} = 2.97$$

所以

$$\alpha = 71.4°$$

(5) 判断范围

根据问题的具体情况,71.4°应该是 α 的下限值,其上限值是 90°,所以梯子保持平衡状态时 α 的取值范围为

$$71.4° \leqslant \alpha \leqslant 90°$$

【例 3.13】 图 3.23(a)所示重力式挡土墙,墙身自重为 G,竖直墙背上承受的主动土压力[1] E_a 与水平方向的夹角为 δ(此为墙后填土与墙背之间的摩擦角)。设土对挡土墙基底面的摩擦系数为 μ,试求挡土墙不产生滑移的条件。

【解】

以挡土墙为研究对象,墙有向前滑移的趋势,故摩擦力 F 向后,受力如图 3.23(b)所示。由平衡方程

$$\sum F_x = 0: F - E_a\cos\delta = 0$$
$$\sum F_y = 0: F_N - G - E_a\sin\delta = 0$$

---

[1] 墙后填土作用于墙背上的压力,称为土压力。根据挡土墙的位移情况,可将土压力分为静止土压力、主动土压力和被动土压力三种类型。其中主动土压力最小,被动土压力最大,静止土压力居中。

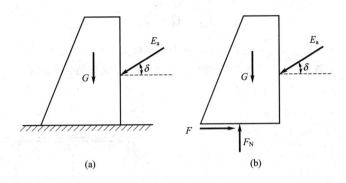

图 3.23 · 例 3.13 图

解得
$$F = E_a\cos\delta, \quad F_N = G + E_a\sin\delta$$

抗滑移稳定的条件为
$$F \leqslant F_{max} = \mu F_N$$

即
$$K_s = \frac{\mu F_N}{F} = \frac{\mu(G + E_a\sin\delta)}{E_a\cos\delta} \geqslant 1$$

K_s 称为抗滑移稳定安全系数,理论上要求不小于 1。为安全起见,土木工程实践中规定该值不应小于 1.3,即
$$K_s = \frac{\mu(G + E_a\sin\delta)}{E_a\cos\delta} \geqslant 1.3$$

思 考 题

3.1 物体受平面一般力系作用处于平衡状态,力系中共有 4 个未知量,能否写出如下的 4 个力矩平衡方程
$$\sum M_A(F) = 0, \sum M_B(F) = 0, \sum M_C(F) = 0, \sum M_D(F) = 0$$
来求解 4 个未知量?为什么?

3.2 如图 3.24 所示的平面平行力系,如选取的 x、y 轴都不与各力作用线平行,则平衡方程可以写出如下形式:
$$\sum F_x = 0$$
$$\sum F_y = 0$$
$$\sum M_O(F) = 0$$
上述三个方程是独立的平衡方程吗?为什么?

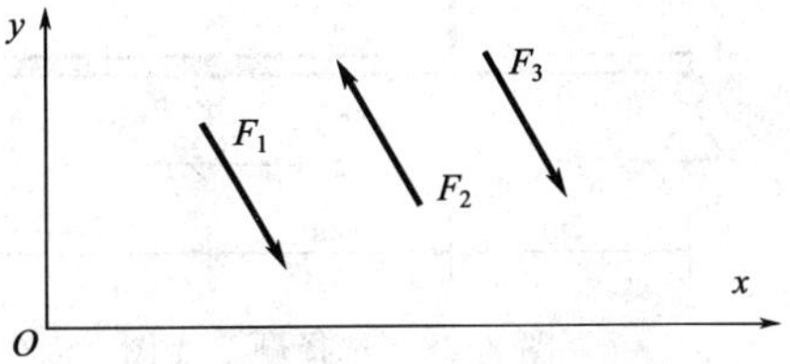

3.3 物体系统平衡问题的求解方法有哪些?如何巧妙地避免求解联立方程?

图 3.24 思考题 3.2 图

3.4 静定结构和超静定结构如何区分?如何确定超静定结构的超静定次数?

3.5 静定平面桁架轴力计算方法有哪两种?各自的计算步骤是怎样的?

3.6 如何快速判断桁架中的零力杆件?零杆在实际结构中为什么不去掉呢?

3.7 摩擦力等于法向反力乘以摩擦系数,这种说法是否正确?法向反力 F_N 是否一定等于物体的重力?为什么?

选 择 题

3.1 杆 AB 在 C 点受一竖向集中力 P 作用,在 D 点用绳索悬吊,杆的 A、B 两端则与光滑竖直墙面接触,如图 3.25 所示。该杆在 A、B 两点处的约束反力 F_A 和 F_B 之间的关系是（　　）。

A. $F_A > F_B$　　　　B. $F_A < F_B$　　　　C. $F_A = F_B$　　　　D. $F_A \leqslant F_B$

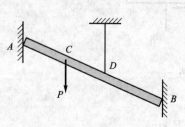

图 3.25　选择题 3.1 图

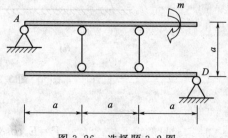

图 3.26　选择题 3.2 图

3.2 平面结构承受一个力偶作用,其力偶矩的大小为 $m = 300\text{kN} \cdot \text{m}$,如图 3.26 所示。若尺寸 $a = 1\text{m}$,则支座 D 处的约束反力为（　　）。

A. 100kN（↓）　　　B. 100kN（↑）　　　C. 300kN（→）　　　D. 300kN（←）

3.3 五根杆件用光滑铰链连接成为一个菱形结构,如图 3.27 所示。各杆自重不计,在铰链 A、B 处作用一对力 F,则 5 号杆受力大小为（　　）。

A. 0　　　　　　　B. 0.33F　　　　　C. 0.58F　　　　　D. F

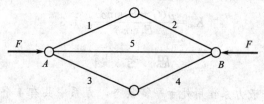

图 3.27　选择题 3.3 图

3.4 如图 3.28 所示为外伸梁,为了不使 A 点产生垂直的支座反力,集中荷载 P 的值应为（　　）。

A. 6kN　　　　　　B. 8kN　　　　　　C. 10kN　　　　　D. 12kN

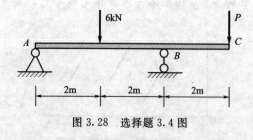

图 3.28　选择题 3.4 图

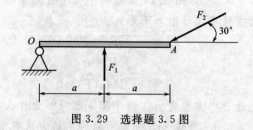

图 3.29　选择题 3.5 图

3.5 杆件 OA 可以绕 O 点在平面内任意转动,施加外荷载 F_1、F_2 后杆件处于静止状态,如图 3.29 所示。$F_1 = 20\text{N}$,F_2 应为（　　）。

A. 10N　　　　　　B. 20N　　　　　　C. 30N　　　　　D. 40N

3.6 如图 3.30 所示为桁架结构,仅在左上节点作用有水平力 F,此时结构的零杆的数量为（　　）。

A. 1　　　　　　　B. 2　　　　　　　C. 3　　　　　　　D. 4

3.7 物块 A 和 B 叠放在水平面上,如图 3.31 所示。设 A、B 的重量均为 10N,外力 $P = 5\text{N}$,两物块

之间及 B 与水平面之间的摩擦系数均为 0.2，则（　　）。

　　A. A 动 B 不动　　　B. B 动 A 不动　　　C. A、B 都不动　　　D. A、B 一起动

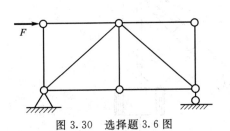

图 3.30　选择题 3.6 图

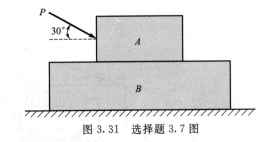

图 3.31　选择题 3.7 图

3.8　均质杆件 AB 重 W=6kN，A 端置于粗糙地面上，静滑动摩擦系数为 0.3，B 端靠在光滑墙面上，该杆件在如图 3.32 所示位置保持平衡状态，此时杆在 A 点受到的摩擦力 F=（　　）。

　　A. 1.5kN　　　　B. 1.73kN　　　　C. 1.8kN　　　　D. 2.0kN

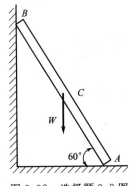

图 3.32　选择题 3.8 图

计 算 题

3.1　已知竖向外力 F=1000N，结构如图 3.33 所示，试求杆件 AB、AC 所受之力。

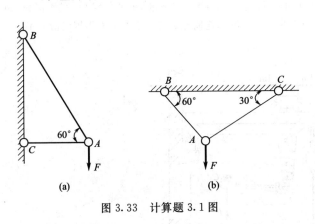

图 3.33　计算题 3.1 图

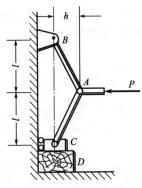

图 3.34　计算题 3.2 图

3.2　如图 3.34 所示为压榨机的示意图，在 A 铰处作用水平力 P，B 为固定铰链。由于水平力 P 的作用使物块 C 压紧物体 D。如物块 C 与墙壁光滑接触，压榨机尺寸如图所示，求物体 D 所受的压力。

3.3　履带式起重机如图 3.35 所示，绳索 DA 通过滑轮 A 与吊钩相连，再绕过吊钩滑轮，最后固定于 A。起吊时，只需收紧 DA，重物便会上升。已知起吊重量 P=100kN，起重臂 AB 的自重远小于起吊重量，

故可略去不计。重物静止不动或匀速上升时,求起重臂 AB 和缆绳 AC 所受的力。

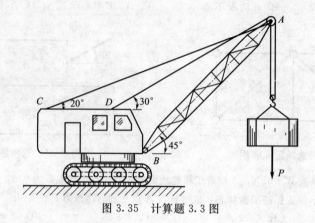

图 3.35 计算题 3.3 图

3.4 求图 3.36 所示结构的支座反力。

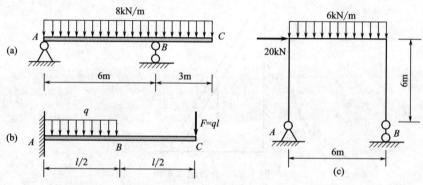

图 3.36 计算题 3.4 图

3.5 钢厂炼钢分转炉法炼钢和平炉法炼钢,其中平炉又称马丁炉。马丁炉的送料机构由跑车及行走的桥(桥式吊车的桥架)B 所组成,如图 3.37 所示。跑车装有轮子,可沿装在桥 B 上的轨道移动;跑车上有一操纵杆 D,其上装有铁铲 C;装在铁铲中的物料重 $P=15$kN,它到跑车铅垂轴线 OA 的距离为 5m。欲使跑车不倾倒,问跑车连同操纵杆的重量应有多大?设跑车连同操纵杆一起的重力作用线沿 OA,每一轮子到 OA 线的距离为 1m。

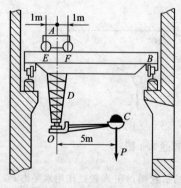

图 3.37 计算题 3.5 图

3.6 试求如图 3.38 所示结构的支座反力。
3.7 试计算图 3.39(a) 所示桁架各杆件的轴力,计算图 3.39(b) 所示桁架 1、2、3、4 号杆的轴力。

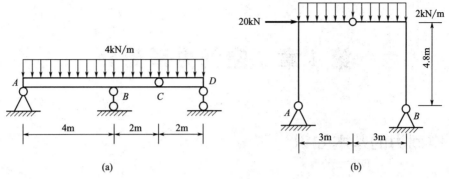

图 3.38　计算题 3.6 图

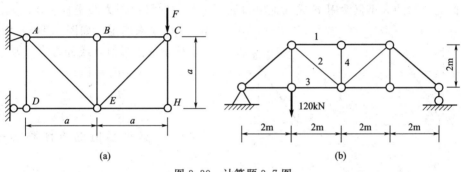

图 3.39　计算题 3.7 图

3.8　胶带输送机如图 3.40 所示,已知砂石与胶带之间的静滑动摩擦系数 $\mu=0.5$,试问输送带的最大倾角 α 为多大?

3.9　电工攀登水泥电线杆所用的脚上套钩如图 3.41 所示。已知电线杆的直径 $d=300$mm,套钩尺寸 $b=100$mm,套钩与电线杆之间的滑动摩擦系数 $\mu=0.3$,套钩的自重略去不计,工人的体重为 G。试问踏脚处到电线杆轴线间的距离 a 为多少方能保证工人安全操作。

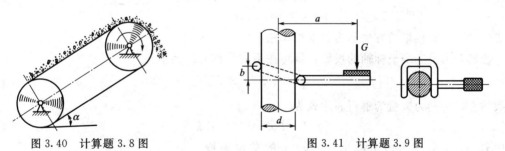

图 3.40　计算题 3.8 图　　　　图 3.41　计算题 3.9 图

第 4 章 空间力系简介

4.1 空间力的基本知识

4.1.1 空间力矢量的表示方法

空间力矢量的大小仍然用 F 或其他字母表示，其方向可以用力与坐标轴 x、y、z 的夹角 α、β、γ 来确定，如图 4.1(a) 所示。力沿坐标轴的投影值（或分力值）为

$$\left.\begin{aligned} F_x &= F\cos\alpha \\ F_y &= F\cos\beta \\ F_z &= F\cos\gamma \end{aligned}\right\} \quad (4.1)$$

按上式计算投影值的方法称为一次投影法。

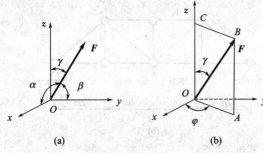

图 4.1 空间力矢量

空间力矢量的方向也可以用该力与 z 轴正向的夹角 γ 以及力与 z 轴所决定的平面 $OABC$ 与 xOz 坐标面所形成的夹角 φ 来确定，如图 4.1(b) 所示。此时 $OA = F\sin\gamma$，$OC = F\cos\gamma$，所以投影值（或分力值）为

$$\left.\begin{aligned} F_x &= OA\cos\varphi = F\sin\gamma\cos\varphi \\ F_y &= OA\sin\varphi = F\sin\gamma\sin\varphi \\ F_z &= OC = F\cos\gamma \end{aligned}\right\} \quad (4.2)$$

按式(4.2)计算投影的方法称为二次投影法。

若已知力沿三个坐标轴的投影，则可按下式计算力的大小

$$F = \sqrt{F_x^2 + F_y^2 + F_z^2} \quad (4.3)$$

在数学上，空间力矢量的解析表达式为

$$\boldsymbol{F} = F_x\boldsymbol{i} + F_y\boldsymbol{j} + F_z\boldsymbol{k} \quad (4.4)$$

式中 $\boldsymbol{i}$、$\boldsymbol{j}$、$\boldsymbol{k}$ 分别为沿坐标轴 x、y、z 的**单位矢量**（unit vector）。

4.1.2 空间力之矩

空间力矢量 $\boldsymbol{F}$ 起于 A 点（作用点），止于 B 点，如图 4.2 所示。按式(1.3)，该力对 O 点之矩的大小应为图中三角形 OAB 面积的二倍。设 A 点的**位置矢量**（position vector）为 $\boldsymbol{r}$，则空间力矢量 $\boldsymbol{F}$ 对 O 点之矩定义为 $\boldsymbol{r}$ 和 $\boldsymbol{F}$ 的**矢量积**（vector product）或叉积

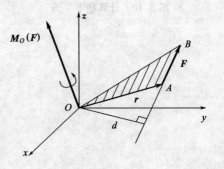

图 4.2 力对点之矩

(cross product)，若位置矢量 $r = xi + yj + zk$，则有

$$M_O(F) = r \times F = \begin{vmatrix} i & j & k \\ x & y & z \\ F_x & F_y & F_z \end{vmatrix} = (yF_z - zF_y)i + (zF_x - xF_z)j + (xF_y - yF_x)k \quad (4.5)$$

力对 O 点之矩 $M_O(F)$ 是**定位矢量或固定矢量**（fixed vector），三要素为：
① 大小：$|M_O(F)| = Fd = 2A_{\triangle OAB}$；
② 方向：按矢量叉积（$r \times F$）的右手法则确定；
③ 作用点：矩心 O。

力对 O 点之矩 $M_O(F)$ 这个定位矢量，可以沿坐标轴投影或分解，其结果就是力对相应坐标轴的矩

$$\left. \begin{array}{l} M_x(F) = yF_z - zF_y \\ M_y(F) = zF_x - xF_z \\ M_z(F) = xF_y - yF_x \end{array} \right\} \quad (4.6)$$

力对轴的矩是力使物体绕坐标轴转动效应的度量。力对轴的矩可以由式(4.6)计算，也可以基于下面的方法计算。实践经验表明，力通过坐标轴和平行于坐标轴皆不能使物体绕坐标轴转动，这说明：
① 力作用线通过轴，力对该轴之矩为零；
② 力作用线平行于轴，力对该轴之矩为零。

所以，力对轴之矩的计算，可以将力分解为平行于轴的分力和垂直于轴平面内的分力，而前者对轴之矩为零，仅剩下垂直于轴平面内的分力对轴取矩，按力乘以力臂进行计算。力对轴之矩是代数量，其大小等于力在垂直于轴的平面内的分力大小（或投影值）和它与轴之间的垂直距离的乘积，指向依据右手法则确定，大拇指所指与坐标轴正向一致者为正，否则为负。

依据力对坐标轴之矩，可以表示力对坐标原点之矩这一定位矢量

$$M_O(F) = M_x(F)i + M_y(F)j + M_z(F)k \quad (4.7)$$

力对点之矩的大小为

$$M_O(F) = |M_O(F)| = \sqrt{[M_x(F)]^2 + [M_y(F)]^2 + [M_z(F)]^2} \quad (4.8)$$

【**例4.1**】 图 4.3 所示立方体边长为 a，作用有两个力 P 和 Q，试求该二力分别对坐标轴的投影和力矩。

【**解**】
立方体的表面为正方形，其对角线的夹角为 $45°$。
(1) 对力 P，采用一次投影法计算投影

$$P_x = P\cos 45° = \frac{\sqrt{2}}{2}P, \quad P_y = 0, \quad P_z = P\sin 45° = \frac{\sqrt{2}}{2}P$$

对坐标轴的力矩为

$$M_x(P) = P_z a = \frac{\sqrt{2}}{2} Pa$$

$$M_y(P) = 0 \text{（力作用线通过 } y \text{ 轴）}$$

$$M_z(P) = -P_x a = -\frac{\sqrt{2}}{2} Pa$$

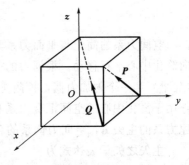

图 4.3 例 4.1 图

(2) 对力 Q，采用二次投影法计算投影

$$Q_{xy} = Q \times \frac{\sqrt{2}a}{\sqrt{3}a} = \frac{\sqrt{2}}{\sqrt{3}}Q$$

$$Q_x = -Q_{xy}\cos 45° = -\frac{\sqrt{2}}{\sqrt{3}}Q \times \frac{1}{\sqrt{2}} = -\frac{\sqrt{3}}{3}Q$$

$$Q_y = -Q_{xy}\sin 45° = -\frac{\sqrt{2}}{\sqrt{3}}Q \times \frac{1}{\sqrt{2}} = -\frac{\sqrt{3}}{3}Q$$

$$Q_z = Q \times \frac{a}{\sqrt{3}a} = \frac{\sqrt{3}}{3}Q$$

对坐标轴的力矩为

$$M_x(Q) = Q_z a = \frac{\sqrt{3}}{3}Qa, \quad M_y(Q) = -Q_z a = -\frac{\sqrt{3}}{3}Qa, \quad M_z(Q) = 0$$

4.2 空间力系的平衡条件

4.2.1 空间力系的简化

空间结构承受空间力系作用，且不能简化为平面力系，此时必须按空间力系对待。如图 4.4(a) 所示的高压铁塔和图 4.4(b) 所示的空间桁架结构，就应该按空间力系进行分析；水库大坝、曲线桥梁等也是空间受力结构。机械上车床主轴车刀的切削力通过工件传给旋转轴，同时轴还受到轴承的约束反力，属于空间受力；汽轮机的转子，高温高压的蒸汽压力作用于叶片，每片叶片上的力都要传给转子，而叶片沿转子的轴线排列，故转子受到的是不在一个平面上的力系作用。空间力系不同于平面力系，简化公式与平衡条件都要复杂得多。

(a) 高压铁塔　　(b) 空间桁架

图 4.4　空间受力的结构

空间力系的简化与平面力系简化一样，首先选定简化中心 O，然后将力系中的每一个力向简化中心平行移动。根据力的平移定理，每个力向 O 点移动，得到作用于 O 点的一个力（矢量）和一个附加力偶，该附加力偶的力偶矩为原力对 O 点之矩（矢量），于是得到一个作用于简化中心的空间汇交力系和作用于简化中心的空间力偶系。空间汇交力系的合力称为原力系的主矢 R，空间力偶系的合力偶为原力系的主矩 M_O。

主矢之矢量表达式为

$$R = \sum F = \sum(F_x \boldsymbol{i} + F_y \boldsymbol{j} + F_z \boldsymbol{k}) = (\sum F_x)\boldsymbol{i} + (\sum F_y)\boldsymbol{j} + (\sum F_z)\boldsymbol{k} \tag{4.9}$$

主矢的大小由下式计算

$$R=\sqrt{(\sum F_x)^2+(\sum F_y)^2+(\sum F_z)^2} \tag{4.10}$$

主矩的矢量表达式为

$$\begin{aligned}\boldsymbol{M}_O &=\sum\boldsymbol{M}_O(\boldsymbol{F})=\sum[M_x(F)\boldsymbol{i}+M_y(F)\boldsymbol{j}+M_z(F)\boldsymbol{k}]\\&=[\sum M_x(F)]\boldsymbol{i}+[\sum M_y(F)]\boldsymbol{j}+[\sum M_z(F)]\boldsymbol{k}\end{aligned} \tag{4.11}$$

主矩的大小为

$$M_O=\sqrt{[\sum M_x(F)]^2+[\sum M_y(F)]^2+[\sum M_z(F)]^2} \tag{4.12}$$

4.2.2 空间力系的平衡方程

既无移动效应，又无转动效应，物体处于平衡状态。所以，主矢、主矩均为零，是空间力系平衡的充分与必要条件。由式(4.10)和式(4.12)得空间一般力系的平衡方程

$$\left.\begin{aligned}\sum F_x=0, \sum M_x(F)=0\\\sum F_y=0, \sum M_y(F)=0\\\sum F_z=0, \sum M_z(F)=0\end{aligned}\right\} \tag{4.13}$$

物体受空间一般力系作用时，有且仅有 6 个独立的平衡方程，可求解 6 个未知量。

对于如图 4.5 所示的特殊空间力系——空间汇交力系和空间平行力系，独立的平衡方程数目还会减少。

(1) 空间汇交力系

对于图 4.5(a) 所示的空间汇交力系，因主矩恒为零，所以独立的平衡方程只有 3 个，即

$$\left.\begin{aligned}\sum F_x=0\\\sum F_y=0\\\sum F_z=0\end{aligned}\right\} \tag{4.14}$$

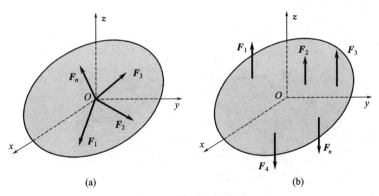

图 4.5 特殊空间力系

(2) 空间平行力系

对于图 4.5(b) 所示的空间平行力系，因力系平行于 z 轴，$\sum F_x=\sum F_y=\sum M_z(F)\equiv 0$，所以独立的平衡方程也只有 3 个，即

$$\left.\begin{aligned}\sum F_z=0\\\sum M_x(F)=0\\\sum M_y(F)=0\end{aligned}\right\} \tag{4.15}$$

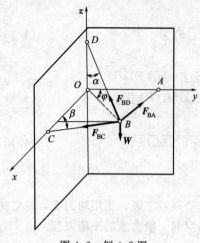

图 4.6 例 4.2 图

【例 4.2】 空间支架由三根直杆 BA、BC、BD 组成，杆端均为铰接，如图 4.6 所示。已知 $W=1\text{kN}$，$\alpha=30°$，$\beta=60°$，$\varphi=45°$，试求杆 BA、BC、BD 所受的力。

【解】

(1) 研究对象

因为三根直杆均为二力杆，各力汇交于 B 点，所以取 B 铰为研究对象，假设每杆均受拉力作用，则受力如图 4.6 所示。

(2) 列平衡方程

空间汇交力系，三个平衡方程

$$\sum F_z=0: F_{BD}\cos\alpha-W=0$$

$$\sum F_y=0: -F_{BC}\sin\beta-F_{BD}\sin\alpha\cos\varphi=0$$

$$\sum F_x=0: -F_{BA}+F_{BC}\cos\beta-F_{BD}\sin\alpha\sin\varphi=0$$

(3) 解方程得结果

$$F_{BD}=\frac{W}{\cos\alpha}=\frac{1}{\cos 30°}=\frac{2}{\sqrt{3}}=1.155\text{kN}$$

$$F_{BC}=-\frac{\sin\alpha\cos\varphi}{\sin\beta}F_{BD}=-\frac{\sqrt{2}}{3}=-0.471\text{kN}$$

$$F_{BA}=F_{BC}\cos\beta-F_{BD}\sin\alpha\sin\varphi=-\frac{\sqrt{2}+\sqrt{6}}{6}=-0.644\text{kN}$$

结果表明 BD 杆受拉，BA 杆、BC 杆受压。

【例 4.3】 三轮车连同上面的货物共重 $G=3\text{kN}$，作用线通过 C 点，如图 4.7 所示。试求静止时地面对车轮的反力。

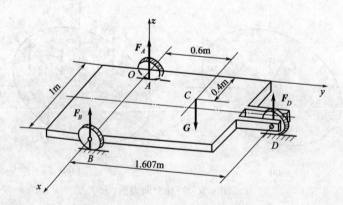

图 4.7 例 4.3 图

【解】

取三轮车和货物整体为研究对象，自重竖直向下，车轮反力竖直向上，所以受空间平行力系作用，如图 4.7 所示。取图示坐标系，三个独立的平衡方程为

$$\sum F_z=0: \quad F_A+F_B+F_D-G=0$$

$$\sum M_x(F)=0: 1.607\times F_D-0.6\times G=0$$

$$\sum M_y(F)=0: -1\times F_B - 0.5\times F_D + 0.4\times G = 0$$

解上述方程得

$$F_D = \frac{0.6G}{1.607} = \frac{0.6\times 3}{1.607} = 1.12\text{kN}$$

$$F_B = 0.4G - 0.5F_D = 0.4\times 3 - 0.5\times 1.12 = 0.64\text{kN}$$

$$F_A = G - F_B - F_D = 3 - 0.64 - 1.12 = 1.24\text{kN}$$

4.3 物体的重心、质心与形心

4.3.1 物体的重心

地球对物体的吸引力即万有引力,它是按体积分布的分布力系,指向地球中心。地球的半径远远大于物体的尺寸,物体各部分所受到的万有引力可以看成是竖直向下的平行力系,该平行力系的合力 G 称为重力,其作用点称为物体的**重心**(center of gravity)。

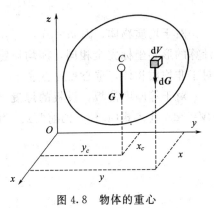

图 4.8 物体的重心

设物体的重度(单位体积的重量)为 γ,取图 4.8 所示的坐标系,在任意点 (x,y,z) 处取微元体积 $\mathrm{d}V$,重力 $\mathrm{d}G = \gamma\mathrm{d}V$,该无限小体积上的重力对 y 轴取矩,应有

$$\mathrm{d}M_y = x\mathrm{d}G = \gamma x \mathrm{d}V$$

整个物体的万有引力对 y 轴的矩为

$$M_y = \iiint \gamma x \mathrm{d}V$$

设重心坐标为 (x_c, y_c, z_c),则由合力矩定理应有

$$M_y = Gx_c = \iiint \gamma x \mathrm{d}V$$

于是重心的 x 坐标为

$$x_c = \frac{\iiint \gamma x \mathrm{d}V}{G}$$

同理,应用合力矩定理对 x 轴取矩,可得重心的 y 坐标 y_c;将坐标系连同物体一起绕 y 轴转 $90°$,使 x 轴竖直向上,重心位置不变,再利用合力矩定理,对新的 y 轴取轴取矩,可得重心的 z 坐标 z_c。最后结果为

$$x_c = \frac{\iiint \gamma x \mathrm{d}V}{G},\quad y_c = \frac{\iiint \gamma y \mathrm{d}V}{G},\quad z_c = \frac{\iiint \gamma z \mathrm{d}V}{G} \tag{4.16}$$

4.3.2 物体的质心

物体的质量中心称为**质心**(mass center),它是研究物体机械运动的一个重要参考点。当作用力通过质心时,物体只产生平行移动(平移)而不产生转动,否则发生平移的同时物体将绕质心转动,其运动规律本书第四篇有涉及。

设物体的**密度**（density）为 ρ，总质量为 m，则质心坐标 (x_c, y_c, z_c) 为

$$x_c = \frac{\iiint \rho x \, dV}{m}, \quad y_c = \frac{\iiint \rho y \, dV}{m}, \quad z_c = \frac{\iiint \rho z \, dV}{m} \tag{4.17}$$

因为质量和重量的关系为 $G = mg$，$\gamma = \rho g$（g 为重力加速度），所以由式（4.16）和由式（4.17）得到的结果完全相同，即地球上的物体重心和质心重合。

4.3.3 物体的形心

任何物体均具有一定的几何形状，物体形状的几何中心称为物体的**形心**（centroid），形心只和物体的大小和形状有关。设物体的**体积**（volume）为 V，则其形心坐标 (x_c, y_c, z_c) 的计算公式为

$$x_c = \frac{\iiint x \, dV}{V}, \quad y_c = \frac{\iiint y \, dV}{V}, \quad z_c = \frac{\iiint z \, dV}{V} \tag{4.18}$$

对于均质物体，因 $m = \rho V$，且 ρ 为常数，故由式（4.17）求得的质心坐标和由式（4.18）计算的形心坐标完全相同，即均质物体的重心、质心和形心"三心重合"。需要说明的是，对于非均质物体，重心和质心重合，但并不与形心重合。

对于等厚度薄板，设板的**厚度**（thickness）为 t，板的**面积**（area）为 A，将 $V = At$，$dV = t \, dA$ 代入式（4.18）的前两式，消去厚度 t 得到

$$\left. \begin{array}{l} x_c = \dfrac{\iint x \, dA}{A} \\[2mm] y_c = \dfrac{\iint y \, dA}{A} \end{array} \right\} \tag{4.19}$$

式（4.19）为薄板平面内形心坐标的计算公式，也即平面图形的形心计算公式。

对于平面图形，其形心位置的确定方法有以下几种。

(1) 积分法

如图 4.9 所示为任意平面图形，其形心位于 C 点，给定坐标系以后，形心坐标 (x_c, y_c) 由式（4.19）计算。当图形的边界曲线比较简单时，积分容易实现，反之，当图形的边界曲线复杂时，难以得到形心坐标的解析公式。

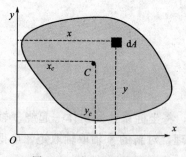

图 4.9 平面图形的形心

(2) 对称法

形心具有对称性。平面图形如果存在对称轴，则形心一定在对称轴上，如图 4.10 所示；如果图形存在两条对称轴，则两条对称轴的交点就是形心的位置。

(3) 组合法

如果平面图形比较复杂，如图 4.11 所示，可将复杂图形分解成若干简单图形（图形分块），已知每块简单图形的面积和形心位置，图形的形心可由式（4.19）分块积分求得，整理后的计算公式如下

$$A = A_1 + A_2 + \cdots + A_n \tag{4.20}$$

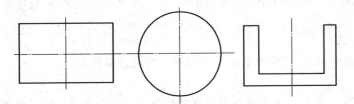

图 4.10 有对称轴的图形形心在对称轴上

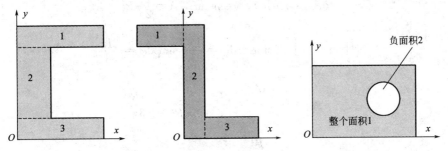

图 4.11 复杂图形分块

$$\left.\begin{array}{l}x_c=\dfrac{A_1 x_{c1}+A_2 x_{c2}+\cdots+A_n x_{cn}}{A_1+A_2+\cdots+A_n}=\dfrac{\sum A_i x_{ci}}{A}\\[2mm] y_c=\dfrac{A_1 y_{c1}+A_2 y_{c2}+\cdots+A_n y_{cn}}{A_1+A_2+\cdots+A_n}=\dfrac{\sum A_i y_{ci}}{A}\end{array}\right\} \quad (4.21)$$

其中 (x_{ci}, y_{ci}) 为第 i 块图形的形心坐标,而 A_i 为第 i 块图形的面积。

【例 4.4】 试求如图 4.12 所示图形的形心坐标。根据制图规定,凡尺寸未标注单位者,皆为毫米 (mm)。

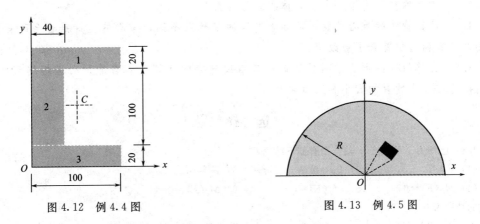

图 4.12 例 4.4 图 图 4.13 例 4.5 图

【解】

图形上下对称,水平对称轴居中,图示坐标系下,$y_c=70$ mm。以下采用组合法计算形心的 x 坐标。

(1) 分成三块矩形

$$x_c=\dfrac{\sum A_i x_{ci}}{A}=\dfrac{A_1 x_{c1}+A_2 x_{c2}+A_3 x_{c3}}{A_1+A_2+A_3}=\dfrac{(100\times20\times50)\times2+100\times40\times20}{(100\times20)\times2+100\times40}=35\text{mm}$$

(2) 负面积法

将整个图形分为 (100×140) 的矩形面积 A_1，和 (-60×100) 的矩形面积 A_2，则有

$$x_c = \frac{\sum A_i x_{ci}}{A} = \frac{A_1 x_{c1} + A_2 x_{c2}}{A_1 + A_2} = \frac{100 \times 140 \times 50 + (-60 \times 100) \times 70}{100 \times 140 + (-60 \times 100)} = 35\text{mm}$$

【例 4.5】 求如图 4.13 所示半径为 R 的半圆形的形心位置。

【解】

图示坐标系下，由对称关系可知形心在对称轴 y 上，所以 $x_c = 0$。积分法计算形心的 y 坐标，带圆弧边界的图形，采用极坐标 (ρ, φ) 比较方便。

$$dA = d\rho(\rho d\varphi), \quad y = \rho\sin\varphi, \quad A = \frac{1}{2}\pi R^2$$

$$\iint y dA = \int_0^\pi \int_0^R \rho^2 \sin\varphi d\rho d\varphi = \frac{R^3}{3}\int_0^\pi \sin\varphi d\varphi = \frac{2R^3}{3}$$

$$y_c = \frac{\iint y dA}{A} = \frac{2R^3}{3} \times \frac{2}{\pi R^2} = \frac{4R}{3\pi}$$

思 考 题

4.1 二次投影法中，力在平面上的投影是代数量还是矢量？为什么？

4.2 设有一空间力矢量 $\boldsymbol{F}$，试问在何种情况下有 $F_x = 0$，$M_x(F) = 0$？在什么情况下 $F_x = 0$，$M_x(F) \neq 0$？又在何种情况下有 $F_x \neq 0$，$M_x(F) = 0$？

4.3 力对轴的矩如何计算？怎样决定它的正负？在什么情况下力对轴的矩等于零？

4.4 若空间力系中各力的作用线平行于某个固定平面，试问可以建立出几个独立的平衡方程？若各力的作用线汇交于一点，情况又如何？

4.5 试述物体的重心、质心和形心的区别和联系。

4.6 物体的重心是否一定在物体上？为什么？

4.7 计算物体的重心位置时，如果选取的坐标系不同，重心的坐标是否会改变？重心在物体内的相对位置是否会改变？

4.8 计算组合图形的形心位置时，各组成部分的面积及各自的形心坐标均为代数量，如何确定这些代数量的大小和正负呢？

选 择 题

4.1 已知力 F 平行于 y 轴，则有如下结论：

(1) $F_x = 0$ (2) $F_y = 0$ (3) $F_z = 0$

(4) $M_x(F) = 0$ (5) $M_y(F) = 0$ (6) $M_z(F) = 0$

正确的结论为（   ）。

A. (1)(2)(3)   B. (4)(5)(6)

C. (1)(3)(5)   D. (2)(4)(6)

4.2 力 P 满足条件 $P_z = 0$，$M_z(P) \neq 0$，则该力与 z 轴的关系为（   ）。

A. 平行于轴，相距不为零   B. 垂直于轴，相距不为零

C. 平行于轴，相距为零   D. 垂直于轴，相距为零

4.3 空间力系向简化中心简化，得到主矢和主矩，且（   ）。

A. 主矢是矢量，主矩为代数量   B. 主矢是代数量，主矩为代数量

C. 主矢为代数量，主矩是矢量   D. 主矢是矢量，主矩也是矢量

4.4 关于物体的重心、质心和形心，有如下说法：
(1) 重心是重力作用中心；
(2) 质心是重心的替代点，位于物体之内；
(3) 地球上物体的重心与质心重合；
(4) 均质物体的重心与形心重合；
(5) 形心是物体的几何中心，必定在物体之内。
其中正确的说法是（　　）。

A. (1)(3)(4)　　　　　　　　　B. (2)(3)(4)
C. (1)(2)(3)　　　　　　　　　D. (1)(3)(5)

4.5 若平面图形的形心坐标 $y_C=0$，则（　　）。

A. y 轴一定为对称轴　　　　　B. x 轴一定为对称轴
C. y 轴通过形心　　　　　　　D. x 轴通过形心

计 算 题

4.1 如图 4.14 所示为曲轴，力 F 作用于曲轴的曲柄中点 A，作用面平行于 Oxz 平面，且已知 $\alpha=30°$，$F=2$kN，$d=400$mm，$r=50$mm。试分别求力 F 对 x、y、z 轴的矩。

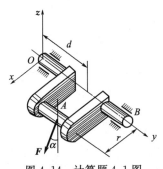 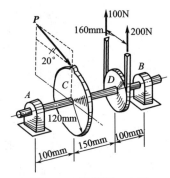

图 4.14　计算题 4.1 图　　　　　图 4.15　计算题 4.2 图

4.2 如图 4.15 所示为传动系统，水平轴 AB 作等速转动，其上装有齿轮 C 和带轮 D。已知胶带紧边的拉力为 200N，松边的拉力为 100N，尺寸如图所示。求齿轮的啮合力 P 及轴承 A、B 的约束反力。

4.3 为了测定汽车前后方向的重心位置，可先将汽车行驶到地秤上，称得汽车的总重量大小为 G，然后再将后轮行驶到地磅秤上，称得后轮的压力 F_R，如图 4.16 所示，这样就可求得汽车重心的水平位置。若已知 $G=16.0$kN，$F_R=10.2$kN，前后两轴之间的距离（轴距）$l=2600$mm，试求汽车重心到后轴的距离 b。

图 4.16　计算题 4.3 图

4.4 试用组合法确定图 4.17 所示平面图形的形心位置，其中图 4.17(b) 为大圆中挖去一个小圆。

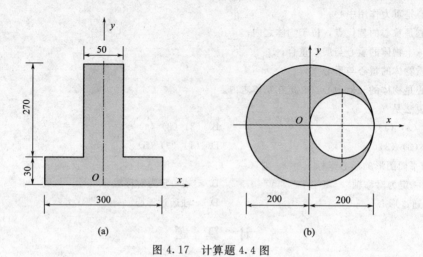

图 4.17 计算题 4.4 图

4.5 试用积分法求如图 4.18 所示几何图形 OAB 的形心坐标，其中 OB 边为二次抛物线。

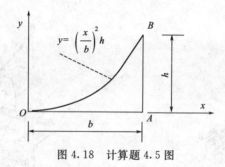

图 4.18 计算题 4.5 图

第二篇　杆件基本变形

工程结构（engineering structure）由若干零件或部件（spare parts）组成。图(a)所示为中国传统的木结构房屋，它由柱、枋、梁、椽等部件通过榫卯连接成整体；图(b)为利用帕斯卡定律制成的液压机，主要由高压泵、液压管道、液压缸、活塞、活塞杆、锤头或模具、立柱、横梁等组成，是机械加工中的锻压设备之一，其压力可达数兆牛（MN）。

(a) 木结构房屋　　　　　　　　　(b) 液压机

工程结构的组成

组成工程结构的零部件通常被称之为构件（member），它是结构的基本单元。若构件某一方向的尺寸远大于另外两个方向的尺寸，则称其为杆件（bar）；轴线为直线的杆为直杆，而轴线为曲线的杆则为曲杆。杆件在外力作用下可发生各种形式的变形，但都可以归结为轴向拉伸与压缩、剪切、扭转和弯曲四种基本变形及其组合。为研究方便，对于变形固体通常采用以下假设：

① 连续性——假设构件的组成物质连续分布，中间没有间隙；
② 均匀性——假设构件材料的力学性质处处相同，不随位置而变；
③ 各向同性——假设材料的力学性质沿各个方向都相同；
④ 小变形——假定物体受力后的变形量与其原始尺寸相比为高阶小量，故可以利用变形前的尺寸来计算变形后的力学参数，使复杂问题得以简化。

安全性、适用性和耐久性是结构的功能要求。如果结构或构件满足功能要求，则称结构或构件可靠（reliability）；如不能满足功能要求，则称之为失效（failure）。构件的安全性和适用性用力学语言概括为强度（strength）、刚度（rigidity）和稳定性（stability）。强度是构件或材料抵抗破坏的能力，刚度为构件抵抗变形的能力，稳定性就是构件受力后保持原始平衡状态的能力。强度和稳定性属于安全性要求，而刚度则属于适用性要求。

关于强度和刚度问题的研究，一般认为以胡克1678年建立胡克定律作为正式开始，1826年纳维创立容许应力法或许用应力法，指导结构设计长达一百多年；稳定性问题的研究以欧拉为先驱。杆件基本变形的经典理论到20世纪初已全部形成，本篇讨论等截面直杆的基本变形和相应的强度、刚度和稳定性问题。

第 5 章 轴向拉伸与压缩

5.1 内力和应力的概念

5.1.1 内力的概念

由外力引起的物体内部质点之间的作用力,称为**内力**(internal force)。引起内力的外因是外力,内因是质点之间的距离有保持不变的趋势。这种内力有别于物体内质点之间的万有引力、原子、分子之间的电场力,故又称为附加内力。质点之间的相互作用,属于分布力系,习惯上内力是指该分布力系简化或合成的结果。

内力的大小通常由截面法求取。如图 5.1(a) 所示的杆件,轴线(横截面形心的连线)为 x,承受空间力系作用。现用一个垂直于杆件轴线的截面 m 将杆件一分为二,取左半部分为脱离体,如图 5.1(b) 所示,去掉的右半部分对左半部分的作用,就是内力,该分布力系向截面形心 O 简化,得主矢 R 和主矩 M_O。主矢和主矩都可沿坐标轴分解,如图 5.1(c) 所示。主矢沿坐标轴分解有三个分量:轴线 x(或截面法线)方向的分力,称为**轴力**(axial force)或**法向力**(normal force),用 N 表示,它使杆件产生沿轴线方向的伸长或缩短;沿 y、z 轴的分力平行于横截面,称为**剪力**或**切力**(shear force),分别用 V_y、V_z 表示,它们使杆件的相邻横截面产生相对错动。主矩沿坐标轴分解也有三个分量:对轴线(x 轴)的矩称为**扭矩**(torque),用 T 表示,它使横截面绕杆轴线作相对转动;对 y、z 轴的矩称为**弯矩**

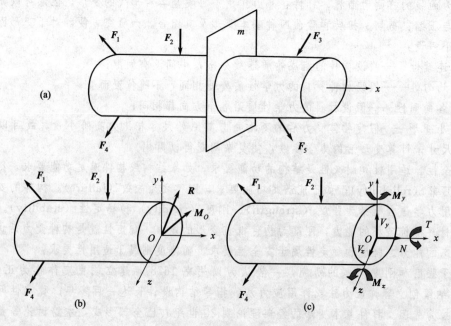

图 5.1 截面法求内力

(bending moment)，分别用 M_y、M_z 表示，它们均可使杆件轴线变弯。由脱离体的受力图写出平衡方程，可解得轴力、剪力、扭矩和弯矩的大小。

单一内力分量引起杆件的变形，就是杆件的基本变形，即：①轴力 N，轴向拉伸与压缩变形；②剪力 V，剪切变形；③扭矩 T，扭转变形；④弯矩 M，弯曲变形。多个内力分量同时作用时，杆件产生组合变形（或复杂变形），如拉弯组合变形、压弯组合变形、弯扭组合变形、拉弯扭组合变形、弯剪扭组合变形等。杆件的组合变形问题，将在本书第三篇讨论。

5.1.2 应力的概念

内力的**集度**（intensity）或单位面积上的内力，定义为**应力**（stress）。应力的基本单位为 N/m^2 或 Pa（帕），常用单位为 kN/m^2 或 kPa（千帕）、MN/m^2 或 MPa（兆帕）和 GPa（吉帕），换算关系如下

$1N/m^2 = 1Pa$ $\qquad\qquad 1kN/m^2 = 10^3 Pa = 1kPa$

$1MN/m^2 = 10^6 Pa = 1MPa = 1N/mm^2 \qquad 1GPa = 10^9 Pa = 10^3 MPa$。

结构工程中通常采用 MPa 为单位，即力用 N（牛）、尺寸用 mm（毫米）为单位，应力的单位自然为兆帕；地基应力计算时一般采用 kPa，即力用 kN（千牛）、尺寸用 m（米）为单位。

设横截面上任一点（point）P 由微小面积 ΔA 所包围，该面积上内力的合力为 ΔF，如图 5.2(a) 所示，容易得到微小面积上的**平均应力**（mean stress）大小 s_m 为

$$s_m = \frac{\Delta F}{\Delta A} \tag{5.1}$$

当微元面积趋于零时，平均应力的极限就是 P 点的应力，即

$$s = \lim_{\Delta A \to 0} \frac{\Delta F}{\Delta A} = \frac{dF}{dA} \tag{5.2}$$

说明内力对面积的一阶导数就是应力，但通常并不知道内力和面积的函数关系，所以上式的导数只有理论意义，而无实用价值。应力是内力的集度，它仍然是矢量，以 ΔF 的方向为应力的指向；应力的大小和内力有关，一般情况下还和 P 点的坐标（位置）有关。

依据平行四边形法则，将应力矢量沿截面的法线方向和切线方向分解，如图 5.2(b) 所示。应力沿截面法线方向的分量称为**正应力**或**法向应力**（normal stress），用希腊字母 σ 表示；应力沿截面的分量称为**剪应力**或**切应力**（shear stress），用希腊字母 τ 表

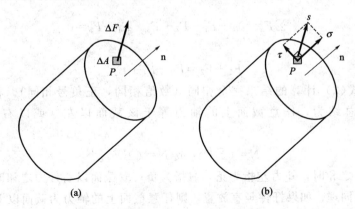

图 5.2 应力与应力分量

示。由此可知，正应力 σ 垂直于截面，而剪应力 τ 则平行于截面。轴力、弯矩在杆件横截面上产生正应力，不产生剪应力；剪力、扭矩在杆件的横截面上产生剪应力，不产生正应力。

5.2 轴力与轴力图

轴向拉伸与压缩的受力特点是外力的作用线与杆件轴线重合，变形特点为沿杆件轴线方向的伸长或缩短，横截面上的内力为轴力。二力杆件截面内的轴力为常数，可以利用第 3 章的节点法和截面法计算各杆轴力 N；柔软绳索只能承担拉力，截面内的轴力亦根据前述平衡方程计算。设杆件承担多个沿轴线方向作用的外力而处于平衡状态，如图 5.3 所示，欲求杆件内任意截面的轴力，计算方法就是截面法。用垂直于轴线的截面将杆件分为两部分，任取一部分为脱离体，轴力 N 以拉为正（箭头离开截面），由平衡方程就可求出轴力大小。

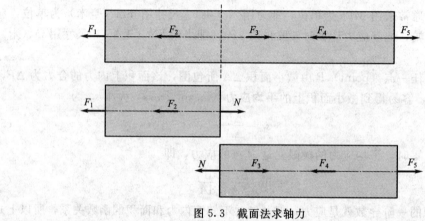

图 5.3 截面法求轴力

取左半段平衡
$$\sum F_x = 0 : N - F_1 - F_2 = 0 \quad \Rightarrow \quad N = F_1 + F_2 \tag{1}$$
取右半段平衡
$$\sum F_x = 0 : -N + F_3 - F_4 + F_5 = 0 \quad \Rightarrow \quad N = F_3 - F_4 + F_5 \tag{2}$$
由整体平衡
$$\sum F_x = 0 : -F_1 - F_2 + F_3 - F_4 + F_5 = 0$$
得到
$$F_1 + F_2 = F_3 - F_4 + F_5$$

说明式（1）和式（2）计算的结果完全相同（数值相同，正负号相同）。根据式（1）、式（2）两式可以总结为，任意截面上的轴力等于该截面以左（或以右）外力的代数和，即
$$N = (\sum F)_左 \text{ 或 } N = (\sum F)_右 \tag{5.3}$$
取截面以左外力之和时，外力左指为正，右指为负；取截面以右外力之和时，外力右指为正，左指为负。同理，如果杆件竖直放置，则任意截面上的轴力为截面以上外力之代数和（向上指者为正）或截面以下外力的代数和（向下指者为正）。利用这一规律，在具体计算

时，不必要再取出脱离体，画受力图，列平衡方程求解，直接利用式(5.3)进行计算就行了。

为了表示轴力随截面位置变化的情况，可将轴力表示成坐标 x 的函数 $N=N(x)$，该函数称为**轴力函数**（function of axial force）。以 x 为横坐标表示截面的位置，N 为纵坐标表示轴力的数值，绘制的轴力函数图，称为**轴力图**（diagram of axial force），如图 5.4 所示。轴力图上要标注关键点的数值，这样可以直观地表示轴力随杆件截面位置的变化情况，容易判断最大轴力及其所在截面位置。对于等截面直杆，最大轴力所在截面就是危险截面或控制截面，这是钢结构、木结构、砌体结构强度验算的截面，也是钢筋混凝土结构配筋计算的截面。

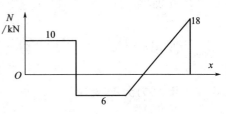

图 5.4　杆件的轴力图

【**例 5.1**】　试作如图 5.5 所示杆件的轴力图，并求最大轴力。

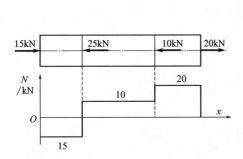

图 5.5　例 5.1 图

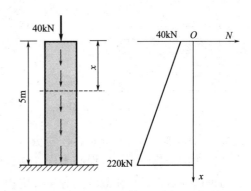

图 5.6　例 5.2 图

【**解**】

内力是外力引起的物体内部质点之间的相互作用力的合成结果，外力发生变化了，内力就会改变，所以应根据外力的情况对杆件进行分段。自左至右杆件共分三段，由式(5.3)直接计算各段轴力。

$$N_1 = -15\text{kN}$$
$$N_2 = -15 + 25 = 10\text{kN}$$
$$N_3 = 20\text{kN}$$

轴力图如图 5.5 所示，第一段为负值，说明受压；第二段、第三段为正值，说明受拉。最大拉力发生在第三段，其值为 $N_{tmax}=N_3=20\text{kN}$；最大压力发生在第一段，其值为 $N_{cmax}=|N_1|=15\text{kN}$。

【**例 5.2**】　如图 5.6 所示的立柱，高度为 5m，横截面为正方形，边长 1.2m，设材料的容重 $\gamma=25\text{kN/m}^3$，柱顶受到轴向集中力 40kN 作用，试作该柱的轴力图，并求最大轴力。

【**解**】

要考虑柱的自重，自柱顶向下任意 x 的截面，轴力函数为

$$N(x) = -40 - \gamma A x = -40 - 25 \times 1.2^2 x = -40 - 36x$$

它是 x 的一次函数，轴力图为斜直线，如图 5.6 所示。最大轴力发生在柱的底截面，为压

力,量值为 220kN。

5.3 轴向拉压正应力计算

5.3.1 正应力分布规律

承受轴向拉力的构件称为拉杆或拉索,承受轴向压力的构件则称为压杆或柱。在轴力 N 作用下,拉杆或压杆横截面上仅存在正应力,没有剪应力。通过拉伸试验人们观察到,杆件中段两相邻横截面之间产生平行移动,说明横截面上各点沿轴线方向的位移相同,或两相邻横截面之间的纵向"纤维"伸长量相同。据此推断,横截面上各点受力相同,即正应力在截面上均匀分布,如图 5.7 所示。平均正应力就是点的正应力

$$\sigma = \frac{N}{A} \tag{5.4}$$

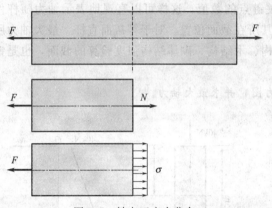

图 5.7 轴向正应力分布

因为轴力以拉为正、压为负,所以正应力以**拉应力**(tesile stress)为正,**压应力**(compressive stress)为负。

理论和试验都证明,轴向受力构件横截面上的正应力分布规律与外加荷载的分布形式有关。如果构件端部的外荷载均匀分布,则构件任意横截面上的正应力在截面上均匀分布,如图 5.8(a) 所示,公式(5.4) 计算的结果是精确解答。如果端部外荷载是集中力 F,则在端部附近截面上,应力分布复杂,最大正应力远大于平均应力;离开端部稍远的横截面上,应力分布趋于缓和,最大应力和平均应力相差较小;在远离构件端部的横截面上,应力均匀分布,如图 5.8(b) 所示。在排除端部效应因素的条件下,由式(5.4) 计算的正应力,具有足够的精度,能满足工程设计计算之需要。

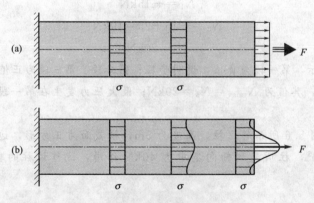

图 5.8 应力分布与外力分布的关系

外力的分布形式不同,但合力的大小和作用点相同(静力等效),只影响外力作用区域附近的应力分布,而远离该区域,应力分布不受影响。这一外力不同分布但静力等效的局部

影响现象，称为**圣维南原理**[1]（Saint-Venant's principle）。

【例 5.3】 设横截面面积 $A=200\text{mm}^2$，试计算例 5.1 中杆件各段内横截面上的正应力。

【解】

杆件分三段，轴力如图 5.5 所示，杆件的横截面面积相同，分段计算正应力如下

$$\sigma_{(1)}=\frac{N_1}{A}=\frac{-15\times 10^3}{200}=-75\text{MPa}（压应力）$$

$$\sigma_{(2)}=\frac{N_2}{A}=\frac{10\times 10^3}{200}=50\text{MPa}（拉应力）$$

$$\sigma_{(3)}=\frac{N_3}{A}=\frac{20\times 10^3}{200}=100\text{MPa}（拉应力）$$

【例 5.4】 如图 5.9(a) 所示结构，已知杆 AB 为圆截面，直径 $d=20\text{mm}$，杆 AC 为正方形截面，边长 $a=100\text{mm}$，试计算各杆应力。

【解】

(1) 计算轴力

以节点 A 为研究对象，AB、AC 杆均为二力杆，受力如图 5.9(b) 所示。由平衡方程

$$\sum F_x=0：-N_{AB}-N_{AC}\cos 45°=0$$
$$\sum F_y=0：-N_{AC}\sin 45°-30=0$$

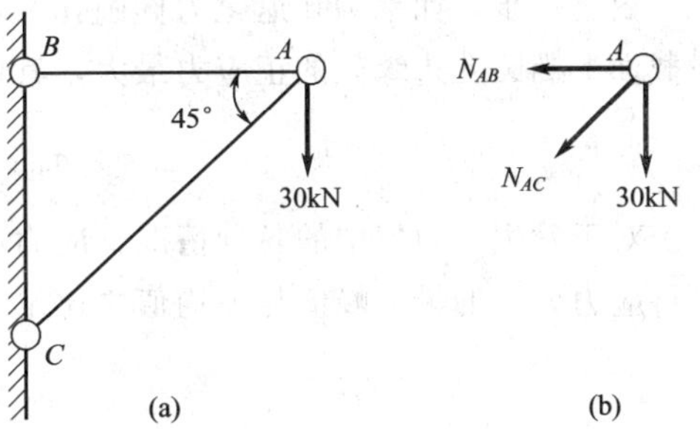

解得

$$N_{AC}=-30\sqrt{2}=-42.4\text{kN}$$
$$N_{AB}=30\text{kN}$$

图 5.9 例 5.4 图

(2) 计算应力

$$\sigma_{AB}=\frac{N_{AB}}{A_{AB}}=\frac{4N_{AB}}{\pi d^2}=\frac{4\times 30\times 10^3}{\pi\times 20^2}=95.5\text{MPa}（拉应力）$$

$$\sigma_{AC}=\frac{N_{AC}}{A_{AC}}=\frac{N_{AC}}{a^2}=\frac{-42.4\times 10^3}{100^2}=-4.2\text{MPa}（压应力）$$

5.3.2 应力集中的概念

对于变截面杆件，由于变形的非均匀性，导致横截面上的正应力并非均匀分布。若截面变化比较缓慢，则应力分布近似于均匀分布，按式(5.4)计算所引起的误差不大，能为工程领域所接受。但当截面尺寸突然发生变化（突然增大或突然缩小）时，在截面突变的局部范围内，应力数值急剧增加，而在稍远处横截面上的应力又趋于均匀。这种截面尺寸突变而导致的应力分布发生突变的现象，称为**应力集中**（stress concentration）。

如图 5.10 所示的均匀受力等截面构件，引起横截面上均匀拉应力 $\sigma=q$。但是，如果在中部存在一个半径为 a 的小圆孔，以圆心为坐标原点，在通过圆心的横截面（$x=0$）上，正应力分布由弹性力学理论可以得到精确解答，表达式为

$$\sigma=\frac{1}{2}q\left[2+\left(\frac{a}{y}\right)^2+3\left(\frac{a}{y}\right)^4\right] \tag{5.5}$$

---

[1] 圣维南（Barré de Saint-Venant，1797—1886），法国力学家。在求解弹性力学问题的过程中，得到"局部平衡力系对大范围内的弹性效应是可以忽略的"这一定性结论，后经总结推广，形成圣维南原理。

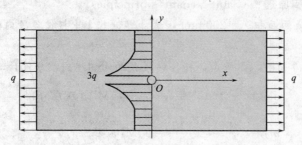

图 5.10 小圆孔附近应力分布

应力分布如图 5.10 所示。很明显，在远离小圆孔处 $a/y \to \infty$，$\sigma \to q$，正应力趋于均匀分布；在小圆孔边缘处（$y=a$）应力最大，其值为 $\sigma_{\max}=3q$，是平均应力值的 3 倍。

更进一步，如果圆孔退化为椭圆孔，其长轴 $2a$ 沿 y 方向，短轴 $2b$ 沿 x 方向，$x=0$ 的横截面上椭圆孔边缘处的正应力最大，其值为

$$\sigma_{\max} = q\left(1 + \frac{2a}{b}\right) \tag{5.6}$$

对于发生应力集中的各种情况，应力不再均匀分布，最大应力是平均值的若干倍。工程上将应力分布的最大峰值与平均值之比定义为应力集中系数，用 K 表示

$$K = \frac{\sigma_{\max}}{\sigma} \tag{5.7}$$

将式(5.6) 代入式(5.7)，得

$$K = \frac{\sigma_{\max}}{\sigma} = \frac{\sigma_{\max}}{q} = 1 + \frac{2a}{b} \tag{5.8}$$

说明圆孔（$a=b$）应力集中系数最小，$K_{\min}=3$；对于椭圆孔 $a/b>1$，$K>3$；若 $b \to 0$ 时，椭圆孔退化为一条平行于 y 轴的**裂纹**（crack），应力集中系数最大，$K_{\max} \to \infty$，材料或构件已局部破坏，使得裂纹扩展，有效截面减小，可能诱发突然断裂，这很危险！

应力集中对工程结构或构件会产生不利影响，使孔边材料过早破坏，或使裂纹扩展，影响安全性或缩短构件的服役年限。有鉴于此，工程上一般不在构件上开孔，不得不开孔时尽量开成圆孔；尽量采用等截面构件，如果截面有变化，在变化处采用圆角过渡。这些措施都是以减小应力集中的不利影响为目的。

应力集中也存在有利的一面，在现实生活中常被人们利用。比如，新布料无法用手撕开，可用剪刀在布的边缘剪一小口子，因该处存在应力集中，故很容易地就能将布扯开；密封的塑料包装袋，在封口附近的边上常会看到一个三角形的缺口或一条很短的切缝，在这些缺口或切缝处撕扯塑料袋时，缺口或裂缝根部应力很大，稍一用力便可撕开。工人切割玻璃时，先用金刚石刀具在玻璃表面上划一刀痕，再将刀痕两侧的玻璃轻轻一掰，玻璃就沿刀痕断开。

应力集中利弊俱存。用其利，可以给人们的生产、生活带来方便；抑其弊，才能降低或减轻对结构构件的危害。

5.3.3 正应力强度条件

当构件横截面上的正应力不超过材料的抗拉（或抗压）能力时，构件不发生强度破坏。构件不发生强度破坏的条件称为强度条件，有时又称为承载力条件

$$\sigma=\frac{N}{A}\leqslant 规定应力=\begin{cases}材料强度设计值\ f\\ 材料容许应力[\sigma]\end{cases} \quad (5.9)$$

国家标准 GB 50153—2008《工程结构可靠性设计统一标准》规定，房屋建筑、铁路、公路、港口、水利水电等各类工程结构的设计，宜采用以概率理论为基础、以分项系数表达的**极限状态设计方法**（limit state method）。式(5.9)中用材料强度设计值 f 表示的强度条件，就是极限状态设计方法的体现，此时计算应力的内力应采用组合设计值（荷载分项系数乘以荷载标准值），附录 1 给出了不同材料的强度设计值，可直接查用。当缺乏统计资料时，根据可靠的工程经验或必要的试验研究，也可采用**容许应力法**[1]（allowable stress method）进行工程结构的设计计算。式(5.9)中由容许应力 $[\sigma]$ 表示的强度条件即属于容许应力法，此时应由荷载标准值来计算构件的应力。材料的容许应力或许用应力 $[\sigma]$ 的取值可查阅相关行业的设计规范或设计手册。容许应力和材料强度设计值的确定方法，本章稍后要作介绍。

强度条件的公式(5.9)可用应力条件和内力条件分别来表示。当采用材料强度设计值时，应有

$$\sigma=\frac{N}{A}\leqslant f \quad 或 \quad N\leqslant fA \quad (5.10)$$

当采用容许应力（或许用应力）时，强度条件成为

$$\sigma=\frac{N}{A}\leqslant [\sigma] \quad 或 \quad N\leqslant [\sigma]A \quad (5.11)$$

利用强度条件，可以进行如下三个方面的计算（又称三类问题）：

(1) 强度校核（验算）

已知材料强度设计值或容许应力、构件尺寸和所承受的荷载，校核不等式(5.10)或式(5.11)是否成立。如不等式成立，则构件强度足够；如不等式不成立，则构件强度不足。

(2) 截面设计

已知材料强度设计值或容许应力、结构所承受的荷载或构件截面轴力，由式(5.10)或式(5.11)确定合适的截面面积，进而也可确定构件的截面尺寸。

(3) 确定最大荷载

已知材料强度设计值或容许应力、构件截面面积或截面尺寸，由式(5.10)或式(5.11)计算最大轴力及所对应的外荷载值。

需要指出的是，强度计算时不考虑应力集中的问题，采用构件的净截面面积，如有孔洞削弱，应予以扣除；强度计算也不再以拉为正、压为负，而是采用绝对值，不管是拉伸还是压缩问题，都用正值代入式(5.10)或式(5.11)进行计算。

【例 5.5】 某钢屋架下弦由等边双角钢拼成，材料为 Q235 钢，承受轴力设计值 450kN，试确定角钢型号。

---

[1] 容许应力法或许用应力法由法国人纳维于 1826 年在《材料力学》一书中提出，指导结构设计一个多世纪。容许应力法或许用应力法的本质是定值法，其缺陷在于不能从定量上度量结构的可靠度，更不能使各类结构安全度达到同一水准；定值法还无法考虑材料的变异、抗力的变异和作用的变异对结构安全度的影响。随着学术研究的深入和科技的发展，容许应力法在一些行业中已被淘汰出局、在另一些行业中还有应用。建筑行业于 20 世纪 80 年代开始采用以概率理论为基础的近似概率极限状态设计方法，材料强度设计值就是根据这一方法所确定的抗力参数，相应的荷载或内力采用组合设计值。

【解】
设角钢的厚度不超过 16mm，查附表 1.1 得钢材的抗拉强度设计值 $f=215\text{N/mm}^2$。
由强度条件

$$\sigma = \frac{N}{A} \leqslant f$$

得

$$A \geqslant \frac{N}{f} = \frac{450 \times 10^3}{215} = 2093\text{mm}^2 = 20.93\text{cm}^2$$

每一角钢的面积

$$A_1 = \frac{A}{2} \geqslant \frac{20.93}{2} = 10.465\text{cm}^2$$

图 5.11 等边角钢

等边角钢截面形状如图 5.11 所示。查附表 2.1，选 7 号等边角钢 ∟70×8，面积 10.667cm²，可以满足要求。

【例 5.6】 490mm×490mm 的短砖柱，采用 MU15 的烧结普通砖和 M5 的混合砂浆砌筑，柱底截面轴力设计值 280kN，试验算该砌体的抗压强度。

【解】
截面面积

$$A = 490 \times 490 = 0.24 \times 10^6 \text{mm}^2 = 0.24\text{m}^2 < 0.3\text{m}^2$$

由附表 1.5 确定砌体的抗压强度设计值

$$f = (0.7+A) \times 表值 = (0.7+0.24) \times 1.83 = 1.72\text{N/mm}^2$$

强度验算

$$\sigma = \frac{N}{A} = \frac{280 \times 10^3}{0.24 \times 10^6} = 1.17\text{N/mm}^2 < f = 1.72\text{N/mm}^2$$

满足要求。

5.4 材料的力学性能

5.4.1 材料的拉伸性能

(1) 拉伸试验

材料的拉伸性能由**拉伸试验**（tensile test）测定。拉伸试验通常是在室温条件下对标准**试样**或**试件**（sample）缓慢施加拉力直至断裂为止，以此测定材料的各种力学参数。试样尺寸和形状对试验结果有很大影响，为了使试验结果具有可比性，应采用统一的标准试样。金属材料的标准拉伸试样通常采用圆截面，如图 5.12 所示。试样中间有一较长的等截面直段，称为工作段；两端各有一个粗短段，且表面还进行了糙化（车有螺纹），目的是便于夹持并不打滑，称为夹持段；工作段和夹持段之间用圆角平缓过渡，以减小应力集中的影响，这一段称为过渡段。试验时在工作段内标记出一段，用以测量变形（伸长量），其长度称为标距，用 l 表示。标距 l 和直径 d 的关系为

$$l = 10d \quad \text{或} \quad 5d \tag{5.12}$$

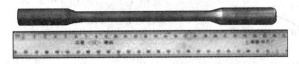

图 5.12 金属材料标准拉伸试样

前者称为长试样，后者称为短试样。国家标准允许采用矩形截面试样，则其标距 l 和截面面积 A 的关系为

$$l = 11.3\sqrt{A} \text{ 或 } 5.65\sqrt{A} \tag{5.13}$$

拉伸试验的施力和测力设备是专门的拉力试验机或材料万能试验机。如图 5.13 所示为液压式材料万能试验机，试样的两端分别固定于上夹头和下夹头之内，油泵将油液送入工作油缸，将油缸中的活塞连同活动平台一同顶起，上夹头带动试样向上移动，而下夹头固定不动，试样便被拉伸。夹头施加于试样两端的拉力 F 的数值，由测力机构中的指针在示力度盘上指示。

在拉力 F 作用下，试样的伸长量 Δl 由安装在试样工作段以内的引伸仪测定，这样就得到拉力 F 和试样伸长量 Δl 的对应关系。将相对伸长定义为**正应变**（normal strain）或**线应变**（linear strain），用希腊字母 ε 表示，则有

$$\varepsilon = \frac{\Delta l}{l} \tag{5.14}$$

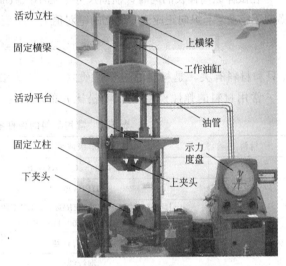

图 5.13 液压式材料万能试验机

而且试样横截面上的正应力和拉力之间的关系为

$$\sigma = \frac{N}{A} = \frac{F}{A} \tag{5.15}$$

这样一来，就将拉力 F 和试样伸长量 Δl 的关系转换为应力 σ 和应变 ε 之间的关系。以 ε 为横坐标，σ 为纵坐标，依据拉伸试验结果画出的曲线，称为**应力-应变曲线**（stress-strain curve），即 $\sigma\varepsilon$ 曲线。

（2）低碳钢拉伸时的应力-应变曲线

碳含量小于 0.25% 的碳素钢称为低碳钢，Q235 钢是低碳钢的代表，应用较广泛。如图 5.14 所示为 Q235 钢拉伸时的应力-应变曲线，共经历弹性、屈服、强化和颈缩四个阶段，据此可以得到拉伸性能和相应的性能参数。

① **弹性阶段** 图中 OA 阶段为**弹性变形**（elastic deformation）阶段，如果在这一阶段卸掉外力，则变形能完全恢复或消失。A 点所对应的应力（纵坐标）称为材料的**弹性极限**（elastic limit），用 σ_e 表示。

在弹性阶段中，OP 为一条斜直线，其变形为线弹性变形，直线末端的应力称为材料的**比例极限**（proportional limit），用 σ_p 表示。PA 为曲线关系，相应的变形称为非线性弹性

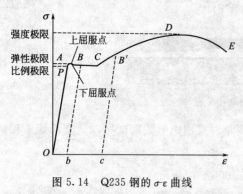

图 5.14 Q235 钢的 σ-ε 曲线

变形,因 A、P 两点相距很近,故非线性弹性变形很小,一般不考虑。弹性极限和比例极限也很难区分,可近似取 $\sigma_e \approx \sigma_p$。当 $\sigma \leqslant \sigma_p$ 时,应力和应变成正比例

$$\sigma = E\varepsilon \qquad (5.16)$$

这一关系称为**胡克定律**[1](Hooke's law)。式(5.16)中的比例系数或 OP 段直线的斜率 E 称为材料的**弹性模量**(elastic modulus),又称为**杨氏模量**[2](Young's modulus),其单位与应力的单位相同。

在试样纵向伸长的同时,横向尺寸会缩小(截面变细)。所施加的应力只要不超过比例极限,横向正应变 ε' 与纵向正应变 ε 之比的绝对值为一不变的常数,该常数用希腊字母 μ 表示,应有

$$\mu = \left|\frac{\varepsilon'}{\varepsilon}\right| = -\frac{\varepsilon'}{\varepsilon} \qquad (5.17)$$

μ 只和材料有关,是材料的力学性质之一,称为**泊松比**[3](Poisson's ration)。

常用材料的弹性模量 E 和泊松比 μ 的取值见表 5.1。

表 5.1 常用材料的弹性模量和泊松比取值

材料	强度等级或种类	E/GPa	μ
钢材	Q235,Q345,Q390,Q420	206	0.3
钢筋	HPB300	210	
	HRB335,HRBF335,HRB400,HRBF400, RRB400,HRB500,HRBF500	200	
	消除应力钢丝	205	
	钢绞线	195	
混凝土	C20	25.5	0.2
	C25	28	
	C30	30	
	C35	31.5	
	C40	32.5	
	C45	33.5	
	C50	34.5	
砌体	烧结砖砌体,砂浆≥M5	1.6f	0.2
	毛石砌体,砂浆≥M10	7.3	
	砂浆 M5	4	
	细料石砌体,砂浆≥M10	22	
	砂浆 M5	12	

---

[1] 罗伯特·胡克(Robert Hooke,1635—1703),英国物理学家、天文学家。根据弹簧试验结果于 1678 年提出了胡克定律,为材料力学和弹性力学奠定了基础。

[2] 托马斯·杨(Thomas Young,1773—1829),亦称杨氏,英国医师和物理学家。最早做出弹性模量 E 的明确定义,并认识到长度变化是弹性变形,角度变化也是弹性变形。

[3] 泊松(Siméon Denis Poisson,1781—1840),法国数学家、力学家和物理学家。于 1881 年发现这一应变之间的比例关系,故名泊松比。

续表

材料	强度等级或种类	E/GPa	μ
木材	TC17,TC15,TC13	10	
	TC11	9	
	TB17	12	
	TB15	11	
	TB13	8	
	TB11	7	

② **屈服阶段**　当应力超过弹性极限以后，进入图 5.14 中的 ABC 段，此时应力不再增加或略有下降（小范围内波动）而应变急剧增大，表明材料已丧失对变形的抵抗能力，这一阶段称为**屈服**（yielding）或**流动**（flow）。屈服阶段内的最高应力和最低应力分别称为上屈服点和下屈服点。因为上屈服点不稳定，而下屈服点则比较稳定，能反映材料的性质，所以通常采用下屈服点作为材料的**屈服极限**（yielding limit）或**屈服强度**（yielding strength），用 σ_s 表示。

材料在屈服阶段会发生显著的塑性变形。如在 B 点卸载，应力-应变之间的关系将沿虚线下降至 b 点，且 bB 线平行于 OP 直线，直线斜率相同，说明弹性模量不变。但应力下降为零时，应变却不能回到零值。这种应力完全去掉后，不能恢复或消失的应变 Ob，称为**塑性应变**（plastic strain）或**残余应变**（residual strain）。材料发生显著的塑性变形，将会影响构件的正常工作，所以屈服极限是衡量钢材强度的重要指标。

对于无明显屈服现象的塑性材料，应力超过比例极限后应变随应力非比例增加，一般规定以产生残余应变 0.2% 所对应的应力作为名义屈服点或条件屈服点，用 $\sigma_{0.2}$ 表示。

③ **强化阶段**　过了屈服阶段以后，继续加力试验便进入 CD 段，应力-应变关系为曲线上升，表明要使试样继续变形，就必须增加外力，材料又表现出一定的抵抗变形的能力，这种现象称为材料的**强化**（strengthening）。强化阶段的最高点 D 所对应的应力，称为**强度极限**（ultimate strength）或**抗拉强度**（tensile strength），用 σ_b 示。强度极限是材料所能承受的最大应力，是衡量材料强度的另一重要指标。

最大拉应力 σ_b 所对应的应变，即图 5.14 中曲线的最高点 D 所对应的横坐标值，称为材料在最大拉力下的总伸长率，用 δ_{gt} 表示。最大拉力下的总伸长率反映了材料拉断前达到最大力（或抗拉强度）时的均匀拉应变，故又称为均匀伸长率。土木工程中将 δ_{gt} 作为控制钢筋延性的指标，对不同种类的钢筋提出了不同要求：热轧光圆钢筋（HPB300 级） $\delta_{gt} \geqslant 10.0\%$；热轧带肋钢筋（HRB 系列、HRBF 系列） $\delta_{gt} \geqslant 7.5\%$；余热处理带肋钢筋（RRB400 级） $\delta_{gt} \geqslant 5.0\%$；预应力钢筋 $\delta_{gt} \geqslant 3.5\%$。

在强化阶段的任一点 B' 处卸载，会沿着 $B'c$ 虚线下降至 c 点，cB' 平行于 OP，卸载直线的斜率和初始加载直线的斜率相同，Oc 为不可恢复的残余应变。若卸载后重新施加荷载，则应力-应变的关系曲线将沿 cB' 上升至 B'，然后沿 $B'D$ 前进至 D 点。B' 点高于 P 点，说明比例极限提高了，这一现象称为**冷作硬化**（cold hardening）。冷作硬化能提高材料的比例极限和屈服极限，但同时变形能力下降，材质趋脆。

冷轧扭钢筋就是利用冷作硬化来提高材料的强度指标，用于非抗震设计的建筑结构；但在抗震结构中对变形能力要求较高，一般不采用冷轧、冷拉、冷拔钢筋。机械加工中，构件

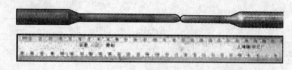

图 5.15 拉伸试样颈缩现象

经初加工,由于冷作硬化使材质变脆变硬,会给下一步精加工造成困难,且容易产生裂纹,若在两道工序之间安排退火,便可消除冷作硬化的影响。

④ 颈缩阶段 D 点以后试样在某截面附近发生局部过大变形,局部变形区域内横截面尺寸急剧缩小(见图 5.15),这一现象称为**颈缩**(necking)。因为颈缩处截面面积缩小,维持试样变形所需拉力下降,应力计算时采用的是原始面积 A,所以导致 σ(名义应力)减小,使得 DE 段成为下降曲线。在 E 点时试样**断裂**(fracture),试验结束。

试验结束后,分别从上、下夹头之内取出断试样。两节断试样经小心拼接后与原试样进行对比,如图 5.16 所示。比较后发现,断后试样变长了,颈缩部位明显变细。根据这些尺寸变化,可定义材料的两个塑性指标:**延伸率**或**伸长率**(percentage elongation)δ 和**断面收缩率**(percentage reduction of area)ψ。

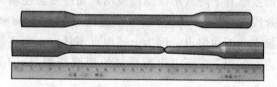

图 5.16 试验前后试样对比

设断后试样标距为 l_1,初始标距为 l,则延伸率或断后伸长率 δ 定义为

$$\delta = \frac{l_1 - l}{l} \times 100\% \tag{5.18}$$

延伸率的大小与试样的长短有关,分别用 δ_{10} 和 δ_5 表示用标准长试样和短试样测定的延伸率。塑性变形主要发生于试样的颈缩区域,而其他部位的塑性变形较小,拉断后试样总的塑性变形相差不大,但原始长度不同,所以延伸率不同。标距长度越大,塑性变形相对值越低,故表现为 $\delta_5 > \delta_{10}$。金属材料通常以 δ_5 作为出厂参数。如钢轨钢之 U71 钢,$\delta_5 \geq 10\%$;U71Mn 钢,$\delta_5 \geq 8\%$。建筑结构钢的延伸率 $\delta_5 \geq 18\%$。

实际工程中,一般将 $\delta \geq 5\%$ 的材料归类为**塑性材料**(plastic material)或**韧性材料**、**延性材料**(ductile material),$\delta < 5\%$ 的材料归类为**脆性材料**(brittle material)。碳素结构钢、低合金高强度结构钢、铝合金、黄铜等材料属于延性材料;而铸铁、玻璃、陶瓷、普通砖、石料、混凝土等则属于脆性材料之列。

试样横截面的初始面积为 A,断后颈缩处的最小截面面积为 A_1,断面收缩率 ψ 定义为

$$\psi = \frac{A - A_1}{A} \times 100\% \tag{5.19}$$

对于圆截面试样,设初始直径为 d,断后颈缩处的最小直径为 d_1,则断面收缩率可以由直径来计算。因为式(5.19)中面积之比实为直径之比的平方,所以

$$\psi = \frac{d^2 - d_1^2}{d^2} \times 100\% = \left[1 - \left(\frac{d_1}{d}\right)^2\right] \times 100\% \tag{5.20}$$

(3) 其他材料的拉伸性能

① 延性材料拉伸 对其他延性材料进行拉伸试验,同样可以得到相应的 σ-ε 曲线,图 5.17 给出了几种材料的试验结果。Q345 钢属于低合金结构钢,拉伸时与 Q235 钢一样,有明显的弹性阶段、屈服阶段、强化阶段和颈缩阶段,各强度指标 σ_p、σ_s 和 σ_b 均高于 Q235 钢;黄铜 H62 没有屈服阶段,其他三个阶段都很明显,塑性变形能力高于 Q235 钢,但强

度较低；高碳钢 T10A 没有屈服阶段和颈缩阶段，只有弹性阶段和强化阶段，强度较高，但变形能力很低；合金钢 20Cr，没有明显的屈服阶段，其他三个阶段都存在，强度指标和变形能力都比高碳钢强。在碳素钢中，随着碳含量的增加，屈服极限和强度极限相应提高，但延伸率随之降低，即塑性变形能力减弱。

② 脆性材料拉伸　脆性材料如铸铁、石材、混凝土等，拉伸时的应力-应变曲线显示，几乎没有直线段存在，无屈服和颈缩现象，试样破坏表现为突然断裂。这种没有发生明显塑性变形就突然断裂的破坏，称为脆性断裂或脆性破坏。强度极限 σ_b 是衡量脆性材料强度的唯一指标，且其数值往往很小。脆性材料抗拉能力弱，不宜用来制作受拉构件。

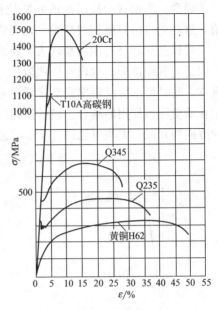

图 5.17　其他金属材料拉伸曲线

5.4.2　材料的压缩性能

(1) 压缩试验

金属材料压缩试验所采用的标准试样通常是圆柱形，如图 5.18 所示，左为低碳钢试样，右为铸铁试样，试样直径 $d=10\sim20$mm、高度 $h=d\sim3.5d$；岩石试样也采用圆柱形，直径 $d=50$mm，高 $h=100$mm，或采用边长为 70mm 的立方体试块；砖和砌块材料，则采用单个块体；砂浆试样（试块）按国家标准要求，应制成 70.7mm×70.7mm×70.7mm 的立方体，在温度为 (20±3)℃、相对湿度大于 90% 的环境下养护 28 天；混凝土的压缩试样分立方体和棱柱体两种，立方体试样的尺寸为 150mm×150mm×150mm，棱柱体试样的尺寸为 150mm×150mm×300mm，养护要求同砂浆试块。

图 5.18　金属材料压缩试样

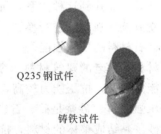

图 5.19　金属材料压缩破坏形式

压缩试验在专用的压力试验机上进行，也可在材料万能试验机上进行。测定压应力和压应变之间的对应关系，从而得到材料的压缩性能及相应的压缩性指标。

(2) 钢铁的压缩性能

Q235 钢是延性材料的典型代表，压缩时同拉伸试验一样，要经历弹性阶段、屈服阶段和强化阶段，可以测到弹性模量、比例极限和屈服极限。压缩时钢试样变短，截面变粗。由于试样两端与试验机压头（或压板）之间的摩擦作用，使两端横向膨胀受阻，而中部近乎于自由膨胀，所以试样被压缩成腰鼓形，如图 5.19 所示。随着荷载的增加，钢试样只能越压越扁，不能压烂，所以测不到材料所能承受的最大压应力，即得不到压缩时的强度极限。

通常认为钢材的抗压性能和抗拉性能相同，即抗压强度指标与抗拉强度指标取相同的值，这样就可以只做拉伸试验，而无需再进行压缩试验。

铸铁是脆性材料的典型代表，拉伸和压缩时的应力-应变曲线如图 5.20 所示，它们都没有明显的直线部分、也没有屈服阶段。由于没有直线关系，因此就没有严格意义上的弹性模量 E，此时可用切线斜率或割线斜率来定义。铸铁的抗压强度是抗拉强度的好几倍，故通常用在承受压力作用的场合。铸铁试样压缩破坏具有一定的延性，大致沿与轴线成 $45°\sim 55°$ 角的方向裂开成两大块（见图 5.19），这是由于斜面上剪应力使其发生相对错动所致。

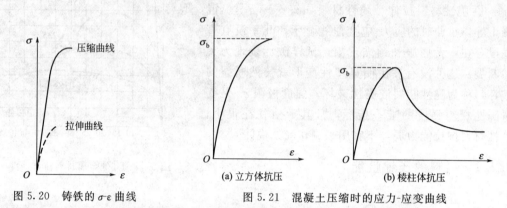

图 5.20　铸铁的 σ-ε 曲线　　　图 5.21　混凝土压缩时的应力-应变曲线

(3) 混凝土的抗压性能

混凝土也是脆性材料，立方体试样和棱柱体试样的压缩试验结果不相同，为了区别起见，将前者称为立方抗压，后者称为轴心抗压。立方抗压的应力-应变曲线如图 5.21(a) 所示，轴心抗压的应力-应变曲线如图 5.21(b) 所示。它们都没有明显的直线部分、也无屈服阶段，曲线最高点的应力分别称为立方抗压强度和轴心抗压强度，且立方抗压强度高于轴心抗压强度，数值的大小和混凝土的强度等级有关，强度等级越高，抗压强度越高。

同一强度等级的混凝土，其轴心抗压强度和立方抗压强度之间存在数量上的关系，人们经过大量试验已经找到这种关系，所以在工程实际计算中不再需要进行轴心抗压强度试验，而是利用立方抗压强度值进行换算。

(4) 砖石材料的压缩性能

砖石材料是古老的建筑材料，今天仍然在为人类服务。砖石和混凝土砌块也是脆性材料，抗拉能力很低，抗压能力较高，宜用于承受压力的场合。砖石材料和混凝土砌块通常只测定其抗压强度 σ_b。砂浆是砖、石、砌块等的黏结材料，也只测定其抗压强度。砌体是由块体通过砂浆黏结成整体的材料，抗压性能具有脆性材料的共性。砌体的抗压强度与块体的强度等级、砂浆的强度等级以及砌筑质量有关。

5.4.3　材料的强度取值

(1) 极限应力和容许应力

构件工作时只要发生明显的塑性变形或断裂，就属于强度不足引起的失效。构件失效前所能承受的最大应力称为**失效应力**（failure stress）或**极限应力**（ultimate stress），用 σ^0 表示。延性材料以屈服作为失效标志，脆性材料则以断裂作为失效，所以极限应力为

$$\sigma^0 = \begin{cases} \sigma_s & \text{延性材料} \\ \sigma_b & \text{脆性材料} \end{cases} \tag{5.21}$$

在容许应力法（或许用应力法）进行强度计算的理论中，将极限应力除以大于1的系数 K 作为材料的容许应力或许用应力，用 $[\sigma]$ 表示，即

$$[\sigma]=\frac{\sigma^0}{K}=\begin{cases}\sigma_s/K_s & \text{延性材料}\\ \sigma_b/K_b & \text{脆性材料}\end{cases} \quad (5.22)$$

由于 K 大于1，这就意味着把材料能承受的最大应力值确定得比材料失效的应力低，体现了对不安全因素的修正和一定的强度储备，以确保使用的安全性。所以，系数 K 称为**安全系数**（safety factor）。

安全系数 K 根据工程经验取值，不同材料取值不同，不同行业取值也不相同。延性材料的安全系数 K_s 一般可取 $1.25\sim2.5$，脆性材料的安全系数 K_b 一般取 $2.5\sim3.0$，特殊情况下安全系数的取值可能超过4。K_b 的数值规定得比 K_s 为大，其原因之一是脆性材料的失效是以断裂为标志，延性材料的失效则是以开始发生一定程度的塑性变形为标志，两者的危险性显然不同，因此对脆性材料有必要多给些强度储备，但这并不意味着脆性材料的安全性就高于延性材料！

建筑行业要求钢筋混凝土预制构件的吊环应采用 HPB300 级钢筋制作，材料的屈服极限为 300N/mm^2、强度极限为 420N/mm^2，而容许应力仅取为 $[\sigma]=65\text{N/mm}^2$，说明安全系数达到 $K_s=4.6$。石油化工行业同时采用屈服极限和强度极限来分别确定许用应力，并取两者的较小值。压力容器设计中，常温下碳钢、普通低合金钢 $K_s=1.65$、$K_b=3.0$，高强度低合金钢 $K_s=1.5$、$K_b=2.6\sim3.0$。对于 16MnR 钢板，当厚度 $t\leqslant16\text{mm}$ 时，许用应力 $[\sigma]=170\text{MPa}$；当厚度 $t=17\sim25\text{mm}$ 时，许用应力 $[\sigma]=160\text{MPa}$。部分国产钢轨钢的抗拉强度和屈服强度见表 5.2。设计时以屈服强度 σ_s 作为失效应力，取安全系数 $K_s=1.25\sim1.35$，以此确定材料的许用应力。如 U74 钢，可取 $[\sigma]=300\sim320\text{MPa}$。

表 5.2　钢轨钢的抗拉强度和屈服强度

序号	钢号	抗拉强度 σ_b/MPa	屈服强度 σ_s/MPa
1	U74	785	≥405
2	U71Mn	883	≥457
3	PD3	≥980	≥880(570)[①]

① 淬火轨取 880MPa，非淬火轨取 570MPa。

(2) 材料强度标准值和设计值

由试验得知，同一材料的不同试样测得的失效应力并非一个定值，而是在某一个范围内变化，其数值具有随机性。随机变量的统计参数有平均值、标准差（或变异系数）、最大值、最小值、极差等。建筑结构设计规范取具有 95% 保证率的失效应力作为材料强度标准值，用 f_k 表示，它等于材料强度平均值减去 1.645 倍标准差。95% 保证率的意思就是任意抽样检验一批材料，实测强度不小于 f_k 的概率为 95%，用户承担的风险只有 5%（材料强度达不到 f_k 的概率为 5%）。

建筑材料以强度标准值或平均值（MPa）作为其牌号或强度等级。钢材和钢筋以抗拉强度标准值确定牌号或级别，如 Q235 钢、Q345 钢、Q390 钢、Q420 钢、Q460 钢，HPB300 级钢筋、HRB335 级钢筋、HRB400 级钢筋、RRB400 级钢筋、HRB500 级钢筋等；混凝土则以立方抗压强度标准值作为强度等级，如 C15、C20、C25、C30、C35、C40、…、C80；砂浆则以六个标准试样的抗压强度平均值作为强度等级，如 M2.5、M5、M7.5、M10、

M15等；烧结砖和蒸压砖则以十块砖抗压强度平均值确定强度等级，如MU10、MU15、MU20、MU25、MU30；石材以三个立方试块抗压强度的平均值来确定其强度等级，共分MU20、MU30、MU40、MU50、MU60、MU80、MU100七个等级。

混凝土抗拉和抗压能力不同，轴心抗压强度标准值用f_{ck}表示，轴心抗拉强度标准值用f_{tk}表示，按95%保证率确定的强度值见表5.3。

表5.3 混凝土强度标准值   N/mm²

强度种类	混凝土强度等级													
	C15	C20	C25	C30	C35	C40	C45	C50	C55	C60	C65	C70	C75	C80
f_{ck}	10.0	13.4	16.7	20.1	23.4	26.8	29.6	32.4	35.5	38.5	41.5	44.5	47.4	50.2
f_{tk}	1.27	1.54	1.78	2.01	2.20	2.39	2.51	2.64	2.74	2.85	2.93	2.99	3.05	3.11

钢材的冶金出厂标准具有不低于95%的保证率。碳素结构钢、低合金高强度结构钢的强度与钢材的厚度有关，钢材越厚，性能越差。强度取值按厚度分组，不同厚度的强度标准值分别见表5.4和表5.5，其中屈服强度标准值用f_{yk}表示，抗拉强度标准值用f_{uk}表示。这是材料出厂应该达到的数值，否则不能按相应牌号出厂；也是工地上对进场材料进行质量检验的依据。钢筋的屈服强度标准值，就是钢筋牌号后面的数值，例如HRB335级钢筋，屈服强度标准值335N/mm²。

表5.4 碳素结构钢的强度标准值

牌号	屈服点 f_{yk}/(N/mm²)						抗拉强度 f_{uk}/(N/mm²)
	钢材厚度（直径）/mm						
	≤16	>16~40	>40~60	>60~100	>100~150	>150	
	不 小 于						
Q195	(195)	(185)					315~390
Q215	215	205	195	185	175	165	335~410
Q235	235	225	215	205	195	185	375~460
Q255	255	245	235	225	215	205	410~510
Q275	275	265	255	245	235	225	490~610

注：括号中的数据仅作参考，不作为交货依据。

表5.5 低合金高强度结构钢的强度标准值

牌号	屈服点 f_{yk}/(N/mm²)				抗拉强度 f_{uk}/(N/mm²)
	钢材厚度（直径、边长）/mm				
	≤16	>16~35	>35~50	>50~100	
	不 小 于				
Q295	295	275	255	235	390~570
Q345	345	325	295	275	470~630
Q390	390	370	350	330	490~650
Q420	420	400	380	360	520~680
Q460	460	440	420	400	550~720

将材料强度标准值f_k除以材料分项系数γ_M作为材料强度设计值f，即

$$f = \frac{f_k}{\gamma_M} \tag{5.23}$$

建筑结构设计中,材料分项系数 γ_M,对于混凝土取 1.4,HRB400 级以下的普通钢筋取 1.1、HRB500 级钢筋取 1.15,砌体为 1.6,碳素结构钢取 1.087,低合金高强度结构钢取 1.111。在桥梁结构设计中,因其设计的可靠度高于建筑结构,所以材料分项系数的取值要大一些,混凝土取 1.45,普通钢筋取 1.2。

5.5 轴向拉伸与压缩变形

5.5.1 杆件伸缩量计算

杆件在轴向拉力作用下,沿杆件的纵向(即轴线方向)将会发生伸长变形,而横向尺寸会缩小(缩短),如图 5.22 所示,纵向伸长量为 Δl(取正值),横向尺寸缩小为 Δa 和 Δb(取负值);反之,在轴向压力作用下,纵向缩短的同时,横向要膨胀。这就是杆件伸缩变形的一般规律。

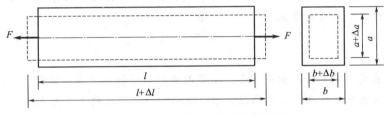

图 5.22 轴向受力构件的伸缩变形

(1) 纵向伸缩量

对于只承受一对轴向外力作用的等截面直杆,轴力 N 为常数,横截面面积 A 也为常数,将式(5.4)和式(5.14)代入式(5.16),有

$$\frac{N}{A} = E \times \frac{\Delta l}{l}$$

于是得到杆件的伸长量

$$\Delta l = \frac{Nl}{EA} \tag{5.24}$$

此即胡克定律的另一种表达形式。分母的乘积项 EA 越大,变形量越小,它表示杆件抵抗变形的能力,所以将 EA 称为杆件的**拉伸刚度**(tensile rigidity)。若轴力为压力,由式(5.24)计算得到负的伸长量,也即是缩短量。

当杆件的轴力或截面为分段常数时,可先计算各段的伸长量,然后代数相加得到总的伸长量

$$\Delta l = \Delta l_1 + \Delta l_2 + \cdots + \Delta l_n = \sum \Delta l_i = \sum \frac{N_i l_i}{EA_i} \tag{5.25}$$

如果杆件的轴力是截面位置 x 的函数,即 $N = N(x)$,则可取微段长度 $\mathrm{d}x$,其伸长量 $\mathrm{d}(\Delta l)$ 可按式(5.24)计算,即

$$\mathrm{d}(\Delta l) = \frac{N(x)\mathrm{d}x}{EA}$$

积分上式，得到杆件总的伸长量

$$\Delta l = \int_0^l \frac{N(x)\mathrm{d}x}{EA} \tag{5.26}$$

(2) 横向变形量

如图 5.22 所示杆件的横向变形，横向正应变定义为横向单位宽度的伸长或缩短，即 $\varepsilon' = \Delta a/a$，所以横向变形量为

$$\Delta a = \varepsilon' a \tag{5.27}$$

而由式(5.17) 可得 $\varepsilon' = -\mu\varepsilon$，上式成为

$$\Delta a = -\mu\varepsilon a \tag{5.28}$$

再结合式(5.14) 和式(5.24)，横向变形量为

$$\Delta a = -\mu\frac{Na}{EA} \tag{5.29}$$

同理，可得另一横向尺寸的变化量

$$\Delta b = -\mu\frac{Nb}{EA} \tag{5.30}$$

【例 5.7】 一圆截面直杆，两端受到轴向拉力作用，若将杆件的直径增大一倍，其他条件不变，则杆件的伸长量是原来的（　　）倍。

A. 2　　　　　　B. 1/2　　　　　　C. 4　　　　　　D. 1/4

【解】

杆件的伸长量与横截面面积成反比，而截面面积与直径的平方成正比，所以圆截面杆件的伸长量与直径的平方成反比。本题应为 $d^2/(2d)^2 = 1/4$，正确答案为 D。

【例 5.8】 等截面受拉杆件 AB 长度为 l，横截面面积为 A，杆件的弹性模量为 E，沿轴线方向作用有集度为 q 的均匀分布线荷载，如图 5.23 所示。试求该杆的伸长量。

图 5.23　例 5.8 图

【解】

从自由端起距离 x 处截面的轴力为

$$N = qx$$

它是 x 的函数，应采用式(5.26) 计算伸长量

$$\Delta l = \int_0^l \frac{N(x)\mathrm{d}x}{EA} = \frac{q}{EA}\int_0^l x\mathrm{d}x = \frac{ql^2}{2EA}$$

【例 5.9】 如图 5.24(a) 所示的简单结构，AB 为不变形的刚体，CD 为竖直的吊杆，长度 $l=1.8\mathrm{m}$，横截面面积 $A=200\mathrm{mm}^2$，材料的弹性模量 $E=200\mathrm{GPa}$，A、C、B 三点共线，若外力 $P=20\mathrm{kN}$，试求 B 点的竖直位移。

【解】

CD 杆受拉伸长，C 点下移，使刚体绕 A 点转动，导致 B 点竖直位移。

(1) CD 杆的轴力

以 ACB 为研究对象，CD 杆的轴力为 N，A 处反力两个 R_{Ax} 和 R_{Ay}，受力如图 5.24(b) 所示。由平衡方程

$$\sum M_A(F) = 0: N\times 1.5 - P\times(1.5+1.5) = 0$$

解得

$$N = 2P = 2\times 20 = 40\mathrm{kN}$$

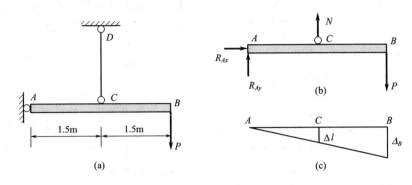

图 5.24 例 5.9 图

(2) CD 杆的伸长量

$$\Delta l = \frac{Nl}{EA} = \frac{(40\times 10^3)\times 1800}{(200\times 10^3)\times 200} = 1.8\text{mm}$$

(3) B 点竖直位移

物体 ACB 为刚体，自身不变形，A、C、B 三点受力前共线，受力后也应在一条直线上。因为 A 点为固定铰约束，所以 ACB 只可能绕 A 点转动一个微小的角度，用切线来代替圆弧线，受力前后的几何关系如图 5.24(c) 所示。由相似三角形的比例关系

$$\frac{\Delta_B}{\Delta l} = \frac{AB}{AC} = \frac{1.5+1.5}{1.5} = 2$$

得到

$$\Delta_B = 2\Delta l = 2\times 1.8 = 3.6\text{mm}(\downarrow)$$

5.5.2 简单拉压超静定问题

第 3 章已介绍了超静定问题的概念，这里举例说明简单超静定问题的解法。因为超静定问题的未知量个数多于独立的平衡方程个数，所以无法用静力平衡条件解出全部未知量。这类问题需要列出足够数量的补充方程，才能完整求解。

对于单根杆件或杆件系统问题，因为存在多余约束，所以杆件的变形必须与其约束相适应，不能随意取值，变形之间的这种制约条件，称为**变形相容条件**或**变形协调条件**（compatibility condition of deformation）。根据外力和变形之间的关系，可以将变形协调条件转化为力之间的关系，称为补充方程。一次超静定需要一个补充方程，n 次超静定应列出 n 个补充方程。独立的平衡方程加上足够的补充方程，问题就可以求解。

简单超静定问题的求解步骤为：
① 根据静力平衡条件列出独立的平衡方程；
② 根据变形之间的几何关系，列出变形协调条件；
③ 由力与变形之间的物理关系，将变形协调条件改写成所需要的补充方程；
④ 求解全部未知量。

【例 5.10】 水平方向放置的等截面直杆 AB 位于两个固定的竖直刚性平面之间，外力沿轴线作用，如图 5.25(a) 所示。试求刚性平面对杆件的反力。

【解】
以 AB 杆为研究对象，只有轴向外力，反力也沿轴线方向，受力如图 5.25(b) 所示。

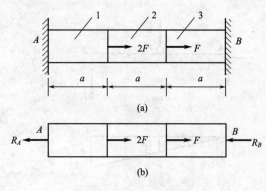

图 5.25 例 5.10 图

只有一个独立的平衡方程,而约束反力却有两个,故属于一次超静定问题。

(1) 平衡方程
$$\sum F_x = 0: 3F - R_A - R_B = 0 \qquad ①$$

(2) 变形协调条件

杆件分为三段,因两端固定,所以总的伸长量为零,变形协调条件为
$$\Delta l = \Delta l_1 + \Delta l_2 + \Delta l_3 = 0$$

(3) 补充方程

各段轴力分别为
$$N_1 = R_A$$
$$N_2 = R_A - 2F$$
$$N_3 = R_A - 3F$$

各段伸长量为
$$\Delta l_1 = \frac{N_1 l_1}{EA} = \frac{R_A a}{EA}$$
$$\Delta l_2 = \frac{N_2 l_2}{EA} = \frac{(R_A - 2F)a}{EA}$$
$$\Delta l_3 = \frac{N_3 l_3}{EA} = \frac{(R_A - 3F)a}{EA}$$

将各段的伸长量表达式代入变形协调条件
$$\Delta l = \frac{R_A a}{EA} + \frac{(R_A - 2F)a}{EA} + \frac{(R_A - 3F)a}{EA} = \frac{a}{EA}(3R_A - 5F) = 0$$

得补充方程
$$3R_A - 5F = 0 \qquad ②$$

(4) 结果

联立平衡方程①和补充方程②,解得反力
$$R_A = 1.67F, \quad R_B = 1.33F$$

【例 5.11】 如图 5.26 所示为钢管混凝土受压柱,柱下部固定于地面,上部通过一个刚性压板将轴向压力 F 传递给钢管和管内混凝土。已知钢管和混凝土的横截面面积分别为 A_s 和 A_c,弹性模量分别为 E_s 和 E_c,试求钢管和混凝土各自承担的轴力和应力。

【解】

(1) 平衡方程

柱子受压,以压力为正。设钢管和混凝土各自承担的轴力分别为 N_{st} 和 N_{co},由平衡条件只能得到关系
$$N_{st} + N_{co} - F = 0$$

(2) 变形协调条件

在外力 F 作用下,刚性压板均匀向下移动,钢管和混凝土的压缩量相等,就是本问题的协调条件
$$\Delta l_{st} = \Delta l_{co}$$

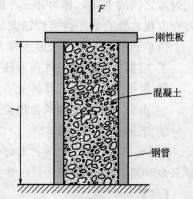

图 5.26 例 5.11 图

(3) 补充方程

因为

$$\Delta l_{st} = \frac{N_{st} l}{E_s A_s}, \quad \Delta l_{co} = \frac{N_{co} l}{E_c A_c}$$

协调条件改写为

$$\frac{N_{st} l}{E_s A_s} = \frac{N_{co} l}{E_c A_c}$$

于是得到补充方程

$$N_{co} = \frac{E_c A_c}{E_s A_s} N_{st}$$

(4) 结果

由平衡方程和补充方程联立,解得各自承担的轴力

$$N_{st} = \frac{E_s A_s}{E_s A_s + E_c A_c} F, \quad N_{co} = \frac{E_c A_c}{E_s A_s + E_c A_c} F$$

说明内力的大小按刚度分配,刚度大的轴力大,刚度小的轴力小。超静定问题的特点之一就是各杆件受力大小与杆件的刚度有关,反力也如此。相应的应力为

$$\sigma_{st} = \frac{N_{st}}{A_s} = \frac{E_s}{E_s A_s + E_c A_c} F, \quad \sigma_c = \frac{N_{co}}{A_c} = \frac{E_c}{E_s A_s + E_c A_c} F$$

思 考 题

5.1 何谓杆件的内力,一般情况下有几个分量?内力用什么方法求解?

5.2 什么是应力?点的应力和平均应力有何不同?应力的常用单位是什么?

5.3 两根材料不同的等截面直杆,具有相同的截面面积和长度,承受相同的轴力。试问:(1) 两杆横截面上的应力是否相等?(2) 两杆的纵向伸缩量是否相同?

5.4 什么是应力集中现象?工程上如何避免或减小应力集中的不利影响?生活中有利用应力集中的事例吗?

5.5 轴向拉伸与压缩的正应力强度条件如何表述?利用此强度条件可以进行哪几类问题的计算?

5.6 什么是正应变?当 $\sigma \leqslant \sigma_p$ 时,正应变和正应力之间存在什么关系?

5.7 低碳钢拉伸过程中经历了哪四个阶段?三个应力特征值(各种应力"极限")是什么?

5.8 什么是颈缩现象?延伸率(伸长率)和断面收缩率如何定义?

5.9 延性材料和脆性材料如何区分?它们的力学性能有哪些不同?

5.10 什么样的材料需要定义名义屈服极限 $\sigma_{0.2}$?它的含义是什么?若已知材料的 σ-ε 曲线,如何确定 $\sigma_{0.2}$?

5.11 材料强度标准值是如何确定的?Q345 钢板材厚度 12mm,问屈服强度标准值是多少?HRB400 级钢筋的强度标准值又是多少?

5.12 超静定问题的求解通常分为哪几个步骤?

选 择 题

5.1 阶梯杆 ABC 受力如图 5.27 所示,AB 段、BC 段上的轴力之比应为 (   )。

A. −2   B. 2   C. −1   D. 1

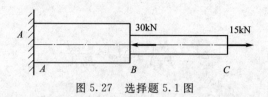

图 5.27 选择题 5.1 图

5.2 等截面直杆在两个外力作用下发生压缩变形时,这对外力所具备的特征一定是等值、( )。
A. 反向、共线
B. 方向相对、作用线与杆轴线重合
C. 反向、过截面形心
D. 方向相对、沿同一直线作用

5.3 有三根钢筋,其中第一、第二根钢筋为 HRB335 级热轧带肋钢筋,第三根钢筋为 HPB300 级热轧光圆钢筋,三根钢筋各自承受的轴力和钢筋直径分别为:$N_1=20\text{kN}$、$d_1=20\text{mm}$,$N_2=10\text{kN}$、$d_2=12\text{mm}$,$N_3=10\text{kN}$、$d_3=12\text{mm}$,比较其应力的大小,下述哪一种关系正确?( )
A. $\sigma_1<\sigma_2=\sigma_3$
B. $\sigma_1>\sigma_2>\sigma_3$
C. $\sigma_1<\sigma_2<\sigma_3$
D. $\sigma_1>\sigma_2=\sigma_3$

5.4 如图 5.28 所示为一个简单桁架结构,C 点受 $F=10\text{kN}$ 的垂直向下的力作用,AB 杆为直径 20mm 的圆钢,AB 杆横截面上的正应力为( )。
A. 27.6MPa
B. 55.2MPa
C. 13.8MPa
D. 41.4MPa

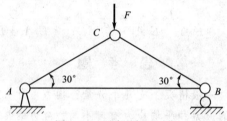

图 5.28 选择题 5.4 图

5.5 在一张长方形纸条的长轴上剪一个圆孔和一个垂直于长轴的缝隙,缝的长度等于圆孔的直径,当沿长轴施加拉力时,在( )发生破坏。
A. 圆孔或缝隙的任一点处
B. 圆孔处先
C. 圆孔和缝隙两处同时
D. 缝隙处先

5.6 几何尺寸相同的两根直杆,其弹性模量分别为 $E_1=180\text{GPa}$,$E_2=60\text{GPa}$,在弹性变形范围内两杆的轴力相同,这时产生的纵向应变比值 $\varepsilon_1/\varepsilon_2$ 应为( )。
A. 1
B. 2
C. 3
D. 1/3

5.7 一圆杆两端受到轴向拉力作用,若将其直径增大一倍,则杆的抗拉刚度将为原来的( )倍。
A. 8
B. 6
C. 4
D. 2

5.8 对钢管进行轴向拉伸试验,有人提出几种变形现象,经验证发现,正确的变形是( )。
A. 外径增大、壁厚减小
B. 外径增大、壁厚增大
C. 外径减小、壁厚增大
D. 外径减小、壁厚减小

5.9 混凝土立方抗压强度标准值是由混凝土立方体试块压缩试验测得的,以下关于龄期和保证率的表述中,正确的是( )。
A. 龄期为 21 天,保证率为 90%
B. 龄期为 21 天,保证率为 95%
C. 龄期为 28 天,保证率为 95%
D. 龄期为 28 天,保证率为 99%

5.10 钢材强度标准值实际具有的保证率为( )。
A. 99.73%
B. ≥95%
C. 95%
D. 90%

5.11 计算杆件的拉伸(或压缩)变形的公式为

$$\Delta l = \frac{Nl}{EA}$$

该公式的适用条件是（　　）。
A. 应力不超过材料的比例极限　　B. 杆件的长度较大
C. 抗拉刚度等于抗压刚度的材料　　D. 静定结构中的拉杆

5.12　在超静定杆系结构中，各杆受到拉力或压力的作用，杆所受的力的大小与杆件的（　　）。
A. 强度有关，强度高的杆受力大　　B. 粗细有关，粗的杆受力大
C. 刚度有关，刚度大的杆受力大　　D. 长短有关，长的杆受力大

计　算　题

5.1　试作图 5.29 所示等截面杆件的轴力图，并指出强度计算的危险截面或杆段。

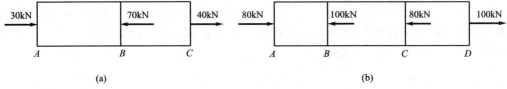

图 5.29　计算题 5.1 图

5.2　试绘出图 5.30 所示杆件的轴力图，已知分布荷载的集度 $q=10\text{kN/m}$。

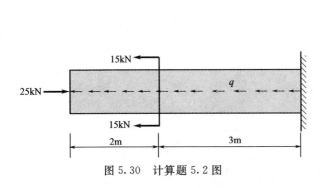

图 5.30　计算题 5.2 图

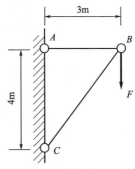

图 5.31　计算题 5.6 图

5.3　对于计算题 5.1 中的两根受力杆件，若横截面面积 $A=500\text{mm}^2$，试计算各杆段截面内的正应力。

5.4　对于计算题 5.2 所涉及的杆件，若材料的抗拉强度设计值 $f=9.5\text{MPa}$，截面为正方形，试由强度条件确定截面边长。若材料的弹性模量 $E=12\text{GPa}$，试计算该杆件的总伸长量 Δl。

5.5　截面尺寸为 $300\text{mm}\times300\text{mm}$ 的混凝土受压短柱，承受沿轴线作用的压力设计值为 450kN，混凝土的强度等级为 C25，抗压强度设计值为 $f_c=11.9\text{N/mm}^2$，试验算该柱是否满足强度条件。

5.6　三角架结构如图 5.31 所示。已知 AB 为 Q235 钢制成的拉杆，直径 $d=30\text{mm}$，抗拉强度设计值 $f=205\text{N/mm}^2$，试由拉杆强度条件确定该结构所能承受的最大荷载设计值 $F_{\max}$。

5.7　用直径为 10.00mm、标距为 100.00mm 的试样做拉伸试验，测得如下结果：屈服荷载 $F_s=21.8\text{kN}$，最大荷载 $F_b=36.2\text{kN}$，断后标距为 124.32mm，断裂部位的直径为 6.28mm。试求材料的屈服极限、强度极限、伸长率和断面收缩率。

5.8　某矩形截面拉伸试样，工作段的横截面尺寸为 $29.80\text{mm}\times4.10\text{mm}$。试验时，拉力每增加 3.00kN，测得轴向应变的增量为 $\Delta\varepsilon=120\times10^{-6}$，横向应变的增量为 $\Delta\varepsilon'=-38\times10^{-6}$。求材料的弹性模量 E 和泊松比 μ。

5.9　如图 5.32 所示为腰鼓形桶，两端直径 1.00m，中部直径为 1.20m。在两端及中部三处各加一道箍以抵抗环向拉力，箍由钢带制成。若中部钢带内的环向拉应力达到 $\sigma=120\text{MPa}$，钢带的弹性模量 $E=206\text{GPa}$，试求该钢带所在位置桶的直径增大量。

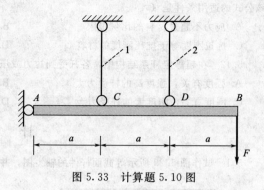

图 5.32　计算题 5.9 图　　　　　图 5.33　计算题 5.10 图

5.10　刚性杆 AB 在 A 处铰支（固定铰），C、D 处由竖直吊杆 1 和 2 吊起，如图 5.33 所示。初始时 AB 处于水平位置，且吊杆为同一材料，长度相同。若荷载 $F=50\text{kN}$，吊杆横截面面积 $A_1=800\text{mm}^2$，$A_2=1200\text{mm}^2$，试求吊杆的轴力和应力。

第6章 剪切与扭转

6.1 剪切与扭转的概念

6.1.1 剪切变形

剪力 V（与截面相切）引起的基本变形，称为**剪切变形**（shearing deformation）。在垂直于杆件轴线的等值、反向、相距很近的一对力 F（横向外力）作用下，两力之间的横截面称为剪切面或受剪面，如图 6.1(a) 所示。剪切面上的内力就只有剪力 V，如图 6.1(b) 所示，根据平衡条件应有 $V=F$。在剪力作用下，其变形特征是相邻截面之间发生相对错动，这种错动就是剪切变形。如图 6.1(c) 所示，表面上的水平线，变形后成了斜直线，它与原水平线之间的夹角为 γ，所以剪切变形可以用角度来度量。

构件连接所采用的部件如螺栓、销钉、铆钉、轮毂和转轴之间的键等连接件，在传递外力的过程中主要发生剪切变形；木结构中的榫连接、齿连接也承受剪力作用而发生剪切变形。

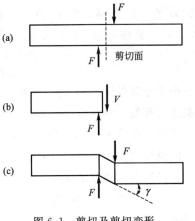

图 6.1 剪切及剪切变形

根据剪切面的个数，可分为单面剪切、双面剪切和多面剪切。如图 6.2 所示的螺栓连接中，螺栓杆受剪，其中图 6.2(a) 为单面剪切，图 6.2(b) 为双面剪切，图 6.2(c) 为四面剪切。

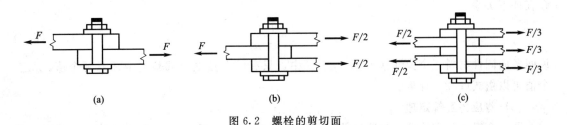

图 6.2 螺栓的剪切面

6.1.2 扭转变形

杆件两端受到大小相等、转向相反、作用面与杆轴线垂直的两个力偶 M_e 作用，横截面上的内力仅存在扭矩 T，引起相邻两横截面之间发生相对转动，这种变形称为**扭转变形**（torsional deformation）。扭转变形也是基本变形之一。如图 6.3 所示的杆件，右端面相对于左端面的转动角度为 φ，该角度称为**扭转角**（torsional angle）。扭转变形使得垂直于底面

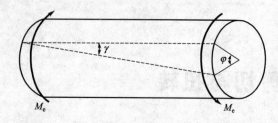

图 6.3 扭转变形

的水平直线也变成了斜直线,夹角为 γ,扭转变形也可以用角度来度量。

机械上的传动轴、汽车的转向轴、钻机的钻杆等构件都是受扭构件,房屋框架结构的边梁、雨篷梁也承受扭矩作用。扭转变形以旋转构件为主,所以受扭构件通常称为**轴**(shaft)。

6.1.3 剪应变和剪应力

(1) 剪应变

剪切变形是截面之间的相对错动,取一个发生剪切变形的无限小单元体 $ABCD$,如图 6.4 所示。设右侧面 BC 相对于左侧面 AD 发生错动,B 点移动到 B' 点、C 点移动到 C' 点,两截面之间的错动位移为 BB' 或 CC',该值称为绝对剪切位移。而相对剪切位移为:

$$\text{相对剪切位移} = \frac{\text{绝对剪切位移}}{\text{截面间距}} = \frac{BB'}{AB} = \tan\gamma$$

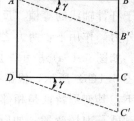

图 6.4 剪切变形

在小变形条件下 $\tan\gamma \approx \gamma$,所以相对剪切位移为 γ 角。γ 称为**剪应变**或**切应变**(shear strain),又称为**角应变**(angular strain)。它其实就是原来夹角为直角的 $\angle DAB$(或 $\angle ADC$)经历剪切变形后的角度改变量。所以,剪应变也可定义为直角的改变量(以弧度为单位)。

(2) 剪切胡克定律

对于剪切变形和扭转变形的杆件,横截面上只存在剪应力,而无正应力。在比例极限范围内,剪切胡克定律成立,即剪应力 τ 和剪应变 γ 成正比

$$\tau = G\gamma \tag{6.1}$$

比例常数 G 称为**剪切弹性模量**或**切变模量**(shear modulus),与应力的量纲相同,常用单位为 GPa(吉帕)。

材料的剪切弹性模量可通过试验测定。对于各向同性材料,理论上可以证明弹性常数间存在如下关系

$$G = \frac{E}{2(1+\mu)} \tag{6.2}$$

说明各向同性材料三个弹性常数 E、μ、G 中,只有两个独立。试验测定任意两个值,第三个值可以由式(6.2)计算。

(3) 剪应力互等定理

取一个微元长方体单元为脱离体,边长分别为 dx、dy 和 dz,如图 6.5 所示。设单元体的前后面上无应力,左右面上只有竖直方向的剪应力 τ,上下面上仅有水平方向的剪应力 τ'。这是空间力系,六个平衡方程中有五个自动满足,即 $\sum F_x = 0$、$\sum F_y = 0$、$\sum F_z = 0$、$\sum M_y(F) = 0$、$\sum M_z(F) = 0$ 自动满足,剩下一个对 x 轴之矩之和为零的条件 $\sum M_x(F) = 0$

$$(\tau' dxdy)dz - (\tau dxdz)dy = 0$$

上式中消去 $dxdydz$,得

$$\tau' - \tau = 0 \text{ 或 } \tau' = \tau \tag{6.3}$$

式(6.3) 所表示的剪应力之间的关系称为**剪应力互等定理**（theorem of conjugate shear stresses）。剪应力互等定理可以表述如下：在相互垂直的面上，剪应力双生互等，即剪应力同时存在，大小相等；剪应力的指向对两正交面的交线而言，同时指向或同时背离交线。

如图 6.5 所示的单元体，因为两个侧面上只有剪应力，而无正应力，所以将这种应力状态称为纯剪切应力状态。剪应力互等定理虽然由纯剪切应力状态推证而得，但它也适用于其他应力状态。

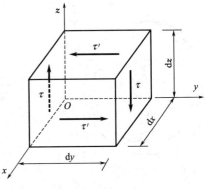

图 6.5 剪应力互等关系

6.2 剪切的实用计算

6.2.1 剪应力和承压应力

剪切面上的剪力 V 仍然由截面法求取。用一个截面从剪切面处将构件截断，构件分为两部分，任意取其中一部分为脱离体。脱离体上剪力和相应外力构成平衡力系，由平衡方程即可得到剪力 V 的大小。但对于图 6.1 和图 6.2(a)、(b) 所示的抗剪连接（单面或双面剪切），设剪切面的个数为 n_v，则剪切面上的剪力 V 应为

$$V = \frac{F}{n_v} \tag{6.4}$$

剪力在截面面积 A 内的分布集度就是剪应力 τ。因 τ 的分布规律复杂，对于粗短连接件的精确分析又比较困难，所以在实用计算中通常假定均匀分布，于是就有

$$\tau = \frac{V}{A} \tag{6.5}$$

这样得到的剪应力称为计算剪应力或名义剪应力，并不是真实的剪应力，它代表的是剪切面上的平均剪应力。

连接件和构件之间通过接触面的相互**挤压**或**承压**（bearing）来传递外力，接触面称为挤压面或承压面。承压面上压力的合力称为承压力，用 F_{bs} 表示，按图 6.2 所示的传力方式应有 $F_{bs}=F$；承压力在承压面上的分布集度（分布压力）称为**承压应力**（bearing stress），用 σ_{bs} 表示。承压应力的分布也很复杂，工程上仍采用实用方法计算。假设承压应力均匀分布在承压面的计算面积 A_{bs} 上，所以

$$\sigma_{bs} = \frac{F_{bs}}{A_{bs}} \tag{6.6}$$

承压面可以是平面，也可以是半圆柱面。如图 6.6(a) 所示连接轮和轴之间的平键，承压面即为平面，其计算面积为实际承压面积；如图 6.6(b) 所示的螺栓杆与构件螺栓孔之间的接触面就是半圆柱面，此时承压应力为曲线分布，最小值为零，为了使计算得到的承压应力与实际分布的最大承压应力接近，计算面积取过直径的投影面 $ABCD$，即 $A_{bs}=dt$。

【**例 6.1**】 如图 6.7(a) 所示的构件通过榫接头连接，在轴向拉力作用下，试计算剪切面上的剪应力和承压面上的承压应力。

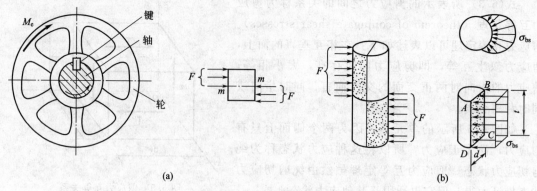

图 6.6 不同的承压面形式

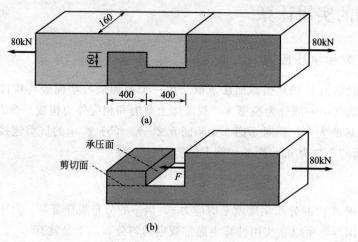

图 6.7 例 6.1 图

【解】

取右边部分构件为研究对象，受力如图 6.7(b) 所示，属于单面剪切。

$$V = F_{bs} = F = 80\text{kN}$$
$$A = 400 \times 160 \text{mm}^2$$
$$A_{bs} = 60 \times 160 \text{mm}^2$$

剪切面上的剪应力

$$\tau = \frac{V}{A} = \frac{80 \times 10^3}{400 \times 160} = 1.25\text{MPa}$$

承压面上的承压应力

$$\sigma_{bs} = \frac{F_{bs}}{A_{bs}} = \frac{80 \times 10^3}{60 \times 160} = 8.33\text{MPa}$$

【例 6.2】 如图 6.8 所示的法兰盘由四个直径为 10mm 的螺栓连接，承受力偶矩 1200N·m 作用。已知法兰盘的厚度为 12mm，试计算螺栓的剪应力和承压应力。

【解】

设每个螺栓所承受的力大小相同，均为 F，方向如图所示，它们形成两个力偶，与外加力偶平衡，所以由

$$F \times 0.15 \times 2 - 1200 = 0$$

得

$$F = 1200/0.3 = 4000\text{N}$$

单面剪切

$$V = F_{bs} = F = 4000\text{N}$$
$$A = 25\pi \text{mm}^2$$
$$A_{bs} = 10 \times 12 = 120 \text{mm}^2$$

剪切面上的剪应力

$$\tau = \frac{V}{A} = \frac{4000}{25\pi} = 50.9\text{MPa}$$

承压面上的承压应力

$$\sigma_{bs} = \frac{F_{bs}}{A_{bs}} = \frac{4000}{120} = 33.3\text{MPa}$$

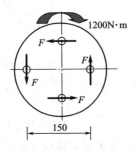

图 6.8 例 6.2 图

6.2.2 剪切强度条件及其应用

剪切强度条件包括剪应力强度条件和承压应力强度条件两方面。剪应力强度条件要求剪应力不超过材料的抗剪强度设计值 f_v,即

$$\tau = \frac{V}{A} \leqslant f_v \tag{6.7}$$

承压应力强度条件则要求计算面积上的承压应力不超过材料的承压应力设计值 f_{ce},即

$$\sigma_{bs} = \frac{F_{bs}}{A_{bs}} \leqslant f_{ce} \tag{6.8}$$

若采用容许应力法,则要求截面上的剪应力不超过容许剪应力或许用剪应力 $[\tau]$

$$\tau = \frac{V}{A} \leqslant [\tau] \tag{6.9}$$

计算面积上的承压应力不超容许承压应力 $[\sigma_{bs}]$

$$\sigma_{bs} = \frac{F_{bs}}{A_{bs}} \leqslant [\sigma_{bs}] \tag{6.10}$$

抗剪强度条件可直接用于如图 6.2 所示的**螺栓**(bolt)抗剪连接的设计计算。螺栓用碳钢或合金钢制造,其分级表示方法为"抗拉强度(t/cm^2).屈强比"。精制的 A、B 级普通螺栓分 5.6 级、8.8 级,粗制的 C 级螺栓分 4.6 级、4.8 级,高强度螺栓分 8.8 级和 10.9 级。螺栓的抗剪强度设计值用 f_v^b 表示,承压强度设计值用 f_c^b 表示,其值可查附表 1.3,螺栓的公称直径用 d 表示。

将式(6.4)代入式(6.7)

$$\tau = \frac{F}{n_v A} \leqslant f_v^b$$

由此得

$$F \leqslant n_v A f_v^b = n_v \frac{\pi d^2}{4} f_v^b \tag{6.11}$$

所以,一个螺栓满足剪应力强度条件所能承担的轴力设计值

$$F_v^b = n_v \frac{\pi d^2}{4} f_v^b \tag{6.12}$$

承压力等于钢板拉力 F,式(6.8)成为

$$\sigma_{bs} = \frac{F_{bs}}{A_{bs}} = \frac{F}{d\sum t} \leqslant f_c^b$$

得到

$$F \leqslant d(\sum t) f_c^b \qquad (6.13)$$

其中 $\sum t$ 为同一受力方向的承压构件的较小总厚度。于是，一个螺栓满足承压强度条件所能承担的轴力设计值

$$F_c^b = d(\sum t) f_c^b \qquad (6.14)$$

既满足剪应力强度条件，又满足承压应力强度条件，一个螺栓承载力设计值为式(6.12)和式(6.14) 中的较小值，即

$$F_{min}^b = \min(F_v^b, F_c^b) \qquad (6.15)$$

若构件承受的轴向拉力设计值为 F，则连接所需螺栓数量 n 为

$$n = \frac{F}{F_{min}^b} \qquad (6.16)$$

上式计算的结果应按收尾法取整。

【例 6.3】 如图 6.9(a) 所示为一传动轴，轴和轮之间用平键传力。已知轴的直径 $d = 70\text{mm}$，平键的尺寸 $b \times h \times l = 20\text{mm} \times 12\text{mm} \times 100\text{mm}$，力偶矩 $M_e = 2\text{kN}\cdot\text{m}$，键的容许剪应力或许用剪应力 $[\tau] = 60\text{MPa}$，容许承压应力 $[\sigma_{bs}] = 100\text{MPa}$。试校核键的强度。

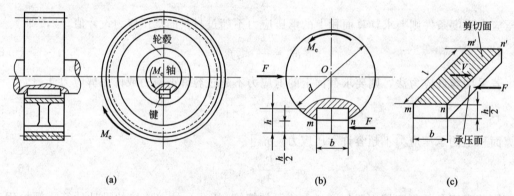

图 6.9 例 6.3 图

【解】 以轴和键为研究对象，受力如图 6.9(b) 所示，由力矩平衡方程

$$\sum M_O(F) = 0: M_e - F \times \frac{d}{2} = 0$$

解得

$$F = \frac{2M_e}{d} = \frac{2 \times 2}{0.07} = 57.14\text{kN}$$

键单面受剪，受力如图 6.9(c) 所示。

$$V = F_{bs} = F = 57.14\text{kN}$$
$$A = bl = 20 \times 100 = 2000\text{mm}^2$$
$$A_{bs} = lh/2 = 100 \times 6 = 600\text{mm}^2 \text{（平面接触）}$$

强度校核

$$\tau = \frac{V}{A} = \frac{57.14 \times 10^3}{2000} = 28.6\text{MPa} < [\tau] = 60\text{MPa}$$

$$\sigma_{bs} = \frac{F_{bs}}{A_{bs}} = \frac{57.14 \times 10^3}{600} = 95.2 \text{MPa} < [\sigma_{bs}] = 100 \text{MPa}$$

平键的强度条件满足要求。

【例 6.4】 如图 6.2(b) 所示的螺栓连接，钢板为 Q235 钢，连接左侧钢板厚 12mm，连接右侧为双钢板，每块厚度均为 8mm；螺栓采用直径为 16mm 的精制普通螺栓 5.6 级。若钢板上的拉力设计值 $F=400$kN，试求所需螺栓个数。

【解】 查附表 1.3：$f_v^b = 190 \text{N/mm}^2$，$f_c^b = 405 \text{N/mm}^2$。

双面剪切，$n_v = 2$。单个螺栓的承载力

$$F_v^b = n_v \frac{\pi d^2}{4} f_v^b = 2 \times \frac{\pi \times 16^2}{4} \times 190 = 76.4 \times 10^3 \text{N} = 76.4 \text{kN}$$

$$F_c^b = d(\sum t) f_c^b = 16 \times 12 \times 405 = 77.8 \times 10^3 \text{N} = 77.8 \text{kN}$$

$$F_{\min}^b = \min(F_v^b, F_c^b) = \min(76.4, 77.8) = 76.4 \text{kN}$$

所需螺栓个数为

$$n = \frac{F}{F_{\min}^b} = \frac{400}{76.4} = 5.2$$

可取 6 个螺栓。

6.2.3 剪切破坏条件

工程上也有利用剪切破坏的实际问题。如车床传动轴上的保险销，当荷载达到某一数值时，要求保险销被剪断，以保护车床的其他重要部件。冲床进行冲压加工时，利用材料的剪切破坏可以冲孔、冲出所需形状的零件或配件。剪裁钢板、剪断钢筋等工艺也都是利用剪切破坏来实现材料加工的例子。

剪切破坏条件就是要求剪切面上的剪应力不低于材料的剪切强度极限 τ_b，即

$$\tau = \frac{V}{A} \geqslant \tau_b \tag{6.17}$$

6.3 扭矩与扭矩图

受扭构件的外加力偶（见图 6.3）按右手法则，指向杆件轴线，其大小 M_e 通常是已知的，或已知力 F 和力臂 a，则 $M_e = Fa$。而对于机械上的旋转构件，若以匀角速度转动，则力矩仍然满足平衡关系。设旋转轴传递的**功率**（power）为 P，角速度为 ω，则由物理学知识可知

$$P = M_e \omega \tag{6.18}$$

所以

$$M_e = \frac{P}{\omega} \tag{6.19}$$

式中，力矩的单位为 N·m；功率的单位为 W（瓦）；角速度的单位为 rad/s（弧度/秒）。

工程上功率常以 kW（千瓦）为单位，其数值用 P_k 表示；转速用 n 表示，其单位为 r/min（转/分）。存在如下换算关系

$$P = P_k \times 10^3, \quad \omega = \frac{2\pi n}{60} = \frac{n\pi}{30}$$

于是，式(6.19) 成为

$$M_e = \frac{P_k \times 10^3}{n\pi/30} = 9549\frac{P_k}{n} \qquad (6.20)$$

利用截面法求扭矩 T，如图 6.10 所示。按右手法则，T 与截面的外法线一致者为正，反之为负。可以任取截面以左或以右部分杆段为脱离体，通过平衡方程求扭矩的大小。

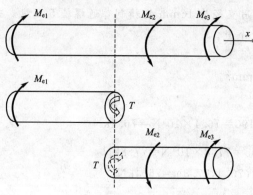

图 6.10 截面法求扭矩

截面以左部分杆段平衡

$$\sum M_x(F)=0: -M_{e1}+T=0$$
$$T=M_{e1} \qquad (6.21)$$

截面以右部分杆段平衡

$$\sum M_x(F)=0: -T+M_{e2}-M_{e3}=0$$
$$T=M_{e2}-M_{e3} \qquad (6.22)$$

由式(6.21) 和式(6.22) 可知，扭矩只和外力偶矩有关，且任意截面上的扭矩等于该截面以左（或截面以右）外力偶矩的代数和

$$T=(\sum M_e)_左 \qquad (6.23)$$

或

$$T=(\sum M_e)_右 \qquad (6.24)$$

用截面以左外力偶矩求和时，左指者为正，右指者为负；用截面以右外力偶矩求和时，右指者为正，左指者为负。

对于受多个外力偶矩作用的受扭构件，为了直观地表示各个截面上扭矩大小随截面位置的变化规律，需要作出扭矩图。扭矩图是以截面位置 x 为横坐标，扭矩 T 为纵坐标画出的图形，是内力图之一。

【**例 6.5**】 试作图 6.11 所示杆件的扭矩图。

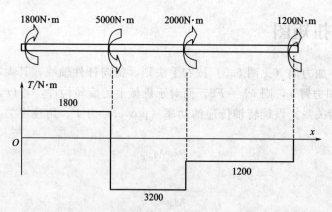

图 6.11 例 6.5 图

【解】

自左至右，根据外力偶的作用情况，杆件共分成三段。第一、二段用式(6.23) 计算扭矩，第三段用式(6.24) 计算扭矩

$$T_1 = 1800\text{N}\cdot\text{m}$$

$$T_2 = 1800 - 5000 = -3200 \text{N} \cdot \text{m}$$
$$T_3 = -1200 \text{N} \cdot \text{m}$$

据此结果作扭矩图，如图 6.11 所示。最大值（绝对值）为 3200N·m，发生在杆件的第二段（中间段）。

【例 6.6】 如图 6.12 所示的圆轴 ABC，转速为 1000r/min，B 轮为主动轮输入功率 20kW，A、C 两轮为从动轮，输出功率分别为 12kW 和 8kW。试作轴的扭矩图。

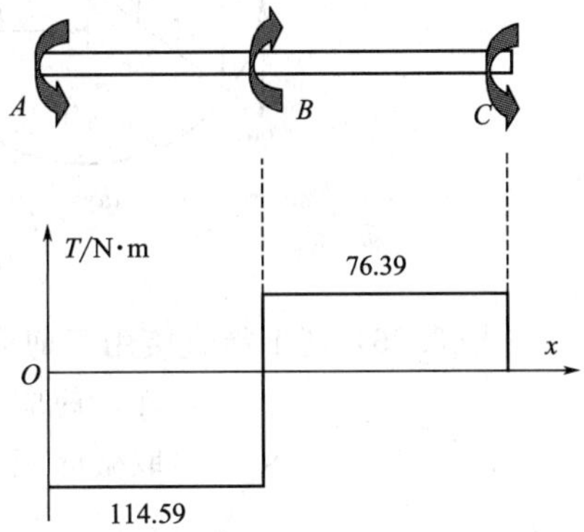

【解】

外力偶矩

$$M_e = 9549 \frac{P_k}{n}$$

$$M_{eA} = 9549 \times \frac{12}{1000} = 114.59 \text{N} \cdot \text{m}$$

$$M_{eC} = 9549 \times \frac{8}{1000} = 76.39 \text{N} \cdot \text{m}$$

杆件分两段，扭矩直接计算

$$T_{AB} = -M_{eA} = -114.59 \text{N} \cdot \text{m},$$
$$T_{BC} = M_{eC} = 76.39 \text{N} \cdot \text{m}$$

图 6.12 例 6.6 图

扭矩图如图 6.12 所示。最大值（绝对值）为 114.59N·m，发生在 AB 段。

6.4 圆轴扭转

6.4.1 扭转剪应力计算

圆截面杆件（圆轴）在扭转变形过程中，横截面保持为平面。相邻横截面发生相对转动，截面之间的距离保持不变，所以横截面上无正应力 σ，只有剪应力 τ，而且剪应力垂直于半径线。因截面上 τ 合成的结果应为 T，或 T 的分布集度为 τ，所以剪应力的指向与扭矩的转向一致。

为了计算剪应力的大小，取图 6.13 所示的长度为 dx 的轴段，左右两截面之间的相对转角为 $d\varphi$，距圆心为 ρ 处的剪应变为 γ_ρ。CD 为圆截面上扇形和轴段长度方向三角形的公共边，由几何关系可知

$$CD = \rho d\varphi = dx \tan\gamma_\rho \approx \gamma_\rho dx$$

所以剪应变为

$$\gamma_\rho = \rho \frac{d\varphi}{dx} \tag{6.25}$$

由剪切胡克定律，可得剪应力

$$\tau_\rho = G\gamma_\rho = G\rho \frac{d\varphi}{dx} \tag{6.26}$$

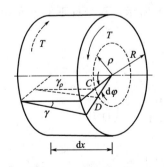

图 6.13 扭转变形几何关系

上式说明圆截面上距圆心任意一点的剪应力大小与该点到圆心的距离 ρ 成正比，圆心处剪应力为零，外边缘处剪应力最大。实心圆截面上剪应力按三角形分布，空心圆截面上剪应力按梯

形分布，如图 6.14 所示。

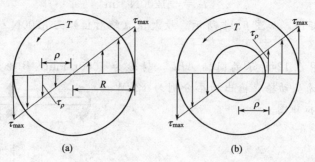

图 6.14 剪应力的分布

公式(6.26)还不能直接用于剪应力计算，因为相对转角未知。为此，需要利用静力条件，剪应力在截面内合成的结果应为扭矩 T。按如图 6.15 所示取微面积 dA，该微面积上的力对圆心取矩应为 dT

$$dT=(\tau_\rho dA)\rho = G\rho^2 \frac{d\varphi}{dx}dA$$

积分上式，得

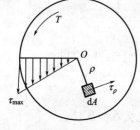

图 6.15 剪应力
在截面内合成

$$T = \iint G\rho^2 \frac{d\varphi}{dx}dA = G\frac{d\varphi}{dx}\iint \rho^2 dA \tag{6.27}$$

令

$$I_P = \iint \rho^2 dA \tag{6.28}$$

这个二重积分（面积分）只和截面形状有关，属于截面的几何性质参数，称之为截面的**极惯性矩**（polar moment of inertia）。如此则有

$$T = GI_P \frac{d\varphi}{dx} \tag{6.29}$$

解得

$$\frac{d\varphi}{dx} = \frac{T}{GI_P} \tag{6.30}$$

式中 GI_P 称为**扭转刚度**（torsional rigidity）。将式(6.30)代入式(6.26)，得剪应力的计算公式

$$\tau_\rho = \frac{T\rho}{I_P} \tag{6.31}$$

截面的极惯性矩 I_P 可由定义式(6.28)直接积分求得。因为积分域为圆形，所以采用极坐标比较方便。设空心圆截面的外径为 D，内径为 d，如图 6.16 所示。极坐标下的微元面积为

$$dA = (\rho d\theta)d\rho = \rho d\rho d\theta$$

代入式(6.28)积分

$$I_P = \iint \rho^2 dA = \int_0^{2\pi}\left(\int_{d/2}^{D/2} \rho^3 d\rho\right)d\theta = \frac{\pi}{32}(D^4-d^4) = \frac{\pi D^4}{32}\left[1-\left(\frac{d}{D}\right)^4\right]$$

令 $\alpha = d/D$（实心圆截面 $\alpha=0$），则上式成为

$$I_P = \frac{\pi D^4}{32}(1-\alpha^4) \tag{6.32}$$

最大剪应力发生在圆截面的外边缘，将 $\rho = D/2$ 代入式(6.31)，得

$$\tau_{max} = \frac{T}{I_P} \times \frac{D}{2} = \frac{T}{W_t} \quad (6.33)$$

式中 W_t 为**截面抗扭系数**（section modulus of torsion），且有

$$W_t = \frac{I_P}{D/2} = \frac{\pi D^3}{16}(1-\alpha^4) \quad (6.34)$$

扭转问题的强度条件要求危险截面上的最大剪应力不超过材料的抗剪强度设计值（或容许剪应力），即

$$\tau_{max} = \frac{T_{max}}{W_t} \leqslant f_v \quad (6.35)$$

或

$$\tau_{max} = \frac{T_{max}}{W_t} \leqslant [\tau] \quad (6.36)$$

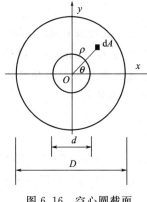

图 6.16 空心圆截面

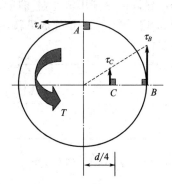

图 6.17 例 6.7 图

【**例 6.7**】 实心圆轴直径 $d = 100\text{mm}$，承受扭矩 14kN·m。试计算图 6.17 所示圆截面上 A、B、C 三点的剪应力的大小并确定其方向。

【**解**】

$$W_t = \frac{\pi d^3}{16} = \frac{\pi \times 100^3}{16} = 1.9635 \times 10^5 \text{mm}^3$$

A 点剪应力就是截面上的最大剪应力

$$\tau_A = \frac{T}{W_t} = \frac{14 \times 10^6}{1.9635 \times 10^5} = 71.30 \text{MPa}，水平向左$$

B、C 点剪应力直接按比例进行计算

$$\tau_B = \tau_A = 71.30 \text{MPa}，竖直向上$$

$$\tau_C = \frac{1}{2}\tau_B = \frac{1}{2} \times 71.30 = 35.65 \text{MPa}，竖直向上$$

6.4.2 扭转变形计算

长度为 l 的受扭杆件，其扭转角 φ 可由式(6.30)求出。因为

$$d\varphi = \frac{T dx}{G I_P}$$

所以，积分上式就得

$$\varphi = \int_0^l \frac{T dx}{GI_P} \tag{6.37}$$

对等截面直杆，若 T 为常数，则有

$$\varphi = \frac{Tl}{GI_P} \tag{6.38}$$

若杆件截面分段或扭矩分段为常数，则可分段计算扭转角，总的扭转角为各杆段扭转角的代数和

$$\varphi = \varphi_1 + \varphi_2 + \cdots + \varphi_n = \Sigma \varphi_i = \Sigma \frac{T_i l_i}{(GI_P)_i} \tag{6.39}$$

扭转角和杆件的长度有关，不便于比较。将单位长度的扭转角用 θ 表示，刚度条件要求其值不超过容许值或许用值，即

$$\theta = \frac{d\varphi}{dx} = \frac{T}{GI_P} \leqslant [\theta] \tag{6.40}$$

受扭圆轴，需要同时满足强度条件和刚度条件。刚度计算时应注意到 θ 的单位为 rad/m 或 rad/mm，容许值或许用值 $[\theta]$ 的单位应与之相一致。

【例 6.8】 如图 6.18 所示圆轴，已知 $M_{e1}=5\mathrm{kN\cdot m}$，$M_{e2}=3\mathrm{kN\cdot m}$，$l=0.5\mathrm{m}$，材料的剪切弹性模量 $G=79\mathrm{GPa}$，试计算轴内最大剪应力、最大单位长度扭转角以及 C 截面相对于 A 截面的转角。

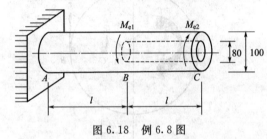

图 6.18 例 6.8 图

【解】

(1) 扭矩

$$T_{AB} = M_{e1} - M_{e2} = 5 - 3 = 2\mathrm{kN\cdot m}$$
$$T_{BC} = -M_{e2} = -3\mathrm{kN\cdot m}$$

(2) 最大剪应力、最大单位长度扭转角

因为 BC 段的扭矩大，截面面积小，所以危险截面为 BC 段内任意一个截面，强度、刚度计算时内力取绝对值，故 $T_{\max} = |T_{BC}| = 3\mathrm{kN}$。

$$W_t = \frac{\pi D^3}{16}(1-\alpha^4) = \frac{\pi \times 100^3}{16} \times (1-0.8^4) = 1.16 \times 10^5 \mathrm{mm}^3$$

$$I_P = \frac{\pi D^4}{32}(1-\alpha^4) = \frac{\pi \times 100^4}{32} \times (1-0.8^4) = 5.80 \times 10^6 \mathrm{mm}^4$$

$$\tau_{\max} = \frac{T_{\max}}{W_t} = \frac{3 \times 10^6}{1.16 \times 10^5} = 25.9 \mathrm{N/mm}^2$$

$$\theta_{\max} = \frac{T_{\max}}{GI_P} = \frac{3 \times 10^6}{79 \times 10^3 \times 5.80 \times 10^6} = 6.55 \times 10^{-6} \mathrm{rad/mm} = 0.375 \text{°/m}$$

(3) C 截面的扭转角

$$I_{PAB} = \frac{\pi D^4}{32} = \frac{\pi \times 100^4}{32} = 9.82 \times 10^6 \mathrm{mm}^4$$

$$\varphi_{BA} = \frac{T_{AB} l}{GI_{PAB}} = \frac{2 \times 10^6 \times 500}{79 \times 10^3 \times 9.82 \times 10^6} = 1.29 \times 10^{-3} \mathrm{rad}$$

$$\varphi_{CB} = \frac{T_{BC} l}{GI_{PBC}} = \frac{-3 \times 10^6 \times 500}{79 \times 10^3 \times 5.80 \times 10^6} = -3.27 \times 10^{-3} \mathrm{rad}$$

$$\varphi_{CA} = \varphi_{BA} + \varphi_{CB} = 1.29 \times 10^{-3} - 3.27 \times 10^{-3} = -1.98 \times 10^{-3} \mathrm{rad} = -0.113°$$

6.5 非圆截面扭转

非圆截面扭转变形时,除相邻横截面之间发生相对转动之外,横截面不再保持为平面,而会变为曲面,这种变形称为**翘曲**(warping)。翘曲变形如果不受限制,各横截面的翘曲程度相同,纵向线段的长度不变,那么,横截面上仍然只有剪应力而无正应力,这样的扭转称为**自由扭转**(free torsion);翘曲变形若受到约束限制,使杆件各横截面的翘曲程度各异,这将引起纵向线段的伸长或缩短,横截面上不仅存在剪应力,而且还有正应力,这样的扭转称为**约束扭转**(constraint torsion)。对于实心截面杆件,约束扭转引起的正应力通常很小,可以略去不计;然而,对于薄壁杆件,约束扭转引起的正应力比较大,不能略去不计。

非圆截面自由扭转的应力计算、单位长度扭转角的计算,因变形的几何关系复杂,推导公式需要更深的理论基础,故这里仅介绍弹性力学解答的结果。

(1)椭圆截面扭转

椭圆截面长半轴为 a 沿 x 方向,短半轴为 b 沿 y 方向,如图 6.19 所示。最大剪应力发生在边界线上最靠近中心的 A、B 两点,其值为

$$\tau_{\max} = \tau_A = \tau_B = \frac{2T}{\pi ab^2} = \frac{T}{W_t} \tag{6.41}$$

式中截面抗扭系数 W_t 为

$$W_t = \frac{1}{2}\pi ab^2 \tag{6.42}$$

单位长度的扭转角为

$$\theta = \frac{T(a^2+b^2)}{G\pi a^3 b^3} = \frac{T}{GI_P} \tag{6.43}$$

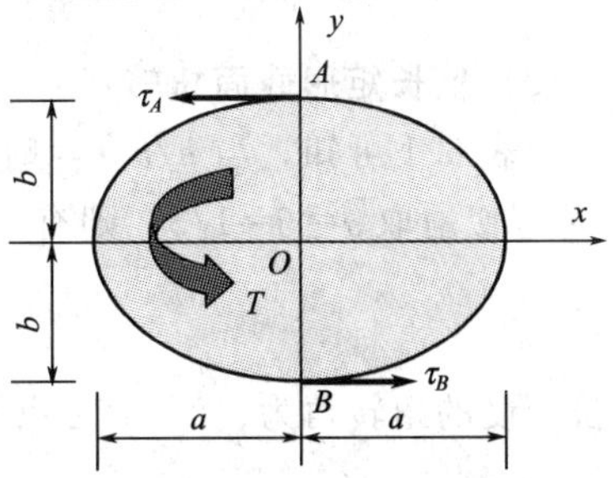

图 6.19 椭圆截面扭转

式中截面的极惯性矩 I_P 为

$$I_P = \frac{\pi a^3 b^3}{a^2+b^2} \tag{6.44}$$

如果 $a=b=R=D/2$,则椭圆便退化为以 D 为直径的圆,上述结果与圆轴扭转的公式完全一致。

(2)矩形截面扭转

设矩形的长边为 h,短边为 b(即 $h \geqslant b$),扭转变形如图 6.20(a)所示。由剪应力互等定理可以证明:

① 截面周边各点处的剪应力方向与周边相切;

② 在矩形截面的四个角点处,剪应力为零。

自由扭转时,横截面上的剪应力分布规律如图 6.20(b)所示。

最大剪应力发生在矩形的长边中点处,其值为

$$\tau_{\max} = \frac{T}{W_t} = \frac{T}{\alpha hb^2} \tag{6.45}$$

单位长度的扭转角为

$$\theta = \frac{T}{GI_P} = \frac{T}{G\beta hb^3} \tag{6.46}$$

上述公式中的系数 α、β 与矩形的边长比 h/b 有关,可由表 6.1 查得。

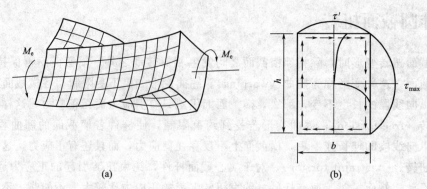

(a)   (b)

图 6.20 矩形截面扭转

表 6.1 系数 α、β 与矩形的边长比 h/b 的关系

h/b	1.0	1.5	2.0	2.5	3.0	4.0	5.0	6.0	10.0	∞
α	0.208	0.231	0.246	0.258	0.267	0.282	0.291	0.299	0.312	0.333
β	0.141	0.196	0.229	0.249	0.263	0.281	0.291	0.299	0.312	0.333

(3) 狭长矩形截面扭转

由表 6.1 可知,当 $h/b \to \infty$ 时,$\alpha = \beta \to 1/3$。对于狭长矩形截面,截面长度为 h,厚度为 t,可近似地取 $\alpha = \beta = 1/3$,则有

$$I_P = \frac{1}{3}ht^3 \tag{6.47}$$

单位长度的扭转角为

$$\theta = \frac{T}{GI_P} \tag{6.48}$$

最大剪应力由式(6.45)可得

$$\tau_{max} = \frac{T}{ht^2/3} = \frac{Tt}{ht^3/3} = \frac{Tt}{I_P} \tag{6.49}$$

对于图 6.21 所示的由狭长矩形条组合而成的开口薄壁杆件的扭转问题,单位长度的扭转角仍按公式(6.48)计算,但截面的等效极惯性矩应为各矩形条的极惯性矩之和

$$I_P = \frac{1}{3}h_1 t_1^3 + \frac{1}{3}h_2 t_2^3 + \cdots + \frac{1}{3}h_n t_n^3 = \frac{1}{3}\sum h_i t_i^3 \tag{6.50}$$

任意一个矩形条的厚度为 t_i,该矩形条上长边中点的剪应力 τ_i 由式(6.49)计算,即

$$\tau_i = \frac{Tt_i}{I_P} \tag{6.51}$$

最大剪应力出现在最厚的矩形条上,其值为

$$\tau_{max} = \frac{Tt_{max}}{I_P} \tag{6.52}$$

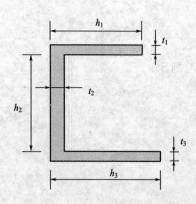

图 6.21 开口薄壁杆件的扭转

值得注意的是,在图 6.21 中角点处由于应力集中而产生很大的剪应力。随着扭矩的增加,这里首先进入塑性状态。在实际工程中,杆件截面转角处总是加工成圆角,以减小应力集中的不利影响。再者,开口薄壁杆件

的抗扭能力远远低于闭口薄壁截面的抗扭能力，应尽量采用闭口薄壁截面。当单向车道上有车流时，桥梁就会产生扭转变形。在高速铁路、高速公路上的大型桥梁，通常采用箱形截面代替 T 形截面，就是为了增强其抗扭能力。

【例 6.9】 试求承受相同扭矩 T 的正方形截面和圆截面上的最大扭转剪应力之比，设截面面积相等。

【解】 设正方形的边长为 a，圆截面的直径为 d，由题意可知它们之间的关系为

$$a^2 = \frac{\pi d^2}{4} \Rightarrow \frac{d}{a} = \frac{2}{\sqrt{\pi}}$$

正方形截面最大扭转剪应力

$$\tau_{\max 正} = \frac{T}{\alpha h b^2} = \frac{T}{\alpha a^3}$$

圆截面最大扭转剪应力

$$\tau_{\max 圆} = \frac{T}{W_t} = \frac{16T}{\pi d^3}$$

最大剪应力之比

$$\frac{\tau_{\max 正}}{\tau_{\max 圆}} = \frac{T}{\alpha a^3} \times \frac{\pi d^3}{16T} = \frac{\pi}{16\alpha}\left(\frac{d}{a}\right)^3 = \frac{\pi}{16\alpha} \times \left(\frac{2}{\sqrt{\pi}}\right)^3 = \frac{1}{2\alpha\sqrt{\pi}} = \frac{1}{2 \times 0.208 \times \sqrt{\pi}} = 1.36$$

说明在相同扭矩作用下，截面面积一样的正方形截面的最大剪应力大于实心圆截面的最大剪应力。

【例 6.10】 如图 6.22 所示的闭口和开口薄壁圆截面，承受扭矩 600N·m，试计算各自截面内的最大剪应力，并进行比较。

【解】 设闭口圆截面的最大剪应力为 τ_1，开口圆截面的最大剪应力为 τ_2。

(1) 闭口圆截面

$D = 100\text{mm}$，$d = 80\text{mm}$

$\alpha = d/D = 80/100 = 0.8$

$$W_t = \frac{\pi D^3}{16}(1-\alpha^4) = \frac{\pi \times 100^3}{16} \times (1-0.8^4)$$
$$= 1.16 \times 10^5 \text{mm}^3$$

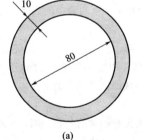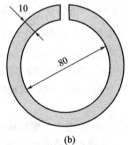

图 6.22 例 6.10 图

$$\tau_1 = \frac{T}{W_t} = \frac{600 \times 10^3}{1.16 \times 10^5} = 5.2\text{MPa}$$

(2) 开口圆截面

平均直径 $\overline{D} = (100+80)/2 = 90\text{mm}$

$h = \pi\overline{D} = 90\pi = 282.7\text{mm}$，$t = 10\text{mm}$

$$I_P = \frac{1}{3}ht^3 = \frac{1}{3} \times 282.7 \times 10^3 = 9.42 \times 10^4 \text{mm}^4$$

$$\tau_2 = \frac{Tt}{I_P} = \frac{600 \times 10^3 \times 10}{9.42 \times 10^4} = 63.7\text{MPa}$$

(3) 最大剪应力比

$$\frac{\tau_2}{\tau_1}=\frac{63.7}{5.2}=12.3$$

在同样扭矩作用下,本例开口薄壁杆件扭转最大剪应力是同样尺寸的闭口薄壁杆件最大剪应力的12.3倍,说明开口薄壁截面杆件的抗扭性能比闭口薄壁截面的抗扭性能差。

思 考 题

6.1 剪切变形的受力特点和变形特点是什么?
6.2 扭转变形的受力特点和变形特点是什么?
6.3 剪应变如何定义?其量纲是什么?
6.4 剪切面是否一定是平面?试举例说明。
6.5 承压面的计算面积如何确定?承压应力与一般的压应力有何区别?
6.6 机床拖动的电动机功率不变,当机床转速较高时,产生的转矩较大还是较小?
6.7 一般减速箱中的低转速轴均比高转速轴的直径粗,试解释其中的原因。
6.8 从力学的角度上讲,为什么说受扭时空心圆截面比实心圆截面较为合理?
6.9 试述矩形截面杆件扭转时横截面上剪应力分布的特点。

选 择 题

6.1 各向同性材料,独立的弹性常数有( )个。
A. 1 　　　　B. 2 　　　　C. 3 　　　　D. 4

6.2 在相互垂直的面上剪应力双生互等,即剪应力的大小相等、方向( )。
A. 相同 　　B. 相反 　　C. 对交线而言相同 　　D. 对交线而言同背向

6.3 一根传动轴上主动轮的外力偶矩为 M_{e1},从动轮的外力偶矩为 M_{e2}、M_{e3},而且满足条件 $M_{e1}=M_{e2}+M_{e3}$。开始将主动轮安装在两个从动轮中间,随后使主动轮和其中一个从动轮位置互换,这样变动的结果会使传动轴内的最大扭矩( )。
A. 增大 　　B. 减小 　　C. 不变 　　D. 变为零

6.4 直径为 D 的实心圆轴,两端所受的外力偶矩为 M_e,已知轴的横截面上的最大剪应力为 τ。若将轴的直径变为 $0.5D$,则轴的横截面上的最大剪应力应是( )。
A. 2τ 　　B. 4τ 　　C. 8τ 　　D. 16τ

6.5 一根空心钢轴和一根实心铝轴的外径相同,比较两者的抗扭截面系数,可知( )。
A. 空心钢轴的较大 　　B. 实心铝轴的较大 　　C. 其值一样大 　　D. 其大小与轴的剪切模量有关

6.6 实心圆轴受扭的外力偶矩为 M_e,按强度条件设计的直径为 D。当外力偶矩增大为 $2M_e$ 时,其直径应增大为( )。
A. $1.89D$ 　　B. $1.26D$ 　　C. $1.41D$ 　　D. $2.00D$

6.7 等截面圆轴扭转时的单位长度扭转角为 θ,若圆轴的直径增大一倍,则单位长度的扭转角将变为( )。
A. $\dfrac{\theta}{2}$ 　　B. $\dfrac{\theta}{4}$ 　　C. $\dfrac{\theta}{8}$ 　　D. $\dfrac{\theta}{16}$

6.8 截面尺寸分别为 100mm×100mm 和 50mm×200mm 的矩形截面杆件,承受相同的扭矩作用,则最大剪应力之比为( )。
A. 1.00 　　B. 0.50 　　C. 0.68 　　D. 0.74

计 算 题

6.1 如图 6.23 所示为螺栓的受拉连接,其中螺栓杆承受拉力 F 作用。已知螺栓杆中剪应力 τ 和拉应

力 σ 的关系为 $\tau=0.6\sigma$，试求螺栓直径 d 与螺栓头高度 h 的比值。

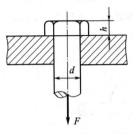

图 6.23　计算题 6.1 图

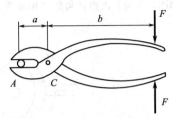

图 6.24　计算题 6.2 图

6.2　夹剪如图 6.24 所示，基本尺寸 $a=30\text{mm}$、$b=150\text{mm}$，销子 C 的直径 $d=5\text{mm}$。当加力 $F=200\text{N}$，剪直径与销子直径相同的铜丝时，求铜丝与销子横截面上的平均剪应力。

6.3　切料装置如图 6.25 所示，用刀刃将切料模中直径为 20mm 的料棒切断。料棒材料的抗剪强度 $\tau_b=320\text{MPa}$，试计算切断力 F。

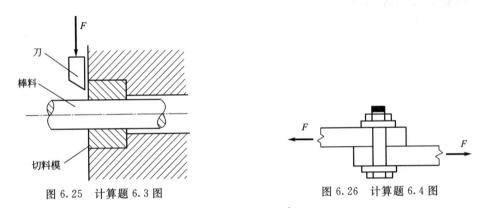

图 6.25　计算题 6.3 图　　　　　　　图 6.26　计算题 6.4 图

6.4　如图 6.26 所示为受剪连接，已知钢板为 Q235 钢，厚度为 12mm，采用直径为 18mm 的 4.8 级螺栓。作用于钢板上的轴向拉力设计值 $F=150\text{kN}$，试确定所需螺栓数目。

6.5　试作如图 6.27 所示各轴的扭矩图。

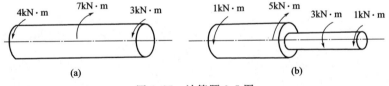

图 6.27　计算题 6.5 图

6.6　实心圆轴直径 $d=50\text{mm}$，转速 $n=120\text{r/min}$，测得轴的最大剪应力 $\tau_{\max}=65\text{MPa}$，试问该轴传递的功率是多少？

6.7　直径 $d=60\text{mm}$ 的圆轴，受到扭转力偶矩 $M_e=2.50\text{kN·m}$ 作用。已知材料的剪切弹性模量 $G=79\text{GPa}$，试求在距离轴心 10mm 处的剪应力和剪应变，并计算横截面上的最大剪应力和最大剪应变。

6.8　空心钢轴的外径 $D=100\text{mm}$，内径 $d=50\text{mm}$。已知间距为 $l=2.7\text{m}$ 的两横截面之间的相对扭转角 $\varphi=1.8°$，材料的剪切弹性模量 $G=79\text{GPa}$。试求：(1) 轴内的最大剪应力；(2) 当轴以 $n=80\text{r/min}$ 的速度旋转时，轴传递的功率。

6.9　直径 $d=25\text{mm}$ 的钢制圆形杆，当受轴向拉力 60kN 作用时，在标距 200mm 长度内的伸长量为 0.119mm；当受到一对转矩为 200N·m 的外力偶矩作用时，在标距 200mm 长度内的相对扭转角为 0.752°。试求材料的弹性常数 E、G 和 μ。

6.10 如图6.28所示为传动轴,其中 A 轮为主动轮,B 轮和 C 轮为从动轮。已知 A 轮输入功率为 25kW,B 轮输出功率为 10kW,C 轮输出功率为 15kW,轴的转速为 $n=1200\text{r/min}$。材料的许用剪应力 $[\tau]=60\text{MPa}$,单位长度扭转角的许用值为 $[\theta]=0.8°/\text{m}$,材料的剪切弹性模量 $G=80\text{GPa}$,试确定轴的直径。

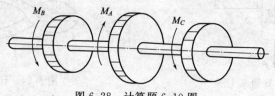

图 6.28 计算题 6.10 图

6.11 某结构中的矩形截面构件,截面尺寸为 $30\text{mm}\times120\text{mm}$,承受扭矩 $500\text{N}\cdot\text{m}$,求截面内的最大剪应力。

6.12 设薄壁圆截面的平均直径(外径与内径之和的一半)为 d,壁厚为 t,承受扭矩 T 作用,分开口和闭口两种情况,试分别计算最大剪应力。并证明:

$$\frac{\tau_{\max 开口}}{\tau_{\max 闭口}} \approx \frac{3d}{2t}$$

第7章 梁的弯曲

7.1 弯曲变形的概念

杆件在垂直于轴线的**横向荷载**（transverse load）作用下，直的轴线变成一条曲线，这种变形称为**弯曲**（bending）。弯曲是构件的基本变形之一。因为房梁在荷载作用下发生弯曲，所以将以弯曲为主要变形的杆件简称为**梁**（beam）。

受弯构件在工程实践中应用比较多。图 7.1(a) 所示为传统的木结构房屋的纵梁、横梁和椽子，其中纵向屋脊处的脊梁又称为栋，檐口梁又称为宇；图 7.1(b) 所示为多层或高层建筑的钢筋混凝土楼盖，包括楼盖大梁、次梁和楼板；图 7.1(c) 所示为跨越结构中的梁式桥，它们都是产生弯曲变形的构件。另外，桥式起重机上供跑车行走的横梁，机车的轮轴等也都发生弯曲变形。

图 7.1 受弯构件的工程实例

梁的横截面如矩形截面、工字形截面、T 形截面、槽形截面、箱形截面、圆截面等，至少存在一个对称轴。梁的轴线与横截面对称轴所构成的平面，称为梁的纵向对称面。当横向荷载（集中力、分布力、力偶）作用于纵向对称面内时，梁的轴线弯曲成一条位于纵向对称面内的平面曲线，如图 7.2 所示，这种弯曲称为**平面弯曲**（plane bending）。本章只讨论平面弯曲，第三篇会涉及到斜弯曲（非平面弯曲）。

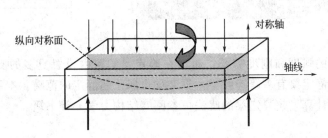

图 7.2 平面弯曲

梁在发生平面弯曲时，有两个变形参数：**挠度**（deflection）和**转角**（rotation angle）。梁轴线所变成的平面曲线，称为梁的**挠曲线**（deflection curve）或**弹性曲线**（elastic curve），轴线上的点在垂直于轴线方向的位移，称为挠度；在轴线变成平面曲线的同时，梁的横截面会相应发生转动以保持轴线为截面的法线这一事实，横截面转动的角度称为转角，在数值上等于弹性曲线的切线与轴线的夹角。

梁的形式很多，根据支承情况不同，静定梁可以分为**简支梁**（simply supported beam）、**外伸梁**（overhanging beam）和**悬臂梁**（cantilever beam）三种基本形式。

① 简支梁 简支梁就是一端为固定铰支座，另一端为可动铰支座（或链杆支座）的梁，如图 7.3(a) 所示。两支座之间的距离 l，称为梁的**跨度**（span）。砖墙上搁置的预制钢筋混凝土楼板或大梁以及两端支承于桥墩顶面的桥面梁或桥道板，均可简化为简支梁。

② 外伸梁 外伸梁的支座形式与简支梁相同，但梁的一端或两端伸出支座之外，如图 7.3(b) 所示，跨度为 l，外伸长度为 a 和 b。同样长度、同样外荷载作用时，外伸梁的内力和挠度均小于简支梁。

③ 悬臂梁 悬臂梁就是一端为固定端，另一端为自由端的梁，如图 7.3(c) 所示。房屋结构中，阳台挑梁、外走廊或单边走廊的挑梁，可以简化成悬臂梁，如图 7.4 所示。悬臂长度 l 就是计算梁内力和变形所采用的长度，根据构造要求，梁埋入墙内部分的长度比悬挑长度更长。砌体结构中的挑梁埋入长度与挑出长度之比宜大于 1.2；当挑梁上无砌体时，埋入长度与挑出长度之比宜大于 2。

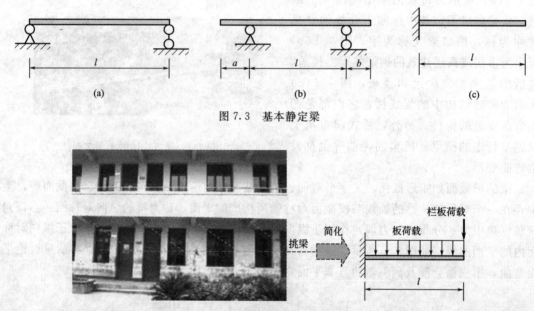

图 7.3 基本静定梁

图 7.4 挑梁简化为悬臂梁

工程中为了梁的强度和刚度需要，通常在静定梁的跨内设置更多的支座，形成超静定梁。广泛应用的超静定梁有多跨连续梁，框架梁也属于超静定的范畴。本章只讨论静定梁的内力、强度和刚度计算，超静定梁的解法可参阅《结构力学》等书籍。

7.2 剪力与弯矩

7.2.1 任意截面的剪力和弯矩

梁横截面的内力分量有剪力 V 和弯矩 M，符号规定如下：剪力 V 以绕脱离体顺时针转者为正，弯矩 M 使梁的下部纤维受拉者为正。梁通常是水平构件，横截面沿竖直方向，上述关于剪力、弯矩的符号规定又可概括为"左上右下剪力为正，左顺右逆弯矩为正"。如图 7.5 所示的剪力和弯矩都是正的，凡与此相反者便为负。

梁任意截面上的剪力和弯矩的大小可以用截面法求取。如图 7.6 所示的梁，已知作用于梁上的所有外力（主动力和支座反力），用一个截面将梁截断为两部分，断面处出现剪力 V 和弯矩 M，任取一个梁段为研究对象（脱离体），受平面平行力系作用。两个独立的平衡方程这样选取：y 方向投影，对截面形心 c 取矩，这样便可以求出截面内的剪力和弯矩。

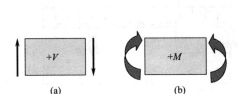

图 7.5 剪力与弯矩的符号规定

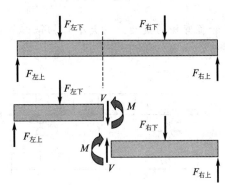

图 7.6 截面法求梁的剪力和弯矩

若取截面以左梁段为研究对象，则有

$$\sum F_y = 0: F_{左上} - F_{左下} - V = 0$$
$$\sum M_c(F) = 0: -M(F_{左上}) + M(F_{左下}) + M = 0$$

得到

$$\left.\begin{aligned} V &= F_{左上} - F_{左下} \\ M &= M(F_{左上}) - M(F_{左下}) = M_{左顺} - M_{左逆} \end{aligned}\right\} \quad (7.1)$$

若取截面以右梁段为研究对象，则有

$$\sum F_y = 0: V + F_{右上} - F_{右下} = 0$$
$$\sum M_c(F) = 0: -M + M(F_{右上}) - M(F_{右下}) = 0$$

解得

$$\left.\begin{aligned} V &= F_{右下} - F_{右上} \\ M &= M(F_{右上}) - M(F_{右下}) = M_{右逆} - M_{右顺} \end{aligned}\right\} \quad (7.2)$$

因为梁段整体处于平衡状态，外力之间满足平衡关系，所以由式 (7.1) 和式 (7.2) 计算得到的 V、M 值完全相同（数值、正负号都一样）。实际计算时，可以不必再截断梁画脱离体受力图，列平衡方程求解，而直接采用截面以左（或截面以右）的外力（包括支座反力）来计算。由式 (7.1) 和式 (7.2) 可以得到如下规律：

① V = 截面以左外力的代数和（↑为正）；

V = 截面以右外力的代数和（↓为正）。

② M = 截面以左外力对截面形心之矩的代数和（顺时针转为正）；

M = 截面以右外力对截面形心之矩的代数和（逆时针转为正）。

具体是取截面以左还是取截面以右的外力来计算内力，通常的做法是哪边简单取哪边。

【例 7.1】 钢筋混凝土预制桩（见图 7.7）在运输、施工过程中需要起吊，有单吊点和

图 7.7 钢筋混凝土预制桩

双吊点两种起吊方式，自重作为均布荷载 q，计算简图可以简化为外伸梁，如图 7.8 所示。构件在上车、下车的起吊时，一般采用双吊点起吊，吊点 A、B 作为支座，如图 7.8(a) 所示，支座反力就是吊绳的拉力；在施工现场，将桩起吊到打桩机龙门架的过程中，采用单吊点法起吊，一端置于地面，以支承于地面的 A 端和吊点 B 作为支座，如图 7.8(b) 所示。为了使钢筋的配置合理，起吊的基本要求是构件内正弯矩的最大值和负弯矩的最大值（大小）相等。吊点位置由 a 确定，试求 a 的大小和桩截面内的最大弯矩值。

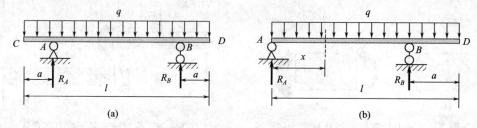

图 7.8 预制桩起吊时的计算简图

【解】

(1) 双吊点起吊

左右对称，支座反力 $R_A = R_B = ql/2$

最大负弯矩发生在吊点处

$$M_A = M_B = -qa \times \frac{1}{2}a = -\frac{1}{2}qa^2$$

最大正弯矩发生在构件的正中截面，其值为

$$M_{\text{中}} = R_A\left(\frac{l}{2} - a\right) - \left(q \times \frac{l}{2}\right) \times \frac{1}{4}l = \frac{1}{2}ql\left(\frac{l}{2} - a\right) - \frac{1}{8}ql^2$$

由起吊的基本要求，应有

$$\frac{1}{2}ql\left(\frac{l}{2} - a\right) - \frac{1}{8}ql^2 = \frac{1}{2}qa^2$$

即

$$a^2 + la - \frac{l^2}{4} = 0$$

解得

$$a = \frac{-1 \pm \sqrt{2}}{2}l = \begin{cases} -1.207l \\ 0.207l \end{cases}$$

舍去与题意不合的根 $-1.207l$，所以吊点位置 $a = 0.207l$。桩截面的最大弯矩为

$$M_{\max} = \frac{1}{2}qa^2 = \frac{1}{2}q \times (0.207l)^2 = 0.0214ql^2$$

(2) 单吊点起吊

整体为研究对象，由平衡方程

$$\sum M_B(F)=0: R_A(l-a)-ql\left(\frac{l}{2}-a\right)=0$$

得 A 处（地面）支反力

$$R_A=\frac{l/2-a}{l-a}ql$$

最大负弯矩发生在吊点处

$$M_B=-qa\times\frac{1}{2}a=-\frac{1}{2}qa^2$$

正弯矩发生在 AB 之间的一段，距 A 点任意 x 的截面上弯矩

$$M(x)=R_Ax-qx\times\frac{x}{2}=R_Ax-\frac{1}{2}qx^2$$

它是 x 的二次函数。极值按数学方法求取

$$\frac{\mathrm{d}M(x)}{\mathrm{d}x}=R_A-qx=0 \Rightarrow x=\frac{R_A}{q}$$

因为

$$\frac{\mathrm{d}M^2(x)}{\mathrm{d}x^2}=-q<0，\text{所以弯矩取极大值}$$

$$M_{\max}=R_Ax-\frac{1}{2}qx^2=R_A\times\frac{R_A}{q}-\frac{1}{2}q\left(\frac{R_A}{q}\right)^2=\frac{1}{2}\left(\frac{l/2-a}{l-a}\right)^2ql^2$$

由起吊条件有

$$\frac{1}{2}\left(\frac{l/2-a}{l-a}\right)^2ql^2=\frac{1}{2}qa^2$$

即

$$a^2-2la+\frac{l^2}{2}=0$$

解得

$$a=\frac{2\pm\sqrt{2}}{2}l=\begin{cases}1.707l\\0.293l\end{cases}$$

舍去与题意不合的根 $1.707l$，所以吊点位置 $a=0.293l$。桩截面的最大弯矩为

$$M_{\max}=\frac{1}{2}qa^2=\frac{1}{2}q\times(0.293l)^2=0.0429ql^2$$

7.2.2 剪力图与弯矩图

剪力和弯矩通常是梁截面位置 x 的函数，即

$$\left.\begin{array}{l}V=V(x)\\M=M(x)\end{array}\right\} \tag{7.3}$$

式(7.3)中的两式分别称为剪力函数和弯矩函数（总称内力函数）。以 x 为横坐标，V、M 为纵坐标，依据式(7.3)的函数关系画出的内力图形，称为剪力图和弯矩图。正值剪力画于 x 轴的上方，负值剪力画于 x 轴的下方，并标注相应的正负符号。根据建筑行业的习惯，弯矩图画于梁的受拉一侧，对于混凝土结构而言，该侧需要配置受拉钢筋。也就是说，正值弯矩画于 x 轴的下方，负值弯矩画于 x 轴的上方，不需标注正负符号。

作梁剪力图、弯矩图的基本步骤如下。

① 求支座反力。对于简支梁和外伸梁而言，以梁为研究对象，由平衡方程求支座反力；对于悬臂梁，可以不必计算支座反力。

② 写内力函数。因为内力是外力引起的物体内部质点之间的相互作用力，外力一旦发生变化，内力必定会发生变化，所以需要根据外力的情况将梁分段。计算每一段梁任意截面上的剪力和弯矩，即写出函数 $V(x)$、$M(x)$。

③ 作内力图。根据函数 $V(x)$ 和 $M(x)$ 分别画出剪力图、弯矩图，并在图上标注关键点的数值：极值、突变值、转折点的值等，以便直观地确定危险截面（或设计的控制截面）。

【例 7.2】 如图 7.9(a) 所示的简支梁 AB，跨度为 l，承受均布荷载 q 作用，试作该梁的剪力图和弯矩图，并求最大剪力和最大弯矩之值。

【解】

（1）支座反力

以梁 AB 为研究对象，受力如图 7.9(a) 所示，为平面平行力系，由二矩式平衡方程

$$\sum M_A(F)=0：R_B l - ql \times \frac{1}{2}l = 0$$

$$\sum M_B(F)=0：-R_A l + ql \times \frac{1}{2}l = 0$$

解得

$$R_A = R_B = \frac{1}{2}ql$$

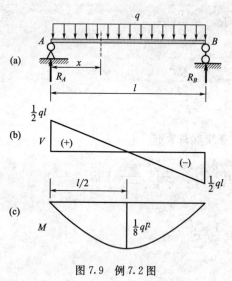

图 7.9 例 7.2 图

（2）写内力函数

根据受力情况，梁 AB 只分一段。以左支座 A 为起点，相距为 $x(0 \leqslant x \leqslant l)$ 的任意截面上的剪力和弯矩可用截面以左的外力来计算：

$$V(x) = R_A - qx = \frac{1}{2}ql - qx$$

$$M(x) = R_A x - qx \times \frac{x}{2} = \frac{1}{2}qlx - \frac{1}{2}qx^2$$

（3）作内力图

剪力图为直线，如图 7.9(b) 所示。端点值为：当 $x=0$ 时，$V=ql/2$；当 $x=l$ 时，$V=-ql/2$；最大剪力发生于支座截面，其值为

$$V_{\max} = \frac{1}{2}ql$$

弯矩图为二次抛物线，如图 7.9(c) 所示。端点值为：当 $x=0$ 时，$M=0$；当 $x=l$ 时，$M=0$。弯矩的极值由数学方法求得：

$$\frac{dM(x)}{dx} = \frac{1}{2}ql - qx = V(x) = 0 \Rightarrow x = \frac{1}{2}l$$

$\dfrac{d^2 M(x)}{dx^2} = -q < 0$，弯矩在剪力为零的截面（本题为跨中截面）取极大值

$$M_{\max} = \frac{1}{2}ql \times \frac{1}{2}l - \frac{1}{2}q\left(\frac{1}{2}l\right)^2 = \frac{1}{8}ql^2$$

本例说明，在向下的均布荷载作用下，梁的剪力图为斜直线，且左高右低（向下斜）；弯矩图为二次抛物线，凸向下，剪力为零处弯矩取极值。同时还说明，对于跨中截面而言，结构对称，荷载对称，表现出剪力图反对称，弯矩图对称。

【例 7.3】 试作图 7.10(a) 所示简支梁的剪力图和弯矩图。

【解】

（1）支座反力

由于对称关系，$R_A = R_B = F$

（2）内力函数

根据外力情况，梁分三段。坐标 x 的起点位于左支座 A，则有

AC 段 ($0 \leq x \leq a$)

$$V(x) = R_A = F$$
$$M(x) = R_A x = Fx$$

CD 段 ($a \leq x \leq l-a$)

$$V(x) = R_A - F = 0$$
$$M(x) = R_A x - F(x-a) = Fa$$

DB 段 ($l-a \leq x \leq l$)

$$V(x) = -R_B = -F, \quad M(x) = R_B(l-x) = F(l-x)$$

（3）作内力图

剪力函数分段为常数，V 图如图 7.10(b) 所示；弯矩函数为 x 的一次函数或常数，M 图如图 7.10(c) 所示。

从图上可以看出，在集中力作用处，剪力图不连续，突变量和突变方向刚好和该处的集中力一致，而弯矩图是连续的，但不光滑（发生转折）。梁段上不受外力作用的部分，V 图为水平线，M 图为直线。CD 段上任意截面上只有弯矩而无剪力，该段的弯曲称为**纯弯曲**（pure bending）；AC 段、DB 段同时存在剪力和弯矩，称为剪弯段或横力弯曲段。

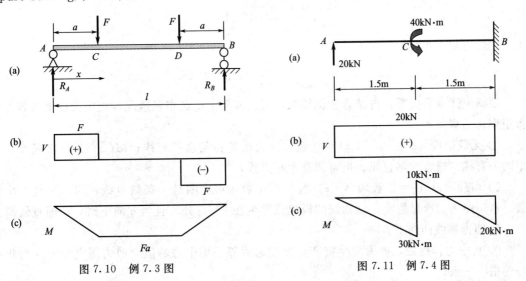

图 7.10 例 7.3 图　　图 7.11 例 7.4 图

【例 7.4】 试作图 7.11(a) 所示悬臂梁的剪力图和弯矩图。

【解】

悬臂梁可不求支座反力，以自由端一侧的外力计算内力。根据外力的情况，梁可分为

AC 和 CB 两段。坐标 x 的起点位于自由端 A，则有

AC 段 ($0 \leqslant x \leqslant 1.5\text{m}$)

$$V(x) = 20 \text{ kN}$$
$$M(x) = 20x \text{ kN} \cdot \text{m}$$

CB 段 ($1.5\text{m} \leqslant x \leqslant 3.0\text{m}$)

$$V(x) = 20 \text{ kN}$$
$$M(x) = 20x - 40 \text{ kN} \cdot \text{m}$$

绘制的剪力图和弯矩图见图 7.11(b) 和图 7.11(c)。从图中可以看出，在集中力偶作用处，剪力图不受影响；弯矩图则不连续，突变量等于力偶矩的大小。自左至右看，逆时针转向的力偶使 M 图向上突变，反之，顺时针转向的力偶应使 M 图向下突变。

7.2.3 剪力弯矩与荷载之间的关系

梁上内力和荷载存在关系。取长度为 $\text{d}x$ 的微段梁 AB 为脱离体，如图 7.12 所示。分布荷载 $q(x)$ 以向下为正，且在该微段内认为是不变的常数。左侧 A 截面的内力为 $V(x)$ 和 $M(x)$，右侧 B 截面的内力需考虑一个增量，它们分别是 $V(x) + \text{d}V(x)$ 和 $M(x) + \text{d}M(x)$。梁段的平衡方程为

$$\sum F_y = 0: V(x) - [V(x) + \text{d}V(x)] - q(x)\text{d}x = 0$$
$$\sum M_B(F) = 0: M(x) + \text{d}M(x) + q(x)\text{d}x \times \frac{\text{d}x}{2} - V(x)\text{d}x - M(x) = 0$$

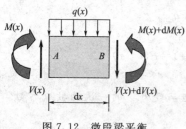

图 7.12 微段梁平衡

略去高阶微量 $(\text{d}x)^2$ 项，得到微分关系

$$\left. \begin{array}{r} \dfrac{\text{d}V(x)}{\text{d}x} = -q(x) \\ \dfrac{\text{d}M(x)}{\text{d}x} = V(x) \end{array} \right\} \qquad (7.4)$$

由上式还可进一步得到

$$\frac{\text{d}^2 M}{\text{d}x^2} = \frac{\text{d}V}{\text{d}x} = -q(x) \qquad (7.5)$$

根据上述微分关系，再结合实例结果，可得到梁上荷载布置情况与相应梁段上的剪力和弯矩变化的规律：

① 无载梁段 ($q=0$)，$V(x) =$ 常数，剪力图是一条水平直线；$M(x)$ 是一次函数，弯矩图为直线（通常为斜直线，也可能是水平直线）。

② 均载梁段 ($q=$ 常数)，$V(x)$ 为线性函数，剪力图是一条斜直线；$M(x)$ 是二次函数，弯矩图为二次抛物线，抛物线的极值点发生在 $V = 0$ 处。且当 q 向下时，V 图直线斜向下，M 图抛物线凸向下。

③ 集中力作用处，剪力发生突变，突变之值等于集中力的值，剪力图突变方向与集中力的指向一致。

④ 集中力偶作用处，弯矩发生突变，突变之值等于力偶矩的数值。顺时针转向的集中力偶使弯矩图向下突变，逆时针转向的集中力偶使弯矩图向上突变。

⑤ 在结构和支座对称的条件下，若荷载对称，则约束反力对称、弯矩图对称，剪力图

反对称；若荷载反对称，则约束反力反对称、弯矩图反对称，剪力图对称。

利用以上规律可以简捷地绘出剪力图和弯矩图，也可以检查（或校核）所绘剪力图、弯矩图的正确性。

【例 7.5】 试作图 7.13(a) 所示外伸梁的剪力图和弯矩图。

【解】

（1）支座反力

$\sum M_B(F)=0$：$10\times 4\times 2 - 20\times 2 - F_A\times 4 = 0$

$\sum M_A(F)=0$：$F_B\times 4 - 10\times 4\times 2 - 20\times 6 = 0$

$F_A = 10\text{kN}$，$F_B = 50\text{kN}$

（2）剪力图

AB 段为斜直线，只需计算端点剪力即可作图

$V_A = F_A = 10\text{kN}$

$V_{B左} = F_A - 10\times 4 = 10 - 40 = -30\text{kN}$

距离 A 支座 1m 处 $V=0$。

BC 段为水平直线，只需要计算出任意一个截面的剪力值，即可作图。所以 $V = 20\text{kN}$，剪力图如图 7.13(b) 所示。

（3）弯矩图

AB 段为二次抛物线，作图时需要确定端点值和极值：

$M_A = 0$

$M_B = -20\times 2 = -40\text{kN}\cdot\text{m}$

$M_{极值} = 10\times 1 - 10\times 1\times 0.5 = 5\text{kN}\cdot\text{m}$

BC 段为斜直线，已知端点处的弯矩就可作图：$M_B = -40\text{kN}\cdot\text{m}$，$M_C = 0$。

弯矩图如图 7.13(c) 所示。

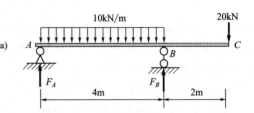
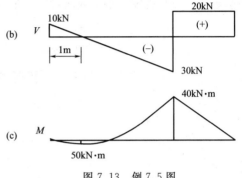

图 7.13　例 7.5 图

7.3　截面几何性质

7.3.1　静矩

如图 7.14 所示为任意形状的截面，在 Ozy 坐标系下形心坐标为 (z_c, y_c)，在某点 (z, y) 处取微元面积 dA，式(7.6) 表示的面积积分

$$\left.\begin{array}{l} S_z = \iint y\,dA \\ S_y = \iint z\,dA \end{array}\right\} \tag{7.6}$$

定义为截面对 z、y 轴的**静矩**（static moment）。其中 $y\,dA$ 可以理解为微面积 dA 对 z 轴取矩、$z\,dA$ 可以理解为微面积 dA 对 y 轴取矩，从这个意义上讲，S_z、S_y 为截面对 z、y 轴的面积矩。

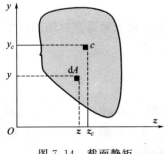

图 7.14　截面静矩

由定义可见，随着所选坐标轴 z、y 位置的不同，静矩 S_z 及 S_y 之值可为正值、负值或零值，其量纲为［长度］^{3}，常用单位为 mm^3 或 cm^3。

考虑到式(4.19)关于截面形心的定义，则式(7.6)可以改写为

$$\left.\begin{array}{l} S_z = A y_c \\ S_y = A z_c \end{array}\right\} \tag{7.7}$$

说明静矩等于截面面积乘以形心到坐标轴的距离。如果坐标轴通过截面形心，则对该轴的静矩必然为零；反之，若截面图形对某一坐标轴的静矩为零，则该坐标轴必定通过截面形心。通过截面形心的坐标轴，称为形心轴。

对于复杂截面图形，可以分解为几个简单图形。若已知简单图形的面积和形心位置，则可先计算各简单图形对坐标轴的静矩，然后计算整个图形对坐标轴的静矩，因为简单图形对某轴静矩的代数和就等于整个截面对同一轴的静矩，所以

$$\left.\begin{array}{l} S_z = S_{z1} + S_{z2} + \cdots + S_{zn} = \sum S_{zi} = \sum A_i y_{ci} \\ S_y = S_{y1} + S_{y2} + \cdots + S_{yn} = \sum S_{yi} = \sum A_i z_{ci} \end{array}\right\} \tag{7.8}$$

7.3.2 惯性矩和惯性半径

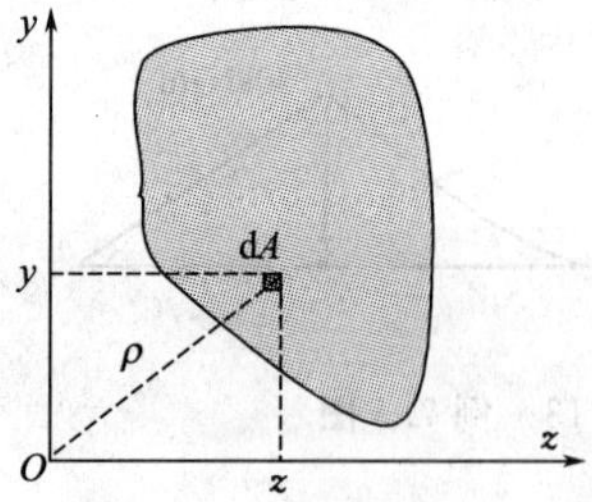

对于图 7.15 所示的截面和坐标系，将如下积分

$$\left.\begin{array}{l} I_z = \iint y^2 \, dA \\ I_y = \iint z^2 \, dA \end{array}\right\} \tag{7.9}$$

图 7.15 截面惯性矩

分别定义为截面对 z 轴和 y 轴的**惯性矩**（moment of inertia），其值恒为正值，量纲为［长度］^{4}，常用单位为 mm^4 或 cm^4。

截面对坐标轴的惯性矩和第 6 章中定义的极惯性矩之间存在如下关系

$$I_P = \iint \rho^2 \, dA = \iint (z^2 + y^2) \, dA = \iint z^2 \, dA + \iint y^2 \, dA = I_y + I_z \tag{7.10}$$

在工程中为满足某些计算的需要，常将截面的惯性矩表示为截面面积 A 与某一长度平方的乘积，即

$$I_z = A i_z^2, \quad I_y = A i_y^2$$

于是得到

$$i_z = \sqrt{\frac{I_z}{A}}, \quad i_y = \sqrt{\frac{I_y}{A}} \tag{7.11}$$

长度值 i_z、i_y 分别称为截面对 z 轴和 y 轴的**惯性半径**（internal radius）。

7.3.3 组合截面惯性矩

工程上遇到的复杂截面，通常由简单截面组合而成。计算组合截面对某坐标轴的惯性矩时，可先分别计算各组成部分对该坐标轴的惯性矩，然后相加，即

$$\left.\begin{array}{l} I_z = I_{z1} + I_{z2} + \cdots + I_{zn} = \sum I_{zi} \\ I_y = I_{y1} + I_{y2} + \cdots + I_{yn} = \sum I_{yi} \end{array}\right\} \tag{7.12}$$

在计算各分块截面对 z、y 轴的惯性矩时，通常要用到**平行轴定理**（parallel axis theorem）。

如图 7.16 所示的截面，取任意坐标轴 z 和形心轴 z_c，且 z 轴 $\parallel z_c$ 轴，相距为 a。微元面积 dA 到 z 轴的距离为 y，到 z_c 轴的距离为 y_c，由几何关系应有

$$y = y_c + a$$

根据定义，截面对 z 轴的惯性矩为

$$I_z = \iint y^2 \mathrm{d}A = \iint (y_c + a)^2 \mathrm{d}A$$
$$= \iint y_c^2 \mathrm{d}A + 2a \iint y_c \mathrm{d}A + a^2 \iint \mathrm{d}A = I_{zc} + 2aS_{zc} + Aa^2$$

因为 z_c 轴通过截面形心，所以截面对该轴的静矩为零，即 $S_{zc} = 0$，所以

$$I_z = I_{zc} + Aa^2 \tag{7.13}$$

这就是所谓的平行轴定理或平行轴公式，它将截面对形心轴的惯性矩和对与该形心轴平行的任意坐标轴的惯性矩联系在一起。式(7.13)说明，截面对任意一个坐标轴的惯性矩等于截面对与该坐标轴平行的形心轴的惯性矩再加上截面面积与两轴距离平方的乘积。对于所有的平行轴而言，截面对形心轴的惯性矩最小（因为 $a=0$）。

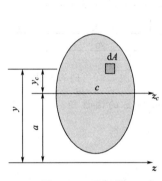

图 7.16 平行轴

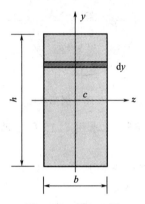

图 7.17 例 7.6 图

【例 7.6】 如图 7.17 所示的矩形截面，高 h、宽 b，z 轴和 y 轴均为形心轴，试计算该截面对 z 轴的惯性矩和惯性半径。

【解】
取微元面积 $\mathrm{d}A = b\mathrm{d}y$，则由定义可得惯性矩

$$I_z = \iint y^2 \mathrm{d}A = b \int_{-h/2}^{h/2} y^2 \mathrm{d}y = \frac{bh^3}{12}$$

惯性半径为

$$i_z = \sqrt{\frac{I_z}{A}} = \sqrt{\frac{bh^3}{12bh}} = \frac{\sqrt{3}}{6}h$$

同理可得

$$I_y = \frac{hb^3}{12}, \quad i_y = \frac{\sqrt{3}}{6}b$$

【例 7.7】 求图 7.18 所示实心圆形截面对形心轴 z 的惯性矩和惯性半径。

【解】
圆形截面任意形心轴均是对称轴，所以 $I_z = I_y$，由式(7.10)可得

$$I_y + I_z = 2I_z = I_P$$

所以

$$I_z = \frac{1}{2} I_P = \frac{1}{2} \times \frac{\pi D^4}{32} = \frac{\pi D^4}{64}$$

$$i_z = \sqrt{\frac{I_z}{A}} = \sqrt{\frac{\pi D^4}{64} \times \frac{1}{\pi D^2/4}} = \frac{D}{4}$$

同理，对于 $\alpha = d/D$ 的空心圆截面应有

$$I_z = \frac{\pi D^4}{64}(1-\alpha^4), \quad i_z = \frac{D}{4}\sqrt{1+\alpha^2}$$

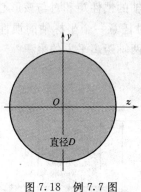

图 7.18 例 7.7 图

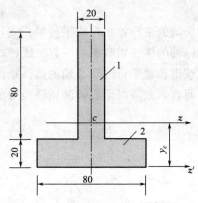

图 7.19 例 7.8 图

【例 7.8】 试求图 7.19 所示的倒 T 形截面对水平形心轴 z 的惯性矩。

【解】

截面可以分成上下两个矩形，即矩形 1 和矩形 2。

（1）形心位置

设形心到底边 z' 轴的距离为 y_c，则由静矩公式可计算形心位置。因为

$$S_{z'} = A y_c = (A_1 + A_2) y_c = A_1 y_{c1} + A_2 y_{c2}$$

所以

$$y_c = \frac{A_1 y_{c1} + A_2 y_{c2}}{A_1 + A_2} = \frac{80 \times 20 \times 60 + 80 \times 20 \times 10}{80 \times 20 + 80 \times 20} = 35 \text{mm}$$

（2）计算惯性矩

先计算每个矩形对 z 轴的惯性矩，然后求和，就是整个截面对 z 轴的惯性矩。在计算每个矩形对 z 轴的惯性矩时，需先依据例 7.6 的结果计算各分块矩形对自身形心轴的惯性矩，然后再利用平行轴公式计算对 z 轴的惯性矩。

$$I_z = I_{z1} + I_{z2} = \left[\frac{20 \times 80^3}{12} + 80 \times 20 \times (60-35)^2\right] + \left[\frac{80 \times 20^3}{12} + 80 \times 20 \times (35-10)^2\right]$$
$$= 2.907 \times 10^6 \text{ mm}^4$$

工程上常用的热轧角钢、槽钢、工字钢、H 型钢等的截面惯性矩和惯性半径等几何性质值可直接查附录 2 的相应表格。

7.4 弯曲正应力

7.4.1 正应力分布规律

弯矩 M 是梁横截面上法向内力系合成的结果，与正应力直接相关，它使纵向纤维发生

伸缩变形。以纯弯曲为例推导横截面上的正应力计算公式，需综合考虑几何、物理和静力学三个方面的关系。

(1) 几何关系

前人根据试验现象，假设变形前梁的横截面在变形后仍然保持为平面，且仍垂直于变形后的梁轴线。这是弯曲变形的平面假设或平截面假设。

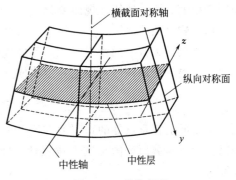

图 7.20 弯曲变形

根据平面假设，梁发生弯曲变形时，横截面保持为平面并作相对转动，凸边纤维伸长，凹边纤维缩短，如图 7.20 所示。由于变形的连续性，中间必有一层纵向纤维既不伸长也不缩短，这层纤维称为**中性层**（neutral surface），中性层的曲率半径用 ρ 表示。中性层与梁横截面的交线，称为**中性轴**（neutral axis）。由于荷载作用于纵向对称面内，因而梁的变形应对称于此平面，在横截面上就是对称于对称轴 y，故中性轴 z 必然垂直于对称轴 y。

取原始长度为 dx 的梁段，距中性轴任意 y 处的纵向线段 ab 变形后成为弧线 a_1b_1，两横截面发生相对转动，转角为 $d\theta$，如图 7.21 所示。线段的原始长度

$$l = \overline{ab} = dx = O_1O_2 \text{弧长} = \rho d\theta$$

变形后的长度

$$l_1 = a_1b_1 \text{弧长} = (\rho + y)d\theta$$

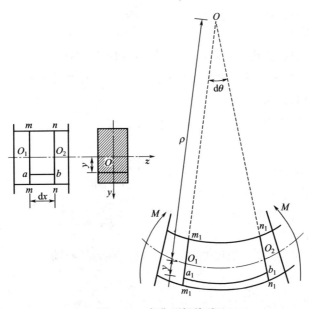

图 7.21 弯曲几何关系

线段 ab 的正应变根据定义应有

$$\varepsilon = \frac{\Delta l}{l} = \frac{l_1 - l}{l}$$

即

$$\varepsilon = \frac{(\rho + y)d\theta - \rho d\theta}{\rho d\theta} = \frac{y}{\rho} \tag{7.14}$$

说明正应变 ε 随 y 按线性规律变化。

(2) 物理关系

假想梁由无数纵向纤维组成，且纤维间无挤压，则横截面上任意点处单向受力。若应力不超过材料的比例极限，则胡克定律成立，所以

$$\sigma = E\varepsilon = E\frac{y}{\rho} \tag{7.15}$$

说明横截面上任意点处的正应力与该点至中性轴的距离成正比，且距中性轴等远处的正应力相等。即梁横截面上的正应力按线性规律分布，最大应力发生在截面的上下边缘处，如图 7.22 所示。

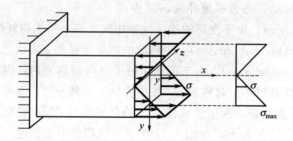

图 7.22　梁横截面上正应力分布规律

式(7.15)还不能直接应用。一方面因为中性轴的位置待定，计算点至中性轴的距离 y 也就不能确定；另一方面曲率半径 ρ 也还是未知量。

(3) 静力关系

对截面上的应力进行简化（或合成），结果应为内力。轴力为零，对 z 轴的力矩之和应为弯矩 M。如图 7.23 所示，距中性轴 z 任意距离 y 处，取微元面积 $\mathrm{d}A$，该微元面积上的合力为 $\sigma \mathrm{d}A$，整个截面上合成

$$N = \iint \sigma \mathrm{d}A = 0 \tag{7.16}$$

$$M = \iint y\sigma \mathrm{d}A \tag{7.17}$$

将式(7.15)代入式(7.16)

$$N = \iint E\frac{y}{\rho}\mathrm{d}A = \frac{E}{\rho}\iint y\mathrm{d}A = \frac{E}{\rho}S_z = \frac{E}{\rho}Ay_c = 0$$

由此得到 $y_c = 0$，说明中性轴 z 通过截面形心，即 z 轴为形心轴。

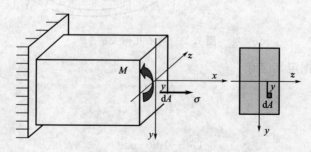

图 7.23　梁截面上静力关系

再将式(7.15)代入式(7.17)

$$M = \iint \frac{E}{\rho} y^2 \mathrm{d}A = \frac{E}{\rho} \iint y^2 \mathrm{d}A = \frac{EI_z}{\rho}$$

得到

$$\frac{1}{\rho} = \frac{M}{EI_z} \tag{7.18}$$

式中 EI_z 称为**弯曲刚度**或**抗弯刚度**（flexural rigidity）。说明中性层的曲率（即梁轴线的曲率）与弯矩成正比，与弯曲刚度成反比。

将式(7.18)代入式(7.15)，得正应力计算公式

$$\sigma = \frac{My}{I_z} \tag{7.19}$$

正应力以拉为正、压为负，根据弯矩的正负判断式(7.19)中正应力的正负符号：正弯矩使下部纤维受拉，上部纤维受压；负弯矩使上部纤维受拉，下部纤维受压。

式(7.19)是在纯弯曲条件下得到的，适合于纯弯曲梁或梁段。对于梁的剪弯段或横力弯曲梁段，由于剪力的存在，横截面会发生翘曲，平面假设不成立，利用式(7.19)计算正应力是近似的，其近似程度与梁的跨高比 l/h 有关。分析表明，当 $l/h > 5$ 时，计算精度能满足工程所需；当 $l/h \leqslant 5$ 时，公式(7.19)不能应用，需要采用所谓的深梁理论来分析或按弹性力学方法求解。

【例7.9】 如图7.10所示的简支梁，已知 $F = 3.6\mathrm{kN}$，$a = 100\mathrm{mm}$，矩形截面宽 $b = 30\mathrm{mm}$、高 $h = 60\mathrm{mm}$，试分别计算纯弯曲段内梁截面下部边缘1号点和距离中性轴为15mm的2号点的正应力。

【解】
梁的纯弯曲段为正弯矩，下部受拉，正应力为正值。

$$M = Fa = 3.6 \times 100 = 360 \mathrm{kN \cdot mm}$$

$$I_z = \frac{bh^3}{12} = \frac{30 \times 60^3}{12} = 5.4 \times 10^5 \mathrm{mm}^4$$

1号点正应力

$$\sigma_{(1)} = \frac{My_1}{I_z} = \frac{360 \times 10^3 \times 30}{5.4 \times 10^5} = 20 \mathrm{MPa}$$

2号点正应力

$$\sigma_{(2)} = \frac{My_2}{I_z} = \frac{360 \times 10^3 \times 15}{5.4 \times 10^5} = 10 \mathrm{MPa}$$

7.4.2 弯曲正应力强度条件

由式(7.19)可知，弯矩最大的截面、距中性轴最远的点上正应力最大，即危险截面上危险点的正应力最大。强度条件要求梁内最大正应力不超过材料强度设计值或许用应力。若材料的抗拉、抗压能力相同，则正应力强度条件为

$$\sigma_{\max} = \frac{M_{\max} y_{\max}}{I_z} = \frac{M_{\max}}{W_z} \leqslant f \tag{7.20}$$

或

$$\sigma_{\max} = \frac{M_{\max}}{W_z} \leqslant [\sigma] \tag{7.21}$$

式中 $W_z = I_z/y_{max}$ 称为**截面抗弯系数**或**截面抵抗矩**（section modulus in bending），对于矩形和圆形截面应有如下关系

$$W_z = \begin{cases} \dfrac{bh^2}{6} & \text{矩形截面} \\ \dfrac{\pi D^3}{32}(1-\alpha^4) & \text{空心圆截面} \end{cases} \tag{7.22}$$

当材料的抗拉和抗压能力不相同时，需要分别计算最大拉应力和最大压应力。对于截面形状对中性轴 z 对称的情况，最大拉应力和最大压应力相等，只需验算抗力弱的一方即可；而对于截面形状对中性轴 z 不对称的情况，则应分别验算

$$\left. \begin{aligned} \sigma_{tmax} &= \frac{M_{max} y_{tmax}}{I_z} \leqslant f_t \\ \sigma_{cmax} &= \frac{M_{max} y_{cmax}}{I_z} \leqslant f_c \end{aligned} \right\} \tag{7.23}$$

或

$$\left. \begin{aligned} \sigma_{tmax} &= \frac{M_{max} y_{tmax}}{I_z} \leqslant [\sigma_t] \\ \sigma_{cmax} &= \frac{M_{max} y_{cmax}}{I_z} \leqslant [\sigma_c] \end{aligned} \right\} \tag{7.24}$$

式中　f_t——材料的抗拉强度设计值，MPa 或 N/mm²；
　　　f_c——材料的抗压强度设计值，MPa 或 N/mm²；
　　　$[\sigma_t]$——材料的许用拉应力，MPa 或 N/mm²；
　　　$[\sigma_c]$——材料的许用压应力，MPa 或 N/mm²；
　　　y_{tmax}——受拉区边缘到中性轴的距离，mm；
　　　y_{cmax}——受压区边缘到中性轴的距离，mm。

【例 7.10】 矩形截面简支木梁，跨度 $l=4.2\text{m}$，承受的均布荷载设计值为 6kN/m。木材的强度等级为 TB15，抗弯强度设计值 $f=15\text{N/mm}^2$。若矩形截面的高宽比为 1.5，试确定梁的截面尺寸。

【解】

(1) 危险截面的弯矩

由例 7.2 可知，均布荷载作用下简支梁跨中截面弯矩最大，其值为

$$M_{max} = \frac{1}{8}ql^2 = \frac{1}{8} \times 6 \times 4.2^2 = 13.23 \text{kN·m}$$

(2) 强度条件确定截面尺寸

由

$$\sigma_{max} = \frac{M_{max}}{W_z} \leqslant f$$

得

$$W_z \geqslant \frac{M_{max}}{f} = \frac{13.23 \times 10^6}{15} = 0.882 \times 10^6 \text{mm}^3$$

因

$$W_z = \frac{bh^2}{6} = \frac{b}{6}\left(\frac{3}{2}b\right)^2 = \frac{3}{8}b^3$$

故

$$b = \sqrt[3]{\frac{8W_z}{3}} \geqslant \sqrt[3]{\frac{8 \times 0.882 \times 10^6}{3}} = 133.0 \text{mm}$$

可取 $b=140$mm，$h=1.5b=1.5\times140=210$mm。

7.4.3 梁的合理截面形式

梁的正应力在横截面上分布不均匀，中性轴附近应力很小，而上下边缘的应力最大，材料利用不充分。为了减轻梁的自重，提高经济性，应该在应力小的区域少用材料，在应力大的区域多用材料，这样形成的截面形状才合理。

梁的强度通常是由横截面上的正应力控制的。当弯矩一定时，最大正应力与截面的抗弯系数成反比。因此，当面积相同时，W_z 大的截面就是合理截面，或者说合理截面是指 W_z/A 较大的截面。合理截面具有较好的经济性。对于矩形截面，比值为

$$\frac{W_z}{A} = \frac{bh^2/6}{bh} = \frac{1}{6}h \approx 0.167h$$

可见面积相同的矩形截面，高度 h 越大就越合理、越经济。但需要注意的是，h 过大则 b 将很小，梁在弯曲时会发生侧向失稳的问题，所以 h 又不宜过大（钢筋混凝土梁设计时要求不超过 $4b$）。对于实心圆截面，截面高度 h 等于直径 D，所以

$$\frac{W_z}{A} = \frac{\pi D^3/32}{\pi D^2/4} = \frac{1}{8}D = 0.125h$$

可以看出圆截面不如矩形截面合理。而高度为 h 的热轧槽钢、工字钢 $W_z/A=(0.27\sim0.31)h$，比矩形截面更合理。

工程上梁的常用截面形式如图 7.24 所示。钢筋混凝土受弯梁板一般采用矩形截面、T 形截面、箱形截面、空心板、槽形板；钢梁通常采用工字钢或槽钢；木梁可采用矩形截面，也可采用天然的圆形截面。

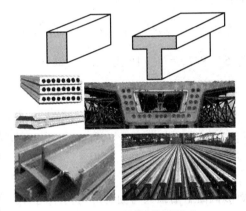

图 7.24 常用的梁截面形式

7.5 弯曲剪应力

7.5.1 弯曲剪应力计算

在梁的剪弯段，横截面上除正应力外，还有剪应力。弯曲剪应力与剪力有关，其分布规律与截面形状密不可分。计算剪应力时，通常假定：①截面上各点剪应力的方向都平行于截面上的剪力 V；②剪应力沿截面宽度均匀分布，即剪应力只是 y 的函数，而与 z 坐标无关。据此，通过微段梁的局部静力平衡条件可导出截面上距中性轴任意距离 y 处的剪应力计算公式

$$\tau = \frac{VS_z^*}{I_z b} \tag{7.25}$$

式中　V——横截面上的剪力，N；

S_z^* ——横截面上距中性轴为 y 的水平横线以下（或以上）部分面积 A^* 对中性轴的静矩，mm^3；

I_z ——整个截面对中性轴的惯性矩，mm^4；

b ——剪应力作用处（y 处）的截面宽度，mm。

剪力 V 和静矩 S_z^* 均为代数量，应用式(7.25)计算剪应力 τ 时，V 和 S_z^* 均可以绝对值代入，剪应力的方向依据剪力的方向来确定。

(1) 矩形截面梁剪应力分布

对于矩形截面梁，只要截面高度 h 大于宽度 b，利用式(7.25)计算剪应力便具有足够的精度。如图 7.25 所示，要计算距中性轴为 y 处的剪应力，首先应计算图中阴影部分面积对中性轴的静矩。阴影部分的面积为

$$A^* = b\left(\frac{h}{2} - y\right)$$

阴影面积的形心坐标为

$$y_{c*} = y + \frac{1}{2}\left(\frac{h}{2} - y\right)$$

所以

$$S_z^* = A^* y_{c*} = b\left(\frac{h}{2} - y\right)\left[y + \frac{1}{2}\left(\frac{h}{2} - y\right)\right] = \frac{1}{2}b\left(\frac{h^2}{4} - y^2\right)$$

将 S_z^* 和 $I_z = bh^3/12$ 代入式(7.25)，得

$$\tau = \frac{6V}{bh^3}\left(\frac{h^2}{4} - y^2\right) \tag{7.26}$$

式(7.26)表明，剪应力 τ 沿截面高度按二次抛物线规律变化，如图 7.25 所示。在截面的上、下边缘 $y = \pm h/2$ 处，$\tau = 0$；在中性轴上 $y = 0$，剪应力最大，其值为

$$\tau_{max} = \frac{3V}{2bh} = 1.5\frac{V}{A} \tag{7.27}$$

矩形截面上的最大弯曲剪应力为平均剪应力的 1.5 倍。

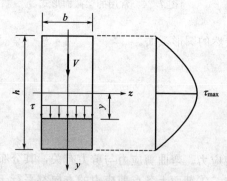

图 7.25 矩形截面梁剪应力分布

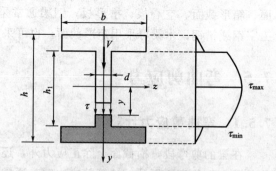

图 7.26 工字形截面梁剪应力分布

(2) 工字形截面梁的最大剪应力

工字形截面梁的截面由腹板和翼缘板组成，如图 7.26 所示。翼缘的宽度远大于腹板的宽度（或厚度），翼缘承受弯曲正应力的同时，还承担水平方向的剪应力，铅垂方向的剪应力很小，可以略去不计。剪力 V 主要由腹板承担，沿 y 方向的剪应力可按式(7.25)计算。由于 S_z^* 是 y 的二次函数，故腹板部分的剪应力沿截面高度也是按二次抛物线规律变化的，

如图 7.26 所示。最大剪应力发生在中性轴上，其值为

$$\tau_{\max} = \frac{V S_{z\max}^*}{I_z d} \tag{7.28}$$

式中　d——腹板宽度或厚度，mm；

$S_{z\max}^*$——中性轴以上（或中性轴以下）部分面积对中性轴的静矩，取绝对值，mm^3。

对于热轧工字钢，根据附表 2.4 的符号，最大剪应力计算公式为

$$\tau_{\max} = \frac{V S_x}{I_x d} = \frac{V}{d(I_x : S_x)} \tag{7.29}$$

其中 d 和 $(I_x : S_x)$ 之值根据工字钢的型号直接查表。

(3) 圆形和圆环形截面梁最大剪应力

圆形截面梁的剪应力情况比较复杂，存在水平和竖向两个方向的剪应力，但竖向分量沿高度仍然按二次抛物线规律分布。中性轴上只有竖向剪应力，其值最大，如图 7.27(a) 所示。因为

$$b = D$$
$$S_{z\max}^* = \frac{1}{8}\pi D^2 \times \frac{2D}{3\pi} = \frac{1}{12} D^3$$

所以

$$\tau_{\max} = \frac{V S_{z\max}^*}{I_z b} = \frac{V D^3/12}{D \pi D^4/64} = \frac{4}{3} \times \frac{V}{\pi D^2/4}$$

考虑到圆截面面积 $A = \pi D^2/4$，上式成为

$$\tau_{\max} = \frac{4}{3} \times \frac{V}{A} \tag{7.30}$$

可见，圆形截面梁上的最大剪应力为平均剪应力的 4/3 倍。

同理，对于如图 7.27(b) 所示的圆环形截面，最大弯曲剪应力为

$$\tau_{\max} = 2.0 \frac{V}{A} \tag{7.31}$$

说明薄壁圆环梁横截面上的最大剪应力等于平均剪应力的 2.0 倍。

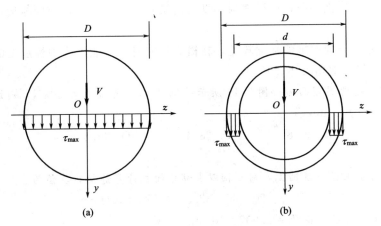

图 7.27　圆形和圆环形截面梁最大剪应力

7.5.2　实心截面细长梁弯曲正应力与弯曲剪应力的量级比较

考虑跨度为 l 的简支梁，承受均布荷载 q 作用的情况。已知跨中弯矩最大，支座剪力最

大，其值分别为

$$M_{\max}=\frac{1}{8}ql^2, \quad V_{\max}=\frac{1}{2}ql$$

对于矩形截面梁，应有

$$\sigma_{\max}=\frac{M_{\max}}{W_z}=\frac{ql^2/8}{bh^2/6}=\frac{3}{4}\times\frac{ql^2}{bh^2}, \quad \tau_{\max}=\frac{3}{2}\times\frac{V_{\max}}{A}=\frac{3}{2}\times\frac{ql/2}{bh}=\frac{3}{4}\times\frac{ql}{bh}$$

$$\frac{\sigma_{\max}}{\tau_{\max}}=\frac{3}{4}\times\frac{ql^2}{bh^2}\times\frac{4}{3}\frac{bh}{ql}=\frac{l}{h}$$

对于圆形截面梁，应有

$$\sigma_{\max}=\frac{M_{\max}}{W_z}=\frac{ql^2/8}{\pi D^3/32}=4\frac{ql^2}{\pi D^3}, \quad \tau_{\max}=\frac{4}{3}\times\frac{V_{\max}}{A}=\frac{4}{3}\times\frac{ql/2}{\pi D^2/4}=\frac{8}{3}\times\frac{ql}{\pi D^2}$$

$$\frac{\sigma_{\max}}{\tau_{\max}}=4\frac{ql^2}{\pi D^3}\times\frac{3}{8}\times\frac{\pi D^2}{ql}=\frac{3}{2}\times\frac{l}{D}$$

细长梁的 $l\gg h$ 或 $l\gg D$，梁内弯曲正应力将是弯曲剪应力的几倍甚至几十倍。弯曲正应力对梁的影响是主要的，弯曲剪应力则是次要的。

7.5.3 弯曲剪应力强度条件

梁横截面中性轴上的剪应力最大，正应力为零，因此最大剪应力作用点处于纯剪切状态，弯曲剪应力强度条件要求危险截面上的最大剪应力不超过材料的抗剪强度设计值或许用剪应力，即

$$\tau_{\max}=\frac{V_{\max}S^*_{z\max}}{I_z b}\leqslant f_v \text{ 或 }[\tau] \tag{7.32}$$

前述可知，细长梁通常由弯曲正应力控制截面设计，剪应力较小，可以不验算剪应力强度条件。但在下列情况下，梁的剪应力强度条件可能起控制作用，就必须验算：

① 梁的跨度较小，或在支座附近作用有较大集中荷载时，此时梁的最大弯矩较小，而剪力却很大；

② 在焊接工字形钢梁中，如果腹板厚度与高度相比，小于型钢截面相应比值时，剪应力较大；

③ 木材在顺纹方向的抗剪强度较差，在横力弯曲时，可能因为中性层上的剪应力过大而使梁沿中性层发生剪切破坏。

【例 7.11】 受弯梁截面为如图 7.19 所示的倒 T 形，若剪力为 50kN，则该截面上的最大剪应力为（　　）N/mm²。

A. 15.6　　　B. 20.8　　　C. 23.4　　　D. 36.3

【解】 最大剪应力发生在中性轴上，用 z 轴以上部分面积计算静矩，其值为

$$S^*_{z\max}=20\times 65\times 32.5=4.225\times 10^4 \text{ mm}^3$$

截面惯性矩由例 7.8 已求得 $I_z=2.907\times 10^6 \text{ mm}^4$，所以

$$\tau_{\max}=\frac{VS^*_{z\max}}{I_z b}=\frac{50\times 10^3\times 4.225\times 10^4}{2.907\times 10^6\times 20}=36.3\text{N/mm}^2$$

正确答案为 D。其实答案 A 为平均剪应力，B 为平均剪应力的 1.33 倍，C 为平均剪应力的 1.5 倍，皆非问题之结果。

【例 7.12】 试验算例 7.10 所设计的木梁的抗剪强度。

【解】

剪力设计值为

$$V_{\max} = \frac{1}{2}ql = \frac{1}{2} \times 6 \times 4.2 = 12.6 \text{kN}$$

查附表 1.6，强度等级为 TB15 的木材顺纹抗剪强度设计值为 $f_v = 2.0 \text{N/mm}^2$。危险截面上的最大剪应力

$$\tau_{\max} = 1.5 \frac{V_{\max}}{A} = 1.5 \times \frac{12.6 \times 10^3}{140 \times 210} = 0.64 \text{N/mm}^2 < f_v = 2.0 \text{N/mm}^2$$

满足剪应力强度条件。

【例 7.13】 例 7.5 所示外伸梁，材料牌号为 Q235 钢，热轧工字钢型号为 20a，试校核梁的强度。

【解】

(1) 控制内力（最大内力）

B 支座截面的弯矩最大（绝对值）：$M_{\max} = 40 \text{kN} \cdot \text{m}$

B 支座左侧截面的剪力最大（绝对值）：$V_{\max} = 30 \text{kN}$

(2) 查表

附表 1.1：$f = 215 \text{N/mm}^2$，$f_v = 125 \text{N/mm}^2$

附表 2.4：$W_z = W_x = 237 \text{cm}^3$，$d = 7.0 \text{mm}$，$I_x : S_x = 17.2 \text{cm} = 172 \text{mm}$

(3) 强度校核

正应力强度

$$\sigma_{\max} = \frac{M_{\max}}{W_z} = \frac{40 \times 10^6}{237 \times 10^3} = 168.8 \text{N/mm}^2 < f = 215 \text{N/mm}^2，满足要求$$

剪应力强度

$$\tau_{\max} = \frac{V_{\max}}{d(I_x : S_x)} = \frac{30 \times 10^3}{7.0 \times 172} = 24.9 \text{N/mm}^2 < f_v = 125 \text{N/mm}^2，满足要求$$

正应力和剪应力均满足各自的强度条件，热轧工字钢梁的强度满足要求。

7.6 梁的转角与挠度

7.6.1 梁的挠曲线近似微分方程

如图 7.28 所示的悬臂梁，以变形前的梁轴线为 x 轴，垂直向下的轴为 y 轴，xy 平面为梁的纵向对称面。在外荷载 F 作用下，变形后的梁轴线将成为 xy 平面内的一条连续而光滑的曲线，这就是挠曲线。横坐标为 x 的梁轴线上一点（横截面的形心）沿 y 方向的位移，称为挠度，用 v 表示。不同截面的挠度是不相同的，它是 x 的函数 $v = f(x)$。在弯曲变形过程中，横截面绕中性轴转过的角度 θ，称为截面的转角。在数值上转角等于挠曲线的切线与 x 轴的夹角，即

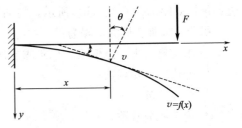

图 7.28 梁的挠曲线

$$\tan\theta = \frac{\mathrm{d}v}{\mathrm{d}x} = f'(x)$$

在小变形条件下，梁的挠曲线是一条很平缓的曲线，θ 角很小，所以

$$\theta \approx \tan\theta = \frac{\mathrm{d}v}{\mathrm{d}x} = f'(x) \tag{7.33}$$

在左手坐标系下，转角以顺时针转者为正，逆时针转者为负。

由高等数学可知，挠曲线的曲率为

$$\frac{1}{\rho} = \pm \frac{v''}{(1+v'^2)^{3/2}} = \pm \frac{v''}{(1+\theta^2)^{3/2}}$$

在小变形条件下，$\theta \ll 1$，上式可近似写成

$$\frac{1}{\rho} = \pm v''$$

将式(7.18)代入，得

$$\pm v'' = \frac{M}{EI_z}$$

对于左手坐标系，上式左边应取负号，所以挠曲线近似微分方程为

$$v'' = -\frac{M}{EI_z} \tag{7.34}$$

式(7.34)是纯弯曲下的挠曲线近似微分方程，对于横力弯曲的细长梁，只需要将 M 改成 $M(x)$ 即可。

7.6.2　积分法求梁的变形

对于等截面直梁，弯曲刚度 EI_z 为常数，可以简写为 EI，将近似微分方程(7.34)改写为如下形式

$$EIv'' = -M(x) \tag{7.35}$$

这是一个简单的二阶微分方程，可直接积分得到问题的解答。积分一次得到转角，再积分一次便得挠度

$$\left. \begin{array}{l} EIv' = EI\theta = -\int M(x)\mathrm{d}x + C \\ EIv = -\int \left[\int M(x)\mathrm{d}x \right] \mathrm{d}x + Cx + D \end{array} \right\} \tag{7.36}$$

两个积分常数 C 和 D，可以通过梁支座处的已知位移条件来确定，这些条件称为位移**边界条件**（boundary condition）。若梁在写弯矩函数 $M(x)$ 时分成 n 段，则分段积分后共出现 $2n$ 个积分常数。除了位移边界条件外，还要用到分段点处挠曲线的**连续条件**（continuity condition）和**光滑条件**（smooth condition），才能唯一确定这些积分常数。常用支承的位移边界条件如图 7.29(a)、(b) 所示，挠曲线的连续、光滑条件如图 7.29(c) 所示。

积分法求梁变形的步骤为：

① 求支座反力（悬臂梁可以不求支座反力）；
② 分段写弯矩函数；
③ 分段积分；
④ 确定积分常数；
⑤ 变形结果：最大挠度，最大转角。

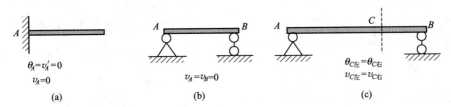

图 7.29 位移边界条件和连续、光滑条件

【例 7.14】 如图 7.30 所示的等截面悬臂梁承受均匀分布荷载 q 作用,试求最大挠度和最大转角。

【解】

(1) 弯矩函数

梁只分一段,悬臂梁可以不求支座反力。图示坐标系下,弯矩函数为

$$M(x) = -\frac{1}{2}qx^2$$

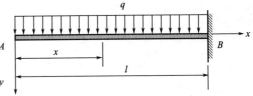

图 7.30 例 7.14 图

(2) 积分

$$EIv'' = -M(x) = \frac{1}{2}qx^2$$

$$EI\theta = \frac{1}{6}qx^3 + C, \quad EIv = \frac{1}{24}qx^4 + Cx + D$$

(3) 边界条件确定积分常数

$$x = l, \ \theta = 0: \ 0 = \frac{1}{6}ql^3 + C$$

$$x = l, \ v = 0: \ 0 = \frac{1}{24}ql^4 + Cl + D$$

解得

$$C = -\frac{1}{6}ql^3, \quad D = -\frac{1}{24}ql^4 - Cl = \frac{1}{8}ql^4$$

(4) 结果

$$\theta = \frac{q}{6EI}(x^3 - l^3)$$

$$v = \frac{qx^4}{24EI} - \frac{ql^3 x}{6EI} + \frac{ql^4}{8EI}$$

最大转角和最大挠度发生在自由端 ($x = 0$)

$$\theta_{\max} = |\theta_A| = \frac{ql^3}{6EI}, \quad v_{\max} = v_A = \frac{ql^4}{8EI}$$

【例 7.15】 如图 7.31 所示的简支梁 AB,其跨度为 l,弯曲刚度 EI 为常数,求在均布线荷载 q 作用下梁的挠曲线,最大转角和最大挠度。

【解】

(1) 支座反力

由对称关系可知,左右支座反力相等,即

$$F_A = F_B = \frac{1}{2}ql$$

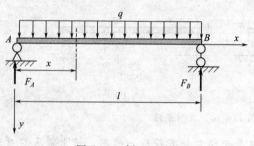

图 7.31 例 7.15 图

（2）弯矩函数

梁只分一段，坐标原点在左支座

$$M(x)=F_A x-\frac{1}{2}qx^2=\frac{1}{2}qlx-\frac{1}{2}qx^2$$

（3）积分

$$EIv''=-M(x)=-\frac{1}{2}qlx+\frac{1}{2}qx^2$$

$$EI\theta=-\frac{1}{4}qlx^2+\frac{1}{6}qx^3+C$$

$$EIv=-\frac{1}{12}qlx^3+\frac{1}{24}qx^4+Cx+D$$

（4）边界条件确定积分常数

$$x=0,\ v=0：0=D$$

$$x=l,\ v=0：0=-\frac{1}{12}ql^4+\frac{1}{24}ql^4+Cl+D$$

解得

$$C=\frac{1}{24}ql^3,\ D=0$$

（5）结果

$$\theta=-\frac{ql}{4EI}x^2+\frac{q}{6EI}x^3+\frac{ql^3}{24EI}$$

$$v=-\frac{ql}{12EI}x^3+\frac{q}{24EI}x^4+\frac{ql^3}{24EI}x$$

在 $x=0$ 和 $x=l$ 处（支座处），转角最大，其值为

$$\theta_{\max}=\theta_A=|\theta_B|=\frac{ql^3}{24EI}$$

跨中截面挠度最大

$$v_{\max}=v(l/2)=\frac{5ql^4}{384EI}$$

【例 7.16】 如图 7.32 所示的简支梁，受集中力 F 作用。力 F 作用点距左支座为 a，距右支座为 b，且 $a>b$。梁的 EI 为定值，试求该梁的最大转角和最大挠度。

【解】

（1）支座反力

以梁为研究对象，受力如图 7.32 所示，此为平面平行系。由平衡方程

$$\sum M_A(F)=0：R_B l-Fa=0$$

$$\sum M_B(F)=0：-R_A l+Fb=0$$

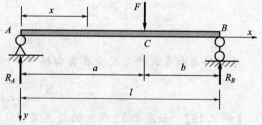

图 7.32 例 7.16 图

解得

$$R_A=\frac{Fb}{l},\ R_B=\frac{Fa}{l}$$

（2）弯矩函数

坐标原点定在 A 点，根据外力情况，本题要分 AC、CB 两段写出 $M(x)$。

AC 段 ($0 \leq x \leq a$)：$M(x) = R_A x = \dfrac{Fb}{l} x$

CB 段 ($a \leq x \leq l$)：$M(x) = R_A x - F(x-a) = \dfrac{Fb}{l} x - F(x-a)$

(3) 分段积分

AC 段 ($0 \leq x \leq a$)：

$$EIv'' = -M(x) = -\dfrac{Fb}{l} x$$

$$EI\theta = -\dfrac{Fb}{2l} x^2 + C_1$$

$$EIv = -\dfrac{Fb}{6l} x^3 + C_1 x + D_1$$

CB 段 ($a \leq x \leq l$)：

$$EIv'' = -M(x) = -\dfrac{Fb}{l} x + F(x-a)$$

$$EI\theta = -\dfrac{Fb}{2l} x^2 + \dfrac{1}{2} F(x-a)^2 + C_2$$

$$EIv = -\dfrac{Fb}{6l} x^3 + \dfrac{1}{6} F(x-a)^3 + C_2 x + D_2$$

(4) 确定积分常数

梁分两段，共有 4 个积分常数，需要用左右两端的边界条件和 C 处的连续、光滑条件才能唯一确定。

边界条件：

$$x = 0, \ v = 0 \ (AC \text{ 段})：\quad 0 = D_1$$

$$x = l, \ v = 0 \ (CB \text{ 段})：\quad 0 = -\dfrac{Fbl^2}{6} + \dfrac{F}{6}(l-a)^3 + C_2 l + D_2$$

分界点 C 处光滑连续条件：

$$x = a, \ \theta_{左} = \theta_{右}：\ -\dfrac{Fb}{2l} a^2 + C_1 = -\dfrac{Fb}{2l} a^2 + C_2$$

$$x = a, \ v_{左} = v_{右}：\ -\dfrac{Fb}{6l} a^3 + C_1 a + D_1 = -\dfrac{Fb}{6l} a^3 + C_2 a + D_2$$

联立解得

$$C_1 = C_2 = \dfrac{Fb}{6l}(l^2 - b^2) = \dfrac{Fab}{6l}(l+b)$$

$$D_1 = D_2 = 0$$

(5) 最大转角

支座截面

$$\theta_A = \theta(0) = \dfrac{C_1}{EI} = \dfrac{Fab}{6EIl}(l+b)$$

$$\theta_B = \theta(l) = \dfrac{1}{EI}\left[-\dfrac{Fbl}{2} + \dfrac{1}{2} F(l-a)^2 + C_2 \right] = -\dfrac{Fab}{6EIl}(l+a)$$

因为 $a > b$，所以 B 截面的转角（绝对值）最大。

(6) 最大挠度

因为本题之 $v''=-\dfrac{M(x)}{EI}<0$，所以当 $\theta=v'=0$ 时 v 取极大值。为求极值，需判断极值点所在区间。

$$\theta_C=\theta(a)=\dfrac{1}{EI}\left(-\dfrac{Fb}{2l}a^2+C_1\right)=-\dfrac{Fab}{3EIl}(a-b)$$

当 $a>b$ 时 $\theta_C<0$，与 θ_A 反号，所以 v 的极值一定在 AC 段内取得。极值点的横坐标 x_0 满足关系

$$v'=\theta(x_0)=\dfrac{1}{EI}\left(-\dfrac{Fb}{2l}x_0^2+C_1\right)=-\dfrac{Fb}{2EIl}\left[x_0^2-\dfrac{1}{3}(l^2-b^2)\right]=0$$

解得

$$x_0=\sqrt{\dfrac{l^2-b^2}{3}}$$

故最大挠度为

$$v_{\max}=v(x_0)=\dfrac{Fb}{9\sqrt{3}EIl}\sqrt{(l^2-b^2)^3}$$

当 $b\to 0$ 时，$x_0=0.577l$；当 $b=0.5l$ 时，$x_0=0.5l$。说明简支梁的最大挠度总在跨中截面附近出现，可以认为集中荷载作用位置对简支梁最大挠度位置的影响不大。工程实践中，对简支梁而言，不管集中力作用在什么位置，都可以近似地以跨中截面之挠度作为最大挠度用于设计计算，其误差不超过 3%。

特别是当 $a=b=l/2$ 时（集中力 F 作用于跨中），跨中挠度最大，其值为

$$v_{\max}=\dfrac{1}{48}\times\dfrac{Fl^3}{EI}$$

7.6.3 梁的刚度条件

在工程设计中，梁或受弯构件除满足强度条件外，还必须具有足够的刚度，即要求变形不能过大，才能保证其正常工作。梁的挠度过大，将影响外观，影响人们的心理安全，影响正常使用。比如楼板、梁的挠度过大，将使精密仪器、设备难以保持水平；吊车梁挠度过大，会加剧吊车运行时的冲击和振动，甚至使吊车不能正常运行；屋面构件挠度过大，会使排水不畅，造成积水，以至于发生渗漏等现象；传动轴的挠度过大，会影响齿轮间的正常啮合和轴承配合，加速齿轮和轴承的磨损，使齿轮产生噪声和振动。因此，从使用功能要求，受弯构件的挠度不应过大。

刚度计算属于正常使用极限状态，由荷载标准值（标准组合）计算的挠度（最大值）$v_{\max}$ 不应超过挠度限值 $v_{\lim}$ 或挠度容许值 $[v]$

$$v_{\max}\leqslant v_{\lim} \quad 或 \quad [v] \tag{7.37}$$

在建筑工程领域，钢筋混凝土吊车梁的挠度限值，对于手动吊车为 $l/500$，电动吊车为 $l/600$；钢筋混凝土屋盖（楼盖）梁挠度限值为 $l/300\sim l/200$。木梁挠度限值为 $l/250$，木椽条为 $l/150$。屋盖钢梁挠度容许值为 $l/400$，吊车钢梁的挠度容许值为 $l/1200\sim l/500$。在桥梁界，公路混凝土桥梁的挠度限值为 $l/600$，悬臂端的挠度限值为 $l/300$；铁路简支钢桁架桥挠度限值为 $l/900$，简支钢板梁的挠度限值为 $l/700$。在机械工程中，对变形要求比较严格，挠度限值为 $l/10000\sim l/5000$（l 为轴承间距）。对于锅炉、化工压力容器，主要是强度问题，一般可以不考虑刚度要求。

梁的挠度总是和抗弯刚度 EI 成反比，与荷载 q、F 成正比，与跨度 l 的 n 次方成正比。当为均布荷载 q 时，$n=4$；当为集中荷载 F 时，$n=3$。减小挠度或提高刚度，有如下措施：①增加 EI 特别是加大截面高度 h，可以减小挠度；②增加支座，减小跨度 l，更能减小挠度。

思 考 题

7.1 什么样的构件称为梁？基本静定梁有哪几种？

7.2 什么是平面弯曲？什么是纯弯曲？

7.3 梁的剪力和弯矩的正负如何确定？如何计算指定截面上的剪力和弯矩？

7.4 在无荷载作用与均布荷载作用的梁段，剪力图和弯矩图各有何特点？如何利用这些特点绘制剪力图与弯矩图？

7.5 在集中力、集中力偶作用处，剪力图和弯矩图各有何特点？

7.6 平面图形对轴的静矩等于零的条件是什么？

7.7 何谓平行轴定理？如何利用平行轴定理计算组合截面的惯性矩？

7.8 何谓惯性半径？其量纲是什么？圆形截面对过形心的 z 轴的惯性半径 i_z 是多少？矩形截面的惯性半径 i_z 和 i_y 各等于多少（y、z 为截面的对称轴）？

7.9 已知截面对它的形心轴的静矩为零，即 $S_z=0$，试问截面的惯性矩 I_z 是否也为零，为什么？

7.10 何谓中性层、中性轴？如何确定中性轴的位置？

7.11 梁发生平面弯曲时，横截面上的正应力是怎样分布的？试画出 T 形截面上的正应力分布图。

7.12 何谓梁的危险截面？何谓梁的危险点？

7.13 什么是截面的抗弯系数？面积相同的圆截面和正方形截面，其抗弯系数之比等于多少？

7.14 确定梁的合理截面应考虑哪些因素？一根矩形截面梁，设截面的两个边长之比为 1∶2，当把它立放和平放时，所能承受的荷载之比是多少？

7.15 两根长度相同且承受相同荷载的悬臂梁，它们的材料和横截面不相同，问这两根梁的剪力、弯矩是否相同？横截面上的最大剪应力和最大正应力是否相同？

7.16 通常在什么情况下可以不校核梁的抗剪强度？为什么？

7.17 何谓挠度与转角？它们之间有何关系？

7.18 公式 $EIv''=-M(x)$ 为什么说是近似微分方程？精确的微分方程应当是什么形式？

7.19 利用积分法计算梁的位移时，积分常数如何确定？如何根据挠度和转角的正负判断位移方向？最大挠度处横截面转角是否一定为零？

7.20 梁的刚度条件如何表述？结构设计为什么对梁的变形要加以限制？

7.21 减小梁的挠度和转角有哪些措施？

选 择 题

7.1 梁产生弯曲变形时的受力特点，是梁在过轴线的平面内受到外力偶的作用或者受到和梁轴线（　　）的外力作用。

A. 平行   B. 垂直   C. 相交   D. 一致

7.2 在梁的集中力作用处,其左、右两侧无限接近的横截面上的弯矩是（　　）的。
A. 相同   B. 数值相等,符号相反
C. 不相同   D. 数值不相等,符号一致

7.3 在梁的集中力偶作用处,其左、右两侧无限接近的横截面上的剪力（　　）。
A. 大小相等,符号相反   B. 大小相等,符号相同
C. 大小和符号有时相同,有时不相同   D. 大小有改变趋势,但符号不变

7.4 若梁的荷载和支承情况对称于中央截面 C,则下列结论中正确的是（　　）。
A. V 图对称,M 图对称,且 $V_c=0$ B. V 图对称,M 图反对称,且 $M_c=0$
C. V 图反对称,M 图对称,且 $V_c=0$ D. V 图反对称,M 图反对称,且 $M_c=0$

7.5 形心轴 z 将截面分成两部分,各部分对 z 轴的静矩分别为 S_{z1} 和 S_{z2},它们之间的关系为（　　）。
A. $S_{z1}>S_{z2}$ B. $S_{z1}<S_{z2}$ C. $S_{z1}=S_{z2}$ D. $S_{z1}=-S_{z2}$

7.6 截面对其形心轴的惯性矩是（　　）的。
A. 最小   B. 最大   C. 为零   D. 为负值

7.7 宽为 b、高为 h 的矩形截面,对过底边的坐标 z' 的惯性矩为（　　）。
A. $I_{z'}=\dfrac{bh^3}{12}$ B. $I_{z'}=\dfrac{bh^3}{8}$ C. $I_{z'}=\dfrac{bh^3}{4}$ D. $I_{z'}=\dfrac{bh^3}{3}$

7.8 矩形截面简支梁的截面尺寸为 120mm×200mm,已知跨中截面弯矩 5kN·m,则跨中截面内的最大弯曲正应力为（　　）。
A. 5MPa   B. 6MPa   C. 8MPa   D. 6.25MPa

7.9 为了充分发挥梁的抗弯作用,在选用梁的合理截面时,应尽可能使其截面的材料置于（　　）的地方。
A. 离中性轴较近   B. 离中性轴较远
C. 形心周围   D. 接近外力作用的纵向对称轴

7.10 （　　）梁在平面弯曲时,其横截面上的最大拉、压应力绝对值是不相等的。
A. 圆形截面   B. 矩形截面   C. T形截面   D. 热轧工字钢

7.11 倒 T 形截面梁发生平面弯曲时,设截面内的弯矩为正弯矩,则以下结论中不正确的是（　　）。
A. 梁截面的中性轴通过形心
B. 梁的最大压应力出现在截面的上边缘
C. 梁内最大压应力绝对值小于最大拉应力
D. 梁内最大压应力与最大拉应力数值不相等

7.12 弯曲变形产生最大挠度的截面,其转角也是最大的,这种情况对于（　　）是成立的。
A. 任何梁都   B. 任何梁都不   C. 等截面梁   D. 悬臂梁

7.13 用积分法求如图 7.33 所示悬臂梁的变形时,确定积分常数所用到的位移边界条件是（　　）。
A. $x=0$,$v=0$；$x=l$,$v=0$ B. $x=0$,$\theta=0$；$x=l$,$\theta=0$
C. $x=0$,$v=0$；$x=0$,$\theta=0$ D. $x=l$,$\theta=0$；$x=l$,$v=0$

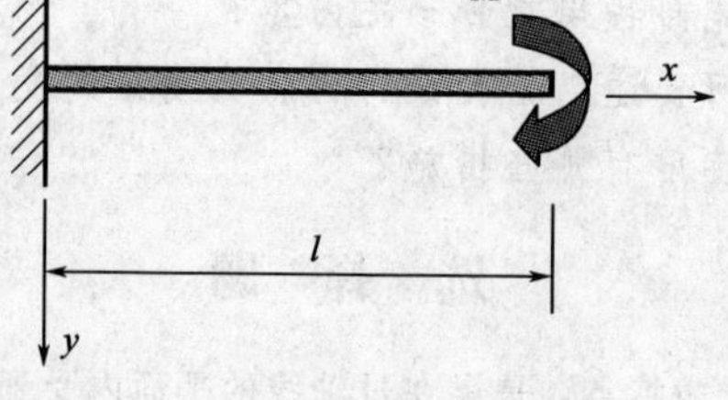

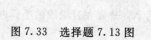

图 7.33 选择题 7.13 图

7.14 简支梁在均布荷载作用下,跨度减小一半,则最大挠度下降为原来的( )。
A. 1/2   B. 1/4   C. 1/8   D. 1/16

7.15 分析如图 7.34 所示外伸梁在集中荷载 F 作用下产生的变形,以下结论中错误的是( )。
A. 梁 BC 段弯矩为零,但该段各截面的挠度不会为零
B. 因梁 BC 段的弯矩为零,故该段不会发生弯曲变形
C. 梁 BC 段的挠度和转角是因 AB 段变形而发生的
D. 因梁 BC 段上无荷载,故该段各截面的转角为零

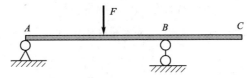

图 7.34 选择题 7.15 图

计 算 题

7.1 图 7.35 所示简支梁,试求 C 截面和 D 截面的剪力和弯矩。

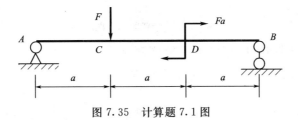

图 7.35 计算题 7.1 图

7.2 作如图 7.36 所示梁的 V 图、M 图,并求最大剪力和最大弯矩。

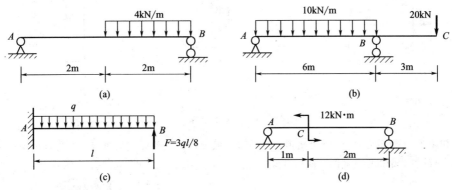

图 7.36 计算题 7.2 图

7.3 试作如图 7.37 所示各梁的剪力图和弯矩图。

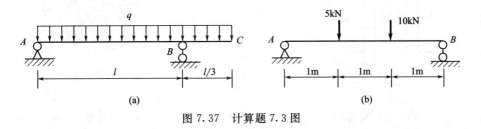

图 7.37 计算题 7.3 图

7.4 已知梁的弯矩图如图 7.38 所示，试求出梁的荷载图和剪力图。

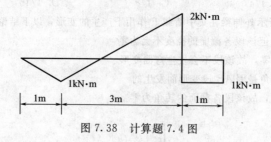

图 7.38　计算题 7.4 图

7.5 设梁的剪力图如图 7.39 所示，试作出弯矩图和荷载图。已知梁上没有力偶作用。

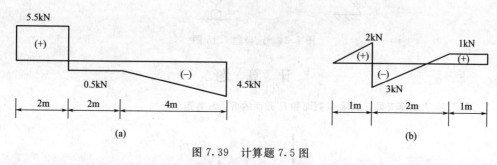

图 7.39　计算题 7.5 图

7.6 试计算如图 7.40 所示截面对形心轴 z 的惯性矩。

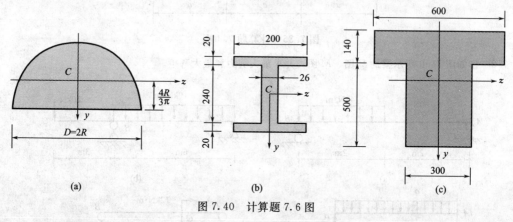

图 7.40　计算题 7.6 图

7.7 如图 7.41 所示为两个 20a 号槽钢组成的组合截面，如欲使此截面对两个对称轴的惯性矩相等，即 $I_y = I_z$，试问该两个槽钢间距 a 应为多少？

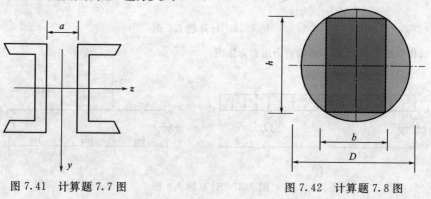

图 7.41　计算题 7.7 图　　　　　图 7.42　计算题 7.8 图

7.8 欲从直径为 D 的圆木中截取一个矩形截面梁,如图 7.42 所示,从抗弯的角度来看,截出矩形截面的抗弯系数(或截面抵抗矩)最大,截取方式才合理。试求合理矩形截面的高宽比 h/b。

7.9 简支梁跨度 $l=4.8\text{m}$,承受均布荷载 $q=8\text{kN/m}$ 作用,若要求最大弯曲正应力为 160MPa,试确定截面尺寸:

(1) 圆截面的直径 D;

(2) 矩形截面的边长 b、h(设 $h/b=2$)。

并比较两种截面的耗材量。

7.10 如图 7.43 所示为外伸梁,承受均布荷载作用,已知矩形截面尺寸 $b \times h = 80\text{mm} \times 120\text{mm}$,试计算该梁横截面内的最大弯曲正应力和最大弯曲剪应力。

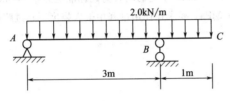

图 7.43 计算题 7.10 图

7.11 由两根 16a 号槽钢组成的外伸梁,受力如图 7.44 所示。材料为 Q235 钢,抗弯强度设计值 $f=215\text{N/mm}^2$,试求该梁能够承受的最大荷载设计值 $F_{\max}$。

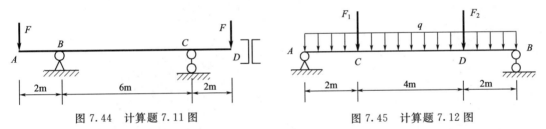

图 7.44 计算题 7.11 图　　　　图 7.45 计算题 7.12 图

7.12 简支工字钢梁,受力如图 7.45 所示。工字钢的型号为 32a,荷载设计值 $q=8\text{kN/m}$,$F_1=F_2=40\text{kN}$。钢材的强度设计值 $f=215\text{N/mm}^2$,$f_v=125\text{N/mm}^2$,试校核(验算)梁的强度。

7.13 如图 7.46 所示为悬臂梁,试求梁的最大挠度和最大转角。

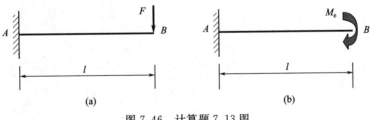

图 7.46 计算题 7.13 图

7.14 如图 7.47 所示为简支梁,试求梁的挠曲线函数,并计算跨中挠度和支座转角。

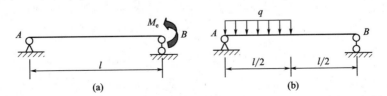

图 7.47 计算题 7.14 图

7.15 如图 7.48 所示为等截面外伸梁，试求自由端的挠度和转角。

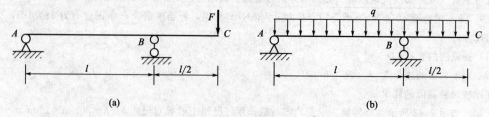

图 7.48 计算题 7.15 图

7.16 某一简支钢梁，跨度 $l=6.0\text{m}$，承受的均布荷载标准值为 $q=4.2\text{kN/m}$。梁截面采用 22a 号热轧工字钢，弹性模量 $E=2.06\times10^5\text{MPa}$。要求在使用过程中最大挠度不超过跨度的 1/400，试作刚度校核。

第 8 章 压 杆 稳 定

8.1 稳定的基本概念

稳定（stability）与否是物体静力平衡的不同形态或状态。刚体的平衡分为**稳定平衡**（stable equilibrium）、**随遇平衡**（neutral equilibrium）和**不稳定平衡**（unstable equilibrium）三种状态。如图 8.1 所示为一个平衡小球分别位于 A、B、C 三点的情形。在 A 点处时，若遇外力干扰，小球会偏离 A 点，当外加干扰去除后，小球在 A 点附近作往复

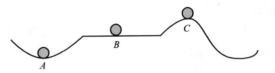

图 8.1 刚体平衡的三种形态

运动，由于摩擦或阻尼的存在，小球最后会停止在 A 点不动，这种能够保持原始平衡位置的平衡称为稳定平衡。小球在 B 点平衡时，若遇到微小外力干扰，就会离开 B 点，移动到水平面上的某一点，干扰去除后，在新的位置平衡，若受到反向干扰，有可能回到 B 点平衡，这样的平衡称为随遇平衡；在 C 点平衡的小球，一旦受到外界干扰，便永远离开原始平衡位置，这种平衡称为不稳定平衡。从能量的角度讲，稳定平衡势能取极小值，不稳定平衡势能取极大值，随遇平衡势能无极值。

对于变形固体或工程构件，在外力作用下也存在不同的静力平衡形态。如图 8.2 所示为轴心受压构件，当压力取不同的值时，可处于直线平衡、也可处于曲线平衡。当轴心压力 F 小于某一极限值 F_{cr} 时，若存在微小横向干扰力，杆件会产生微小弯曲变形，但当干扰去除后，能够保持直线平衡状态，说明该直线平衡状态是稳定的［见图 8.2(a)］；当压力 F 从零逐渐增加到 F_{cr} 时，杆件处于直线平衡状态［见图 8.2(b)］，但若遇到微小的横向干扰，杆件立即转变为微弯平衡［见图 8.2(c)］，干扰力解

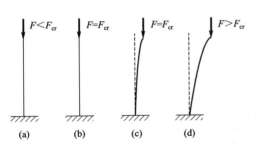

图 8.2 压杆平衡形态

除后，它将保持曲线形状的平衡，不能恢复到原有直线形状，说明图 8.2(b) 所示的直线平衡是不稳定的，该状态称为临界状态。当压力很大（超过 F_{cr} 时），杆件处于弯曲形状的平衡，若存在横向干扰，会引起压杆过大的弯曲变形或突然折断，该平衡是不稳定的［见图 8.2(d)］。上述压力的极限值 F_{cr} 称为**临界压力**或**临界荷载**（critical load），它是压杆保持直线平衡的最大压力，也是出现曲线平衡的最小压力值。压杆丧失其直线形状的平衡而过渡为曲线平衡，称为丧失稳定，简称**失稳**（instability），也称为**屈曲**（buckling）。

杆件失稳后，压力的微小增加将引起弯曲变形的显著增大，杆件已丧失了承载能力。因失稳造成的失效，可以导致整个结构的破坏，如图 8.3 所示。工程上的细长压杆，往

图8.3 失稳破坏案例

往是因屈曲而导致失效,而不是强度不足导致失效。因此,受压构件的稳定性显得特别重要。

除压杆失稳外,一些薄壁或细长构件也存在静力平衡的稳定性问题。内压作用下的薄壁圆筒,壁内应力为拉应力,属于强度问题,但如果承受均布外压力作用,壁内应力为压应力,当外压力达到一定数值时,筒体的圆形平衡就变为不稳定,会突然变成由虚线表示的椭圆形平衡(见图 8.4),从而出现失稳。狭长截面梁绕强轴(惯性矩大的轴)弯曲时,若外荷载较大,会出现侧向弯曲和扭转变形,发生弯扭屈曲或整体失稳(见图 8.5);工字形梁的受压翼缘和受剪腹板通常是薄而宽,当板中压应力或剪应力达到某一极限值时,翼缘或腹板有可能偏离初始平衡位置,出现波形鼓曲(见图 8.6),这种现象称为梁局部失稳。

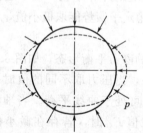

图8.4 薄壁圆筒外压力作用下失稳

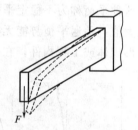

图8.5 薄壁梁的整体失稳

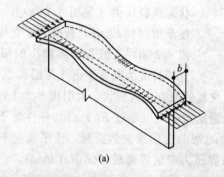
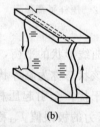

图8.6 薄壁梁局部失稳

稳定问题是工程中的重要问题。本章只讨论压杆稳定的临界荷载、临界应力以及稳定的设计计算方法,其他构件的稳定计算可参阅有关书籍、文献。

8.2 欧拉临界压力

压杆稳定问题的最早研究者,当属瑞士数学家、物理学家欧拉(Leonhard Euler,1707—1783)。他于1759年发表了在线弹性、小变形条件下细长压杆的临界压力的计算公式,被人们称之为**欧拉公式**(Euler formula)。

如图8.7所示为两端铰支的细长压杆,承受一对轴心压力F作用。在临界状态,可能是直线形式的平衡,也可能是微弯形式的平衡。在直线状态下不能求出临界压力,所以使其处于微弯状态。支座反力为零,在任意截面x处的挠度为v,弯矩与挠度有关,即

$$M(x) = Fv \tag{8.1}$$

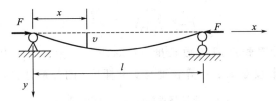

图 8.7 两端铰支的细长压杆

将式(8.1)代入式(7.35),得

$$EIv'' = -M(x) = -Fv \tag{8.2}$$

若令

$$k^2 = \frac{F}{EI} \tag{8.3}$$

则式(8.2)成为

$$v'' + k^2 v = 0 \tag{8.4}$$

此为二阶线性齐次微分方程,其通解为

$$v = A\sin kx + B\cos kx \tag{8.5}$$

引入位移边界条件

$$x = 0, \ v = 0: \ B = 0$$
$$x = l, \ v = 0: \ A\sin kl + B\cos kl = 0$$

微弯状态下,常数A、B不能同时为零,所以

$$\sin kl = 0$$

即

$$k = \frac{n\pi}{l} \quad (n = 0, \pm 1, \pm 2 \cdots) \tag{8.6}$$

由式(8.3)和式(8.6)解得

$$F = \frac{n^2 \pi^2 EI}{l^2} \tag{8.7}$$

$n=0$时$F=0$,直线状态,不是需要的解答。$n=\pm 1$对应于杆件微弯平衡状态下的最小荷载,即临界压力

$$F_{cr} = F \big|_{n=\pm 1} = \frac{\pi^2 EI}{l^2} \tag{8.8}$$

该式最早由欧拉于 1757 年得到，并于 1759 公开发表，故名欧拉公式。压杆的临界压力亦称之为欧拉临界压力。

当 $n=1$ 时，$k=\pi/l$，挠曲线方程(8.5) 成为

$$v=A\sin\frac{\pi x}{l} \tag{8.9}$$

可见，压杆由直线平衡过渡为曲线平衡后，轴线弯曲成半个正弦波曲线。A 为杆件中点 ($x=l/2$) 的挠度，虽然很小，但却是一个无法确定的值。即无论 A 为任何微小值，平衡均能维持。也就是说，压杆受临界荷载作用在微弯状态下可以保持"随遇平衡"。A 值之所以无法确定，是由于采用了挠曲线近似微分方程之故。

式(8.8) 可以很容易地推广到其他支座形式的受压杆件，这时欧拉临界压力公式可以写成

$$F_{cr}=\frac{\pi^2 EI}{(\mu l)^2}=\frac{\pi^2 EI}{l_0^2} \tag{8.10}$$

式中 $l_0=\mu l$ 为杆件的**计算长度**或**有效长度**（effective length），μ 为**长度系数**（effective-length factor）。压杆的长度系数、计算长度与实际杆长 l 的关系见表 8.1。

表 8.1 受压杆件的长度系数和计算长度

支承形式	μ	l_0
两端铰支	1	l
一端固定，另一端自由	2	$2l$
一端固定，另一端可动铰支（辊轴支座、二力杆支座）	0.7	$0.7l$
一端固定，另一端定向支承（可沿杆轴移动，但不能转动）或固定	0.5	$0.5l$

以上分析针对的是理想压杆或理想柱，即认为压杆或柱的轴线是理想直线，压力作用线与轴线重合，材料是均匀的。但实际压杆难免有初弯曲、压力偏心、材料不均匀等现象，这些缺陷相当于压力有一个偏心 e，这就使压杆很早出现弯曲变形，实测临界压力小于理论计算值。

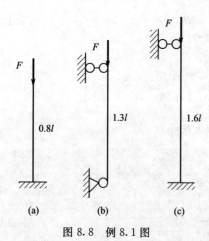

图 8.8 例 8.1 图

【例 8.1】 有三根细长压杆，材料和截面尺寸均相同，杆长和支座形式不同，如图 8.8 所示。当压力 F 从零开始逐渐增大时，问哪根杆首先失稳？

【解】

由式(8.10) 可知，材料和截面相同时，计算长度大者，其临界压力小。在压力 F 不断增大的过程中，l_0 大的杆将首先失稳。因为

$$l_{0a}=2\times 0.8l=1.6l$$
$$l_{0b}=1\times 1.3l=1.3l$$
$$l_{0c}=0.7\times 1.6l=1.12l$$

所以，图 8.8(a) 杆首先失稳。

【例 8.2】 试导出一端固定、另一端铰支的细长压杆的欧拉公式。

【解】

一端固定、另一端铰支的细长压杆微弯状态下的计算简图如图 8.9 所示。在压力 F 作

用下，铰支座（或二力杆支座）处存在横向反力 R。任意截面上的弯矩由 F 和 R 计算

$$M(x) = Fv + R(l-x)$$

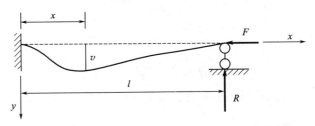

图 8.9　例 8.2 图

于是挠曲线近似微分方程为

$$EIv'' = -M(x) = -Fv - R(l-x)$$

引进记号

$$k^2 = \frac{F}{EI}$$

上式成为

$$v'' + k^2 v = -\frac{R}{EI}(l-x)$$

通解为

$$v = A\sin kx + B\cos kx - \frac{R}{F}(l-x)$$

由此得一阶导数

$$v' = Ak\cos kx - Bk\sin kx + \frac{R}{F}$$

杆件的边界条件为

$$x=0,\ v=0: B - \frac{R}{F}l = 0$$

$$x=0,\ v'=0: Ak + \frac{R}{F} = 0$$

$$x=l,\ v=0: A\sin kl + B\cos kl = 0$$

由此得到关于未知量 A、B、R/F 的齐次线性代数方程组

$$\begin{bmatrix} 0 & 1 & -l \\ k & 0 & 1 \\ \sin kl & \cos kl & 0 \end{bmatrix} \begin{Bmatrix} A \\ B \\ R/F \end{Bmatrix} = \{0\}$$

在微弯状态下，A、B、R/F 不能同时为零，即要求方程组具有非零解，所以其系数行列式应为零，即

$$\begin{vmatrix} 0 & 1 & -l \\ k & 0 & 1 \\ \sin kl & \cos kl & 0 \end{vmatrix} = 0$$

展开得

$$\tan kl - kl = 0$$

正切函数是以 π 为周期的周期函数。在第一个周期的区间 $[0,π]$ 中，$kl=0$ 是一个解答，

但导致 $F=0$ 不符合题意。在第二个周期的区间 $[\pi,2\pi]$ 中，存在一个根 $kl=4.49$，对应于临界荷载。因为

$$F = k^2 EI = \frac{(kl)^2 EI}{l^2}$$

所以

$$F_{cr} = \frac{4.49^2 EI}{l^2} = \frac{20.16 EI}{l^2} \approx \frac{\pi^2 EI}{(0.7l)^2}$$

增大临界压力就能提高压杆的稳定性。根据式(8.10)，可采用如下措施来提高压杆的稳定性。

(1) 选择合理的截面形式

因为压杆临界荷载的大小与截面的惯性矩成正比，所以在截面面积一定的情况下，应选择材料尽量远离中性轴的截面形状，以便得到较大的惯性矩。空心圆截面比实心圆截面合理，格构式柱（见图 8.10）比实腹式柱的稳定性更好。在式(8.10)中，若计算长度 l_0 沿两个弯曲平面相同，则惯性矩 I 应取截面对弱轴的惯性矩（较小惯性矩），因此在两个方向约束相同或接近时，应尽可能使截面对两个主轴的惯性矩相等（如圆形、正多边形），因为此时轴心受压构件的稳定性由弱轴控制。

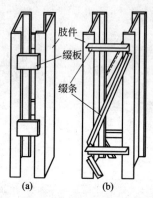

图 8.10　格构式柱

(2) 减小压杆的实际长度

临界压力与杆件长度的平方成反比，在不影响使用功能的前提下，可在杆件中部增设横向支撑，以减小压杆的悬空长度 l，提高稳定性。

(3) 增强端部约束

由表 8.1 可知，端部约束越强，压杆的长度系数 μ 越小，而临界压力与长度系数的平方成反比，所以杆件端部加强约束，可提高杆件的稳定性。对截面的两个主轴❶的惯性矩相差较大的杆件，可加强对弱轴弯曲的约束，以使构件绕两个主轴发生微弯时计算的临界压力接近。

(4) 合理选择材料

压杆的临界压力和材料的弹性模量 E 成正比。选择 E 值较高的材料，可以提高临界压力，从而提高压杆的稳定性。

8.3　压杆临界应力

不考虑压杆弯曲引起的应力分布不均匀，按直线轴心受压计算压杆的应力或平均压应力。当压力为临界压力时，该压应力便为**临界压应力**（critical stress）。

8.3.1　欧拉临界应力

将式(8.10)表示的临界压力除以压杆截面面积，即得到临界应力

---

❶ 截面惯性积的定义为 $I_{yz} = \iint yz \, dA$，惯性积为零的坐标轴称为惯性主轴，简称主轴。如果正交坐标系 y、z 之一是截面的对称轴，则它们一定是主轴；若截面没有对称轴，则通过坐标旋转变换总能找到一对主轴。

$$\sigma_{cr} = \frac{F_{cr}}{A} = \frac{\pi^2 EI}{l_0^2 A} \tag{8.11}$$

引入截面的惯性半径 i

$$i = \sqrt{\frac{I}{A}} \quad 或 \quad I = Ai^2 \tag{8.12}$$

则临界应力的表达式成为

$$\sigma_{cr} = \frac{\pi^2 E}{(l_0/i)^2} = \frac{\pi^2 E}{\lambda^2} \tag{8.13}$$

上式称为欧拉临界应力公式，其中无量纲参数 λ 称为杆件的**长细比**（slenderness ratio），即

$$\lambda = \frac{l_0}{i} \tag{8.14}$$

它是杆件柔度的反映。在结构设计中，拉杆、压杆件的刚度由长细比控制。这样可避免构件柔度太大，在自身重力作用下产生过大的挠度和运输、安装过程中造成弯曲，以及在动力荷载作用下发生较大振动。刚度条件为

$$\lambda = \frac{l_0}{i} \leqslant [\lambda] \tag{8.15}$$

式中 $[\lambda]$ 为容许长细比。根据钢结构设计规范规定，承受静力荷载作用的钢桁架受拉杆件 $[\lambda] = 350$，受压杆件 $[\lambda] = 150$；木结构设计规范要求，结构的主要构件 $[\lambda] = 120$，一般构件 $[\lambda] = 150$，支撑 $[\lambda] = 200$；砌体结构设计规范要求验算墙、柱的高厚比（等同于长细比）。

由式(8.13)可知，欧拉临界应力与杆件长细比 λ 的平方成反比。当 λ 很大时，临界应力很小，几乎不能承载；但当 $\lambda \to 0$ 时，$\sigma_{cr} \to \infty$，这与实际不相符。因此，式(8.13)应有一个适用范围，那就是线性弹性范围，即应力不应超过材料的比例极限

$$\sigma_{cr} = \frac{\pi^2 E}{\lambda^2} \leqslant \sigma_p \tag{8.16}$$

由此得

$$\lambda \geqslant \lambda_p = \sqrt{\frac{\pi^2 E}{\sigma_p}} \tag{8.17}$$

λ_p 的值取决于材料的力学性能，不同材料有不同的 λ_p，相应的欧拉公式的适用范围也不同。例如 Q235 钢的比例极限 $\sigma_p = 200 \text{MPa}$，弹性模量 $E = 206 \text{GPa}$，则

$$\lambda_p = \sqrt{\frac{\pi^2 E}{\sigma_p}} = \sqrt{\frac{\pi^2 \times 206 \times 10^3}{200}} \approx 100$$

当 $\lambda \geqslant \lambda_p$ 时，欧拉公式适用，此时的杆件称为**大柔度杆**或**细长杆**（slender column）；当 $\lambda < \lambda_p$ 时，欧拉公式不适用，此时的杆件称为**中长杆**（intermediate column）或**粗短杆**（short column）。

8.3.2 临界应力的经验公式

在实际工程中，有些受压杆件的长细比 λ 往往小于 λ_p，欧拉临界应力公式(8.13)、临界压力公式(8.10)已不再适用。对于 $\lambda < \lambda_p$ 这类压杆的稳定问题，有更详细的理论分析，但比较复杂且实用性差，工程上一般采用以试验结果为依据的**经验公式**（empirical formula）来计算临界应力。

非细长压杆临界应力的经验公式有多种形式，其中以**直线公式**（straight line formula）和**抛物线公式**（parabolic formula）最为常见。

(1) 直线公式

$$\sigma_{cr} = \begin{cases} \sigma_s & 当 \lambda \leqslant \lambda_s 时 \\ a - b\lambda & 当 \lambda_s \leqslant \lambda < \lambda_p 时 \end{cases} \quad (8.18)$$

临界应力 σ_{cr} 与杆件长细比 λ 的关系曲线，如图 8.11 所示。式(8.18) 中 a、b 为与材料有关的常数（见表 8.2）。A 点为斜直线和水平直线的交点，据此可确定 λ_s 的值

$$\lambda_s = \frac{a - \sigma_s}{b} \quad (8.19)$$

表 8.2　直线经验公式中的常数

材　料	a/MPa	b/MPa
铸　铁	332.2	1.454
铝合金	373	2.15
木　材	28.7	0.19

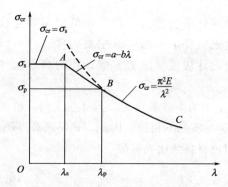

图 8.11　直线公式的临界应力总图

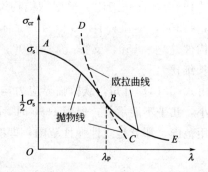

图 8.12　抛物线公式的临界应力总图

(2) 抛物线公式

$$\sigma_{cr} = \sigma_s - c\lambda^2 \quad (8.20)$$

式中，参数 c 为与材料有关的常数。

临界应力 σ_{cr} 与杆件长细比 λ 的关系曲线如图 8.12 所示。因为抛物线为实测值拟合的曲线，杆件存在初始缺陷，故经验公式的抛物线要比理论曲线低。B 点为欧拉双曲线 DBE 与抛物线 ABC 的交点，一般取 $\sigma_{cr} = \sigma_s/2$，而不是 σ_p。所以由式(8.13)

$$\sigma_{cr} = \frac{\pi^2 E}{\lambda_p^2} = \frac{1}{2}\sigma_s$$

得

$$\lambda_p = \sqrt{\frac{2\pi^2 E}{\sigma_s}} \quad (8.21)$$

再由式(8.20)

$$\sigma_{cr} = \sigma_s - c\lambda_p^2 = \frac{1}{2}\sigma_s$$

得

$$c = \frac{\sigma_s}{2\lambda_p^2} = \frac{\sigma_s^2}{4\pi^2 E} \tag{8.22}$$

钢材的弹性模量 $E=206\text{GPa}$，由式(8.21)和式(8.22)确定的不同牌号钢材的 λ_p、c 值如表 8.3 所示。

表 8.3 抛物线经验公式中的常数

钢材牌号	λ_p	c/MPa
Q235	132	0.0068
Q345	109	0.0146
Q390	102	0.0187

对于非细长压杆，由经验公式确定临界应力 σ_{cr} 以后，临界压力按下式计算

$$F_{cr} = \sigma_{cr} A \tag{8.23}$$

【例 8.3】 两根空心圆截面压杆，长度分别为 $l_1=2500\text{mm}$，$l_2=1200\text{mm}$；截面尺寸相同，内径 $d=40\text{mm}$，外径 $D=45\text{mm}$。两端铰支，材料为 Q235 钢。试求各杆的临界压力。

【解】

$$A = \frac{\pi}{4}(45^2 - 40^2) = 333.8\text{mm}^2$$

$$I = \frac{\pi}{64}(45^4 - 40^4) = 7.5625 \times 10^4 \text{mm}^4$$

$$i = \sqrt{\frac{I}{A}} = \sqrt{\frac{7.5625 \times 10^4}{333.8}} = 15.05\text{mm}$$

对于杆 1：

$$\lambda_1 = \frac{l_{01}}{i} = \frac{2500}{15.05} = 166 > \lambda_p = 132 \quad \text{欧拉公式适用}$$

$$F_{cr} = \frac{\pi^2 EI}{l_0^2} = \frac{\pi^2 \times 206 \times 10^3 \times 7.5625 \times 10^4}{2500^2}\text{N} = 24.6\text{kN}$$

对于杆 2：

$$\lambda_2 = \frac{l_{02}}{i} = \frac{1200}{15.05} = 79.7 < \lambda_p = 132 \quad \text{采用抛物线经验公式}$$

先计算临界应力，然后计算临界压力

$$\sigma_{cr} = 235 - 0.0068\lambda_2^2 = 235 - 0.0068 \times 79.7^2 = 191.8\text{N/mm}^2$$

$$F_{cr} = \sigma_{cr} A = 191.8 \times 333.8\text{N} = 64.0\text{kN}$$

8.4 压杆稳定计算

稳定计算中，无论是欧拉公式还是经验公式，都是以杆件的整体变形为基础。局部削弱（如钢材的螺栓孔、砖砌体的脚手架眼等）对杆件的整体变形影响很小，所以稳定性计算时采用构件截面的毛面积，而只有强度计算才采用截面的净面积。

8.4.1 轴心受压稳定计算公式

轴心受压杆临界应力 σ_{cr} 确定以后，稳定条件为

$$\sigma = \frac{N}{A} \leqslant \frac{\sigma_{cr}}{\gamma_M} \tag{8.24}$$

式中 σ——构件截面上的平均压应力，MPa；

γ_M——材料分项系数或抗力分项系数，其值>1。

因为材料分项系数大于1，所以式(8.24)可以理解为轴心受压构件横截面上的工作应力小于临界应力，是杆件稳定的保证。

工程上一般不直接利用式(8.24)进行稳定计算。一方面因为临界应力的计算需要事先判别是采用欧拉公式还是采用经验公式，比较麻烦；另一方面实际受压构件存在的初始缺陷欧拉公式无法考虑。因此，结构设计中引入稳定系数进行稳定性计算。稳定系数 φ 定义为

$$\varphi = \frac{\sigma_{cr}}{f_k} \tag{8.25}$$

式中 f_k——材料的屈服强度标准值，脆性材料为抗压强度标准值，MPa。

式(8.24)可以改写为

$$\sigma = \frac{N}{A} \leqslant \frac{\sigma_{cr}}{f_k} \times \frac{f_k}{\gamma_M} = \varphi \frac{f_k}{\gamma_M}$$

考虑到式(5.23)，上式成为

$$\sigma = \frac{N}{A} \leqslant \varphi f \tag{8.26}$$

或

$$\frac{N}{\varphi A} \leqslant f \tag{8.27}$$

或

$$N \leqslant \varphi f A \tag{8.28}$$

以上公式就是建筑行业中轴心受压构件的稳定性计算公式，钢结构、木结构设计计算通常采用式(8.27)，砌体结构计算通常采用式(8.28)。钢筋混凝土结构因为是混凝土和钢筋两种材料联合受力，故不直接利用上述公式。

8.4.2 稳定系数取值

稳定系数 φ 应满足式(8.25)的关系，但临界应力并不按理想压杆的理论公式计算。在理论指导下进行大量的试验（见图8.13），依据试验结果分析归纳得到不同材料的稳定系数计算公式或表格，它比纯理论计算所得的值更符合工程实际。

(1) 木材的稳定系数

结构用树种可分为**阔叶树**（broadleaf tree）和**针叶树**（coniferous tree）两种。阔叶树秋冬落叶，质地较硬，加工困难；针叶树四季常青，质地较软，加工容易。用 TB 表示阔叶树，TC 表示针叶树，以抗弯强度设计值（N/mm²）确定树种强度等级。对树种强度等级为 TC17、TC15 及 TB20 的木材，稳定系数取值为

图8.13 稳定性试验

$$\varphi = \begin{cases} \dfrac{1}{1+(\lambda/80)^2} & \text{当 } \lambda \leqslant 75 \text{ 时} \\ \dfrac{3000}{\lambda^2} & \text{当 } \lambda > 75 \text{ 时} \end{cases} \quad (8.29)$$

对树种强度等级为 TC13、TC11、TB17、TB15、TB13 及 TB11 的木材，稳定系数取值为

$$\varphi = \begin{cases} \dfrac{1}{1+(\lambda/65)^2} & \text{当 } \lambda \leqslant 91 \text{ 时} \\ \dfrac{2800}{\lambda^2} & \text{当 } \lambda > 91 \text{ 时} \end{cases} \quad (8.30)$$

（2）砌体的稳定系数

《砌体结构设计规范》引进参数高厚比 $\beta = H_0/h$（H_0 为砌体的计算高度，h 为砌体的厚度），它和杆件的长细比之间存在对应关系。对矩形截面而言

$$i = \sqrt{\dfrac{I}{A}} = \sqrt{\dfrac{bh^3}{12} \times \dfrac{1}{bh}} = \dfrac{h}{\sqrt{12}} \quad (8.31)$$

高厚比和长细比的关系为

$$\lambda = \dfrac{l_0}{i} = \dfrac{H_0}{h} \times \dfrac{h}{i} = \sqrt{12}\beta \approx 3.5\beta \quad (8.32)$$

当 $\beta \leqslant 3$ 时，属于强度问题，取 $\varphi = 1.00$；当 $\beta > 3$ 时，稳定系数由下式计算

$$\varphi = \dfrac{1}{1+\alpha\beta^2} \quad (8.33)$$

式中，α 为与砂浆强度等级有关的系数，见表 8.4。

表 8.4 砌体结构稳定系数中的 α 取值

砂浆强度等级	≥M5	M2.5	M0
α	0.0015	0.002	0.009

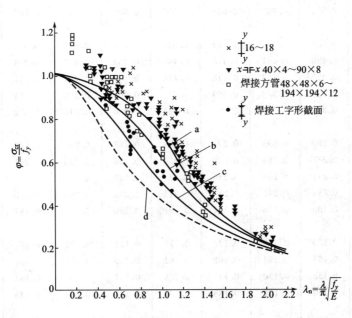

图 8.14 柱子曲线

(3) 钢材的稳定系数

现行《钢结构设计规范》中，轴心受压构件的稳定系数 φ，是按柱的最大强度理论用数值方法算出大量 $\varphi\lambda$ 曲线（柱子曲线）归纳确定的。进行理论计算时，考虑了截面的不同形式和尺寸，不同的加工条件及相应的残余应力图式，并考虑了 1/1000 杆长的初始弯曲。根据大量数据和曲线，选择其中常用的 96 条曲线作为确定 φ 的依据。经过归类处理后，采用的柱子曲线与试验点如图 8.14 所示。比较发现，由于试件的厚度较小，试验值一般偏高，但如果试件的厚度较大，比如有组成板件超过 40mm 的试件，自然就会有接近于 d 曲线的试验点。

《钢结构设计规范》将受压构件截面分为 a、b、c、d 四类。轧制圆截面为 a 类；轧制工字钢截面对强轴为 a 类，对弱轴为 b 类；热轧槽钢、角钢及其组合截面为 b 类截面。其中 a 类截面和 b 类截面的稳定系数 φ 可查表 8.5。

表 8.5　钢结构轴心受压构件的稳定系数

a 类截面轴心受压构件的稳定系数 φ

$\lambda\sqrt{\dfrac{f_y}{235}}$	0	1	2	3	4	5	6	7	8	9
0	1.000	1.000	1.000	1.000	0.999	0.999	0.998	0.998	0.997	0.996
10	0.995	0.994	0.993	0.992	0.991	0.989	0.988	0.986	0.985	0.983
20	0.981	0.979	0.977	0.976	0.974	0.972	0.970	0.968	0.966	0.964
30	0.963	0.961	0.959	0.957	0.955	0.952	0.950	0.948	0.946	0.944
40	0.941	0.939	0.937	0.934	0.932	0.929	0.927	0.924	0.921	0.919
50	0.916	0.913	0.910	0.907	0.904	0.900	0.897	0.894	0.890	0.886
60	0.883	0.879	0.875	0.871	0.867	0.863	0.858	0.854	0.849	0.844
70	0.839	0.834	0.829	0.824	0.818	0.813	0.807	0.801	0.795	0.789
80	0.783	0.776	0.770	0.763	0.757	0.750	0.743	0.736	0.728	0.721
90	0.714	0.706	0.699	0.691	0.684	0.676	0.668	0.661	0.653	0.645
100	0.638	0.630	0.622	0.615	0.607	0.600	0.592	0.585	0.577	0.570
110	0.563	0.555	0.548	0.541	0.534	0.527	0.520	0.514	0.507	0.500
120	0.494	0.488	0.481	0.475	0.469	0.463	0.457	0.451	0.445	0.440
130	0.434	0.429	0.423	0.418	0.412	0.407	0.402	0.397	0.392	0.387
140	0.383	0.378	0.373	0.369	0.364	0.360	0.356	0.351	0.347	0.343
150	0.339	0.335	0.331	0.327	0.323	0.320	0.316	0.312	0.309	0.305
160	0.302	0.298	0.295	0.292	0.289	0.285	0.282	0.279	0.276	0.273
170	0.270	0.267	0.264	0.262	0.259	0.256	0.253	0.251	0.248	0.246
180	0.243	0.241	0.238	0.236	0.233	0.231	0.229	0.226	0.224	0.222
190	0.220	0.218	0.215	0.213	0.211	0.209	0.207	0.205	0.203	0.201
200	0.199	0.198	0.196	0.194	0.192	0.190	0.189	0.187	0.185	0.183
210	0.182	0.180	0.179	0.177	0.175	0.174	0.172	0.171	0.169	0.168
220	0.166	0.165	0.164	0.162	0.161	0.159	0.158	0.157	0.155	0.154
230	0.153	0.152	0.150	0.149	0.148	0.147	0.146	0.144	0.143	0.142
240	0.141	0.140	0.139	0.138	0.136	0.135	0.134	0.133	0.132	0.131
250	0.130									

续表

b 类截面轴心受压构件的稳定系数 φ

$\lambda\sqrt{\dfrac{f_y}{235}}$	0	1	2	3	4	5	6	7	8	9
0	1.000	1.000	1.000	0.999	0.999	0.998	0.997	0.996	0.995	0.994
10	0.992	0.991	0.989	0.987	0.985	0.983	0.981	0.978	0.976	0.973
20	0.970	0.967	0.963	0.960	0.957	0.953	0.950	0.946	0.943	0.939
30	0.936	0.932	0.929	0.925	0.922	0.918	0.914	0.910	0.906	0.903
40	0.899	0.895	0.891	0.887	0.882	0.878	0.874	0.870	0.865	0.961
50	0.856	0.852	0.847	0.842	0.838	0.833	0.828	0.823	0.818	0.813
60	0.807	0.802	0.797	0.791	0.786	0.780	0.774	0.769	0.763	0.757
70	0.751	0.745	0.739	0.732	0.726	0.720	0.714	0.707	0.701	0.694
80	0.688	0.681	0.675	0.668	0.661	0.655	0.648	0.641	0.635	0.628
90	0.621	0.614	0.608	0.601	0.594	0.588	0.581	0.575	0.568	0.561
100	0.555	0.549	0.542	0.536	0.529	0.523	0.517	0.511	0.505	0.499
110	0.493	0.487	0.481	0.475	0.470	0.464	0.458	0.453	0.447	0.442
120	0.437	0.432	0.426	0.421	0.416	0.411	0.406	0.402	0.397	0.392
130	0.387	0.383	0.378	0.374	0.370	0.365	0.361	0.357	0.353	0.349
140	0.345	0.341	0.337	0.333	0.329	0.326	0.322	0.318	0.315	0.311
150	0.308	0.304	0.301	0.298	0.295	0.291	0.288	0.285	0.282	0.279
160	0.276	0.273	0.270	0.267	0.265	0.262	0.259	0.256	0.254	0.251
170	0.249	0.246	0.244	0.241	0.239	0.236	0.234	0.232	0.229	0.227
180	0.225	0.223	0.220	0.218	0.216	0.214	0.212	0.210	0.208	0.206
190	0.204	0.202	0.200	0.198	0.197	0.195	0.193	0.191	0.190	0.188
200	0.186	0.184	0.183	0.181	0.180	0.178	0.176	0.175	0.173	0.172
210	0.170	0.169	0.167	0.166	0.165	0.163	0.162	0.160	0.159	0.158
220	0.156	0.155	0.154	0.153	0.151	0.150	0.149	0.148	0.146	0.145
230	0.144	0.143	0.142	0.141	0.140	0.138	0.137	0.136	0.135	0.134
240	0.133	0.132	0.131	0.130	0.129	0.128	0.127	0.126	0.125	0.124
250	0.123									

【例 8.4】 某木结构房屋的承重柱采用阔叶材,强度等级为 TB17,圆木直径 300mm,高度 6.6m,两端铰支,承受轴心压力设计值 361kN,试验算该柱的刚度和稳定性。

【解】 材料强度设计值 $f_c = 16\text{N/mm}^2$ (附表 1.6)

$$A = \frac{\pi D^2}{4} = \frac{\pi \times 300^2}{4} = 7.0686 \times 10^4 \text{mm}^2$$

$$l_0 = \mu l = 1 \times 6.6 = 6.6\text{m} = 6600\text{mm}$$

$$i = \sqrt{\frac{I}{A}} = \sqrt{\frac{\pi D^4}{64} \times \frac{4}{\pi D^2}} = \frac{D}{4} = \frac{300}{4} = 75\text{mm}$$

$$\lambda = \frac{l_0}{i} = \frac{6600}{75} = 88 < [\lambda] = 120$$

满足刚度条件

因木材等级为 TB17，且 $\lambda=88<91$，所以

$$\varphi=\frac{1}{1+(\lambda/65)^2}=\frac{1}{1+(88/65)^2}=0.353$$

$$\frac{N}{\varphi A}=\frac{361\times10^3}{0.353\times7.0686\times10^4}=14.5\text{N/mm}^2<f_c=16\text{N/mm}^2$$

满足稳定性要求。

【例 8.5】 截面为 $490\text{mm}\times490\text{mm}$ 的砖柱，用 MU10 烧结普通砖、M5 混合砂浆砌筑而成，柱的计算高度 $H_0=5.7\text{m}$，承受轴心压力设计值 225kN，试验算其稳定性。

【解】

$$A=0.49\times0.49=0.2401\text{m}^2<0.3\text{m}^2$$

$$f=(A+0.3)\times\text{表值}=(0.7+0.2401)\times1.50=1.41\text{N/mm}^2$$

$$\beta=\frac{H_0}{h}=\frac{5.7}{0.49}=11.6$$

$$\alpha=0.0015$$

$$\varphi=\frac{1}{1+\alpha\beta^2}=\frac{1}{1+0.0015\times11.6^2}=0.832$$

$$\varphi f A=0.832\times1.41\times0.2401\times10^3=281.7\text{kN}>N=225\text{kN}$$

满足稳定性要求。

【例 8.6】 如图 8.15 所示为某个结构的支柱，采用由 Q235 钢热轧而成的普通工字钢，上下端铰支，在两个三分点处有侧向支撑，以防止柱在弱轴方向过早失稳。构件承受的轴心压力设计值 $N=300\text{kN}$，容许长细比取 $[\lambda]=150$，试选择工字钢的型号。

【解】

已知 $l_{0x}=9000\text{mm}$，$l_{0y}=3000\text{mm}$，$f=215\text{N/mm}^2$，$[\lambda]=150$，$N=300\text{kN}$

由 $\lambda\leqslant[\lambda]=150$ 的刚度条件假定 $\lambda=140$，则由表 8.5 可得绕截面强轴和弱轴的稳定系数，$\varphi_x=0.383$（a 类截面），$\varphi_y=0.345$（b 类截面）。所以弱轴危险，由式（8.26）解得所需截面面积

$$A\geqslant\frac{N}{\varphi f}=\frac{300\times10^3}{0.345\times215}=4044\text{mm}^2=40.44\text{cm}^2$$

所需截面惯性半径

$$i_x=\frac{l_{0x}}{\lambda}=\frac{9000}{140}=64.3\text{mm}=6.43\text{cm}$$

$$i_y=\frac{l_{0y}}{\lambda}=\frac{3000}{140}=21.4\text{mm}=2.14\text{cm}$$

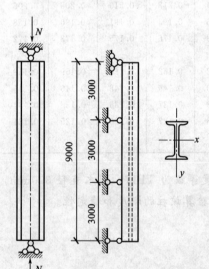

图 8.15 例 8.6 图

查附表 2.4，工字钢型号 22a 可以满足上述要求：$A=42.128\text{cm}^2$，$i_x=8.99\text{cm}$，$i_y=2.31\text{cm}$。选取 22a 号工字钢，其几何参数均大于计算需要值，能满足刚度条件和整体稳定条件，所以不必再验算；截面没有孔洞削弱，也不必验算强度条件。

思 考 题

8.1 何谓稳定平衡与不稳定平衡？

8.2 除了细长受压直杆的弹性失稳形式之外，还能举出一些薄壁承压构件丧失稳定的例子吗？

8.3 一根压杆的临界力与作用力（荷载）的大小有关吗？为什么？

8.4 两端铰支的圆截面压杆，其直径 $d=50\text{mm}$，长度 $l=1000\text{mm}$，材料为 Q235 钢，求临界压力。有人随即求得

$$F_{cr}=\frac{\pi^2 EI}{(\mu l)^2}=\frac{\pi^2\times(206\times10^3)\times(\pi\times50^4)}{(1\times1000)^2\times 64}\text{N}=624\text{kN}$$

试问这个结果对不对？为什么？对于两端铰支的 Q235 圆钢杆，长度和直径之比满足什么关系才能使用欧拉公式计算临界压力？

8.5 什么是杆件的长细比，拉、压杆的刚度条件如何表述？

8.6 提高压杆稳定性有哪些措施？

8.7 在对压杆进行稳定计算时，怎样判别压杆在哪个平面内失稳？

8.8 实际的压杆常常带有哪些"缺陷"？它们对压杆的承载能力有何影响？

8.9 稳定系数 φ 如何定义？什么情况下 $\varphi=1$，此时的稳定计算和强度计算有什么不同？

选 择 题

8.1 细长压杆在轴心压力（　　）临界压力的情况下，其原来的直线形状的平衡是稳定的。

A. 大于　　　　B. 等于　　　　C. 大于或等于　　　　D. 小于

8.2 有两根细长压杆，甲杆为正方形截面，乙杆为圆形截面，杆两端均为铰支约束，且材料、长度和横截面面积亦相同，从抗失稳的能力看，（　　）是合理的。

A. 优先使用甲杆　　　　　　　　B. 使用其中任何一杆都

C. 优先使用乙杆　　　　　　　　D. 使用其中任何一杆都不

8.3 一根细长压杆，临界压力为 F_{cr}。下面关于临界压力的结论中，正确的是（　　）。

A. 随压杆的抗弯刚度 EI 增大而增大，两者成比例关系

B. 随压杆的长度 l 增大而减小，两者成反比例关系

C. 与压杆的横截面形状、尺寸无关

D. 与压杆支承形式无关

8.4 细长压杆下端固定，上端与水平弹簧相连，试判断该杆的计算长度 l_0 的范围。正确答案应是（　　）

A. $l_0>2l$　　　B. $l_0<0.5l$　　　C. $0.5l<l_0<0.7l$　　　D. $0.7l<l_0<2l$

8.5 已知压杆材料的比例极限 σ_p、屈服极限 σ_s、强度极限 σ_b 和许用应力 $[\sigma]$，只有当压杆的长细比大于或等于由式（　　）计算所得出的结果时，才可以用欧拉公式计算压杆的临界应力或临界压力。

A. $\sqrt{\dfrac{\pi^2 E}{[\sigma]}}$　　　B. $\sqrt{\dfrac{\pi^2 E}{\sigma_p}}$　　　C. $\sqrt{\dfrac{\pi^2 E}{\sigma_s}}$　　　D. $\sqrt{\dfrac{\pi^2 E}{\sigma_b}}$

8.6 用 Q235 钢制成的细长压杆，已知横截面的形状是宽为 b、高为 $h=2b$ 的矩形，压杆两端的约束情况为铰支，其长度为 l。在给出的以下几种提高其稳定性的措施中，唯有（　　）所取得的临界荷载最大。

A. 将压杆材料改为 Q345 钢　　　　B. 将压杆下端改为固定端

C. 在压杆中间增设一个铰支座　　D. 将压杆横截面改为正方形（保持面积不变）

8.7 轴心受压砌体的稳定系数 φ 与（　　）有关。

A. 块体抗压强度　　B. 砌体截面面积

C. 高厚比 β 　　D. 轴心压力 N

8.8 设有红松方木轴心受压柱（强度等级 TC13B），长度 $l=3.20\text{m}$，两端铰接，承受轴心压力设计值 $N=47\text{kN}$，选择合适截面，以下哪项是正确的？（　　）

A. $100\text{mm}\times100\text{mm}$　　B. $120\text{mm}\times120\text{mm}$

C. $140\text{mm}\times140\text{mm}$　　D. $150\text{mm}\times150\text{mm}$

计 算 题

8.1 试推导一端固定、另一端自由的细长压杆临界压力 F_{cr} 的计算公式。

8.2 两端球形铰支的压杆为由 Q235 钢经热轧而成的工字钢，型号为 22a，长 $l=5\text{m}$。试用欧拉公式计算临界压力 F_{cr}（材料的弹性模量 $E=206\text{GPa}$）。

8.3 如图 8.16 所示为三角架。细长压杆 BC 为空心圆截面，外径 $D=160\text{mm}$、内径 $d=140\text{mm}$，材料的弹性模量 $E=206\text{GPa}$。外荷载 F 从零开始逐渐增加，问当 BC 杆达到临界状态时，F 之值为多少？

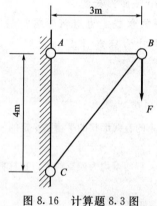

图 8.16　计算题 8.3 图

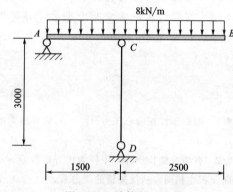

图 8.17　计算题 8.6 图

8.4 一根铁杉方木构件，强度等级为 TC15A。构件长度 $l=3\text{m}$，矩形截面 $150\text{mm}\times200\text{mm}$。杆件两端铰支，承受轴心压力设计值 $N=219\text{kN}$，试验算其稳定性。

8.5 轴心受压砖柱，截面尺寸 $370\text{mm}\times490\text{mm}$，采用强度等级为 MU10 的烧结砖和 M2.5 混合砂浆砌筑，柱的计算高度 $H_0=3.60\text{m}$，试问该柱所能承担的轴心压力设计值为多少？

8.6 如图 8.17 所示为一简单结构，承受竖向均布荷载作用。梁 ACB 由热轧工字钢制成，型号为 20a；立柱 CD 为钢管，外径 100mm、内径 90mm。材料为 Q235 钢，试验算梁的强度和立柱的稳定性。

第三篇　杆件复杂变形

(a)

(b)

复杂变形之案例：化工容器和机车轮轨接触点

变形固体的复杂变形（complex deformation）通常是在两个或三个方向受力，并产生相应的长度变化和角度变化。如图(a)所示为运输石油或汽油的槽车，其中的封闭罐体（化工容器之一）壁厚较薄，在内压力作用下，会产生沿轴向、周向（环向）和径向方向的变形，相应地在该三个方向受力，但因径向应力较小，故略去不计，可按两个方向受力来分析；图(b)所示为行驶或静止在钢轨上的机车，在轮轨接触点，沿 x、y、z 三个方向都有压应力，处于复杂受力状态。构件复杂变形或复杂受力的强度问题，需要利用应力分析、强度理论才能很好地加以解决，而不能简单地套用基本变形的强度公式。

复杂变形可以是由拉伸（压缩）、剪切、扭转和弯曲四种基本变形通过一定方式组合形成。在外力作用下，若构件产生两种或两种以上基本变形，则称为组合变形。杆件的组合变形是复杂变形形式之一，例如拉伸（压缩）与剪切组合、拉伸（压缩）与扭转组合、拉伸（压缩）与弯曲组合、扭转与弯曲组合、竖直面弯曲与水平面弯曲组合等。

同时，对于图示中的车轴，静止时竖向荷载作用下发生平面弯曲变形，属于基本变形，但在行驶过程中，车轴的应力却是处于不断变化之中。因为车轴的旋转，使得车轴外边缘上任意一点的弯曲正应力经历拉应力→零→压应力的变化，车轮每转动一圈，应力交替变化一次，应力取值呈周期性变化，这种情况与基本变形不一样，属于交变应力，也可以算作是复杂变形。

本篇讨论关于复杂变形的基本理论、杆件组合变形和交变应力，是对第二篇内容的补充和深化，可根据不同的学时和要求选讲（选学）部分内容。

第 9 章 应力状态分析

9.1 应力状态的概念

9.1.1 应力状态和单元体

变形固体上一点的**应力状态**（stress state）定义为通过该点的任意截面（斜平面）上的应力情况。为了分析方便，可围绕着这一点截取一个边长为无限小的正六面体。这样取出的六面体称为**单元体**（element）。若单元体上各个面内的正应力、剪应力已知[见图 9.1(a)]，则可利用截面法求得过该点任意斜平面上的应力分量。因此，单元体及各面上的应力就代表了该点处的应力状态。

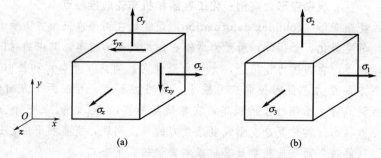

图 9.1 单元体

如果通过一点的某平面内剪应力为零，则该平面称为**主平面**（principal plane）。主平面的方向称为**主方向**（principal direction），主平面上的正应力称为**主应力**（principal stress）。由主平面围成的正六面体称为**主单元**（principal element），如图 9.1(b) 所示。可以证明，通过受力物体的任意一点，有且仅有三对相互垂直的主平面，存在三对主应力。主单元体上的正应力，依据代数值的大小分别用 σ_1、σ_2 和 σ_3 表示，即 $\sigma_1 \geqslant \sigma_2 \geqslant \sigma_3$，人们称大主应力 σ_1 为第一主应力，中间主应力 σ_2 为第二主应力，小主应力 σ_3 为第三主应力。

对于基本变形构件，因为横截面上的正应力、剪应力可由第二篇相关公式计算，是已知的，所以单元体可由围绕一点的横截面（左右面）、纵截面（上下面）和正面（前后面）组成。如果横截面上有剪应力，根据剪应力互等定理，纵截面上就一定存在有大小相同的剪应力。基本变形构件纵截面上不存在正应力，正面不受力，应力分量为零。基本变形构件单元体上的应力如图 9.2 所示，因为正面无应力，故按平面单元画出。相对面上的正应力及剪应力大小相等，且方向相反。

9.1.2 应力状态分类

物体上点的应力状态，根据主应力的取值情况，分为如下三类：

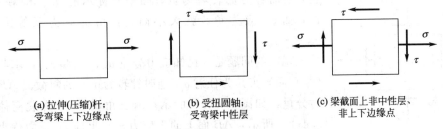

(a) 拉伸(压缩)杆；　　　　　(b) 受扭圆轴；　　　　(c) 梁截面上非中性层、
　　受弯梁上下边缘点　　　　　　受弯梁中性层　　　　　　　非上下边缘点

图 9.2　基本变形杆件单元体上的应力

(1) 单向应力状态（one-dimensional stress state）

仅一个主应力不为零（或有两个主应力为零）的应力状态，称为单向应力状态，又称**单轴应力状态**（uniaxial stress state）。单向应力状态对应于单向拉伸，三个主应力为 σ_1、0、0；对应于单向压缩，三个主应力为 0、0、σ_3。如图 9.2(a) 所示为单向应力状态，且该单元就是主单元。

(2) 二向应力状态（two-dimensional stress state）

两个主应力不为零（或仅一个主应力为零）的应力状态，称为二向应力状态，又称**双轴应力状态**（biaxial stress state）、**平面应力状态**（state of plane stress）。二向应力状态根据哪个主应力为零，存在以下三种可能：二向受拉，σ_1、σ_2、0；一向受拉，另一向受压，σ_1、0、σ_3；两向受压，0、σ_2、σ_3。如图 9.2(b)、(c) 所示为二向应力单元，因为正面为主平面，该面上的主应力为零，所以它们是二向应力状态，但单元体属于一般单元，而不是主单元。

(3) 三向应力状态（three-dimensional stress state）

三个主应力均不为零的应力状态，称为三向应力状态，又称**三轴应力状态**（triaxial stress state）、**空间应力状态**（state of space stress）。物体在水中由水压力产生的应力状态，属于三向应力状态；若构件（试件）纵向受压、横向限制其膨胀，也属于三向应力状态，例如钢管混凝土柱，在竖向压力作用下，钢管限制混凝土的侧向膨胀，产生侧向压应力，钢管和管内混凝土均处于三向应力状态。如图 9.1(a) 所示的应力单元，也属于三向应力状态。

如图 9.2(b) 所示为受扭圆轴横截面（或受弯梁中性层上）任意一点的应力单元，因其只有剪应力而无正应力，故称为纯剪应力状态。平面应力状态实际上是空间应力状态的特例，而单向应力状态和纯剪应力状态则为平面应力状态的特殊情形。一般工程结构构件通常是处于平面应力状态，偶尔可见空间应力状态。

单向应力状态称为简单应力状态，二向应力状态和三向应力状态称为复杂应力状态。

9.2　平面应力状态分析

9.2.1　斜截面上的应力分量

对于如图 9.1(a) 所示的单元体，以 z 为法线的前后面上无剪应力，该面为主平面，其正应力 σ_z 就是主应力。当 $\sigma_z=0$ 时，单元体所表示的应力状态为平面应力状态，可将空间单元简化为平面单元，如图 9.3 所示。应力的正负符号规定如下：正应力以受拉者（箭头离开作用面）为正，受压者（箭头指向作用面）为负；剪应力以绕单元体顺时针方向转者为

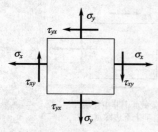

图 9.3 平面应力状态单元体

正,反时针方向转者为负。图中所标示的 σ_x、σ_y 和 τ_{xy} 为正值,而 τ_{yx} 应为负。就大小而言,由剪应力互等定理应有 $\tau_{yx} = \tau_{xy}$。

现在的问题是,已知应力分量 σ_x、σ_y 和 τ_{xy},求与横截面(竖直面)夹角为任意 α(逆时针转为正)的斜截面 AB 上的应力分量,如图 9.4(a) 所示。取三角块 ABC 为脱离体,如图 9.4(b) 所示,AB 面上的正应力 σ_α、剪应力 τ_α 为待求量。设单元体厚度为 t,斜边 AB 的长度为 ds,则可得三角块 ABC 各侧面的面积如下

$$A_{AB} = tds = dA, \quad A_{BC} = tds\sin\alpha = dA\sin\alpha, \quad A_{AC} = tds\cos\alpha = dA\cos\alpha$$

由平衡方程

$$\sum F_x = 0: (\sigma_\alpha dA)\cos\alpha + (\tau_\alpha dA)\sin\alpha - (\sigma_x dA\cos\alpha) + (\tau_{yx} dA\sin\alpha) = 0$$

$$\sum F_y = 0: (\sigma_\alpha dA)\sin\alpha - (\tau_\alpha dA)\cos\alpha - (\sigma_y dA\sin\alpha) + (\tau_{xy} dA\cos\alpha) = 0$$

解得(考虑到 $\tau_{yx} = \tau_{xy}$)

$$\sigma_\alpha = \sigma_x\cos^2\alpha + \sigma_y\sin^2\alpha - 2\tau_{xy}\sin\alpha\cos\alpha$$

$$\tau_\alpha = (\sigma_x - \sigma_y)\sin\alpha\cos\alpha + \tau_{xy}(\cos^2\alpha - \sin^2\alpha)$$

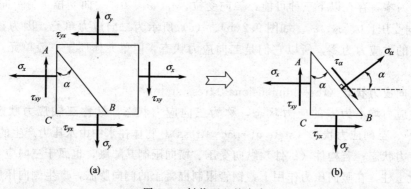

图 9.4 斜截面上的应力

利用三角函数关系

$$\cos^2\alpha = \frac{1+\cos2\alpha}{2}, \quad \sin^2\alpha = \frac{1-\cos2\alpha}{2}, \quad 2\sin\alpha\cos\alpha = \sin2\alpha$$

最后得到斜截面上的应力分量

$$\sigma_\alpha = \frac{\sigma_x+\sigma_y}{2} + \frac{\sigma_x-\sigma_y}{2}\cos2\alpha - \tau_{xy}\sin2\alpha \tag{9.1}$$

$$\tau_\alpha = \frac{\sigma_x-\sigma_y}{2}\sin2\alpha + \tau_{xy}\cos2\alpha \tag{9.2}$$

对于杆件的轴向拉伸或压缩问题,$\sigma_x = \sigma$,$\sigma_y = \tau_{xy} = 0$,此时斜截面上的应力分量为

$$\left.\begin{aligned}\sigma_\alpha &= \frac{\sigma}{2} + \frac{\sigma}{2}\cos2\alpha \\ \tau_\alpha &= \frac{\sigma}{2}\sin2\alpha\end{aligned}\right\} \tag{9.3}$$

这种情况下,剪应力在 $\alpha = 45°$ 的斜面上取极大值,$\tau_{\max} = \sigma/2$。铸铁试样受压时大致沿 45°方向裂开成两大块(见图 5.19),说明是因为该面上剪应力超过材料的抗剪能力

所致。

对于圆轴扭转等纯剪切问题[见图9.2(b)]，$\sigma_x = \sigma_y = 0$，$\tau_{xy} = \tau$，由式(9.1)和式(9.2)得斜截面上的应力分量

$$\left.\begin{array}{l}\sigma_\alpha = -\tau\sin2\alpha \\ \tau_\alpha = \tau\cos2\alpha\end{array}\right\} \tag{9.4}$$

根据上述结果，当 $\alpha = \pm 45°$ 时，斜截面上只有正应力，没有剪应力。$\alpha = 45°$ 时，压应力最大；$\alpha = -45°$ 时，拉应力最大。

$$\sigma_{45°} = -\tau, \quad \tau_{45°} = 0$$
$$\sigma_{-45°} = \tau, \quad \tau_{-45°} = 0$$

最大拉应力和最大压应力就是主应力，此时 $\sigma_1 = \tau$、$\sigma_2 = 0$、$\sigma_3 = -\tau$。脆性材料圆试样扭转时，正是沿着最大拉应力作用面（即 $\alpha = -45°$ 螺旋面）断开的，如图9.5所示。因此，可以认为这种破坏是由最大拉应力引起的。

图 9.5 脆性材料圆试样扭转破坏

【例 9.1】 已知某应力单元上的应力为：$\sigma_x = 60\text{MPa}$，$\sigma_y = -40\text{MPa}$，$\tau_{xy} = 50\text{MPa}$，求 $\alpha = 30°$ 斜面上的应力分量。

【解】

$$\sigma_\alpha = \frac{\sigma_x + \sigma_y}{2} + \frac{\sigma_x - \sigma_y}{2}\cos2\alpha - \tau_{xy}\sin2\alpha = \frac{60-40}{2} + \frac{60+40}{2}\cos60° - 50\sin60° = -8.3\text{MPa}$$

$$\tau_\alpha = \frac{\sigma_x - \sigma_y}{2}\sin2\alpha + \tau_{xy}\cos2\alpha = \frac{60+40}{2}\sin60° + 50\cos60° = 68.3\text{MPa}$$

9.2.2 极值应力

从式(9.1)和式(9.2)可以看出，斜截面上的应力分量 σ_α、τ_α 是斜截面方位角 α 的连续函数，从数学的角度讲连续函数可能存在极值。

(1) 正应力的极值

由式(9.1)对变量 α 求一阶导数，可得斜截面上正应力的极值条件

$$\frac{\mathrm{d}\sigma_\alpha}{\mathrm{d}\alpha} = -2\times\frac{\sigma_x - \sigma_y}{2}\sin2\alpha - 2\tau_{xy}\cos2\alpha = -2\left(\frac{\sigma_x - \sigma_y}{2}\sin2\alpha + \tau_{xy}\cos2\alpha\right) = -2\tau_\alpha = 0 \tag{9.5}$$

即正应力的极值条件要求 $\tau_\alpha = 0$。因为 $\tau_\alpha = 0$ 的平面为主平面，所以正应力的极值在主平面上取得，该极值正应力就是主应力。由式(9.5)可得主平面的方位角（即主方向）满足

$$\tan2\alpha_0 = -\frac{2\tau_{xy}}{\sigma_x - \sigma_y} \tag{9.6}$$

因为正切是以180°为周期的周期函数，所以式(9.6)可解出 α_0 和 $\alpha_0 + 90°$（或 $\alpha_0 - 90°$）两

个主方向,由此可确定两对相互垂直的主平面(主应力也相互垂直),它们与前后面一起构成一个正六面体,形成主单元。主平面的方位角就是主平面与竖直面之间的夹角,也等于相应主应力与 x 轴的夹角。由式(9.6)解出 $\sin 2\alpha_0$ 和 $\cos 2\alpha_0$ 后代入式(9.1),得到两个正交主平面上的主应力 σ_i 和 σ_j(前者为极大值,后者为极小值)如下

$$\begin{matrix}\sigma_i\\\sigma_j\end{matrix} = \frac{\sigma_x+\sigma_y}{2} \pm \sqrt{\left(\frac{\sigma_x-\sigma_y}{2}\right)^2+\tau_{xy}^2} \tag{9.7}$$

由 σ_i、σ_j 和 0 按大小重新排序,可得三个主应力 σ_1、σ_2 和 σ_3。

设 α_i 是主应力 σ_i 与 x 轴的夹角,到底是 $\alpha_i = \alpha_0$,还是 $\alpha_i = \alpha_0+90°$(或 $\alpha_0-90°$),可按下面的原则判定:当 $\sigma_x > \sigma_y$ 时,$|\alpha_i| < 45°$;当 $\sigma_x < \sigma_y$ 时,$|\alpha_i| > 45°$;而当 $\sigma_x = \sigma_y$ 时,$|\alpha_i| = 45°$,且 $\tau_{xy} > 0 \Rightarrow \alpha_i = -45°$,$\tau_{xy} < 0 \Rightarrow \alpha_i = 45°$。

由式(9.1)和式(9.7)可得

$$\sigma_\alpha + \sigma_{\alpha+90°} = \sigma_i + \sigma_j = \sigma_x + \sigma_y \tag{9.8}$$

即正应力之和为常数,称为应力的第一不变量。

【例 9.2】 单元体上的应力如图 9.6 所示,单位为 N/mm^2,试求主应力和主方向。

【解】

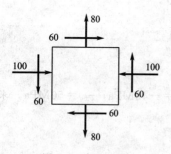

图 9.6 例 9.2 图

已知:$\sigma_x = -100 N/mm^2$,$\sigma_y = 80 N/mm^2$,$\tau_{xy} = -60 N/mm^2$。

(1) 主应力

$$\begin{matrix}\sigma_i\\\sigma_j\end{matrix} = \frac{\sigma_x+\sigma_y}{2} \pm \sqrt{\left(\frac{\sigma_x-\sigma_y}{2}\right)^2+\tau_{xy}^2}$$

$$= \frac{-100+80}{2} \pm \sqrt{\left(\frac{-100-80}{2}\right)^2+(-60)^2}$$

$$= \begin{matrix}98.2\\-118.2\end{matrix}$$

所以,三个主应力依次为 $\sigma_1 = \sigma_i = 98.2 N/mm^2$,$\sigma_2 = 0$,$\sigma_3 = \sigma_j = -118.2 N/mm^2$。

(2) 主方向

$$\tan 2\alpha_0 = -\frac{2\tau_{xy}}{\sigma_x-\sigma_y} = -\frac{2\times(-60)}{-100-80} = -0.6667$$

$$\alpha_0 = -16.85°, 73.15°$$

因为 $\sigma_x = -100 N/mm^2 < \sigma_y = 80 N/mm^2$,$\sigma_1$ 与 x 轴夹角的绝对值应大于 45°,所以 σ_1 与 x 轴夹角为 73.15°,而 σ_3 与 x 轴夹角则为 $-16.85°$。

平面应力状态的主应力和主方向,其实就是如下 2×2 阶应力**矩阵**(matrix)

$$\begin{bmatrix}\sigma_x & \tau_{xy}\\\tau_{xy} & \sigma_y\end{bmatrix}$$

的特征值和特征矢量。

设特征值为 σ,则按线性代数应有

$$\begin{vmatrix}\sigma_x-\sigma & \tau_{xy}\\\tau_{xy} & \sigma_y-\sigma\end{vmatrix} = (\sigma_x-\sigma)(\sigma_y-\sigma)-\tau_{xy}^2 = 0$$

即得到关于特征值 σ 的一元二次方程

$$\sigma^2 - (\sigma_x+\sigma_y)\sigma + (\sigma_x\sigma_y-\tau_{xy}^2) = 0$$

该方程的两个根就是式(9.7) 表示的大、小主应力。同理，可以证明应力矩阵的特征矢量就是式(9.6) 所表示的主方向。

(2) 剪应力的极值

由式(9.2) 对变量 α 求导，并取零值

$$\frac{d\tau_\alpha}{d\alpha} = 2\left(\frac{\sigma_x - \sigma_y}{2}\cos 2\alpha - \tau_{xy}\sin 2\alpha\right) = 0$$

得斜截面上剪应力的极值条件为

$$\tan 2\alpha_\tau = \frac{\sigma_x - \sigma_y}{2\tau_{xy}} \tag{9.9}$$

据此可解得极值剪应力作用面的方位角 α_τ 和 $\alpha_\tau + 90°$。由式(9.6) 和式(9.9)，可知

$$\tan(2\alpha_0 + 90°) = -\cot 2\alpha_0 = -\frac{1}{\tan 2\alpha_0} = \frac{\sigma_x - \sigma_y}{2\tau_{xy}} = \tan 2\alpha_\tau$$

所以，应有

$$2\alpha_0 + 90° = 2\alpha_\tau$$

或

$$\alpha_\tau = \alpha_0 + 45° \tag{9.10}$$

说明极值剪应力作用面与主平面成 $45°$ 角，也就是说极值剪应力作用面平分两主平面之间的夹角。

由式(9.9) 解出 $\cos 2\alpha_\tau$ 和 $\sin 2\alpha_\tau$ 以后代入式(9.2)，得剪应力的极大、极小值

$$\begin{matrix}\tau_{\text{极大}} \\ \tau_{\text{极小}}\end{matrix} = \pm\sqrt{\left(\frac{\sigma_x - \sigma_y}{2}\right)^2 + \tau_{xy}^2} \tag{9.11}$$

剪应力的极大值和极小值大小相等。考虑到式(9.7)，则极大值为

$$\tau_{\text{极大}} = \tau_{ij} = \frac{\sigma_i - \sigma_j}{2} \tag{9.12}$$

它等于两主应力之差的一半。其实，受力物体内任意一点都存在三个主应力，两两之差之半就形成如下三个剪应力的极大值

$$\tau_{12} = \frac{\sigma_1 - \sigma_2}{2}, \quad \tau_{23} = \frac{\sigma_2 - \sigma_3}{2}, \quad \tau_{13} = \frac{\sigma_1 - \sigma_3}{2}$$

其中最大剪应力发生在第一主平面和第三主平面夹角的平分面上，其值为

$$\tau_{\max} = \tau_{13} = \frac{\sigma_1 - \sigma_3}{2} \tag{9.13}$$

【例9.3】 求如图 9.2(c) 所示单元体的主应力、主方向和最大剪应力。

【解】

由图可知：$\sigma_x = \sigma$，$\sigma_y = 0$，$\tau_{xy} = \tau$

$$\begin{matrix}\sigma_i \\ \sigma_j\end{matrix} = \frac{\sigma_x + \sigma_y}{2} \pm \sqrt{\left(\frac{\sigma_x - \sigma_y}{2}\right)^2 + \tau_{xy}^2} = \frac{\sigma}{2} \pm \sqrt{\left(\frac{\sigma}{2}\right)^2 + \tau^2}$$

于是，三个主应力分别为

$$\sigma_1 = \sigma_i = \frac{\sigma}{2} + \frac{1}{2}\sqrt{\sigma^2 + 4\tau^2}, \quad \sigma_2 = 0, \quad \sigma_3 = \sigma_j = \frac{\sigma}{2} - \frac{1}{2}\sqrt{\sigma^2 + 4\tau^2}$$

主方向由下式确定

$$\tan 2\alpha_0 = -\frac{2\tau_{xy}}{\sigma_x - \sigma_y} = -\frac{2\tau}{\sigma}$$

$$\alpha_0 = \frac{1}{2}\arctan(-2\tau/\sigma), \quad \alpha_0 + 90°$$

最大剪应力

$$\tau_{\max} = \frac{\sigma_1 - \sigma_3}{2} = \frac{1}{2}\sqrt{\sigma^2 + 4\tau^2}$$

本例的结果就是梁截面内任意一点的主应力计算公式。一个为拉应力，另一个为压应力，两者的方向相互垂直。在梁的 xy 平面（纵向对称面）内可以绘制两组正交的曲线，在一组曲线上每一点处切线的方向就是该点主拉应力的方向，而在另一组曲线上每一点处切线的方向则为主压应力的方向。这样的曲线称为梁的主应力轨迹线，简称主应力迹线。钢筋混凝土梁中，沿主拉应力迹线配置受拉钢筋，从理论讲是最合理的配筋方式。

9.3 应力圆及其应用

9.3.1 平面应力状态应力圆

斜截面上的正应力计算公式(9.1)可改写成如下形式

$$\sigma_\alpha - \frac{\sigma_x + \sigma_y}{2} = \frac{\sigma_x - \sigma_y}{2}\cos2\alpha - \tau_{xy}\sin2\alpha$$

上式和式(9.2)分别平方后相加，得

$$\left(\sigma_\alpha - \frac{\sigma_x + \sigma_y}{2}\right)^2 + \tau_\alpha^2 = \left(\frac{\sigma_x - \sigma_y}{2}\cos2\alpha - \tau_{xy}\sin2\alpha\right)^2 + \left(\frac{\sigma_x - \sigma_y}{2}\sin2\alpha + \tau_{xy}\cos2\alpha\right)^2$$

经整理得到如下表达式

$$\left(\sigma_\alpha - \frac{\sigma_x + \sigma_y}{2}\right)^2 + \tau_\alpha^2 = \left[\sqrt{\left(\frac{\sigma_x - \sigma_y}{2}\right)^2 + \tau_{xy}^2}\right]^2 \tag{9.14}$$

对所研究的单元体而言，σ_x、σ_y 和 τ_{xy} 都是已知量，故式(9.14)右端为一常量。由解析几何可知，若以正应力 σ 为横坐标、剪应力 τ 为纵坐标，则式(9.14)为一个圆的方程。其圆心 C 的坐标和半径分别为

$$C\left(\frac{\sigma_x + \sigma_y}{2}, 0\right), \quad R = \sqrt{\left(\frac{\sigma_x - \sigma_y}{2}\right)^2 + \tau_{xy}^2}$$

画出的圆如图 9.7 所示。这说明，当斜截面随方位角 α 变化时，与其相应的应力点 $(\sigma_\alpha, \tau_\alpha)$ 在直角坐标系 $\sigma\tau$ 内的轨迹是一个圆。通常称此圆为**应力圆**（stress circle），因它是由德国工程师莫尔（Otto Mohr, 1835—1918）于 1882 年提出的，故又称莫尔应力圆，简称**莫尔圆**（Mohr's circle）。

为了方便区分单元体的各平面，这里权且将以 x 为法线的平面称为 x 面，以 y 为法线的平面称为 y 面，与 x 面夹 α 角的斜平面称为 α 面。应力圆的作法并非事先计算好圆心坐标和半径值，然后再作圆。实际作法是根据 x、y 面上的应力值定点作圆，步骤如下：首先建立 $\sigma\tau$ 坐标系，并按一定比例标示（刻度）量值，如图 9.8 所示；其次以 x 面上的应力 (σ_x, τ_{xy}) 在坐标系中确定 D 点，以 y 面上的应力 (σ_y, τ_{yx}) 在坐标系中确定 D' 点，注意取 $\tau_{yx} = -\tau_{xy}$；用线段连接 D 和 D' 点与横坐标轴相交于 C 点；最后以 C 为圆心、CD 为半径作圆。这样作出的圆，就是所需要的应力圆。兹证明如下

$$OC = OD_2 + D_2C = OD_2 + \frac{1}{2}D_2D_1 = \sigma_y + \frac{\sigma_x - \sigma_y}{2} = \frac{\sigma_x + \sigma_y}{2}$$

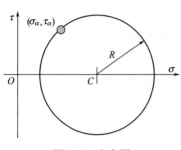

图 9.7 应力圆

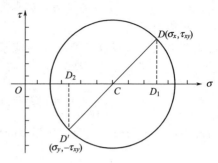

图 9.8 应力圆的作法

$$CD=\sqrt{(CD_1)^2+(D_1D)^2}=\sqrt{\left(\frac{D_2D_1}{2}\right)^2+(D_1D)^2}=\sqrt{\left(\frac{\sigma_x-\sigma_y}{2}\right)^2+\tau_{xy}^2}$$

由上可知,所作圆的圆心坐标与半径正是应力圆的圆心坐标与半径,因而该圆就是所期望的应力圆。

9.3.2 应力圆的应用

应力圆作为应力分析的图解方法,可直接用来确定平面应力状态的主应力、主方向,也可从圆上量取斜截面上的应力分量,应力圆还是其他领域理论公式推导的基础。

(1) 主应力和主方向

应力圆与横坐标轴的交点为 A、B 两点(见图 9.9),该两点的纵坐标为零,说明剪应力为零,横坐标值为正应力,而且就是主应力。因为

$$OA=OC+CA=OC+CD=\frac{\sigma_x+\sigma_y}{2}+\sqrt{\left(\frac{\sigma_x-\sigma_y}{2}\right)^2+\tau_{xy}^2}$$

$$OB=OC-CB=OC-CD=\frac{\sigma_x+\sigma_y}{2}-\sqrt{\left(\frac{\sigma_x-\sigma_y}{2}\right)^2+\tau_{xy}^2}$$

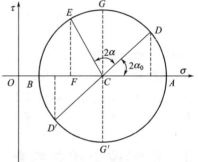

图 9.9 应力圆的应用

所以右边交点 A 的横坐标为较大主应力 σ_i,左边交点 B 的横坐标为较小主应力 σ_j,可从图上直接量取

$$\left.\begin{aligned}\sigma_i&=OA\\\sigma_j&=OB\end{aligned}\right\} \tag{9.15}$$

圆上 D 点代表 x 面,D' 点代表 y 面,在单元体上两面垂直,但在应力圆上的圆心角为 $180°$,正好是单元体上夹角的 2 倍。若两平面在单元体上交 α 角,则在应力圆上形成的圆心角为 2α。D 点代表 x 面,A 点代表较大主应力作用面,它们之间所夹的圆心角 $\angle DCA=2\alpha_0$,所以

$$\alpha_0=\frac{1}{2}\angle DCA \tag{9.16}$$

从 CD 向 CA 旋转,逆时针为正,顺时针为负。

如果 $\sigma_x>\sigma_y$,则 D 点在 D' 点之右,$|2\alpha_0|<90°$,故较大主应力与 x 轴夹角的绝对值小于 $45°$;如果 $\sigma_x<\sigma_y$,则 D 点在 D' 点之左,$|2\alpha_0|>90°$,故较大主应力与 x 轴夹角的绝对值大于 $45°$;如果 $\sigma_x=\sigma_y$,则 D 点和 D' 点位于同一条竖直线上,$|2\alpha_0|=90°$,当 $\tau_{xy}>0$ 时,D

点在上，$\alpha_0=-45°$，当 $\tau_{xy}<0$ 时，D 点在下，$\alpha_0=45°$。

（2）极值剪应力

应力圆上最高点 G 和最低点 G' 对应于剪应力取极值的平面，该两点的纵坐标就是极值剪应力，其大小等于圆的半径，所以

$$\begin{matrix}\tau_{极大}\\ \tau_{极小}\end{matrix} = \pm CG = \pm CD = \pm\sqrt{\left(\frac{\sigma_x-\sigma_y}{2}\right)^2+\tau_{xy}^2} \tag{9.17}$$

极值剪应力作用面与较大主应力作用面的夹角为

$$\frac{1}{2}\angle GCA = \frac{1}{2}\times 90°=45°$$

与较小主应力作用面的夹角为

$$\frac{1}{2}\angle GCB = \frac{1}{2}\times 90°=45°$$

说明极值剪应力的作用面平分两主应力作用面之间的夹角。

（3）斜截面上的应力

单元体上与 x 面夹 α 角的斜截面内的应力，可在应力圆上找到。以半径线 CD 为起始线，沿 α 的转向转动 2α 角交圆于 E 点（见图 9.9）。容易证明，E 点的坐标就是斜截面上的应力分量，即

$$\left.\begin{matrix}\sigma_\alpha=OF\\ \tau_\alpha=FE\end{matrix}\right\} \tag{9.18}$$

（4）其他方面的应用

应力圆除了上述直接应用之外，还有一些间接用途。例如在土力学中，可用应力圆和抗剪强度线的关系，建立土的极限平衡方程；三轴压缩试验（三轴剪切试验）中，用应力圆的包络线确定土的抗剪强度指标等。具体可参阅《土力学》或《土力学与地基基础》。

9.4 空间应力状态简介

复杂结构或复杂构件等变形固体，在外力作用下，物体内部点通常处于空间应力状态。无限小正六面体的每一个面在最一般情况下，存在三个应力分量：截面法线方向的正应力一个，截面内的剪应力可沿坐标方向分解成两个分量，如图 9.10 所示。取空间坐标系 $Ox_1x_2x_3$，应力分量用双脚标区分，第一个脚标为作用面的法线方向，第二个脚标表示应力的指向。在法线为 x_1 的面上，正应力 σ_{11}、剪应力 σ_{12}、σ_{13}；法线为 x_2 的面上，正应力 σ_{22}、剪应力 σ_{21}、σ_{23}；法线为 x_3 的面上，正应力 σ_{33}、剪应力 σ_{31}、σ_{32}。各对面上的应力分量，方向相反、大小相等。图示三个面上的九个应力分量，可形成如下 3×3 阶应力矩阵

$$\begin{bmatrix}\sigma_{11}&\sigma_{12}&\sigma_{13}\\ \sigma_{21}&\sigma_{22}&\sigma_{23}\\ \sigma_{31}&\sigma_{32}&\sigma_{33}\end{bmatrix}$$

其中对角线元素为正应力，非对角线元素为剪应力。根据剪应力互等定理，应有 $\sigma_{ij}=\sigma_{ji}$（$i\neq j$），说明应力

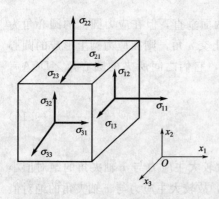

图 9.10 一般空间单元上的应力

矩阵是对称矩阵。

上述 3×3 阶应力矩阵的特征值就是主应力。设特征值（主应力）为 σ，则特征方程如下

$$\begin{vmatrix} \sigma_{11}-\sigma & \sigma_{12} & \sigma_{13} \\ \sigma_{21} & \sigma_{22}-\sigma & \sigma_{23} \\ \sigma_{31} & \sigma_{32} & \sigma_{33}-\sigma \end{vmatrix}=0 \tag{9.19}$$

展开这个行列式，并考虑到应力矩阵的对称性，得到关于主应力 σ 的一元三次方程

$$\sigma^3 - I_1\sigma^2 + I_2\sigma - I_3 = 0 \tag{9.20}$$

式中系数 I_1、I_2 和 I_3 分别称为应力的第一、第二和第三不变量，且有

$$\left.\begin{aligned} I_1 &= \sigma_{11}+\sigma_{22}+\sigma_{33} \\ I_2 &= \sigma_{11}\sigma_{22}+\sigma_{22}\sigma_{33}+\sigma_{33}\sigma_{11}-\sigma_{12}^2-\sigma_{23}^2-\sigma_{31}^2 \\ I_3 &= \sigma_{11}\sigma_{22}\sigma_{33}+2\sigma_{12}\sigma_{23}\sigma_{31}-\sigma_{11}\sigma_{23}^2-\sigma_{22}\sigma_{31}^2-\sigma_{33}\sigma_{12}^2 \end{aligned}\right\} \tag{9.21}$$

可以证明，式(9.20) 有三个实根，对应于三个主应力 σ_1、σ_2 和 σ_3。得到三个主应力以后，可以两两组合，按三个平面应力状态作出三个应力圆，如图 9.11 所示。任意斜截面上的正应力和剪应力，在 $\sigma\tau$ 坐标平面上所确定的点必定位于三个应力圆围成的区域内（图 9.11 中阴影部分）。

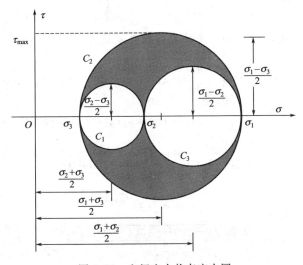

图 9.11 空间应力状态应力圆

有一个特殊的斜截面，其外法线与所在卦限的三个坐标轴夹角相等。每个卦限一个这样的斜面，组成一个**正八面体**（octahedron）。正八面体的每一面上的应力相等，称为八面体应力。八面体正应力用 σ_8 表示

$$\sigma_8 = \frac{1}{3}(\sigma_1+\sigma_2+\sigma_3) \tag{9.22}$$

它等于三个正应力之和除以 3，也即平均（正）应力 σ_m，考虑到应力的第一不变量，上式也可以写成

$$\sigma_8 = \sigma_m = \frac{1}{3}(\sigma_1+\sigma_2+\sigma_3) = \frac{1}{3}(\sigma_{11}+\sigma_{22}+\sigma_{33}) \tag{9.23}$$

八面体剪应力用 τ_8 表示

$$\tau_8 = \frac{1}{3}\sqrt{(\sigma_1-\sigma_2)^2+(\sigma_2-\sigma_3)^2+(\sigma_3-\sigma_1)^2} \tag{9.24}$$

八面体正应力等于平均应力，又称为静水应力，与材料的破坏无关，而八面体剪应力与材料的强度准则密切相关。

平面应力状态是空间应力状态的特例，仅有一个主应力为零，这时仍然可以作三个应力圆；单向应力状态虽然也是空间应力状态的特例，但有两个主应力为零，因此只能作一个应力圆。

从图 9.11 可以看出，三个极值剪应力分别为三个应力圆的半径，最大剪应力等于由 σ_1、σ_3 所作应力圆的半径，其值仍然由式(9.13) 计算。

关于空间应力状态的进一步分析，有兴趣的读者可参见《弹性力学》。

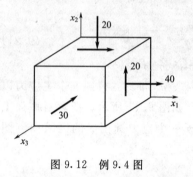

图 9.12 例 9.4 图

【例 9.4】 单元体各面上的应力如图 9.12 所示（单位为 MPa），试求主应力和最大剪应力值。

【解】

本问题的应力矩阵为

$$\begin{bmatrix} 40 & 20 & 0 \\ 20 & -20 & 0 \\ 0 & 0 & -30 \end{bmatrix}$$

问题较简单，可直接代入式(9.19)，主应力的控制方程为

$$\begin{vmatrix} 40-\sigma & 20 & 0 \\ 20 & -20-\sigma & 0 \\ 0 & 0 & -30-\sigma \end{vmatrix} = -(30+\sigma)[(40-\sigma)(-20-\sigma)-20\times 20]$$

$$= -(30+\sigma)(\sigma^2-20\sigma-1200)=0$$

得两个方程

$$30+\sigma=0, \quad \sigma^2-20\sigma-1200=0$$

可解得三个根

$$\sigma = -30$$

$$\sigma = \frac{20\pm\sqrt{(-20)^2-4\times(-1200)}}{2} = \begin{matrix} 46 \\ -26 \end{matrix}$$

所以三个主应力为 $\sigma_1=46\text{MPa}$，$\sigma_2=-26\text{MPa}$，$\sigma_3=-30\text{MPa}$。

最大剪应力由式(9.13) 计算

$$\tau_{\max} = \frac{\sigma_1-\sigma_3}{2} = \frac{46-(-30)}{2} = 38\text{MPa}$$

本题的另一种解法，是利用平面应力状态分析的公式。因前后面上无剪应力，即为主平面，该面上的正应力就是主应力，故已知一个主应力为 -30MPa，余下的应力分量按平面应力状态考虑，且已知 $\sigma_x=40\text{MPa}$，$\sigma_y=-20\text{MPa}$，$\tau_{xy}=-20\text{MPa}$，所以

$$\begin{matrix}\sigma_i\\\sigma_j\end{matrix} = \frac{\sigma_x+\sigma_y}{2} \pm \sqrt{\left(\frac{\sigma_x-\sigma_y}{2}\right)^2+\tau_{xy}^2} = \frac{40-20}{2} \pm \sqrt{\left(\frac{40+20}{2}\right)^2+(-20)^2} = \begin{matrix}46\\-26\end{matrix}$$

三个主应力依次为 $\sigma_1=46\text{MPa}$，$\sigma_2=-26\text{MPa}$，$\sigma_3=-30\text{MPa}$，与按空间应力状态分析方法得到的结果完全相同。

9.5 广义胡克定律

9.5.1 应力-应变关系

受力物体应力与应变之间满足的关系，称为材料的**本构关系**（constitutive relation）。对于各向同性线弹性材料，本构关系通常又称为**广义胡克定律**（generalized Hooke's law）。

对于单向应力状态（拉伸或压缩），正应力 σ 和正应变（线应变）ε 之间的关系由式（5.16）确定。与正应力 σ 方向一致（纵向）的正应变为

$$\varepsilon = \frac{\sigma}{E}$$

垂直于应力方向的横向应变，应由式(5.17)确定，即

$$\varepsilon' = -\mu\varepsilon = -\mu\frac{\sigma}{E}$$

在空间应力状态下，主单元体同时受到三个主应力 σ_1、σ_2 和 σ_3 的作用［见图 9.1(b)］，三个方向均存在变形或应变。在小变形条件下，可考虑各主应力单独作用引起的应变，利用叠加原理得到各个方向的应变。

现计算沿 σ_1 方向的正应变 ε_1，它由三个主应力所引起。由 σ_1 引起的应变（自身方向）为

$$\varepsilon_1' = \frac{\sigma_1}{E}$$

由 σ_2 和 σ_3 引起的（垂直方向）应变分别为

$$\varepsilon_1'' = -\mu\frac{\sigma_2}{E}, \quad \varepsilon_1''' = -\mu\frac{\sigma_3}{E}$$

因此，沿 σ_1 方向总的正应变 ε_1 为

$$\varepsilon_1 = \varepsilon_1' + \varepsilon_1'' + \varepsilon_1''' = \frac{1}{E}[\sigma_1 - \mu(\sigma_2 + \sigma_3)]$$

同理，可得到另外两个主方向的正应变。于是就有由主应力表示的广义胡克定律

$$\left.\begin{aligned}\varepsilon_1 &= \frac{1}{E}[\sigma_1 - \mu(\sigma_2 + \sigma_3)] \\ \varepsilon_2 &= \frac{1}{E}[\sigma_2 - \mu(\sigma_3 + \sigma_1)] \\ \varepsilon_3 &= \frac{1}{E}[\sigma_3 - \mu(\sigma_1 + \sigma_2)]\end{aligned}\right\} \quad (9.25)$$

在主单元体中，直角不发生改变，即剪应变为零，式(9.25)计算得到的正应变称为**主应变**（principal strain）。对于各向同性材料，主应力的方向和主应变的方向重合。沿第一主应力方向的主应变最大，即

$$\varepsilon_{\max} = \varepsilon_1 = \frac{1}{E}[\sigma_1 - \mu(\sigma_2 + \sigma_3)] \quad (9.26)$$

对于非主单元体，取直角坐标系 $Oxyz$，沿坐标方向的正应力和正应变之间的关系可由式(9.25)类比得到

$$\left.\begin{aligned}\varepsilon_x &= \frac{1}{E}[\sigma_x - \mu(\sigma_y + \sigma_z)] \\ \varepsilon_y &= \frac{1}{E}[\sigma_y - \mu(\sigma_z + \sigma_x)] \\ \varepsilon_z &= \frac{1}{E}[\sigma_z - \mu(\sigma_x + \sigma_y)]\end{aligned}\right\} \quad (9.27)$$

因为有剪应力的存在,所以会使各平面内的直角发生改变,即存在剪应变。各平面内的剪应力 τ 和剪应变 γ 满足式(6.1)。

对于平面应力状态($\sigma_z = 0$ 的情况),广义胡克定律简化为

$$\left.\begin{aligned}\varepsilon_x &= \frac{1}{E}(\sigma_x - \mu\sigma_y) \\ \varepsilon_y &= \frac{1}{E}(\sigma_y - \mu\sigma_x) \\ \varepsilon_z &= -\frac{\mu}{E}(\sigma_x + \sigma_y) \\ \gamma_{xy} &= \frac{\tau_{xy}}{G} = \frac{2(1+\mu)}{E}\tau_{xy}\end{aligned}\right\} \quad (9.28)$$

说明平面应力状态对应于空间应变状态。式(9.28)可直接解出应力

$$\left.\begin{aligned}\sigma_x &= \frac{E}{1-\mu^2}(\varepsilon_x + \mu\varepsilon_y) \\ \sigma_y &= \frac{E}{1-\mu^2}(\varepsilon_y + \mu\varepsilon_x) \\ \tau_{xy} &= \frac{E}{2(1+\mu)}\gamma_{xy}\end{aligned}\right\} \quad (9.29)$$

在各种试验方法中(见图 9.13),先测定构件表面或内部的应变,然后利用广义胡克定律计算测点处的实际应力,以检查构件是否安全,检验设计计算是否正确。所以,广义胡克定律不仅在力学理论上十分重要,而且在工程实践中具有应用价值。

(a) 光纤传感器

(b) 电阻应变测试

图 9.13 应变测试

在应变测试技术中,电阻应变测试技术理论上比较成熟,仪器设备也实现了完全的电脑程序控制,试验数据可自动采集和处理。这种方法是,将电阻应变片(简称应变片)粘贴在被测构件表面,当构件变形时,应变片同构件一起变形,应变片的电阻值将发生相应的变化,而且正应变与电阻的改变量成正比。利用电阻应变仪将此电阻值的变化测出来,再换算成应变输出、或输出相应的电信号(由记录仪记录下来)。对于一般的受力情况,构件表面属于平面应力状态,可采用**直角应变花**(rectangular rosette)测定构件表面指定点与 x 方向夹角为 0°、45°和 90°三个方向的正应变 $\varepsilon_{0°}$、$\varepsilon_{45°}$ 和 $\varepsilon_{90°}$,如图 9.14 所示。由应变分析可

知，与 x 轴夹角为 α 的任意方向的正应变为

$$\varepsilon_\alpha = \varepsilon_x \cos^2\alpha + \varepsilon_y \sin^2\alpha - \gamma_{xy}\sin\alpha\cos\alpha \quad (9.30)$$

由此得

$$\varepsilon_{0°} = \varepsilon_x$$
$$\varepsilon_{90°} = \varepsilon_y$$
$$\varepsilon_{45°} = \frac{1}{2}\varepsilon_x + \frac{1}{2}\varepsilon_y - \frac{1}{2}\gamma_{xy}$$

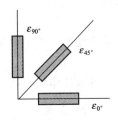

图 9.14 直角应变花

所以

$$\varepsilon_x = \varepsilon_{0°}, \quad \varepsilon_y = \varepsilon_{90°}, \quad \gamma_{xy} = \varepsilon_{0°} + \varepsilon_{90°} - 2\varepsilon_{45°}$$

再将以上应变分量代入式(9.29)得应力分量

$$\left.\begin{array}{l} \sigma_x = \dfrac{E}{1-\mu^2}(\varepsilon_{0°} + \mu\varepsilon_{90°}) \\[2mm] \sigma_y = \dfrac{E}{1-\mu^2}(\varepsilon_{90°} + \mu\varepsilon_{0°}) \\[2mm] \tau_{xy} = \dfrac{E}{2(1+\mu)}(\varepsilon_{0°} + \varepsilon_{90°} - 2\varepsilon_{45°}) \end{array}\right\} \quad (9.31)$$

将式(9.31)代入式(9.7)，得主应力

$$\begin{array}{c}\sigma_i \\ \sigma_j\end{array} = \frac{E}{2(1-\mu)}(\varepsilon_{0°} + \varepsilon_{90°}) \pm \frac{\sqrt{2}E}{2(1+\mu)}\sqrt{(\varepsilon_{0°} - \varepsilon_{45°})^2 + (\varepsilon_{45°} - \varepsilon_{90°})^2} \quad (9.32)$$

式(9.31)代入式(9.6)，得主应力的方向

$$\tan 2\alpha_0 = \frac{2\varepsilon_{45°} - \varepsilon_{0°} - \varepsilon_{90°}}{\varepsilon_{0°} - \varepsilon_{90°}} \quad (9.33)$$

9.5.2 体积应变

在空间应力状态下，单元体受力变形后，各边尺寸有伸长或缩短，通常会引起体积的微小变化。如图 9.15(a) 所示为无限小正六面体（长方体），初始边长分别为 a、b 和 c，体积 $V=abc$。在三个主应力作用下，该正六面体各面的夹角不变，仍然保持为正六面体，只不过尺寸发生了变化，如图 9.15(b) 所示。变形后的正六面体边长分别为 a'、b' 和 c'，根据正应变的定义，应有

$$\varepsilon_1 = \frac{\Delta a}{a} = \frac{a'-a}{a}$$

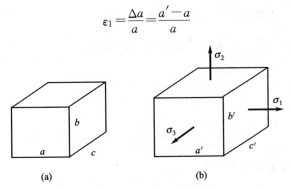

图 9.15 单元的体积变化

所以

$$a' = (1+\varepsilon_1)a$$

同理
$$b' = (1+\varepsilon_2)b, \quad c' = (1+\varepsilon_3)c$$

微元体变形后的体积 V' 为
$$V' = a'b'c' = (1+\varepsilon_1)(1+\varepsilon_2)(1+\varepsilon_3)abc$$

将单位体积的体积变化定义为**体积应变**（dilatation），用 θ 表示
$$\theta = \frac{V'-V}{V} = (1+\varepsilon_1)(1+\varepsilon_2)(1+\varepsilon_3) - 1 = \varepsilon_1 + \varepsilon_2 + \varepsilon_3 + \varepsilon_1\varepsilon_2 + \varepsilon_2\varepsilon_3 + \varepsilon_3\varepsilon_1 + \varepsilon_1\varepsilon_2\varepsilon_3$$

考虑到小变形、小应变，略去上式中的高阶小量，得
$$\theta = \varepsilon_1 + \varepsilon_2 + \varepsilon_3 \tag{9.34}$$

说明体积应变等于三个主应变的代数和。其实，三个主应变之和与任意三个正交方向的正应变之和相等，它们是应变的第一不变量，所以
$$\theta = \varepsilon_x + \varepsilon_y + \varepsilon_z \tag{9.35}$$

将广义胡克定律的表达式(9.25)代入式(9.34)，整理得
$$\theta = \frac{3(1-2\mu)}{E} \times \frac{\sigma_1 + \sigma_2 + \sigma_3}{3} = \frac{\sigma_m}{K} \tag{9.36}$$

或
$$\sigma_m = K\theta \tag{9.37}$$

说明平均正应力与体积应变成正比例关系，其中比例常数
$$K = \frac{E}{3(1-2\mu)} \tag{9.38}$$

称为**体积弹性模量**或**体积模量**（bulk modulus）。

当材料的泊松比 $\mu \to 0.5$ 时，$K \to \infty$，体积应变 $\theta \to 0$，不管平均正应力等于多少，体积均保持不变。具有这种性质的材料，称为**不可压缩材料**（incompressible material）。工程上所使用的橡胶材料，μ 值接近于 0.5，可以看成不可压缩材料。

【**例 9.5**】 地面以下一定深度的土单元受到自重作用，在水平面上产生的正应力称为竖向自重应力 σ_z。大地对于土单元而言可以认为是无限大，能约束单元体的水平位移（侧移）。若已知 $\sigma_z = -240\text{kPa}$，$E = 40\text{MPa}$，$\mu = 0.25$，试计算水平应力和竖向应变。

【**解**】
(1) 水平应力

由侧限条件可知，土体水平方向的应变为零，即
$$\varepsilon_x = \frac{1}{E}[\sigma_x - \mu(\sigma_y + \sigma_z)] = 0$$
$$\varepsilon_y = \frac{1}{E}[\sigma_y - \mu(\sigma_z + \sigma_x)] = 0$$

解得
$$\sigma_x = \sigma_y = \frac{\mu}{1-\mu}\sigma_z = \frac{0.25}{1-0.25} \times (-240) = -80\text{kPa}$$

说明土体单元处于三向受压应力状态。

(2) 竖向应变
$$\varepsilon_z = \frac{1}{E}[\sigma_z - \mu(\sigma_x + \sigma_y)] = \frac{1}{40 \times 10^3}[(-240) - 0.25 \times (-80-80)] = -0.005$$

竖向应变为负值，说明是压应变。该应变值就是体积应变

$$\theta = \varepsilon_x + \varepsilon_y + \varepsilon_z = 0 + 0 - 0.005 = -0.005$$

在压力作用下,土体积缩小的性质,称为土的压缩性。新近填土,在自重作用下会产生压缩。一般地基土,在自重作用下的压缩已经完成。只有在建筑物新增加的荷载(附加压力)作用下,才会引起土的压缩,从而导致地基沉降。

思 考 题

9.1 何谓一点的应力状态?

9.2 纯弯曲梁内任一点处只有正应力,而受扭圆轴内任一点处只有剪应力,这种说法对吗?为什么?

9.3 什么叫主平面和主应力?主应力与正应力有什么区别?

9.4 应力状态如何分类?能举出简单应力状态的例子吗?

9.5 试问在何种情况下,平面应力状态的应力圆符合以下特征:(1)一个点圆;(2)圆心在坐标原点;(3)与 τ 轴相切。

9.6 平面应力状态下,斜截面上的应力如何确定正负符号?

9.7 在平面应力状态下,是否已知任意两个面的应力都无例外地可以作出应力圆?为什么?

9.8 在单元体中,极值正应力作用的平面上有无剪应力?在极值剪应力作用的平面上有无正应力?

9.9 什么是八面体?八面体上的正应力和剪应力如何计算?

9.10 何谓广义胡克定律?成立的条件是什么?

9.11 二向应力状态,第三主应力为零,且已知第一、第二主应变 ε_1、ε_2 及材料的弹性常数 E,μ。求得主应变 $\varepsilon_3 = -\mu(\varepsilon_1 + \varepsilon_2)$,对不对?为什么?

9.12 纯剪应力状态下,单元体是否会产生体积变化?三向均匀受压的单元体,体积应变与压力的关系如何?

选 择 题

9.1 在某些受力构件上,例如在( )的一些点不属于二向应力状态。
A. 受扭圆轴横截面上距圆心 $D/2$ B. 悬臂梁固定端截面中性轴上
C. 汽缸或气罐的外表面 D. 火车车轮与钢轨的接触处

9.2 有一应力单元如图9.16所示(应力单位为MPa),该单元的应力状态是( )。
A. 单向应力状态 B. 二向应力状态
C. 三向应力状态 D. 纯剪应力状态

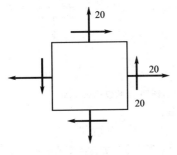

图 9.16 选择题 9.2 图

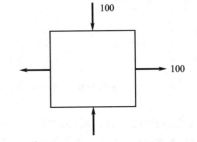

图 9.17 选择题 9.3 图

9.3 如图 9.17 所示为主单元（应力单位为 MPa），单元体中的最大剪应力是（　　）MPa。
A. 0　　　　　　　B. 50　　　　　　　C. 100　　　　　　　D. 200

9.4 圆轴受扭转变形时，在其表面上围绕某一点取单元体，通过应力分析可知，轴的最大正应力发生在过表面各点的（　　）上。
A. 横截面与纵截面　　　　　　　B. 横截面
C. 与轴线成 45°的斜截面　　　　D. 纵截面

9.5 物体中某点的应力状态如图 9.18 所示（应力单位为 MPa），如下论述中正确的应当是（　　）
A. 最大主应力 500MPa，最小主应力 100MPa　　B. 最大主应力 500MPa，最大剪应力 250MPa
C. 最大主应力 500MPa，最大剪应力 100MPa　　D. 最小主应力 100MPa，最大剪应力 250MPa

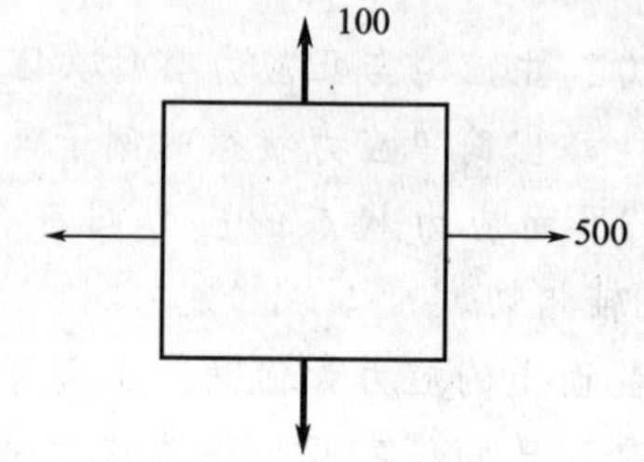

图 9.18　选择题 9.5 图

9.6 关于弹性体受力后某一方向的应力与应变的关系，如下四种论述中正确的是（　　）
A. 有应力一定有应变，有应变不一定有应力　　B. 有应力不一定有应变，有应变不一定有应力
C. 有应力不一定有应变，有应变一定有应力　　D. 有应力一定有应变，有应变一定有应力

9.7 对于各向同性线弹性材料，应力的主方向与应变的主方向（　　）。
A. 斜交一定角度　　　　　　　B. 的夹角与材料常数有关
C. 是否斜交与 E 有关　　　　D. 重合

9.8 当主应力满足 $\sigma_1 > \sigma_2 > \sigma_3$ 时，最大正应变应该是（　　）。
A. $\varepsilon_{max} = \varepsilon_1$　　B. $\varepsilon_{max} = \varepsilon_2$　　C. $\varepsilon_{max} = \varepsilon_3$　　D. $\varepsilon_{max} = \theta = \varepsilon_1 + \varepsilon_2 + \varepsilon_3$

计 算 题

9.1 试计算如图 9.19 所示各单元体指定斜截面上的应力分量（应力单位：MPa），并计算主应力、主方向和最大剪应力。

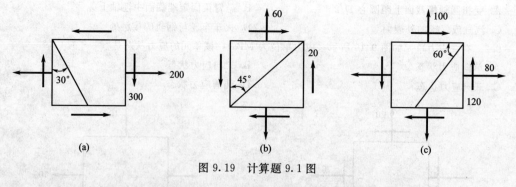

图 9.19　计算题 9.1 图

9.2 试绘出杆件轴向拉伸时的应力圆，并根据圆的几何图形证明如下表达式成立
$$\sigma_\alpha = \sigma\cos^2\alpha, \quad \tau_\alpha = \sigma\sin\alpha\cos\alpha$$
其中 α 是任意斜截面与杆件横截面之间的夹角。

9.3 木制构件中的微元体受力如图 9.20 所示，图中所示的角度为木纹方向与竖直方向的夹角。试求：
(1) 平面内平行于木纹方向的剪应力；

(2) 垂直于木纹方向的正应力。

9.4 已知物体内一点为平面应力状态，过该点两平面上的应力如图 9.21 所示，求 σ_y、主应力及主平面方位。

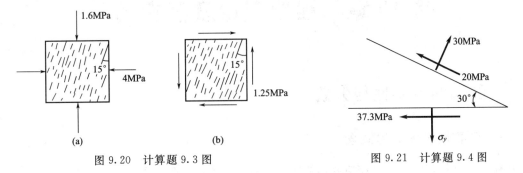

图 9.20　计算题 9.3 图　　　　　　　图 9.21　计算题 9.4 图

9.5 已知一个受力物体表面上某点处的 $\sigma_x = 80\text{MPa}$，$\sigma_y = -160\text{MPa}$，$\sigma_z = 0$，单元体三个面上都没有剪应力。试求该点处的最大正应力和最大剪应力。

9.6 求如图 9.22 所示各应力状态的主应力和最大剪应力（应力单位：MPa）。

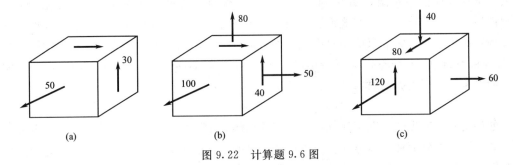

图 9.22　计算题 9.6 图

9.7 平面应力状态，当 $\tau_{xy}=0$，$\sigma_x=200\text{MPa}$，$\sigma_y=100\text{MPa}$ 时，测得沿 x、y 方向的正应变分别为 $\varepsilon_x=2.42\times10^{-3}$，$\varepsilon_y=0.49\times10^{-3}$。试求材料的弹性模量 E 和泊松比 μ。

9.8 有一厚度为 6mm 的钢板，在板平面内双向拉伸，已知拉应力 $\sigma_x=150\text{MPa}$，$\sigma_y=80\text{MPa}$，钢的弹性常数 $E=206\text{GPa}$，$\mu=0.3$。试求该钢板厚度的减小量。

9.9 用一个直角应变花测得构件表面上一点与 x 轴夹角为 0°、45°和 90°方向上的正应变分别为 $\varepsilon_{0°}=800\mu\varepsilon$，$\varepsilon_{45°}=-300\mu\varepsilon$，$\varepsilon_{90°}=400\mu\varepsilon$（$1\mu\varepsilon=1$ 微应变 $=1\times10^{-6}$）。若材料的 $E=206\text{GPa}$，$\mu=0.3$，试求该测点的主应力和最大剪应力。

9.10 设地层为石灰岩，泊松比 $\mu=0.2$，单位体积自重为 25kN/m^3。试计算离地面 300m 深处由自重引起的岩石在竖直方向和水平方向的压应力。

第 10 章 强度理论及其应用

10.1 结构的可靠性与失效

10.1.1 可靠性与失效的概念

任何工程结构都需要满足相应的功能要求,即应满足安全性、适用性和耐久性等方面的要求。结构或结构构件在规定时间内、规定条件下完成预定功能的能力,称为结构或构件的**可靠性**(reliability);反之,若不能完成某个预定功能,则称为**失效**(failure)。所谓规定时间就是结构设计使用年限,如 50 年、100 年等;规定条件就是正常勘察设计、正常施工、正常使用和正常维护。因为在规定时间内、规定条件下荷载和材料性能都具有变异性,没有一个确定的值,所以它们只能用概率统计方法加以描述。工程界将结构完成预定功能的概率 P_s 称为**可靠概率**(probability of reliability)或**可靠度**(degree of reliability),不能完成预定功能的概率 P_f 称为**失效概率**(probability of failure),且应有

$$P_s + P_f = 1 \tag{10.1}$$

如果发生强度失效,则不能满足安全性的功能要求。构件或材料的强度失效,可分为断裂失效和屈服失效两种基本形式。若未产生明显的塑性变形就突然断裂,构件的这种破坏形式叫做脆性破坏或断裂失效;构件应力达到屈服点以后,会发生明显的塑性变形,使其失去正常的工作能力,这种破坏形式称为塑性屈服或延性破坏、或屈服失效。

结构或构件发生延性破坏前有明显的变形或其他预兆,可使人们有时间采取措施补救或撤离人员、贵重设施,引起的损失相对较小;而结构或构件在脆性破坏前则无明显的变形或其他预兆,引起的损失通常较大。因此,对这两种失效形式,设计中规定了不同的失效概率。对于一般的房屋结构,延性破坏失效概率 $P_f = 6.9 \times 10^{-4}$,脆性破坏失效概率 $P_f = 1.1 \times 10^{-4}$;对于公路大桥、中桥和重要小桥,延性破坏 $P_f = 1.3 \times 10^{-5}$,脆性破坏 $P_f = 1.3 \times 10^{-6}$。这说明在可靠性方面,桥梁结构高于房屋结构。

10.1.2 应力状态与失效形式

材料的失效到底是发生脆性断裂还是呈现塑性屈服,不仅由材料本身的性质决定,而且还与所处的应力状态有很大关系。单向拉伸时,脆性材料发生断裂失效,延性材料发生屈服失效,但在三向应力状态下会有不同的破坏形式出现。

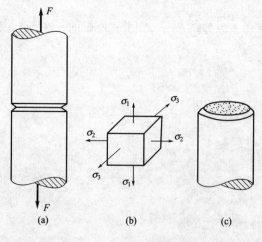

图 10.1 延性材料脆性断裂

作为延性材料典型代表的 Q235 钢（低碳钢），若在拉伸试样的中部切出一个环形凹槽[见图 10.1(a)]，则由于凹槽处截面有显著改变，从而产生应力集中。在拉应力作用下，轴向伸长变形急剧增大，并使横向显著收缩，但这种横向收缩将受到凹槽周围材料的约束，所以在凹槽处的单元体，除轴向拉应力 σ_1 外，其侧面上还存在主应力 σ_2 和 σ_3，处于三向拉伸应力状态[见图 10.1(b)]。随着轴向外力 F 的增加，试样最后沿切槽根部最薄弱截面发生脆性断裂，断口齐平[见图 10.1(c)]。试验发现，这种破坏现象普遍存在，即在三向拉应力状态下，不管是脆性材料还是延性材料，都会发生脆性断裂。

若材料处于三向压应力状态，即使是脆性材料也会发生明显的塑性变形。有人对大理石圆柱体进行过三向压缩试验，发现试样受压后由圆柱体变成腰鼓形，塑性变形较大。钢管混凝土柱和螺旋箍筋柱在轴向压力作用下，产生压缩变形的同时，侧向要膨胀，混凝土的侧向变形大于钢管和螺旋箍筋的变形，因此混凝土的侧向变形受到约束，除轴向压应力外，水平方向产生侧向压应力，处于三向受压应力状态。如图 10.2 所示为混凝土圆柱体在不同侧向压应力 $\sigma_2=\sigma_3$ 时，轴向压应力与轴向应变的试验曲线。从图中可以看出，随着侧向压应力的增加，材料的变形能力大为提高，即表现出了良好的延性（塑性），同时，测得的轴向抗压强度也得以提高。压应力本身不能造成材料的破坏，而是由它所引起的斜截面上剪应力等因素对材料的破坏起作用。构件的剪应力将使材料产生塑性变形，故脆性材料在单向拉压试验中表现出抗压不抗拉的特点，即抗压强度是抗拉的数倍或十几倍，第 5 章介绍的铸铁试验结果如此，混凝土、砖、石等材料莫不如此。

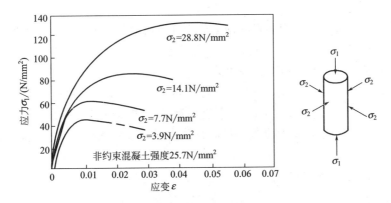

图 10.2 混凝土圆柱体三向受压试验轴向应力-应变曲线

材料所处的应力状态，对其破坏形式有很大影响。应力状态的改变也影响到同一种材料的破坏形式，不能简单地认为某一类材料只发生塑性屈服失效而另一类材料只发生脆性断裂失效。

10.2 常用的强度理论

10.2.1 强度理论概述

单向拉伸或压缩的强度设计按式(5.9)进行，纯剪切的强度计算按式(6.7) 或式(6.9)操作，而对其他的复杂应力状态，同时存在两个或三个主应力不为零，就不能照搬上述通过试验建立的拉压、剪切的强度公式。实际构件或单元体的受力多种多样，其主应力比值也因此而异。如果仅通过试验测定材料在各种复杂应力状态下的极限应力（或失效应力）来建立强度条件，那不仅是十分繁冗的，而且在实践中也是做不到的。但是，在有限的试验结果的基础上，人们根据材料的破坏现象，分析总结认为材料的破坏是由某个主要因素所引起的，对同一种材料，无论处于何种应力状态，当导致它们破坏的这一共同因素达到某一个极限值时，构件或材料就会失效。前人对引起材料破坏的主要因素提出了各种假说，并根据这些假说建立了供设计计算的强度条件，业界把这些假说称为**强度理论**（strength theory）或**失效准则**（failure criterion）。

通常根据单向拉伸试验所测定的材料失效应力 σ^0 的值，来建立复杂应力状态下的失效准则。由引起材料破坏的主要因素来计算相应参数，设复杂应力状态下（σ_1、σ_2、σ_3）的参数为 A，单向拉伸失效应力状态（σ^0、0、0）时的参数为 B，则强度理论或失效准则中由公式表达的失效条件为

$$A = B \tag{10.2}$$

10.2.2 常用强度理论

与材料失效形式相对应，强度理论（假说）可以分为两类：第一类是关于脆性失效的强度理论，第二类是关于屈服失效的强度理论。早期使用的工程材料多为砖、石、铸铁等脆性材料，脆断现象较多，因此第一类强度理论提出得较早；19世纪开始，因材料和工程技术的发展，钢、铜、合金等延性材料应用逐渐增多，屈服失效也见之于工程实践中，于是就出现了第二类强度理论。

根据提出的时间先后，常用的强度理论分别称为第一强度理论、第二强度理论、第三强度理论和第四强度理论。

(1) 第一强度理论（最大拉应力理论）

伽利略（Galileo Galilei，1564—1642）于1638年首先提出最大正应力理论，后来由朗肯（Rankine，1802—1872）于1856年修正为**最大拉应力理论**（maximum tensile-stress theory）。该理论认为，引起材料发生脆性断裂的主要因素是最大拉应力。据此，各参数为

$$A = \sigma_1, \quad B = \sigma^0$$

由式(10.2)得材料的失效条件

$$\sigma_1 = \sigma^0 \tag{10.3}$$

式中单向拉伸失效应力 σ^0 应取值为材料的抗拉强度 σ_b。

这一理论对于脆性材料，例如铸铁、陶瓷、工具钢、岩石、混凝土等较为合适。它曾对以脆性材料为主要建筑材料的17世纪到19世纪期间的生产实践起过不小的指导作用。

(2) 第二强度理论（最大伸长线应变理论）

马利奥脱（E. Mariotto）在1682年提出最大线应变理论，后经圣维南（Saint-Venant，1797—1866）修正为**最大伸长线应变理论**（maximum elongated-strain theory）。这个假说认为，引起材料发生脆性断裂的主要因素是最大伸长线应变（正应变）。所以，各参数为

$$A = \varepsilon_{\max} = \varepsilon_1 = \frac{1}{E}[\sigma_1 - \mu(\sigma_2 + \sigma_3)]$$

$$B = \varepsilon_{\max}^0 = \frac{\sigma^0}{E}$$

将参数 A 和 B 代入式(10.2)

$$\frac{1}{E}[\sigma_1-\mu(\sigma_2+\sigma_3)]=\frac{\sigma^0}{E}$$

因此得到材料的失效条件为

$$\sigma_1-\mu(\sigma_2+\sigma_3)=\sigma^0 \tag{10.4}$$

式中单向拉伸失效应力 σ^0 应取值为材料的抗拉强度 σ_b。

试验结果表明，这一理论与石材、混凝土等脆性材料在压缩时纵向开裂的现象是一致的。它考虑了三个主应力的共同影响，形式上较最大拉应力理论更为完善，曾在炮筒的设计中发挥过重要作用。但是，该理论在实际上并不一定总是合理的，例如在两向或三向受拉应力状态中，按这一理论反而比单向受拉时更不易断裂，显然与实际情况不符。

(3) 第三强度理论（最大剪应力理论）

库仑（Coulomb，1736—1806）于1773年提出最大剪应力对材料屈服的影响，后经特雷斯卡（Tresca）于1868年完善形成**最大剪应力理论**（maximum shear-stress theory），又称 Tresca 屈服准则。他们认为，材料的塑性屈服与最大剪应力有关，即最大剪应力是材料屈服失效的主要因素。于是

$$A=\tau_{\max}=\frac{\sigma_1-\sigma_3}{2}$$

$$B=\tau_{\max}^0=\frac{\sigma^0-0}{2}=\frac{\sigma^0}{2}$$

参数 A 和 B 代入式(10.2)得材料的失效条件

$$\sigma_1-\sigma_3=\sigma^0 \tag{10.5}$$

式中单向拉伸失效应力 σ^0 应取值为材料的屈服极限 σ_s。

第三强度理论曾被许多延性材料的试验结果所证实，且一般是偏于安全的。虽然该准则没有考虑中间主应力 σ_2 的影响，但因其公式简单而得到广泛应用，我国压力容器的设计便采用该理论。

(4) 第四强度理论（最大形状改变比能理论、八面体剪应力理论）

米塞斯（Von Mises）于1913年从数学的角度出发修正 Tresca 屈服准则，提出了第四强度理论，当时并无物理概念，后来的人对该理论给出了多种物理解释，例如**形状改变比能理论**（distortion-energy theory）、**八面体剪应力理论**（octahedron-shear-stress theory）、**极值剪应力的方和根**（或统计平均剪应力）理论等。这里以八面体上的剪应力作为材料失效的主要因素加以考虑。由式(9.24)有

$$A=\tau_8=\frac{1}{3}\sqrt{(\sigma_1-\sigma_2)^2+(\sigma_2-\sigma_3)^2+(\sigma_3-\sigma_1)^2}$$

$$B=\tau_8^0=\frac{1}{3}\sqrt{(\sigma^0-0)^2+(0-0)^2+(0-\sigma^0)^2}=\frac{\sqrt{2}}{3}\sigma^0$$

参数 A 和 B 代入式(10.2)

$$\frac{1}{3}\sqrt{(\sigma_1-\sigma_2)^2+(\sigma_2-\sigma_3)^2+(\sigma_3-\sigma_1)^2}=\frac{\sqrt{2}}{3}\sigma^0$$

所以材料塑性屈服条件为

$$\sqrt{\frac{1}{2}[(\sigma_1-\sigma_2)^2+(\sigma_2-\sigma_3)^2+(\sigma_3-\sigma_1)^2]}=\sigma^0 \tag{10.6}$$

式中单向拉伸失效应力 σ^0 应取值为材料的屈服极限 σ_s。

该理论又称为 Mises 屈服准则。虽然它和第三强度理论一样，都认为剪应力是使材料屈服失效的决定性因素，但它同时考虑了三个主应力的综合影响，所以在形式上比第三强度理论（最大剪应力理论）要完善一些。

米塞斯屈服准则和许多延性材料的试验结果相吻合，例如碳素钢、合金钢、铜、镍、铝等金属材料的屈服都符合这一准则。我国在建筑钢结构设计中，采用这一理论。

由式(10.3)~式(10.6)可知，材料在复杂应力状态下的失效条件是由主应力计算得到的值等于单向拉伸试验测定的失效应力 σ^0 来表达的。公式左边的计算值与一个应力等效，所以又称为**折算应力**或**等效应力**（equivalent stress），用符号 σ_{eqi} 表示

$$\left.\begin{aligned}\sigma_{eq1}&=\sigma_1\\\sigma_{eq2}&=\sigma_1-\mu(\sigma_2+\sigma_3)\\\sigma_{eq3}&=\sigma_1-\sigma_3\\\sigma_{eq4}&=\sqrt{\frac{1}{2}\left[(\sigma_1-\sigma_2)^2+(\sigma_2-\sigma_3)^2+(\sigma_3-\sigma_1)^2\right]}\end{aligned}\right\} \quad (10.7)$$

据此，材料失效条件可以统一写成一个公式

$$\sigma_{eqi}=\sigma^0 \quad (10.8)$$

10.2.3 强度条件

构件在实际工作中不能出现强度失效，才能保证构件的安全性，这就要求由主应力计算得到的折算应力或等效应力不应超过材料的许用应力（容许应力）$[\sigma]$ 或材料强度设计值 f，所以强度条件为

$$\sigma_{eqi}\leqslant[\sigma] \quad (10.9)$$

或

$$\sigma_{eqi}\leqslant f \quad (10.10)$$

实际应用中，铸铁、砖石、混凝土、玻璃等脆性材料常以断裂形式失效，宜采用第一、第二强度理论；碳素钢、铜、铝、合金钢等延性材料常以屈服形式失效，宜采用第三、第四强度理论。但是，三向拉应力状态下，无论何种材料，都将以断裂形式失效，宜采用第一、第二强度理论；三向压应力状态下，无论何种材料，都将以屈服形式失效，宜采用第三、第四强度理论。

复杂应力状态下的强度计算，可按如下步骤进行：

① 从构件的危险点处截取单元体，计算出主应力 σ_1、σ_2、σ_3；
② 根据材料和所处应力状态，选用适当的强度理论，计算折算应力或等效应力 σ_{eq}；
③ 确定材料的许用应力（容许应力）$[\sigma]$ 或材料强度设计值 f，并将其与 σ_{eq} 比较，满足式(10.9) 或式(10.10) 者强度足够，否则强度不足。

【例 10.1】 有一铸铁零件，已知危险点处的主应力 $\sigma_1=26\text{MPa}$、$\sigma_2=0$、$\sigma_3=-32\text{MPa}$，铸铁材料的许用拉应力 $[\sigma_t]=35\text{MPa}$，泊松比 $\mu=0.25$，试校核其强度。

【解】 铸铁是脆性材料，且属于二向拉、压应力状态，所以可采用第一、第二强度理论。

(1) 按照第一强度理论

$$\sigma_{eq1}=\sigma_1=26\text{MPa}<[\sigma_t]=35\text{MPa}，满足$$

(2) 按照第二强度理论

$$\sigma_{eq2} = \sigma_1 - \mu(\sigma_2 + \sigma_3) = 26 - 0.25 \times (0 - 32) = 34 \text{MPa}$$
$$< [\sigma_t] = 35 \text{MPa}, \text{满足}$$

【例 10.2】 求纯剪应力状态下（见图 10.3）钢材的抗剪强度设计值 f_v 和抗拉强度设计值 f 之间的关系。

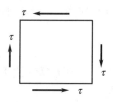

图 10.3 纯剪应力状态

【解】

钢材属于延性材料，可采用第四强度理论。纯剪应力状态的强度条件为

$$\tau \leqslant f_v \qquad ①$$

该应力状态的主应力为

$$\sigma_1 = \sigma_i = \frac{\sigma_x + \sigma_y}{2} + \sqrt{\left(\frac{\sigma_x - \sigma_y}{2}\right)^2 + \tau_{xy}^2} = \tau$$

$$\sigma_2 = 0$$

$$\sigma_3 = \sigma_j = \frac{\sigma_x + \sigma_y}{2} - \sqrt{\left(\frac{\sigma_x - \sigma_y}{2}\right)^2 + \tau_{xy}^2} = -\tau$$

由式(10.7) 和式(10.10)，有

$$\sigma_{eq4} = \sqrt{\frac{1}{2}\left[(\sigma_1 - \sigma_2)^2 + (\sigma_2 - \sigma_3)^2 + (\sigma_3 - \sigma_1)^2\right]} = \sqrt{\frac{1}{2}\left[\tau^2 + \tau^2 + (-\tau - \tau)^2\right]} = \sqrt{3}\tau \leqslant f$$

所以

$$\tau \leqslant f/\sqrt{3} \qquad ②$$

比较①和②两式，得

$$f_v = f/\sqrt{3} = 0.58f$$

《钢结构设计规范》GB 50017—2003，对碳素结构钢和低合金结构钢等材料的抗剪强度设计值的取值（见附表1.1），就是采用这一公式进行计算的，并将结果修约到 $5\text{N}/\text{mm}^2$。

10.3 强度理论应用案例

10.3.1 工字形钢梁的折算应力

钢梁通常采用工字形截面，它由上下翼缘（板）和中间腹板组成，如图 10.4 所示。翼缘板上正应力很大，承担了绝大部分弯矩，而腹板部分剪应力很大，承担了绝大部分剪力。两部分面积都发挥了各自的作用，这样的截面是经济合理的截面，故是建筑结构上受弯梁的主要截面形式。

图 10.4 工字形钢梁组成

在梁翼缘的上下边缘点，正应力最大，而剪应力为零，属于单向应力状态，弯矩最大的截面上按式(7.20) 或式(7.21) 进行正应力强度计算；在中性轴上（腹板），正应力为零，剪应力最大，属于纯剪应力状态，梁剪力最大的截面剪应力强度由式(7.32) 计算。弯矩和剪力都较大的截面上，腹板和翼缘板交界处的点，通常既有正应力 σ，

又有剪应力 τ，处于平面应力状态（见图 10.5）。设交界点到中性轴的距离为 y，则有

$$\sigma = \frac{My}{I_z}, \quad \tau = \frac{VS_z^*}{I_z b}$$

式中 S_z^* 为上翼缘或下翼缘面积对中性轴的静矩。此应力状态的主应力已由例 9.3 求出，它们是

$$\sigma_1 = \frac{\sigma}{2} + \frac{1}{2}\sqrt{\sigma^2 + 4\tau^2}$$

$$\sigma_2 = 0$$

$$\sigma_3 = \frac{\sigma}{2} - \frac{1}{2}\sqrt{\sigma^2 + 4\tau^2}$$

强度条件为

$$\sigma_{eq3} = \sigma_1 - \sigma_3 = \sqrt{\sigma^2 + 4\tau^2} \leqslant f \tag{10.11}$$

$$\sigma_{eq4} = \sqrt{\frac{1}{2}\left[(\sigma_1 - \sigma_2)^2 + (\sigma_2 - \sigma_3)^2 + (\sigma_3 - \sigma_1)^2\right]} = \sqrt{\sigma^2 + 3\tau^2} \leqslant f \tag{10.12}$$

《钢结构设计规范》采用第四强度理论的公式(10.12)，因计算点是腹板边缘的局部区域，故将材料强度设计值提高 10%，即实际设计计算公式为

$$\sqrt{\sigma^2 + 3\tau^2} \leqslant 1.1f \tag{10.13}$$

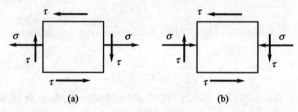

图 10.5 工字形钢梁腹翼交界处的应力单元

【例 10.3】 有一简支梁，承受集中荷载作用，截面为工字形，如图 10.6 所示。已知荷载设计值 $F = 135\mathrm{kN}$，距离支座 $a = 0.3\mathrm{m}$，梁的跨度 $l = 2.0\mathrm{m}$，材料强度设计值 $f_v = 125\mathrm{N/mm^2}$，$f = 215\mathrm{N/mm^2}$。试校核该梁的强度。

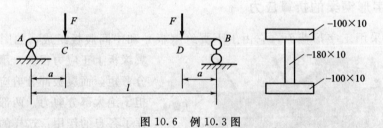

图 10.6 例 10.3 图

【解】
(1) 危险截面

该梁 C、D 两个截面的剪力、弯矩最大，是危险截面。因该两截面上的内力相等，故只需校核 C 截面的强度即可。

$$V_C = F = 135\mathrm{kN}$$

$$M_C = Fa = 135 \times 0.3 = 40.5\mathrm{kN \cdot m}$$

(2) 截面的几何性质

钢板的标注方法为"—长×宽×厚",截面尺寸标注为"—宽×厚"。图中的工字形梁由三块钢板拼接而成,依据标注的尺寸计算相应的几何参数:

惯性矩

$$I_z = 2 \times \left(\frac{100 \times 10^3}{12} + 100 \times 10 \times 95^2 \right) + \frac{10 \times 180^3}{12} = 2.293 \times 10^7 \text{mm}^4$$

截面抗弯系数

$$W_z = \frac{I_z}{y_{\max}} = \frac{2.293 \times 10^7}{90+10} = 2.293 \times 10^5 \text{mm}^3$$

半个截面对中性轴的静矩

$$S_{z\max} = 100 \times 10 \times 95 + 90 \times 10 \times 45 = 1.355 \times 10^5 \text{mm}^3$$

单个翼缘板对中性轴的静矩

$$S_z^* = 100 \times 10 \times 95 = 9.5 \times 10^4 \text{mm}^3$$

(3) 强度校核

翼缘板边缘正应力强度

$$\sigma_{\max} = \frac{M_C}{W_z} = \frac{40.5 \times 10^6}{2.293 \times 10^5} = 176.6 \text{N/mm}^2 < f = 215 \text{N/mm}^2$$

中性轴上(腹板)剪应力强度

$$\tau_{\max} = \frac{V_C S_{z\max}}{I_z b} = \frac{135 \times 10^3 \times 1.355 \times 10^5}{2.293 \times 10^7 \times 10} = 79.8 \text{N/mm}^2 < f_v = 125 \text{N/mm}^2$$

腹翼交界点折算应力强度

$$\sigma = \frac{M_C y}{I_z} = \frac{40.5 \times 10^6 \times 90}{2.293 \times 10^7} = 159.0 \text{N/mm}^2$$

$$\tau = \frac{V_C S_z^*}{I_z b} = \frac{135 \times 10^3 \times 9.5 \times 10^4}{2.293 \times 10^7 \times 10} = 55.9 \text{N/mm}^2$$

$$\sqrt{\sigma^2 + 3\tau^2} = \sqrt{159.0^2 + 3 \times 55.9^2} = 186.2 \text{N/mm}^2$$

$$< 1.1 f = 1.1 \times 215 = 236.5 \text{N/mm}^2$$

梁的强度满足要求。

10.3.2 薄壁压力容器设计

容器的壁厚 t 远小于容器曲面的直径 D ($t/D \leqslant 1/20$) 时,称为薄壁容器。薄壁容器通常承受内压力 p 作用,例如储气罐、储油罐、锅炉、低压缸、化工反应容器、油气管道等。常见容器有圆筒形和球形两种形式,在内压作用下,容器向外扩张,而无其他变形。容器纵横截面上只有正应力,而无剪应力。因壁厚很薄,可以认为应力沿壁厚均匀分布。

(1) 圆筒形压力容器

圆筒形压力容器 (cylindrical pressure container),端部用封头封闭,设平均直径为 D,如图10.7(a)所示。为计算筒壁在纵向截面上的应力(环向应力或周向应力)σ_y,可用截面法以通过直径的纵向截面将圆筒一分为二,取上半部分长度为 l 的一段为研究对象,如图 10.7(d) 所示。则由静力平衡方程

$$\sum F_y = 0: \ 2(\sigma_y t l) - \int_0^\pi pl \frac{D}{2} \sin\theta d\theta = 0$$

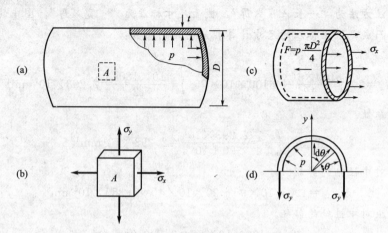

图 10.7 圆筒形薄壁压力容器

解得

$$\sigma_y = \frac{pD}{4t}\int_0^\pi \sin\theta d\theta = \frac{pD}{2t} \tag{10.14}$$

若以横截面将圆筒截开,横截面上的正应力(轴向应力)为 σ_x,取左半部分为研究对象,如图 10.7(c) 所示,作用于筒底的合力为 $F = p \times \pi D^2/4$。由平衡方程

$$\sum F_x = 0: \sigma_x \pi Dt - p\frac{\pi D^2}{4} = 0$$

得到

$$\sigma_x = \frac{pD}{4t} \tag{10.15}$$

筒体上任一点取出的单元体如图 10.7(b) 所示。由于 $D \gg t$,圆筒纵截面和横截面上的正应力远远大于容器的内压力 p,垂直于筒壁的径向应力很小,可以略去不计,故取 $\sigma_z = 0$。三个主应力依次为

$$\sigma_1 = \sigma_y = \frac{pD}{2t}, \quad \sigma_2 = \sigma_x = \frac{pD}{4t}, \quad \sigma_3 = \sigma_z = 0$$

容器设计通常采用第三强度理论,所以

$$\sigma_{eq3} = \sigma_1 - \sigma_3 = \frac{pD}{2t} \leqslant [\sigma] \tag{10.16}$$

圆筒形容器一般是用钢板经过冷卷或热卷形成圆筒,再焊接成整体。考虑焊缝影响系数 ϕ ($\phi \leqslant 1$,与焊缝形式和焊缝质量有关),式(10.16) 成为

$$\frac{pD}{2t} \leqslant \phi[\sigma] \tag{10.17}$$

设容器的内径为 D_i,则平均直径 $D = D_i + t$,代入式(10.17) 得

$$\frac{p(D_i + t)}{2t} \leqslant \phi[\sigma] \tag{10.18}$$

解式(10.18) 得容器所需理论厚度的最小值为

$$t_0 = \frac{pD_i}{2\phi[\sigma] - p} \tag{10.19}$$

实际厚度还应考虑钢板厚度的负偏差、工艺减薄量、腐蚀裕量等附加量。

(2) 球形压力容器

球形压力容器（spherical pressure container），如图10.8(a)所示。由于过球心的任意平面均是对称平面，所以沿经向和纬向的应力相等，应力单元如图10.8(b)所示。现以半球为研究对象，如图10.8(c)所示。由平衡方程

$$\sum F_y = 0: \sigma_h \pi D t - p \frac{\pi D^2}{4} = 0$$

得到

$$\sigma_h = \frac{pD}{4t} \tag{10.20}$$

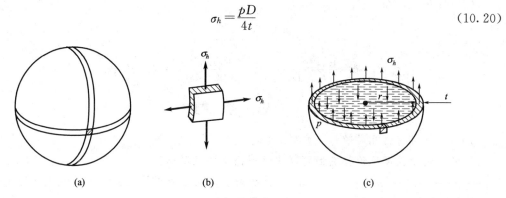

图10.8 球形薄壁压力容器

由于 $D \gg t$，正应力 σ_h 远远大于容器的内压力 p，垂直于球壁的径向应力很小，可以略去不计。故取 $\sigma_3 = 0$，第一、第二主应力为

$$\sigma_1 = \sigma_2 = \sigma_h = \frac{pD}{4t} \tag{10.21}$$

将主应力代入第三强度理论的公式

$$\sigma_{eq3} = \sigma_1 - \sigma_3 = \frac{pD}{4t} \leqslant [\sigma] \tag{10.22}$$

考虑焊缝影响系数 ϕ 后，容器所需理论厚度的最小值为

$$t_0 = \frac{pD_i}{4\phi[\sigma] - p} \tag{10.23}$$

【例10.4】 有一个薄壁圆筒形容器，内径 $D_i = 1200\text{mm}$，承受内压 $p = 4\text{MPa}$，焊缝影响系数 $\phi = 0.9$，材料的许用应力 $[\sigma] = 160\text{MPa}$，试计算容器的理论最小厚度。

【解】

薄壁圆筒形容器的理论最小厚度由式(10.19)计算，其值为

$$t_0 = \frac{pD_i}{2\phi[\sigma] - p} = \frac{4 \times 1200}{2 \times 0.9 \times 160 - 4} = 16.90\text{mm}$$

【例10.5】 球形容器内径 $D_i = 2000\text{mm}$，壁厚 $t = 20\text{mm}$，试验测得表面点沿经向的正应变 $\varepsilon = 360 \times 10^{-6}$，材料弹性常数 $E = 206\text{GPa}$，$\mu = 0.3$，许用应力 $[\sigma] = 120\text{MPa}$。试校核容器的强度，并确定内压值 p。

【解】

按平面应力状态对待，经向和纬向应力相等 $\sigma_1 = \sigma_2$，径向应力 $\sigma_3 = 0$。

(1) 强度校核

由广义胡克定律

$$\varepsilon_1 = \varepsilon = \frac{1}{E}[\sigma_1 - \mu(\sigma_2 + \sigma_3)] = \frac{1-\mu}{E}\sigma_1$$

得

$$\sigma_1 = \frac{E\varepsilon}{1-\mu} = \frac{(206\times 10^3)\times(360\times 10^{-6})}{1-0.3} = 105.9\text{MPa}$$

按第三强度理论校核强度

$$\sigma_{\text{eq3}} = \sigma_1 - \sigma_3 = 105.9\text{MPa} < [\sigma] = 120\text{MPa}，满足$$

(2) 内压 p 之值

$$\sigma_1 = \frac{pD}{4t}$$

$$p = \frac{4\sigma_1 t}{D} = \frac{4\sigma_1 t}{D_i + t} = \frac{4\times 105.9 \times 20}{2000 + 20} = 4.19\text{MPa}$$

思 考 题

10.1 构件有哪几种破坏（或失效）形式？

10.2 何谓强度理论？它们可以通过理论上的证明吗？

10.3 什么是折算应力或等效应力？常用的四个强度理论的折算应力公式是怎样的？

10.4 已知延性材料构件上某单元体的三个主应力分别是 200MPa、150MPa 和 -200MPa，试问应采用什么强度理论来进行强度计算？

10.5 冬天自来水管因其中的水结冰而胀裂，冰为什么不会因受水管的反作用压力而被压碎呢？

10.6 将沸水倒入厚壁玻璃杯里，杯内、外壁的受力情况如何？若玻璃杯因此破裂，破裂是从外壁还是从内壁开始？

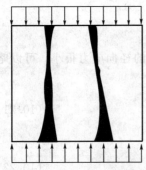

图 10.9 思考题 10.7 图

10.7 用混凝土立方体试块作单向压缩试验时，若在其上、下压板上涂有润滑剂，试块破坏时将沿纵向开裂，如图 10.9 所示。对这种情况用哪个强度理论来解释比较合适？

选 择 题

10.1 延性材料发生显著塑性变形时，不能保持原有的形状和尺寸，往往影响其正常工作，故通常以（ ）作为构件失效的极限应力。

A. 比例极限 B. 弹性极限 C. 屈服极限 D. 强度极限

10.2 已知延性材料构件上一点的三个主应力分别为 80MPa、0、-120MPa，则强度计算时的等效应力当取下列何值？（ ）

A. 80MPa B. 120MPa C. 200MPa D. 40MPa

10.3 脆性材料构件上四个点的应力状态如图 10.10 所示，按最大拉应力理论判别，最不容易失效的点是（ ）。

A. (1) 点 B. (2) 点 C. (3) 点 D. (4) 点

10.4 承受内压的两端封闭的圆柱形薄壁容器，由延性材料制成。试分析因压力过大表面出现裂纹时，裂纹的可能方向是（ ）。

A. 沿圆柱纵向 B. 沿与圆柱纵向成 45°角的方向

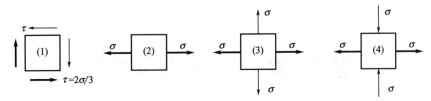

图 10.10 选择题 10.3 图

  C. 沿与圆柱纵向成 30°角的方向   D. 沿圆柱环向

  10.5 承受内压的两端封闭的圆柱形薄壁容器,由脆性材料制成。试分析因压力过大表面出现裂纹时,裂纹的可能方向是( )。

  A. 沿圆柱纵向   B. 沿与圆柱纵向成 45°角的方向
  C. 沿圆柱环向   D. 沿与圆柱纵向成 30°角的方向

  10.6 铸铁试样扭转破坏时,其断口一般发生在与轴线成 45°角的螺旋面上,这是因为铸铁材料的( )强度较低的缘故。

  A. 抗压   B. 抗扭   C. 抗剪   D. 抗拉

计 算 题

  10.1 已知钢轨与火车车轮接触点处的主应力分别为 $\sigma_1 = -650\text{MPa}$,$\sigma_2 = -700\text{MPa}$,$\sigma_3 = -890\text{MPa}$。如果钢轨的许用应力 $[\sigma] = 300\text{MPa}$,试用第三强度理论和第四强度理论校核其强度。

  10.2 如图 10.11 所示为物体某点的应力单元,试计算 ab 面上的应力分量、主应力及米塞斯屈服准则的等效应力。

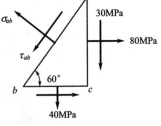

图 10.11 计算题 10.2 图

  10.3 对于平面应力状态,各应力分量的可能组合有以下几种情况,试按最大剪应力理论计算其折算应力或等效应力。

  (1) $\sigma_x = 40\text{MPa}$,$\sigma_y = 40\text{MPa}$,$\tau_{xy} = 60\text{MPa}$;
  (2) $\sigma_x = 60\text{MPa}$,$\sigma_y = -80\text{MPa}$,$\tau_{xy} = -40\text{MPa}$;
  (3) $\sigma_x = -40\text{MPa}$,$\sigma_y = 50\text{MPa}$,$\tau_{xy} = 0$。

  10.4 简支钢梁,截面尺寸及荷载设计值如图 10.12 所示。材料强度设计值 $f = 215\text{N/mm}^2$,$f_v = 125\text{N/mm}^2$,试全面校核该梁的强度。

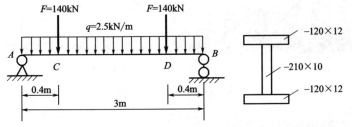

图 10.12 计算题 10.4 图

  10.5 薄壁圆柱形锅炉容器的内径为 1250mm,最大内压为 23 个大气压(1 个大气压 = 0.1MPa),在高温下工作时材料的许用应力 $[\sigma] = 100\text{MPa}$,焊缝影响系数 $\phi = 1.0$,试分别按第三强度理论和第四强度理论确定其理论最小厚度。

  10.6 有一钢制球形容器,内径 $D_i = 800\text{mm}$,壁厚 $t = 6\text{mm}$,许用应力 $[\sigma] = 120\text{MPa}$,焊缝影响系数 $\phi = 1.0$,试分别用第三强度理论和第四强度理论确定工作压力 p 的最大值。

第 11 章　杆件组合变形

11.1　组合变形的概念

11.1.1　组合变形

轴向拉伸（压缩）、剪切、扭转和弯曲为杆件的基本变形，同时发生两种或两种以上的基本变形，称为**组合变形**（combined deformation）。发生组合变形的杆件，某一点可能处于简单应力状态，也可能处于复杂应力状态。

构件发生组合变形，在工程中比较常见。如图 11.1(a) 所示为工厂的烟囱，在自重作用下产生轴向压缩变形，在水平风力作用下产生弯曲变形、剪切变形，是典型的组合变形构件。斜拉桥结构主要由索塔（桥塔）、拉索和主梁组成，如图 11.1(b) 所示。整个桥梁结构要承受自重、汽车荷载、风荷载以及船舶的撞击等作用，除拉索仅产生轴向伸长变形外，索塔、主梁均产生轴向压缩变形和弯曲变形、剪切变形，主梁还可能产生扭转变形。机械上的传动轴、发动机的曲轴等旋转构件，工作时会产生扭转变形和弯曲变形，成为弯扭构件；建筑结构的雨篷梁、框架结构的边梁均会产生弯曲、剪切和扭转变形，成为弯剪扭构件。

(a) 烟囱

(b) 斜拉桥

图 11.1　组合变形构件

11.1.2　组合变形强度计算方法

发生组合变形时，构件截面上最多有六个内力（见图 5.1），即轴力 N，剪力 V_y、V_z，扭矩 T 和弯矩 M_y、M_z。在小变形条件下，胡克定律成立，可以根据叠加原理来分析组合变形杆件的应力、变形。

杆件组合变形时的应力或强度计算，可按以下步骤进行：

① 将作用在构件上的荷载进行分解，得到与原荷载等效的几组荷载，使构件在每组荷载作用下只产生一种基本变形；

② 分别计算构件在每种基本变形情况下的应力;

③ 将各基本变形情况下的应力叠加,然后进行强度计算。当构件危险点处于单向应力状态(简单应力状态)时,先将正应力代数相加,而后进行强度计算;若危险点处于复杂应力状态,则需要求出主应力,按强度理论计算折算应力,才能进行强度计算。

本章只介绍常见的三种组合变形,即拉伸(压缩)与弯曲组合变形(内力 N、M),弯曲与弯曲组合变形(内力 M_y、M_z),扭转与弯曲组合变形(内力 T、M)的强度计算问题。关于杆件组合变形时的位移计算,通常采用单位荷载法,具体可参阅《结构力学》等书籍。

11.2 拉伸(压缩)与弯曲组合变形

11.2.1 拉(压)弯组合变形应力分布

设构件横截面上的内力有轴向拉力 N(作用于截面形心)、弯矩 M,如图 11.2(a) 所示。N 引起轴向伸长变形,M 导致弯曲变形,构件最后发生拉弯组合变形。若轴力 N 为压力,则构件将发生压弯组合变形。根据力的平移定理,图 11.2(a) 和图 11.2(b) 两种受力方式在静力学上等效,偏心距 e 应满足的条件如下

$$e = \frac{M}{N} \tag{11.1}$$

而图 11.2(b) 为偏心拉伸,故拉弯组合又可称为偏心拉伸。同理,压弯组合也可称为偏心压缩。

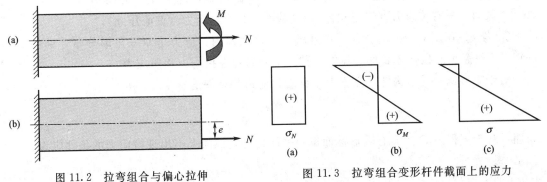

图 11.2 拉弯组合与偏心拉伸 图 11.3 拉弯组合变形杆件截面上的应力

轴力和弯矩都在横截面上引起正应力,任一点处于单向应力状态,正应力可以代数叠加。轴力 N 引起的正应力 σ_N 在截面上均匀分布[见图 11.3(a)]

$$\sigma_N = \frac{N}{A}$$

在弯矩 M 作用下,截面上的正应力 σ_M 线性分布[见图 11.3(b)]

$$\sigma_M = \frac{My}{I_z}$$

其中正弯矩作用下截面下部受拉(+),上部受压(—);y 为计算点到中性轴的距离。构件在 N 和 M 的共同作用下,截面上的正应力应为

$$\sigma = \sigma_N + \sigma_M = \frac{N}{A} \pm \frac{My}{I_z} \tag{11.2}$$

由式(11.2)可知,拉弯组合(或压弯组合)变形构件横截面上的正应力在截面上线性分布,

如图 11.3(c) 所示。

最大、最小正应力发生在截面的上下边缘 $y=y_1$ 和 $y=y_2$ 处。若截面的中性轴 z 为对称轴，则 $y_1=y_2=y_{\max}$，$I_z/y_{\max}=W_z$，所以

$$\begin{matrix}\sigma_{\max}\\\sigma_{\min}\end{matrix}=\frac{N}{A}\pm\frac{M}{W_z} \tag{11.3}$$

或

$$\begin{matrix}\sigma_{\max}\\\sigma_{\min}\end{matrix}=\frac{N}{A}\left(1\pm\frac{e}{W_z/A}\right) \tag{11.4}$$

式(11.4) 中轴力 N 可以始终取正值，即拉弯组合拉应力为正，压弯组合压应力为正。

根据偏心距 e 的大小，横截面上正应力的分布可能存在三种情况，如图 11.4 所示。

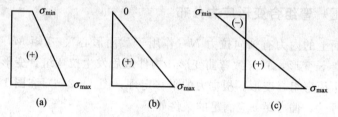

图 11.4 偏心受力构件横截面上正应力的可能分布

① 若 $e<W_z/A$，则 $\sigma_{\min}>0$，截面内无中性轴，应力呈梯形分布 [见图 11.4(a)]。偏心拉伸时，全截面受拉；偏心压缩时，全截面受压。

② 若 $e=W_z/A$，则 $\sigma_{\min}=0$，中性轴位于截面边缘，应力呈三角形分布 [见图 11.4(b)]。截面上只有拉应力（偏心拉伸），或截面上只有压应力（偏心压缩）。

③ 若 $e>W_z/A$，则 $\sigma_{\min}<0$，中性轴位于截面以内，应力呈双三角形分布 [见图 11.4(c)]。不管是偏心拉伸还是偏心压缩，截面上同时存在拉应力和压应力。

对于矩形偏心受压构件，截面上不出现拉应力的条件是

$$e\leqslant\frac{W_z}{A}=\frac{h}{6} \tag{11.5}$$

同理，对于直径为 D 的实心圆形截面偏心受压构件，截面上不出现拉应力的条件应为

$$e\leqslant\frac{D}{8} \tag{11.6}$$

偏心受压构件，截面上不出现拉应力时，偏心压力在截面内的作用范围称为**截面核心**(kern of cross-section)。换句话说，只要压力作用在截面核心之内，杆件截面内就不会出现拉应力。砖石砌体结构，抗拉能力很差，通常要求压力作用于截面核心之内；基础和地基之间如果受拉，就会局部脱空，会引起地基不均匀沉降或建筑物倾斜，通常也要求基础上的偏心压力作用于截面核心之内。

【例 11.1】 钢板厚度 6mm、宽度 30mm，承受偏心拉力 F 作用，如图 11.5 所示。试验测得板上边缘点 a 的正应变 $\varepsilon_a=200\times10^{-6}$，下边缘点 b 的正应变 $\varepsilon_b=80\times10^{-6}$，若材料的弹性模量 $E=200\text{GPa}$，试求拉力 F 和偏心距 e 的大小。

【解】

（1）板边应力

单向应力状态，由胡克定律得 a、b 两点的应力

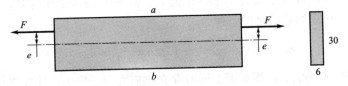

图 11.5 例 11.1 图

$$\sigma_a = E\varepsilon_a = 200 \times 10^3 \times 200 \times 10^{-6} = 40\text{MPa}$$
$$\sigma_b = E\varepsilon_b = 200 \times 10^3 \times 80 \times 10^{-6} = 16\text{MPa}$$

(2) 拉力 F 和偏心距 e

轴力 $N = F$，弯矩 $M = Fe$

因为

$$\sigma_a = \frac{N}{A} + \frac{M}{W_z} = \frac{F}{A}\left(1 + \frac{e}{W_z/A}\right) = \frac{F}{A}\left(1 + \frac{6e}{h}\right)$$

$$\sigma_b = \frac{N}{A} - \frac{M}{W_z} = \frac{F}{A}\left(1 - \frac{6e}{h}\right)$$

所以

$$F = \frac{1}{2}(\sigma_a + \sigma_b)A = \frac{1}{2} \times (40 + 16) \times 6 \times 30 = 5040\text{N}$$

$$e = \frac{Ah}{12F}(\sigma_a - \sigma_b) = \frac{6 \times 30 \times 30}{12 \times 5040} \times (40 - 16) = 2.14\text{mm}$$

【例 11.2】 一个偏心受压基础，已知上部荷载和基础自重 $F + G = 1050\text{kN}$，作用于基础上的力矩 $M = 126\text{kN} \cdot \text{m}$，矩形基础的底面尺寸为 $2\text{m} \times 3\text{m}$，如图 11.6 所示。试求基底应力分布。

【解】

基础底面内力

$$N = F + G = 1050\text{kN}$$
$$M = 126\text{kN} \cdot \text{m}$$

偏心距

$$e = \frac{M}{N} = \frac{126}{1050} = 0.12\text{m}$$

$$< \frac{h}{6} = \frac{3}{6} = 0.5\text{m}$$

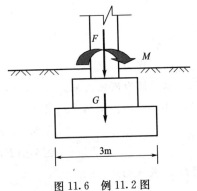

图 11.6 例 11.2 图

基底压应力呈梯形分布。

$$\sigma_{\max} = \frac{N}{A} + \frac{M}{W_z} = \frac{1050}{2 \times 3} + \frac{126}{2 \times 3^2/6} = 175 + 42 = 217\text{kPa}$$

$$\sigma_{\min} = \frac{N}{A} - \frac{M}{W_z} = 175 - 42 = 133\text{kPa}$$

11.2.2 拉（压）弯组合强度条件

延性金属材料抗拉和抗压性能相同，最大应力（拉应力或压应力）应满足的条件为

$$\sigma_{\max} = \frac{N}{A} + \frac{M}{W_z} = \frac{N}{A}\left(1 + \frac{e}{W_z/A}\right) \leqslant [\sigma] \text{ 或 } f \tag{11.7}$$

对于脆性材料，因抗拉能力远小于抗压能力，故通常用作受压构件，当 $e \leqslant W_z/A$ 时，全截面受压，最大压应力应满足的条件为

$$\sigma_{cmax} = \frac{N}{A} + \frac{M}{W_z} = \frac{N}{A}\left(1 + \frac{e}{W_z/A}\right) \leqslant [\sigma_c] \text{ 或 } f_c \qquad (11.8)$$

但是，如果偏心距 $e > W_z/A$，则截面上同时存在拉应力和压应力，除按式(11.8)验算抗压强度外，还应验算抗拉强度

$$\sigma_{tmax} = \left|\frac{N}{A} - \frac{M}{W_z}\right| = \left|\frac{N}{A}\left(1 - \frac{e}{W_z/A}\right)\right| \leqslant [\sigma_t] \text{ 或 } f_t \qquad (11.9)$$

【例 11.3】 有一个三角形托架，由杆 AB 和杆 CD 组成，如图 11.7(a) 所示，其中杆 AB 为热轧工字钢，型号为 18 号。已知集中荷载设计值 $F = 20\text{kN}$，材料强度设计值 $f = 215\text{N/mm}^2$，在不考虑自重的情况下，试验算 AB 的正应力强度。

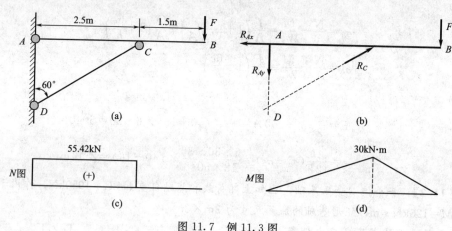

图 11.7　例 11.3 图

【解】

(1) 内力

以 AB 为研究对象，因 CD 为二力杆，受力沿 CD 方向，所以脱离体 AB 的受力图如图 11.7(b) 所示。依据平衡条件

$$\sum M_C(F) = 0: R_{Ay} \times 2.5 - F \times 1.5 = 0$$
$$\sum M_D(F) = 0: R_{Ax} \times 2.5\cot60° - F \times 4 = 0$$

解得 A 处反力

$$R_{Ax} = \frac{4F}{2.5\cot60°} = \frac{4 \times 20}{2.5 \times 0.5774} = 55.42\text{kN}$$

$$R_{Ay} = \frac{1.5F}{2.5} = \frac{1.5 \times 20}{2.5} = 12\text{kN}$$

杆件 AB 的轴力图和弯矩图分别如图 11.7(c)、(d) 所示。AC 段为拉弯组合变形，CB 段弯曲变形。

(2) 正应力强度计算

危险截面 C，最大内力

$$N_{max} = 55.42\text{kN}, \quad M_{max} = 30\text{kN·m}$$

查附表 2.4，18 号工字钢的几何性质为

$$A = 30.756\text{cm}^2, \quad W_z = 185\text{cm}^3$$

最大拉应力出现在 C 截面上部边缘，而最大压应力则出现下部边缘，但最大拉应力的值大于最大压应力的值，材料的抗拉能力和抗压能力相同，所以只需要验算抗拉强度即可。

$$\sigma_{\max} = \frac{N_{\max}}{A} + \frac{M_{\max}}{W_z} = \frac{55.42 \times 10^3}{30.756 \times 10^2} + \frac{30 \times 10^6}{185 \times 10^3}$$

$$= 180.2 \text{N/mm}^2 < f = 215 \text{N/mm}^2\text{，满足要求}$$

11.3 弯曲与弯曲组合变形

水平受弯构件可能同时承受竖向荷载和水平荷载，如图 11.8 所示。在竖向荷载作用下，杆件在竖直平面内发生弯曲变形，此时的弯矩为 M_z；在水平荷载作用下，杆件在水平面内发生弯曲变形，此时的弯矩为 M_y。在弯矩 M_z 和 M_y 同时作用下，构件的轴线通常会弯曲成一条空间曲线，在小变形的条件下，可分别计算各自弯矩作用下的正应力，然后代数相加得截面上某点的正应力。

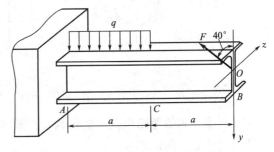

图 11.8 承受水平和竖向荷载的受弯梁

以矩形截面为例，计算截面内任一点 (y, z) 处的正应力，如图 11.9 所示。当仅有弯矩 M_z 时，z 轴为中性轴，正应力为

$$\sigma' = \frac{M_z y}{I_z}$$

当仅有弯矩 M_y 时，y 轴为中性轴，正应力为

$$\sigma'' = \frac{M_y z}{I_y}$$

在 M_z 和 M_y 共同作用下，正应力代数相加

$$\sigma = \sigma' + \sigma'' = \frac{M_z y}{I_z} + \frac{M_y z}{I_y} \tag{11.10}$$

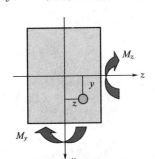

图 11.9 弯曲与弯曲组合

为了确定横截面上最大正应力（最大拉应力和最大压应力）的位置，需先求截面上中性轴的位置。为此，设中性轴上任一点的坐标为 (y_0, z_0)，因中性轴上的点不发生伸缩变形，正应力为零，所以式(11.10)成为

$$\sigma = \frac{M_z y_0}{I_z} + \frac{M_y z_0}{I_y} = 0$$

由此得到中性轴方程

$$y_0 = -\frac{M_y}{M_z} \times \frac{I_z}{I_y} z_0 \tag{11.11}$$

它是一条通过截面形心的直线。由式(11.11)确定中性轴的位置后，作平行于中性轴的两条直线，分别与横截面周边相切于 D_1、D_2 两点 [见图 11.10(a)]，该两点是强度计算的控制点（危险点），它们是中性轴两侧距中性轴最远的点，其中之一为拉应力最大的点，另一点为压应力最大的点。只需将 D_1、D_2 点的坐标值分别代入式(11.10)就可得到横截面上的最大拉应力和最大压应力。

工程上常用的矩形、工字型等截面梁，其横截面都有两个相互垂直的对称轴，且截面的周边具有棱角［见图 11.10(b)］，故横截面上的最大正应力必发生在横截面的棱角处。于是，对截面有棱角的这类梁，可根据变形情况，直接确定截面上最大拉应力、最大压应力点的位置，而无需按式(11.11)确定中性轴的位置。最大正应力的计算公式为

$$\sigma_{\max} = \frac{M_z}{W_z} + \frac{M_y}{W_y} \tag{11.12}$$

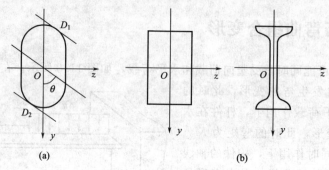

图 11.10 截面上控制点的确定

对于圆木、钢管等圆形截面受弯构件，最大弯曲正应力在圆周上某点出现。因为 $I_y = I_z$，圆周上任意点的正应力

$$\sigma = \frac{1}{I_z}(M_z y + M_y z) = \frac{1}{I_z}\left(M_z\sqrt{R^2 - z^2} + M_y z\right) \tag{11.13}$$

成为 z 的一元函数，其中 R 为圆的半径。极值条件为

$$\frac{d\sigma}{dz} = \frac{1}{I_z}\left(M_y - \frac{M_z z}{\sqrt{R^2 - z^2}}\right) = 0$$

所以得驻点坐标

$$z = \frac{M_y R}{\sqrt{M_y^2 + M_z^2}} \tag{11.14}$$

将式(11.14)代入式(11.13)，得最大正应力

$$\sigma_{\max} = \frac{1}{I_z}\left(M_z\sqrt{R^2 - \frac{M_y^2 R^2}{M_y^2 + M_z^2}} + M_y \frac{M_y R}{\sqrt{M_y^2 + M_z^2}}\right) = \frac{\sqrt{M_y^2 + M_z^2} \times R}{I_z}$$

若令

$$M = \sqrt{M_y^2 + M_z^2} \tag{11.15}$$

则有

$$\sigma_{\max} = \frac{MR}{I_z} = \frac{M}{W_z} \tag{11.16}$$

说明圆截面梁可将弯矩 M_y 和 M_z 按式(11.15)合成（平方和开方）为一个弯矩 M，按平面弯曲计算最大正应力。

进一步分析可知，当 $I_y \neq I_z$ 时，弯曲变形发生的平面与荷载作用平面不重合，这种组合变形称为**斜弯曲**（inclined bending）；当 $I_y = I_z$ 时，弯曲变形发生的平面与荷载作用平面重合，仍然发生平面弯曲。

【**例 11.4**】 H 型钢悬臂梁，截面型号为 HW125×125，受力如图 11.11 所示。已知 $l =$

1.8m，$F_1=2.5$kN，$F_2=1.6$kN，求危险截面上的最大正应力。

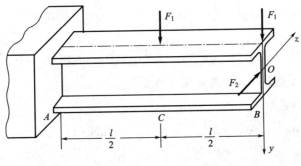

图 11.11　例 11.4 图

【解】

(1) 危险截面的弯矩

固定端为危险截面，弯矩为

$$M_z=F_1l+F_1\frac{l}{2}=\frac{3}{2}F_1l=\frac{3}{2}\times 2.5\times 1.8=6.75\text{kN}\cdot\text{m（上部受拉）}$$

$$M_y=F_2l=1.6\times 1.8=2.88\text{kN}\cdot\text{m（前面受拉）}$$

(2) 截面几何性质

查附表 2.5，得

$$W_z=135\text{cm}^3,\quad W_y=46.9\text{cm}^3$$

(3) 最大正应力

$$\sigma_{\max}=\frac{M_z}{W_z}+\frac{M_y}{W_y}=\frac{6.75\times 10^6}{135\times 10^3}+\frac{2.88\times 10^6}{46.9\times 10^3}=111.4\text{MPa}$$

最大拉应力出现在前上角点，最大压应力出现在后下角点。

【例 11.5】　构件 ABC 在 B 处承受竖向力 $F_1=4$kN、C 处承受水平力 $F_2=1.5$kN 作用，构件截面拟采用两种方案，如图 11.12 所示。试分别计算危险截面上的最大正应力。

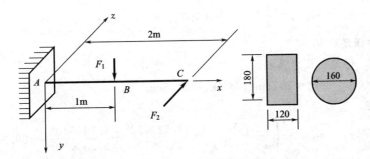

图 11.12　例 11.5 图

【解】

(1) 危险截面为 A 截面

$$M_{Az}=F_1\times 1=4\times 1=4\text{kN}\cdot\text{m（上部受拉）}$$

$$M_{Ay}=F_2\times 2=1.5\times 2=3\text{kN}\cdot\text{m（前面受拉）}$$

(2) 矩形截面最大正应力

$$W_z = \frac{1}{6}bh^2 = \frac{1}{6} \times 120 \times 180^2 = 6.48 \times 10^5 \text{mm}^3$$

$$W_y = \frac{1}{6}hb^2 = \frac{1}{6} \times 180 \times 120^2 = 4.32 \times 10^5 \text{mm}^3$$

$$\sigma_{A\max} = \frac{M_{Az}}{W_z} + \frac{M_{Ay}}{W_y} = \frac{4 \times 10^6}{6.48 \times 10^5} + \frac{3 \times 10^6}{4.32 \times 10^5} = 13.1 \text{MPa}$$

A 截面前上角点拉应力最大，后下角点压应力最大。

（3）圆形截面最大正应力

$$M_A = \sqrt{M_{Az}^2 + M_{Ay}^2} = \sqrt{4^2 + 3^2} = 5 \text{kN} \cdot \text{m}$$

$$W_z = \frac{\pi D^3}{32} = \frac{\pi \times 160^3}{32} = 4.02 \times 10^5 \text{mm}^3$$

$$\sigma_{A\max} = \frac{M_A}{W_z} = \frac{5 \times 10^6}{4.02 \times 10^5} = 12.4 \text{MPa}$$

【例 11.6】 如图 11.13 所示的简支梁，热轧工字钢的型号为 20a，跨中集中力 $F = 20\text{kN}$，该力的作用线通过截面形心但偏离纵向对称面，已知 $\varphi = 5°$。若 $[\sigma] = 160\text{MPa}$，试验算梁的正应力强度。

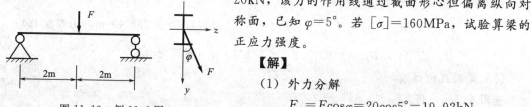

图 11.13 例 11.6 图

【解】

（1）外力分解

$$F_y = F\cos\varphi = 20\cos5° = 19.92 \text{kN}$$

$$F_z = F\sin\varphi = 20\sin5° = 1.74 \text{kN}$$

竖向外力分量 F_y 引起梁在铅垂面内弯曲，而水平外力分量 F_z 则使梁在水平面内弯曲，两种弯曲的结果是梁发生斜弯曲。

（2）危险截面内力

跨中截面为危险截面

$$M_{z\max} = \frac{1}{4}F_y l = \frac{1}{4} \times 19.92 \times 4 = 19.92 \text{kN} \cdot \text{m}$$

$$M_{y\max} = \frac{1}{4}F_z l = \frac{1}{4} \times 1.74 \times 4 = 1.74 \text{kN} \cdot \text{m}$$

（3）正应力强度验算

查附表 2.4，得截面抗弯系数

$$W_z = 237 \text{cm}^3, \quad W_y = 31.5 \text{cm}^3$$

正应力强度

$$\sigma_{\max} = \frac{M_{z\max}}{W_z} + \frac{M_{y\max}}{W_y} = \frac{19.92 \times 10^6}{237 \times 10^3} + \frac{1.74 \times 10^6}{31.5 \times 10^3} = 139.3 \text{MPa}$$

$$< [\sigma] = 160 \text{MPa}，满足强度条件$$

11.4 扭转与弯曲组合变形

扭转与弯曲的组合变形是机械工程中常见的情况，具有广泛的应用场合。例如传动轴、曲柄等都不是单纯的扭转变形或单纯的弯曲变形，而是在扭矩与弯矩联合作用下工作，发生弯扭组合变形。图 11.14 所示为齿轮传动轴，工作时在齿的啮合点处均有外力作用。齿轮在齿与齿的啮合处传递压力,压力 F 的作用线与节圆切线间的夹角称为压力角。压力 F 可以分解为径向力 F_n 和切向力 F_τ。可将齿轮上的作用力向轴的形心简化,其中径向力直接沿作用线滑移至轴的形心,切向力平行移动到轴的形心,需附加外力偶矩(转矩) M_e。轴在外转矩作用下产生扭转变形,而在横向外力作用下产生弯曲变形,形成扭转与弯曲组合变形。

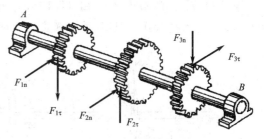

图 11.14 齿轮传动轴

圆轴横截面上周边弯曲正应力最大的点为危险点,应力单元如图 11.15 所示。此为二向应力状态,例 9.3 已求出该应力状态的主应力

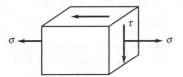

$$\sigma_1 = \frac{\sigma}{2} + \frac{1}{2}\sqrt{\sigma^2 + 4\tau^2}$$

$$\sigma_2 = 0$$

图 11.15 传动轴危险点的应力单元

$$\sigma_3 = \frac{\sigma}{2} - \frac{1}{2}\sqrt{\sigma^2 + 4\tau^2}$$

圆轴通常由塑性材料(延性材料)制成,故可采用第三或第四强度理论作为强度计算的依据。上述主应力代入第三、第四强度理论的相应公式,得

$$\sigma_{eq3} = \sqrt{\sigma^2 + 4\tau^2} \leqslant [\sigma] \text{ 或 } f \tag{11.17}$$

$$\sigma_{eq4} = \sqrt{\sigma^2 + 3\tau^2} \leqslant [\sigma] \text{ 或 } f \tag{11.18}$$

对于直径为 d 的实心圆轴,因为

$$W_z = \frac{\pi d^3}{32}, \quad W_t = \frac{\pi d^3}{16} = 2W_z$$

所以

$$\left.\begin{array}{l} \sigma = \dfrac{M}{W_z} \\[2mm] \tau = \dfrac{T}{W_t} = \dfrac{T}{2W_z} \end{array}\right\} \tag{11.19}$$

将式(11.19)分别代入式(11.17)和式(11.18),得到由内力表达的强度条件

$$\sigma_{eq3} = \frac{\sqrt{M^2 + T^2}}{W_z} \leqslant [\sigma] \text{ 或 } f \tag{11.20}$$

$$\sigma_{eq4} = \frac{\sqrt{M^2 + 0.75T^2}}{W_z} \leqslant [\sigma] \text{ 或 } f \tag{11.21}$$

此处 M 为危险截面上的弯矩,若在水平面和竖直面内同时产生弯曲变形,则应按式(11.15)计算 M;T 为危险截面上的扭矩。

强度计算公式(11.17)、公式(11.18)可以应用到圆截面杆件拉(压)与扭转组合变形和拉(压)弯扭组合变形的设计计算。对于拉(压)扭组合变形,应力计算公式为

$$\sigma = \frac{N}{A}, \quad \tau = \frac{T}{W_t}$$

对于拉(压)弯扭组合变形,应力计算公式为

$$\sigma = \frac{N}{A} + \frac{M}{W_z}, \quad \tau = \frac{T}{W_t}$$

【例 11.7】 圆轴受力如图 11.16(a) 所示，C 轮节圆直径 400mm，D 轮节圆直径 200mm，$[\sigma]=100\text{MPa}$，试按第四强度理论设计轴的直径。

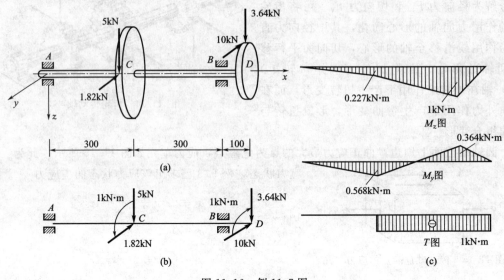

图 11.16 例 11.7 图

【解】 将齿轮啮合点的外力向轴的截面形心简化，结果如图 11.16(b) 所示。竖直横向力将引起轴在 xz 平面内的弯曲，水平横向力将引起轴在 xy 平面内的弯曲，外转矩使轴产生扭转变形。分别作轴在 xz 和 xy 两个纵向对称平面内的弯矩图及扭矩图，如图 11.16(c) 所示。B 截面为危险截面：内力为

$$M=\sqrt{M_y^2+M_z^2}=\sqrt{0.364^2+1^2}=1.064\text{kN}\cdot\text{m},\quad T=1\text{kN}\cdot\text{m}$$

按第四强度理论设计轴的直径

$$\sigma_{\text{eq4}}=\frac{\sqrt{M^2+0.75T^2}}{W_z}=\frac{32\sqrt{M^2+0.75T^2}}{\pi d^3}\leqslant[\sigma]$$

$$d^3\geqslant\frac{32\sqrt{M^2+0.75T^2}}{\pi[\sigma]}=\frac{32\sqrt{1.064^2+0.75\times1^2}\times10^6}{\pi\times100}=0.1397\times10^6\text{mm}^3$$

所以得到 $d\geqslant 51.9\text{mm}$，可取 $d=52\text{mm}$。

【例 11.8】 钢制圆杆受力如图 11.17 所示，已知直径 $d=40\text{mm}$，许用应力 $[\sigma]=150\text{MPa}$，试按第四强度理论校核该杆件的强度。

【解】 杆件属于拉弯扭组合变形。已知轴力 $N=100\text{kN}$，弯矩 $M=0.3\text{kN}\cdot\text{m}$，扭矩 $T=0.5\text{kN}\cdot\text{m}$。

截面的几何性质为

$$A=\frac{\pi\times40^2}{4}=1256.6\text{mm}^2$$

$$W_z=\frac{\pi\times40^3}{32}=6283\text{mm}^3$$

$$W_t=\frac{\pi\times40^3}{16}=12566\text{mm}^3$$

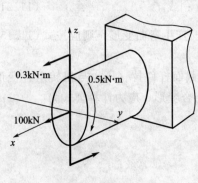

图 11.17 例 11.8 图

正应力和剪应力分别为

$$\sigma = \frac{N}{A} + \frac{M}{W_z} = \frac{100 \times 10^3}{1256.6} + \frac{0.3 \times 10^6}{6283} = 127.3 \text{MPa}$$

$$\tau = \frac{T}{W_t} = \frac{0.5 \times 10^6}{12566} = 39.8 \text{MPa}$$

第四强度理论

$$\sigma_{eq4} = \sqrt{\sigma^2 + 3\tau^2} = \sqrt{127.3^2 + 3 \times 39.8^2} = 144.8 \text{MPa}$$

$$< [\sigma] = 150 \text{MPa} \quad \text{满足强度条件}$$

思 考 题

11.1 何谓组合变形？试举出发生不同组合变形的杆件实例。

11.2 直梁所受的作用力如果不与梁轴线垂直，而是倾斜的，怎样计算梁内应力？

11.3 圆柱偏心受压，如要求截面内不出现拉应力，试问偏心距 e 与柱直径 d 应满足怎样的关系？

11.4 拉弯组合变形杆件的危险点位置如何确定？建立强度条件时为什么不必利用强度理论？

11.5 有一轴向拉伸杆件，检查发现一侧存在一条微细裂纹，如图 11.18 所示。为了阻止裂纹扩展，修理师傅在裂纹处钻了一个小圆孔，以减小应力集中的影响。有人建议在另一侧对称处再钻一个同样大小的孔，该建议是否合理？

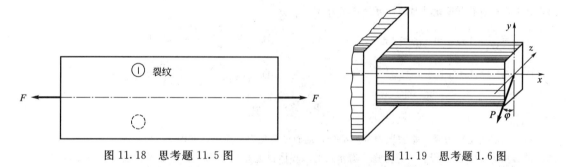

图 11.18 思考题 11.5 图　　　　图 11.19 思考题 1.6 图

11.6 一根矩形截面悬臂梁受横向外力 P 作用，力 P 通过右端截面形心，但不在梁的纵向对称平面内，如图 11.19 所示。试画出此梁固定端截面上的正应力分布图，并指出危险点所在的位置。

11.7 圆截面梁在水平面和竖直面内同时发生弯曲变形，为什么可以先将正交方向的弯矩 M_y 和 M_z 按矢量合成：$M = \sqrt{M_y^2 + M_z^2}$，然后由 M 来计算弯曲正应力？其他截面梁是否也可以这样做？

11.8 一正方形等截面直杆产生拉伸与扭转的组合变形，截面上危险点的位置应如何判定？

11.9 对处在扭转和弯曲组合变形下的杆件，怎样进行应力分析，怎样进行强度校核？

11.10 同一个强度理论，其强度条件往往可以写成不同形式。以第三强度理论为例，常用有以下三种形式（以许用应力表示）：

(1) $\sigma_{eq3} = \sigma_1 - \sigma_3 \leqslant [\sigma]$

(2) $\sigma_{eq3} = \sqrt{\sigma^2 + 4\tau^2} \leqslant [\sigma]$

(3) $\sigma_{eq3} = \dfrac{\sqrt{M^2 + T^2}}{W_z} \leqslant [\sigma]$

问它们的适用范围是否相同？为什么？

选 择 题

11.1　若一根构件所受拉力与轴线平行但不与轴线重合，则杆件产生（　　）变形。
A. 拉伸　　　　　　B. 拉伸与弯曲组合　　　　　　C. 压缩　　　　　　D. 扭转与弯曲组合

11.2　对于（　　）变形的杆件，认为横截面中性轴必定通过截面形心的看法是错误的。
A. 平面弯曲　　　　B. 斜弯曲　　　　　　C. 偏心压缩　　　　　　D. 弯曲与扭转组合

11.3　扭转与弯曲组合变形的杆件，从其表层弯曲正应力最大处取出的单元体处于（　　）应力状态。
A. 拉伸　　　　　　B. 单向　　　　　　C. 三向　　　　　　D. 二向

11.4　某机械中的传动轴，在通过带轮的传动而受力时将产生（　　）变形。
A. 弯曲　　　　　　B. 弯曲与扭转　　　　　　C. 扭转　　　　　　D. 弯曲与压缩

11.5　圆轴的危险截面上，有弯矩 M_y、M_z、扭矩 T 和轴力 N，则第三强度理论的表达式为（　　）。
A. $\sigma_{eq3} = \dfrac{N}{A} + \dfrac{\sqrt{M_y^2 + M_z^2 + T^2}}{W_z} \leqslant [\sigma]$
B. $\sigma_{eq3} = \sqrt{\left(\dfrac{N}{A}\right)^2 + \left(\dfrac{M_y + M_z}{W_z}\right)^2 + 4\left(\dfrac{T}{W_t}\right)^2} \leqslant [\sigma]$
C. $\sigma_{eq3} = \dfrac{N}{A} + \sqrt{\left(\dfrac{M_y}{W_z}\right)^2 + \left(\dfrac{M_z}{W_z}\right)^2 + 4\left(\dfrac{T}{W_t}\right)^2} \leqslant [\sigma]$
D. $\sigma_{eq3} = \sqrt{\left(\dfrac{N}{A} + \dfrac{\sqrt{M_y^2 + M_z^2}}{W_z}\right)^2 + 4\left(\dfrac{T}{W_t}\right)^2} \leqslant [\sigma]$

11.6　钢制正方形截面杆件，其危险截面上受有弯矩 M 和扭矩 T 作用，若抗弯截面系数为 W_z，则按第四强度理论进行强度设计时的计算公式应为（　　）。
A. $\sigma = \dfrac{M}{W_z} \leqslant [\sigma]$，$\tau = \dfrac{T}{2W_z} \leqslant [\tau]$
B. $\dfrac{\sqrt{M^2 + 0.75T^2}}{W_z} \leqslant [\sigma]$
C. $\sqrt{\sigma^2 + 3\tau^2} \leqslant [\sigma]$
D. $\sqrt{\left(\dfrac{M}{W_z}\right)^2 + 3\left(\dfrac{T}{2W_z}\right)^2} \leqslant [\sigma]$

计 算 题

11.1　混凝土重力坝，略去坝顶宽度部分，剖面可简化为三角形，如图 11.20 所示。坝高 $h=30$m，混凝土的容重为 23.5kN/m³。若只考虑上游水压力和坝体自重 G 的作用，在坝底截面上不允许出现拉应力，试求所需坝底宽度 b 和坝底上产生的最大压应力。

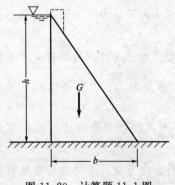

图 11.20　计算题 11.1 图

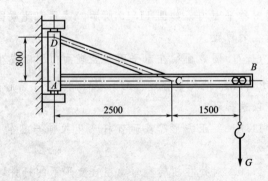

图 11.21　计算题 11.2 图

11.2　一台起重设备，如图 11.21 所示。设最大起吊重量 $G=10$kN，AB 为 16 号工字钢，试确定该杆的危险截面，并计算危险点的应力。

11.3 如图 11.22 所示为链条中的一环,受到拉力 $P=10\text{kN}$ 作用。已知链环的横截面为直径 $d=50\text{mm}$ 的圆形,问能否满足拉应力不超过 80MPa 的限制条件?

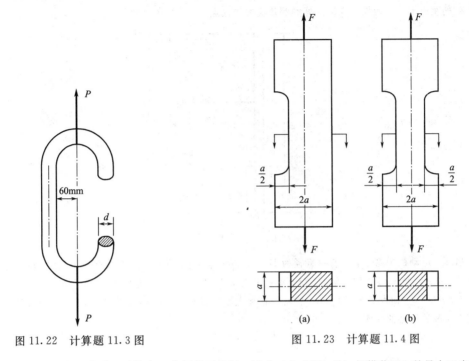

图 11.22 计算题 11.3 图

图 11.23 计算题 11.4 图

11.4 如图 11.23 所示为受一对拉力 F 作用的两根杆,试求(a)杆和(b)杆横截面上的最大正应力,并计算两者的比值。

11.5 矩形截面简支梁受均布荷载作用,如图 11.24 所示。已知荷载设计值 $q=2\text{kN/m}$,作用面与梁纵向对称面的夹角为 $\alpha=30°$。若 $l=4000\text{mm}$,$b=120\text{mm}$,$h=160\text{mm}$,材料强度设计值 $f=13\text{N/mm}^2$,试校核该梁的强度。

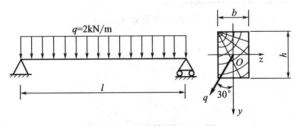

图 11.24 计算题 11.5 图

11.6 普通热轧工字钢简支梁,在跨中承受集中荷载 F 作用,如图 11.25 所示。设材料的强度设计值 $f=215\text{N/mm}^2$,试确定该梁可承受的最大荷载设计值 $F_{\max}$。

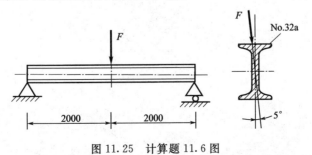

图 11.25 计算题 11.6 图

11.7 路边有一标志牌,支在外径为 50mm、内径为 40mm、高为 3m 的圆管上,如图 11.26 所示。若标志牌的尺寸为 1m×1m,作用在标志牌上的风压力的压强为 400Pa,试求由于风压作用使管底截面在点 A 处产生的主应力、第四强度理论计算的等效应力和在点 B、C 处产生的剪应力。

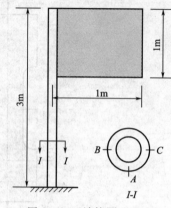

图 11.26 计算题 11.7 图

11.8 电动机的主轴上装有一直径为 $D=250$mm 的带轮,带的张力是水平的,且紧边和松边的拉力分别为 $2F$ 和 F,如图 11.27 所示。已知电动机的功率为 $P_k=10$kW,转速 $n=600$r/min,主轴外伸部分的长度 $l=120$mm,主轴直径 $d=40$mm。忽略带轮和主轴的自重,若材料的许用应力 $[\sigma]=80$MPa,试按第三强度理论校核该轴的强度。

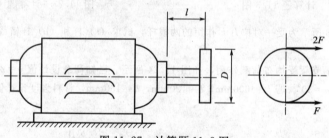

图 11.27 计算题 11.8 图

第12章 交变应力

12.1 交变应力与疲劳失效

12.1.1 交变应力

在特定的工作环境下,构件上一点的应力大小 s 随时间而发生变化 $s=s(t)$,如果这种变化是时间的周期函数

$$s(t)=s(t+T) \quad (12.1)$$

其中 T 为周期,则称这种应力为**交变应力**(alternating stress, repeated stress)。交变应力就是随时间交替变化的应力,以时间 t 为横坐标,应力 s 为纵坐标,画出的应力-时间曲线如图12.1所示。这种应力随时间变化的曲线,称为**应力谱**(stress

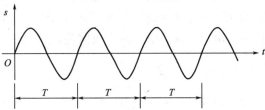

图 12.1 应力-时间曲线(应力谱)

spectrum)。应力取值每个周期内重复(或再现)一次,称为应力变化的一个**循环**(cycle)。应力取值重复的次数称为循环次数,若构件经历 N 次应力循环而失效,则称次数 N 为构件的**疲劳寿命**(fatigue life)。

式(12.1)中的交变应力 $s(t)$ 如果是正应力,则称为交变正应力,用 $\sigma(t)$ 表示;如果 $s(t)$ 是剪应力,则称为交变剪应力,用 $\tau(t)$ 表示。

在竖向荷载作用下,水平构件(如车轴)产生弯曲变形。设 x 为弯曲变形的中性轴,则构件截面上 A 点(见图12.2)的弯曲正应力为

$$\sigma=\frac{My}{I_x}$$

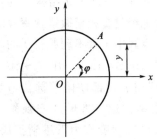

图 12.2 轴上 A 点与转角的关系

当构件绕轴心 O 旋转时,A 点的 y 坐标将随时间而发生变化。以匀角速度 ω 转动为例,$\varphi=\omega t$,若 $OA=r$,则应有 $y=r\sin\varphi=r\sin\omega t$,所以

$$\sigma=\frac{Mr}{I_x}\sin\omega t=a\sin\omega t \quad (12.2)$$

其中 $a=Mr/I_x$。式(12.2)说明 A 点的正应力随时间按正弦规律变化,是交变应力,周期为 $T=2\pi/\omega$。

列车轮对轴、汽车轮轴、机械传动轴等旋转构件,当横向外力不变时,轴内弯曲正应力都随时间按正弦规律变化。因为正弦函数的最大和最小值分别为 $+1$ 和 -1,所以交变应力的变化范围为 $[-a,a]$,这种交变循环称为**对称循环**(symmetrical reversed cycle)。

齿轮的某一个齿在一次循环中,从两齿啮合开始受力,脱开受力终止。齿根正应力由零

开始增大，到最大值，再由最大值降低为零，直到下一次啮合为止。齿根正应力随时间的变化规律，如图 12.3 所示。每旋转一圈，应力由 0→最大→0 循环一次，齿根应力的这种交变循环称为**脉冲循环**（fluctuating cycle）。

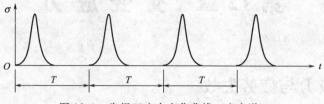

图 12.3　齿根正应力变化曲线（应力谱）

静荷载引起的构件内任一点的**静应力**（static stress）σ=常数或 τ=常数，可以看作是交变应力的特殊情况。应力值为常数，对应的变化范围为零，周期趋于无穷大。

机械结构、航空结构、运输工具（汽车、火车、轮船）等的运动部件大多承受交变应力，而交变应力导致的失效，明显不同于静力荷载引起的静强度问题，所以需要专门讨论交变应力和由交变应力引起的失效问题。

12.1.2　疲劳失效

金属构件承受交变应力，经过较长时间或较多应力循环次数后所发生的"突然"失效，称为**疲劳失效**（fatigue failure），简称**疲劳**（fatigue）。

疲劳现象于 19 世纪初在蒸汽机、机动运载、运动部件中开始发生。早在 1830 年法国人阿尔伯特（Albert）就曾对矿山升降机的焊接链条进行过反复加载试验，达到十万次；1858—1871 年期间，德国科学家维勒（Wöhler）制作了各种类型的疲劳试验机，并在严格控制荷载大小的情况下，完成了第一批金属试件的疲劳试验；但直到 1939 年蓬斯莱（Poncelet）在巴黎大学授课时才首先使用"疲劳"这一术语，描述材料在循环荷载作用下承载能力逐渐耗尽以致最后突然断裂的现象。疲劳引起的突然断裂不仅发生在脆性材料构件中，而且也发生于由塑性材料制作的构件。

对金属疲劳现象的认识，最初认为是因为在交变应力长期作用下，"纤维状结构"的塑性材料变成"颗粒状结构"的脆性材料，从而导致脆性断裂。后来经过金相显微镜观察并结合断裂力学的理论，一般认为金属材料在足够大的交变应力下，金属中位置不利或较弱的晶体，沿最大剪应力作用面形成滑移带，滑移带开裂形成**微观裂纹**（microcrack，$10^{-4}\sim 10^{-1}$ mm）。在构件外形突变处（圆角、切口、沟槽等）或表面刻痕或材料内部缺陷等部位，都可能因较大的应力集中引起微观裂纹。分散的微观裂纹经过集结沟通，将形成**宏观裂纹**（macrocrack，>0.1mm），这就是裂纹的萌生。已形成的宏观裂纹在交变应力下逐渐扩展、增大。随着裂纹的扩展，构件截面逐步削弱，当削弱到一定程度时，构件便突然断裂。总之，疲劳破坏过程可以理解为微观裂纹的出现、宏观裂纹的形成到扩展，最后突然**断裂**（fracture）。

各类零部件的失效中，大约有 80% 是由于疲劳所引起的。如汽车、拖拉机中的轴类构件、齿轮、弹簧，飞机上的螺旋桨、机翼、起落架，石油化工机械中的压力容器和管道，汽轮机转子、叶片等构件，都承受交变应力，往往产生疲劳失效。图 12.4 所示为疲劳失效的几个案例，其中以飞机的疲劳失效（机翼疲劳、发动机疲劳）损失最为惨烈，机毁人亡的悲剧多次上演。建筑结构中承受动力荷载作用的构件，如吊车梁、吊车桁架等的疲劳问题也不可忽视。

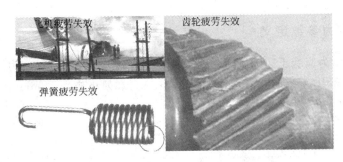

图 12.4 疲劳失效案例

12.1.3 疲劳失效特征

大量试验结果及实际结构破坏现象表明，构件在交变应力作用下所发生的疲劳失效，具有以下明显特征：

① 破坏时名义应力值远低于材料的强度极限，甚至低于屈服极限。

② 疲劳破坏需经历多次应力循环后才能出现，即破坏是个积累损伤的过程。

③ 构件在破坏前没有明显的塑性变形，即使是塑性材料，也会呈现脆性断裂。

④ 对构件表面及材料本身缺陷的高度敏感性。疲劳裂纹最容易产生在材料最薄弱处，它们可以是截面的突然变化或尖锐缺口、加工过程造成的表面损伤以及材料本身存在的夹杂物等。这些缺陷往往成为疲劳破坏的策源地（疲劳源）。

⑤ 变形的高度局部性和不均匀性。只有在那些由于种种原因（应力集中、缺陷、晶粒取向等）使其局部应力超过材料的屈服极限的地方，才可能发生局部塑性变形，造成损伤，形成裂纹，最后裂纹扩展导致断裂。

⑥ 同一疲劳断口，一般都有明显的光滑区域和颗粒粗糙区域。

总之，疲劳失效的特点可以概括为：突然性，高度局部性以及对各种缺陷的敏感性。

典型的疲劳破坏断口照片如图 12.5 所示。观察断口照片可以发现断口分成两个区域，一个光滑，另一个粗糙。光滑区域是因为在裂纹的扩展过程中，裂纹两个侧面在交变应力作用下，时而压紧（压应力），时而张开（拉应力），多次反复，不断挤压裂纹表面，这就形成了断口的光滑区。断口的粗糙区是构件最后突然断裂形成的，通常呈颗粒状。

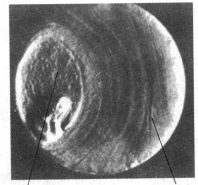

图 12.5 典型的疲劳断口

裂纹的生成和扩展是一个复杂的过程，它与构件的外形、尺寸、应力变化情况及所处的介质等多种因素有关。因此，对于承受交变应力的构件，不仅要在设计中考虑疲劳问题，而且要在使用期限内进行维护或修理，检测构件是否发生裂纹及裂纹的扩展情况，确定是否需要更换构件，才能确保安全。

12.2 交变应力参数

12.2.1 交变应力参数定义

如图 12.6 所示为交变正应力 σ 随时间 t 按正弦规律变化的曲线（应力谱），图中 σ_{max} 和 σ_{min} 分别为应力循环中的**最大应力**（maximum stress）和**最小应力**（minimum stress），以拉应力为正，压应力为负。

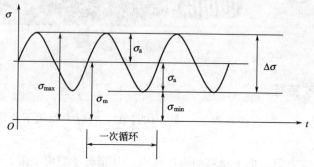

图 12.6　一点的交变应力参数定义

在应力循环中，最小应力 σ_{min} 与最大应力 σ_{max} 的比值定义为**应力比**（stress ratio），用 r 表示，即

$$r = \frac{\sigma_{min}}{\sigma_{max}} \tag{12.3}$$

它表示循环应力的变化特点，对材料的疲劳强度有直接影响，故又称为循环特征。

最大应力 σ_{max} 与最小应力 σ_{min} 代数和的一半，定义为**平均应力**（mean stress），用 σ_m 表示，即

$$\sigma_m = \frac{1}{2}(\sigma_{max} + \sigma_{min}) \tag{12.4}$$

在应力循环中，应力变化幅度的一半，即应力半幅，通常称为**应力幅值**（stress amplitude），用 σ_a 表示，即

$$\sigma_a = \frac{1}{2}(\sigma_{max} - \sigma_{min}) \tag{12.5}$$

在以上定义的交变应力参数中，平均应力 σ_m 是不随时间而变的常量，它相当于循环应力的静载分量；而应力半幅（或应力幅值）σ_a 则是循环应力的交变分量。任何循环应力总是由这两个分量组成的。最大应力和最小应力可以表示为

$$\sigma_{max} = \sigma_m + \sigma_a \tag{12.6}$$

$$\sigma_{min} = \sigma_m - \sigma_a \tag{12.7}$$

对于结构构件的焊接部位，最大应力与最小应力之差为应力幅或**应力变程**（stress range），用 $\Delta\sigma$ 表示

$$\Delta\sigma = \sigma_{max} - \sigma_{min} \tag{12.8}$$

而对于非焊接部位，以高强度螺栓摩擦型连接和带孔试样为代表，经试验数据统计分析，现行《钢结构设计规范》取折算应力幅 $\Delta\sigma$ 为

$$\Delta\sigma = \sigma_{max} - 0.7\sigma_{min} \tag{12.9}$$

造成构件疲劳破坏的根本原因在于它所承受的应力中，存在交变应力分量 σ_a（或 $\Delta\sigma$）；当然，静载分量 σ_m 也将对疲劳失效产生重大影响。

12.2.2 交变应力分类

根据交变应力循环特征的不同，可把交变应力作如下分类。

(1) 对称循环

循环特征 $r=-1$，即 $\sigma_{max}=-\sigma_{min}$，因应力谱曲线对称于时间坐标轴 t，所以称为对称循环。在对称循环下应有

$$\sigma_a=\sigma_{max}, \ \sigma_m=0 \tag{12.10}$$

(2) 非对称循环

循环特征 $r\neq-1$，即 $\sigma_{max}\neq-\sigma_{min}$，因应力谱曲线并不对称于时间坐标轴 t，所以称为非对称循环。平均应力和应力幅值分别由式(12.4)和式(12.5)计算。在非对称循环中，有以下两种特殊情形。

① 脉冲循环

循环特征 $r=0$，即 $\sigma_{min}=0$、$\sigma_{max}\neq 0$ 的循环称为脉冲循环。应力谱曲线位于时间坐标轴 t 的上方，应力从零到最大值范围内变化。此时应有

$$\sigma_a=\sigma_m=\frac{1}{2}\sigma_{max} \tag{12.11}$$

② 静应力

当循环特征 $r=1$，即 $\sigma_{max}=\sigma_{min}\neq 0$ 时，应力为常数，没有交变分量，此为静应力。

$$\sigma_a=0, \ \sigma_m=\sigma_{max}=\sigma_{min} \tag{12.12}$$

交变应力还可以分为规则交变应力和不规则交变应力两类。若在应力循环中，最大应力和最小应力的值始终保持不变，则称为规则交变应力；反之，若最大应力和最小应力的值随时间而变化，则称为不规则交变应力。根据应力幅是否变化，又可以分为常幅交变应力（对应于常幅疲劳）和变幅交变应力（对应于变幅疲劳）。

以上交变应力的概念是以正应力 σ 来描述的。当构件承受交变剪应力时，上述概念仍然适用，只需将正应力 σ 改为剪应力 τ 即可。

12.2.3 疲劳分类

"金属的疲劳"现已成为一门内容十分广泛的研究领域，随着现代工业和科学技术的发展，出现了各种各样的疲劳类型，除机械工业中常见的高周疲劳、低周疲劳和接触疲劳以外，还可以根据温度、环境介质和应力状态来划分类型。

(1) 温度疲劳

和温度有关的疲劳在工程中已出现，有高温疲劳、常温疲劳以及低温疲劳。如压力容器和锅炉材料的低周疲劳和热疲劳；发动机材料的高温疲劳等。

(2) 环境介质疲劳

与工作环境、接触介质有关的疲劳归类为环境介质疲劳。例如石油化工材料的腐蚀疲劳，核电站材料的辐照疲劳，振动机械材料的噪声疲劳等都和工作环境或介质有关。

(3) 应力状态疲劳

与不同应力状态有关的疲劳。如弯曲疲劳、拉-拉疲劳、拉-压疲劳、扭转疲劳、弯扭疲

劳等。

材料在不同的疲劳条件下,有着不同的破坏规律,因此,构件疲劳类型不同,选材和提高疲劳抗力的措施也就不相同。

12.3 材料的疲劳极限

所谓材料的**疲劳极限**(fatigue limit)就是在一定循环特征 r 下,试件经历无限多次应力循环而不发生破坏的最大应力值。疲劳极限又称为**持久极限**(endurance limit),用 σ_r 表示。σ_{-1} 为对称循环下的疲劳极限,而 σ_0 则表示脉冲循环下的疲劳极限(或持久极限)。

疲劳极限受诸多因素影响,主要有应力集中、尺寸、表面质量,所以实际构件的疲劳极限通常低于材料的疲劳极限。

12.3.1 材料的疲劳极限测定

对称循环时的疲劳试验通常在纯弯曲变形条件下进行,如图 12.7 所示。设砝码的重力为 F,则试件的弯矩为 $M=Fa/2$,作用于竖直面内。试件表面任意一点的弯曲正应力可由式(12.2)计算,按正弦规律变化。疲劳试件应按规定要求加工,表面磨光,直径为 $7\sim10\mathrm{mm}$。一次试验一般需要 $7\sim8$ 根试件。

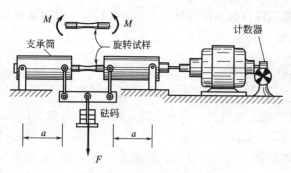

图 12.7 弯曲疲劳试验

试验时需要预先规定每根试件不同的 $\sigma_{\max}$ 水平(由增减砝码来控制),测定相应的疲劳寿命。从高应力做起,最大正应力依次递减。第一根试件的最大正应力 $\sigma_{\max 1}\approx(0.5\sim0.7)\sigma_b$,测得疲劳寿命 N_1(由试验机的计数器自动记录);第二根试件的最大正应力为 $\sigma_{\max 2}(<\sigma_{\max 1})$,测定相应的疲劳寿命 N_2;依次降低最大正应力的数值,测定相应试件的疲劳寿命 N_i;直至最后一根试件为止。试验过程中,若循环次数超过 10^8 而试件仍未能断裂,则可停止试验。以 N 为横坐标,$\sigma_{\max}$ 为纵坐标,将试验所得数据用点标示,并用光滑曲线相连,得到应力-寿命曲线或 σN 曲线,如图 12.8 所示。

如果 σN 曲线存在水平渐近线,则表示试件经历无限多次应力循环而不发生破坏,渐近线的纵坐标值即为光滑小试件的疲劳极限(即材料的疲劳极限)σ_{-1}。某些材料(比如铝合金、镁合金等)的应力-寿命曲线没有水平渐近线,通常规定

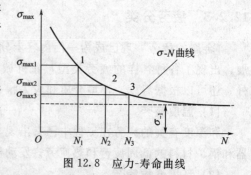

图 12.8 应力-寿命曲线

疲劳寿命 $N=2\times10^7\sim1\times10^8$ 所对应的最大正应力作为条件疲劳极限。

广义的应力-寿命曲线,称为 S-N 曲线,它包括 σN 曲线和 τN 曲线。

试验表明,材料抵抗对称循环交变应力的能力最差。因此,材料在对称循环下的疲劳极限是表示材料疲劳性能的一个基本数据。钢材在对称循环下的疲劳极限和材料的强度极限

σ_b 的关系大致如下

弯曲变形 $\sigma_{-1}=(0.4\sim 0.5)\sigma_b$

拉压变形 $\sigma_{-1}=(0.33\sim 0.59)\sigma_b$

扭转变形 $\tau_{-1}=(0.23\sim 0.29)\sigma_b$

12.3.2 影响疲劳极限的因素

试验测定的是光滑小试件的疲劳极限 σ_{-1} 或 τ_{-1}。实践表明，零件或构件外形、尺寸和表面情况都不同于光滑小试件，因此疲劳极限两者也有很大差异，表现出零件或构件的疲劳极限小于光滑小试件的疲劳极限。

(1) 构件外形的影响

实际零件或构件往往有轴肩、孔口、油槽之类的构造，这就会导致应力集中，容易形成初始疲劳裂纹，而且有利于裂纹的扩展，从而降低疲劳极限。应力集中对疲劳极限的影响可通过有效应力集中系数 K 来加以考虑，对于交变正应力应有

$$(\sigma_{-1})_{构件}=\frac{\sigma_{-1}}{K_\sigma} \tag{12.13}$$

其中 K_σ 的值大于 1，可从有关设计手册中查到。图 12.9 所示为阶梯轴受纯弯曲变形和拉压变形时的有效应力集中系数 $K_{\sigma 0}$。图中曲线适用于 $D/d=2$ 及 $d=30\sim 50$mm 的情况，对于 D/d 不等于 2 的情况，可采用下式进行修正

$$K_\sigma=1+\xi(K_{\sigma 0}-1) \tag{12.14}$$

其中 ξ 为修正系数，其值与 D/d 有关，可由图 12.10 中的曲线 1 查得。

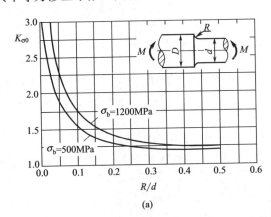
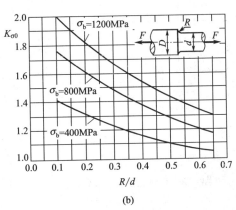

图 12.9 有效应力集中系数

对于截面没有突变的等截面圆轴，无应力集中的影响，故有效应力集中系数应取值为 1，即 $K_\sigma=1$。

(2) 构件尺寸的影响

试验表明，疲劳极限随构件截面尺寸的增加而降低，而且材料强度愈高，疲劳极限下降愈明显。这种和截面尺寸相关的现象称为尺寸效应。发生这种现象的原因，可以认为是小试件应力沿半径变化的梯度大于大试件（或构件），这就意味着边缘上具有相同的最大应力时，大试件（构件）的高应力区大，易于产生疲劳裂纹，因而疲劳极限降低。

引入尺寸系数 ε 来考虑这种不利影响，对于交变正应力应有

$$(\sigma_{-1})_{构件}=\varepsilon_\sigma \sigma_{-1} \tag{12.15}$$

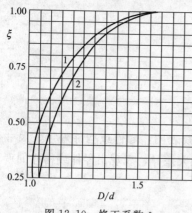

图 12.10 修正系数 ξ
曲线 1—弯曲与拉压；曲线 2—扭转

其中尺寸系数 $\varepsilon_\sigma < 1$，可根据构件直径 d 由图 12.11 取值。

(3) 表面加工质量的影响

弯曲变形时，构件表面应力最大；对于几何性质突变的拉压构件，表层处也会出现较大的峰值应力。因此，表面加工质量将会直接影响裂纹的形成和开展，从而影响构件的疲劳极限。

表面加工质量对疲劳极限的影响，用表面质量系数 β 来加以调整，即

$$(\sigma_{-1})_{构件} = \beta \sigma_{-1} \tag{12.16}$$

表面质量系数 β 与加工方法的关系如图 12.12 所示。

综合考虑上述三种影响疲劳极限的因素后，构件在对称循环下的正应力疲劳极限 σ_{-1}^0 可以写成如下公式

$$\sigma_{-1}^0 = \frac{\varepsilon_\sigma \beta}{K_\sigma} \sigma_{-1} \tag{12.17}$$

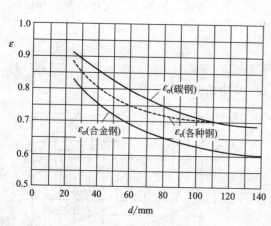

图 12.11 尺寸系数

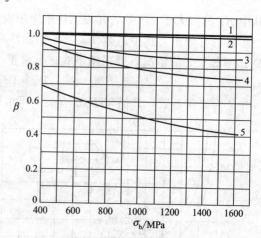

图 12.12 表面质量系数
1—抛光；2—磨削；3—精车；4—粗车；5—锻造表面

同理，对于扭转构件的剪应力疲劳极限 τ_{-1}^0 的计算公式为

$$\tau_{-1}^0 = \frac{\varepsilon_\tau \beta}{K_\tau} \tau_{-1} \tag{12.18}$$

其中，尺寸系数 ε_τ 可由图 12.11 中的虚线取值；有效应力集中系数 K_τ 的修正公式为

$$K_\tau = 1 + \xi(K_{\tau 0} - 1) \tag{12.19}$$

修正系数 ξ 与 D/d 有关，可由图 12.10 中的曲线 2 查得；$K_{\tau 0}$ 可由图 12.13 确定。

除构件外形、尺寸和表面质量三种因素外，构件的工作环境，如温度、介质等也会影响疲劳极限的数值。仿照上述方法，这类因素的影响也可以用修正系数来表示，具体

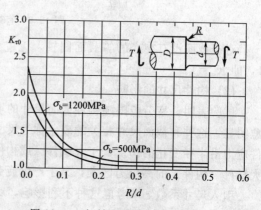

图 12.13 扭转疲劳有效应力集中系数

可参阅相关文献。

12.3.3 提高疲劳极限的措施

所谓提高疲劳极限，通常是指在不改变构件基本尺寸和材料的前提下，通过减小应力集中改善构件表面质量，以提高构件的疲劳极限。

(1) 缓和应力集中

为了减小或减缓应力集中，构件的外部轮廓应尽可能平滑，避免出现突变，不能有方形或带尖角的孔和槽。在截面改变处应采用半径 R 足够大的过渡圆角，这样可使有效应力集中系数减小。由图 12.9(a) 可知，对于由 $\sigma_b=1200 \mathrm{MPa}$ 的材料制成的构件而言，当 $R/d=0.05$ 时，$K_{\sigma 0}=2.25$，而当 $R/d=0.4$ 时，$K_{\sigma 0}=1.25$，说明圆角半径 R 增大，有利于减小应力集中的影响。

在对接焊缝的拼接处，当焊件的宽度、厚度不同，且在一侧相差 4mm 以上时，分别在宽度方向或厚度方向一侧或两侧做成坡度不大于 1∶4 的斜角，可以减小应力集中程度；T 形接头角焊缝处采用坡口焊，应力集中程度要比无坡口焊改善很多。

(2) 提高表面加工质量

构件表面加工质量对疲劳强度影响大。由图 12.12 可知，钢材表面加工质量越低，表面质量系数 β 越小。疲劳强度要求较高的构件，应有较低的表面粗糙度。高强度钢对表面粗糙度更为敏感，只有经过精加工，才有利于发挥它的高强度性能，否则将会使疲劳极限大幅下降，失去采用高强度钢的意义。

(3) 表面层强化处理

表面热处理和化学处理（如表面高频淬火、渗碳、渗氮等）、冷压机械加工（如表面滚压、喷丸处理）等工艺可使构件表面层强化。经过表面层强化处理，可以提高表面层的强度，并保持材料内部的韧性；同时可在表面层中形成残余压应力，抑制疲劳裂纹的形成和扩展。所以，经过表面强化处理的构件，疲劳强度显著提高。

喷丸处理方法，近年来得到广泛应用，并取得了明显的效益。该法是将很小的钢丸、铸铁丸、玻璃丸或其他硬度较大的小丸以很高的速度喷射到构件表面上，使表面材料产生塑性变形而强化，同时产生较大的残余压应力。这种残余压应力能抑制裂纹的扩展，从而提高疲劳极限。经过喷丸处理的构件表面质量系数明显提高，当材料的静强度 $\sigma_b=600\sim1500\mathrm{MPa}$ 时，对于光轴（无应力集中）$\beta=1.1\sim1.25$，低应力集中的轴 $(K_\sigma\leqslant1.5)\beta=1.5\sim1.6$，高应力集中的轴 $(K_\sigma\geqslant1.8\sim2)\beta=1.7\sim2.1$。喷丸处理表面质量系数是根据 $8\sim40\mathrm{mm}$ 的试样求得的数据，喷丸速度低时用小值，喷丸速度高时用大值。

12.4 机械零件疲劳强度计算

12.4.1 对称循环下构件的疲劳强度验算

对称循环构件的正应力疲劳极限由式(12.17)确定，考虑安全系数 $[n]$，则构件的许用应力按下式计算

$$[\sigma_{-1}]=\frac{\sigma_{-1}^0}{[n]}=\frac{\varepsilon_\sigma \beta}{K_\sigma[n]}\sigma_{-1} \tag{12.20}$$

在交变应力下校核构件的强度时,要求构件危险点处的最大工作应力不超过许用应力,即疲劳强度条件为

$$\sigma_{\max} \leqslant [\sigma_{-1}] = \frac{\sigma_{-1}^0}{[n]} \tag{12.21}$$

式(12.21)也可以用安全系数来表示

$$n_\sigma = \frac{\sigma_{-1}^0}{\sigma_{\max}} \geqslant [n] \tag{12.22}$$

其中 n_σ 为构件的工作安全系数或计算安全系数,$[n]$ 为规定安全系数。

对于对称循环($r=-1$),$\sigma_m=0$,$\sigma_a=\sigma_{\max}$,并考虑到式(12.17),式(12.22)成为

$$n_\sigma = \frac{\sigma_{-1}}{\frac{K_\sigma}{\varepsilon_\sigma \beta}\sigma_a} \geqslant [n] \tag{12.23}$$

疲劳强度条件可以表述为工作安全系数(或计算安全系数)不低于规定安全系数(或许用安全系数),这种设计方法称为**单一安全系数法**(single safety factor method)。当材料较均匀,且荷载和应力计算精确时,取 $[n]=1.3$;当材料均匀程度较差,荷载和应力计算精确度又不高时,取 $[n]=1.5\sim1.8$;当材料均匀程度和荷载、应力计算精确度都很差时,取 $[n]=1.8\sim2.5$。疲劳强度计算的主要工作是计算工作安全系数。

同理,对称循环下的交变剪应力疲劳强度条件为

$$n_\tau = \frac{\tau_{-1}}{\frac{K_\tau}{\varepsilon_\tau \beta}\tau_a} \geqslant [n] \tag{12.24}$$

【**例 12.1**】 由铬镍合金钢制成的阶梯轴,尺寸和受力如图 12.14 所示,其中过渡圆角半径 $R=5\text{mm}$,表面采用精车加工。危险截面 $A—A$ 上的内力为对称循环交变弯矩,其最大值 $M_{\max}=680\text{N}\cdot\text{m}$,若规定的安全系数 $[n]=1.6$,试校核该轴的疲劳强度。已知 $\sigma_b=1200\text{MPa}$,$\sigma_{-1}=460\text{MPa}$。

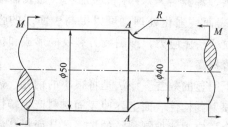

图 12.14 例 12.1 图

【**解**】

(1) 计算构件的最大工作应力

$$W_z = \frac{\pi d^3}{32} = \frac{\pi \times 40^3}{32} = 6283\text{mm}^3$$

$$\sigma_a = \sigma_{\max} = \frac{M_{\max}}{W_z} = \frac{680 \times 10^3}{6283} = 108.2\text{MPa}$$

(2) 确定各影响系数

$$\frac{D}{d} = \frac{50}{40} = 1.25, \quad \frac{R}{d} = \frac{5}{40} = 0.125, \quad \sigma_b = 1200\text{MPa}$$

由图 12.9 查得 $K_{\sigma 0}=1.63$,再由图 12.10 查得 $\xi=0.84$,所以按式(12.14)计算有效应力集中系数

$$K_\sigma = 1 + \xi(K_{\sigma 0} - 1) = 1 + 0.84 \times (1.63 - 1) = 1.53$$

因为 $d=40\text{mm}$,材料为合金钢,所以由图 12.11 查得尺寸系数 $\varepsilon_\sigma=0.75$。精车加工,由图 12.12 曲线 3 得表面质量系数 $\beta=0.86$。

(3) 验算疲劳强度

$$n_\sigma = \frac{\sigma_{-1}}{\frac{K_\sigma}{\varepsilon_\sigma \beta}\sigma_a} = \frac{460}{\frac{1.53}{0.75 \times 0.86} \times 108.2} = 1.79 > [n] = 1.6$$

阶梯轴的疲劳强度满足要求。

12.4.2 非对称循环下构件的疲劳强度验算

对于非对称循环（$r \neq -1$），材料的疲劳极限 σ_r 理论上应该实测，但因为循环特征 r 的取值有无穷多种情况，所以实际上不可能一一测试。实用做法是将非对称循环等效为对称循环，利用 σ_{-1} 进行疲劳强度验算。对称循环的平均应力或应力的静载部分为零，$\sigma_{\max} = \sigma_a$，导致在疲劳强度公式（12.22）或式（12.23）中没有平均应力 σ_m 的影响。试验表明，非对称循环的平均应力不为零，它对疲劳强度是有影响的。为此，可将平均应力折减成为 $\alpha \sigma_m$（其中 α 为折减系数），最大应力为 $\sigma_{\max} = \sigma_a + \alpha \sigma_m$，这样将非对称循环等效成对称循环。由对称循环的疲劳强度公式（12.22）和式（12.17）得

$$n_\sigma = \frac{\sigma_{-1}^0}{\sigma_{\max}} = \frac{\varepsilon_\sigma \beta \sigma_{-1}}{K_\sigma(\sigma_a + \alpha \sigma_m)} = \frac{\sigma_{-1}}{\frac{K_\sigma}{\varepsilon_\sigma \beta}\sigma_a + \frac{K_\sigma \alpha}{\varepsilon_\sigma \beta}\sigma_m} \geqslant [n]$$

若令

$$\psi_\sigma = \frac{K_\sigma \alpha}{\varepsilon_\sigma \beta}$$

则得非对称循环交变正应力疲劳强度条件

$$n_\sigma = \frac{\sigma_{-1}}{\frac{K_\sigma}{\varepsilon_\sigma \beta}\sigma_a + \psi_\sigma \sigma_m} \geqslant [n] \tag{12.25}$$

同理，非对称循环交变剪应力疲劳强度条件为

$$n_\tau = \frac{\tau_{-1}}{\frac{K_\tau}{\varepsilon_\tau \beta}\tau_a + \psi_\tau \tau_m} \geqslant [n] \tag{12.26}$$

其中 ψ_σ、ψ_τ 称为**非对称循环敏感系数**（sensitivity coefficient of unsymmetrical reversed cycle），可按表12.1取值。

表 12.1 非对称循环敏感系数

系数	静载强度极限 σ_b/MPa				
	350～550	550～750	750～1000	1000～1200	1200～1400
ψ_σ	0	0.05	0.10	0.20	0.25
ψ_τ	0	0	0.05	0.10	0.15

式（12.25）和式（12.26）既适用于非对称循环，也适用于对称循环。因为式（12.23）其实就是式（12.25）当 $\sigma_m = 0$ 的特殊情况，式（12.24）也是式（12.26）当 $\tau_m = 0$ 时的特例。

12.4.3 弯扭组合循环应力下构件的疲劳强度验算

旋转轴通常产生弯扭组合变形，危险截面（控制截面）上危险点有正应力 σ 和剪应力 τ。对于钢制构件的静强度，可采用第四强度理论（Mises 屈服准则）

$$\sqrt{\sigma^2 + 3\tau^2} \leqslant [\sigma] = \frac{\sigma_s}{[n]}$$

将上式两端平方，并除以 σ_s^2 得

$$\left(\frac{\sigma}{\sigma_s}\right)^2+\left(\frac{\sqrt{3}\tau}{\sigma_s}\right)^2\leqslant\frac{1}{[n]^2}$$

在纯剪应力状态下，由 Mises 屈服准则得屈服剪应力和屈服正应力的关系为 $\tau_s=\sigma_s/\sqrt{3}$，所以上式成为

$$\left(\frac{\sigma}{\sigma_s}\right)^2+\left(\frac{\tau}{\tau_s}\right)^2\leqslant\frac{1}{[n]^2}$$

或

$$\frac{1}{(\sigma_s/\sigma)^2}+\frac{1}{(\tau_s/\tau)^2}\leqslant\frac{1}{[n]^2}$$

其中，σ_s/σ 和 τ_s/τ 可分别理解为弯曲正应力和扭转剪应力的工作安全系数，用 n_σ 和 n_τ 表示，则上式可以改写为

$$\frac{1}{n_\sigma^2}+\frac{1}{n_\tau^2}\leqslant\frac{1}{[n]^2}$$

整理后得第四强度理论的静强度条件的另一种表达形式

$$\frac{n_\sigma n_\tau}{\sqrt{n_\sigma^2+n_\tau^2}}\geqslant[n] \tag{12.27}$$

由弯扭组合对称循环下的疲劳试验可知，塑性材料疲劳强度条件可采用静强度条件公式(12.27)的形式。令 $n_{\sigma\tau}$ 为弯扭组合循环应力下构件的工作安全系数，疲劳强度条件为

$$n_{\sigma\tau}=\frac{n_\sigma n_\tau}{\sqrt{n_\sigma^2+n_\tau^2}}\geqslant[n] \tag{12.28}$$

式(12.28) 适用于对称循环，也适用于非对称循环。其中 n_σ 为弯矩引起的交变正应力的工作安全系数，按式(12.25) 左边等式计算；n_τ 为扭矩引起的交变剪应力的工作安全系数，由式(12.26) 左边等式计算。

【例 12.2】某圆截面构件直径 $d=50\text{mm}$，由合金钢制造，表面经抛光处理，材料性能指标为 $\sigma_b=1100\text{MPa}$，$\sigma_{-1}=540\text{MPa}$，$\tau_{-1}=320\text{MPa}$。作用于构件上的弯矩 M 从 $-2.3\text{kN}\cdot\text{m}$ 到 $2.3\text{kN}\cdot\text{m}$ 变化，扭矩 T 从 0 变化到 $2.0\text{kN}\cdot\text{m}$。若规定的安全系数为 $[n]=1.8$，试校核该构件的疲劳强度。

【解】
(1) 计算应力
弯曲正应力对称循环（$r=-1$）

$$\sigma_m=0$$

$$\sigma_a=\sigma_{\max}=\frac{M_{\max}}{W_z}=\frac{32M_{\max}}{\pi d^3}=\frac{32\times2.3\times10^6}{\pi\times50^3}=187.4\text{MPa}$$

扭转剪应力脉冲循环（$r=0$）

$$\tau_a=\tau_m=\frac{1}{2}\tau_{\max}=\frac{T_{\max}}{2W_t}=\frac{8T_{\max}}{\pi d^3}=\frac{8\times2.0\times10^6}{\pi\times50^3}=40.7\text{MPa}$$

(2) 确定影响系数
截面无突变，有效应力集中系数：$K_\sigma=K_\tau=1.0$
表面抛光处理，表面质量系数：$\beta=1.0$
由合金钢和直径 $d=50\text{mm}$，查图 12.11 得尺寸系数：$\varepsilon_\sigma=0.72$，$\varepsilon_\tau=0.77$

由 $\sigma_b = 1100\text{MPa}$ 查表 12.1 得非对称循环敏感系数：$\psi_\sigma = 0.20$，$\psi_\tau = 0.10$

（3）校核疲劳强度

$$n_\sigma = \frac{\sigma_{-1}}{\frac{K_\sigma}{\varepsilon_\sigma \beta}\sigma_a + \psi_\sigma \sigma_m} = \frac{540}{\frac{1.0}{0.72 \times 1.0} \times 187.4 + 0} = 2.07$$

$$n_\tau = \frac{\tau_{-1}}{\frac{K_\tau}{\varepsilon_\tau \beta}\tau_a + \psi_\tau \tau_m} = \frac{320}{\frac{1.0}{0.77 \times 1.0} \times 40.7 + 0.10 \times 40.7} = 5.62$$

$$n_{\sigma\tau} = \frac{n_\sigma n_\tau}{\sqrt{n_\sigma^2 + n_\tau^2}} = \frac{2.07 \times 5.62}{\sqrt{2.07^2 + 5.62^2}} = 1.94 > [n] = 1.8$$

构件疲劳强度符合要求。

12.5 建筑钢结构疲劳强度验算

建筑钢结构在直接承受动力荷载作用时，当荷载产生应力变化的循环次数 $\geqslant 5 \times 10^4$ 时，需要进行疲劳计算。疲劳强度按容许应力幅进行验算，常幅疲劳的应力幅（或应力变程）按式（12.8）或式（12.9）计算，变幅疲劳则可等效成常幅疲劳。

12.5.1 容许应力幅 $[\Delta\sigma]$

根据疲劳试验所得构件或连接疲劳失效的应力幅 $\Delta\sigma$ 与相应疲劳寿命 N（破坏时的循环次数）的关系，可画出 $\Delta\sigma$-N 曲线，如图 12.15(a) 所示，它是试验数据点回归后的平均值曲线。为了方便公式拟合，通常采用双对数坐标轴，曲线变为直线，如图 12.15(b) 所示。在双对数坐标系中，疲劳直线方程为

$$\lg N = b_1 - \beta \lg(\Delta\sigma) \tag{12.29}$$

式中　N——循环次数（疲劳寿命）；
　　　b_1——直线在横坐标轴上的截距；
　　　β——直线对纵坐标的斜率。

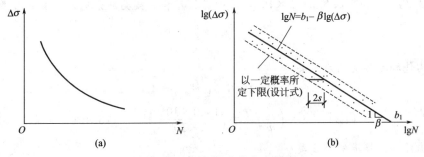

图 12.15　应力幅-疲劳寿命曲线

试验数据具有离散性，一些值高于平均值，另一些值则低于平均值，为安全起见取平均值减去 2 倍 $\lg N$ 的标准差 $2s$ 作为疲劳极限的下限值 [图 12.15(b) 实线以下的虚直线]。如果 $\lg(\Delta\sigma)$ 服从正态分布，则从抗力方面来说，保证率为 97.73%，高于建筑结构设计要求的 95%。下限值的直线方程为

$$\lg N = b_1 - \beta \lg(\Delta\sigma) - 2s = b_2 - \beta \lg(\Delta\sigma)$$

或

$$N(\Delta\sigma)^\beta = 10^{b_2} = C \tag{12.30}$$

取此 $\Delta\sigma$ 为容许应力幅,用 $[\Delta\sigma]$ 表示,并将疲劳寿命 N 改为应力循环次数 n,则有

$$[\Delta\sigma] = \left(\frac{C}{n}\right)^{1/\beta} \tag{12.31}$$

公式中应力幅的单位为兆帕(MPa)。

对于不同的构件和连接形式,按试验数据回归的直线方程(12.29)的斜率、截距也不尽相同,对应于参数 C、β 的取值也就不相同。为了设计的方便,现行《钢结构设计规范》根据细部构造所引起应力集中的程度,将构件和连接分为 8 类,相应的 C、β 按表 12.2 取值。

表 12.2 参数 C、β

构件和连接类别	1	2	3	4	5	6	7	8
$C(\times 10^{12})$	1940	861	3.26	2.18	1.47	0.96	0.65	0.41
β	4	4	3	3	3	3	3	3

构件和连接分类中,1 类是没有应力集中的主体金属,8 类是应力集中最严重的角焊缝,2~7 类为不同程度应力集中的主体金属,类别越高,疲劳失效时的应力幅越低。轧制型钢、两边为轧制或刨边的钢板为 1 类;两侧为切割边的钢板、高强度螺栓摩擦型连接处的主体金属、横向对接焊缝(焊缝加工、平滑)附近的主体金属、纵向对接焊缝附近的主体金属等为 2 类;铆钉连接处附近的主体金属为 3 类等。连接类别是影响疲劳强度的主要因素之一,原因在于它将引起应力集中(包括连接处的外形变化和内在缺陷影响)。对于直接承受动力荷载作用的构件,设计中应尽可能不采用应力集中严重的连接构造。

试验证明,钢材静力强度的不同,对大多数焊接连接类别的疲劳强度并无显著差别,仅在少量连接类别(如轧制钢材的主体金属、经切割加工的钢材和对接焊缝经严密检验和细致的表面加工时)的疲劳强度有随钢材强度提高稍稍增加的趋势,而这些连接类别一般不在构件疲劳计算中起控制作用。因此,为简化计算起见,取式(12.31)中的容许应力幅与钢材静强度无关。所以,由疲劳强度所控制的钢结构构件,采用强度较高的钢材是不经济的。

【例 12.3】 取循环次数 $n = 2 \times 10^6$,试确定构件和连接类别分别为 1 类和 2 类时的容许应力幅。

【解】

(1) 构件和连接类别为 1 类

$$C = 1940 \times 10^{12}, \quad \beta = 4$$

$$[\Delta\sigma]_{2 \times 10^6} = \left(\frac{C}{n}\right)^{1/\beta} = \left(\frac{1940 \times 10^{12}}{2 \times 10^6}\right)^{1/4} = 176 \text{MPa}$$

(2) 构件和连接类别为 2 类

$$C = 861 \times 10^{12}, \quad \beta = 4$$

$$[\Delta\sigma]_{2 \times 10^6} = \left(\frac{C}{n}\right)^{1/\beta} = \left(\frac{861 \times 10^{12}}{2 \times 10^6}\right)^{1/4} = 144 \text{MPa}$$

12.5.2 变幅疲劳的等效应力幅 $\Delta\sigma_e$

应力幅不为常数的交变应力(见图 12.16),称为**变幅交变应力**(alternating stress with

varying amplitude)。结构构件如吊车梁、吊车桁架等,承受的是变幅交变应力,原因在于吊车有满载、半载,也可能空载运行。在变幅交变应力作用下,最大应力有时超过疲劳极限(高幅应力),有时低于疲劳极限(低幅应力),而且在很多情形下高幅应力的循环次数远低于低幅应力循环次数。人们知道,

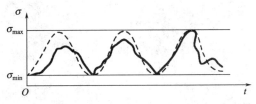

图 12.16 变幅应力谱

在确定的应力幅下,发生疲劳破坏需要一定量的应力循环次数。超过疲劳极限的高幅应力,若其循环次数较少时,则不一定会引起的构件的疲劳破坏。

在高应力幅下,构件最大应力超过疲劳极限时,构件内部就会发生一定量的**损伤**(damage),即疲劳损伤。这种损伤是可以累积的,且同一应力水平下,两次损伤相同,即线性累积损伤。当损伤累积到一定程度时,构件才发生疲劳破坏。1945 年迈因纳(M. A. Miner)提出线性累积损伤疲劳准则,来解释变幅疲劳破坏现象。

从设计应力谱可以得到,变幅交变应力的应力幅水平 $\Delta\sigma_1$、$\Delta\sigma_2$、……、$\Delta\sigma_i$……及其对应的循环次数 n_1、n_2、……、n_i……。假设 $\Delta\sigma_1$、$\Delta\sigma_2$、……、$\Delta\sigma_i$……为常幅时,相对应的疲劳寿命是 N_1、N_2、……、N_i……(其中 N_i 表示在常幅疲劳中 $\Delta\sigma_i$ 循环作用 N_i 次后,构件或连接产生破坏),则在 $\Delta\sigma_i$ 作用下,一次循环所引起的损伤为 $1/N_i$,n_i 次循环所引起的损伤为 n_i/N_i。按累积损伤观点,总的损伤应累加计算:

$$\frac{n_1}{N_1}+\frac{n_2}{N_2}+\cdots+\frac{n_i}{N_i}+\cdots=\sum\frac{n_i}{N_i}$$

线性累积损伤理论(linear theory of cumulative damage)认为,上述总损伤达到 1 时,构件疲劳失效,即构件的疲劳破坏准则为

$$\sum\frac{n_i}{N_i}=1 \qquad (12.32)$$

此即关于线性累积损伤的基本方程,称为**迈因纳准则**(Miner criterion),其中 n_i/N_i 称为应力水平 $\Delta\sigma_i$ 下的损伤率。

迈因纳准则在不少情形下与试验结果吻合得很好,而且也比较简单,因而建筑结构疲劳计算采用这一准则。

设变幅疲劳与同类常幅疲劳有相同的 $\lg(\Delta\sigma)$-$\lg N$ 曲线,则对任意一级应力幅水平均有

$$N_i(\Delta\sigma_i)^\beta=C \quad \text{或} \quad N_i=\frac{C}{(\Delta\sigma_i)^\beta} \qquad (12.33)$$

再设想另一常幅疲劳,应力幅为 $\Delta\sigma_e$,应力循环 $\sum n_i$ 次后也发生疲劳破坏,则有

$$N(\Delta\sigma_e)^\beta=(\sum n_i)(\Delta\sigma_e)^\beta=C \qquad (12.34)$$

由式(12.32)~式(12.34)可得变幅交变应力等效为常幅交变应力的等效应力幅 $\Delta\sigma_e$ 的计算公式

$$\Delta\sigma_e=\left[\frac{\sum n_i(\Delta\sigma_i)^\beta}{\sum n_i}\right]^{1/\beta} \qquad (12.35)$$

式中 $\sum n_i$——以应力循环次数表示的结构预期使用寿命;

n_i——预期寿命内应力幅水平达到 $\Delta\sigma_i$ 的应力循环次数。

对于变幅疲劳,若能预测结构在使用寿命期间各种荷载的频率分布、应力幅水平以及频次分布总和所构成的设计应力谱,则可按式(12.35)计算等效应力幅。

图 12.17 钢结构厂房吊车梁

对于吊车梁（见图 12.17），国内已积累了一定的实测数据，等效应力幅可不再按式（12.35）计算，而是用更简单的公式计算。令 $\Delta\sigma$ 为设计应力谱中最大的应力幅，则等效应力幅按下式计算

$$\Delta\sigma_e = \alpha_f \Delta\sigma \quad (12.36)$$

其中 α_f 称为变幅疲劳的欠载效应系数。由式（12.35）和式（12.36）可知

$$\alpha_f = \frac{\Delta\sigma_e}{\Delta\sigma} = \frac{1}{\Delta\sigma}\left[\frac{\sum n_i(\Delta\sigma_i)^\beta}{\sum n_i}\right]^{1/\beta} \quad (12.37)$$

根据上述原理实测各类车间吊车梁的等效应力幅，以确定欠载效应系数 α_f。因不同车间的应力循环次数不同，为统一起见，以 $n=2\times 10^6$ 为基准，折算出相应的欠载效应系数。经过归纳、分析，《钢结构设计规范》提出：重级工作制硬钩吊车 $\alpha_f=1.0$，重级工作制软钩吊车 $\alpha_f=0.8$，中级工作制吊车 $\alpha_f=0.5$。吊车的工作制可按表 12.3 所示的指标来确定。

表 12.3 吊车的工作制

工 作 制	重 级	中 级	轻 级
经常起重量/额定起重量/%	50～100	<50	—
每小时平均操作次数	240	120	60
接电持续率 J_c/%	40	25	15
平均 50 年使用次数	600 万次	300 万次	—
运行速度/(m/min)	80～150	60～90	<60

12.5.3 建筑钢结构疲劳验算

永久荷载所产生的应力为不变值，没有应力幅。应力幅只由重复作用的可变荷载产生，所以疲劳验算可按可变荷载标准值计算。荷载计算中不乘以吊车动力系数，因为验算方法是以试验为依据的，而疲劳试验中已包含了动力的影响。

容许应力幅数值的确定，是根据疲劳试验数据统计分析而得，在试验中已经包括了局部应力集中可能产生屈服区的影响，因而整个构件可按弹性工作进行计算。连接形式本身的应力集中不予考虑，但因截面突变等构造产生应力集中应另行计算。

(1) 常幅疲劳

对于常幅疲劳，应按下式验算疲劳强度

$$\Delta\sigma \leqslant [\Delta\sigma] \quad (12.38)$$

(2) 变幅疲劳

对变幅疲劳，先按式（12.35）计算等效应力幅，然后按下式进行疲劳验算

$$\Delta\sigma_e \leqslant [\Delta\sigma] \quad (12.39)$$

对于重级工作制吊车梁和重、中级工作吊车桁架，将式（12.36）代入式（12.39）得疲劳验算公式

$$\alpha_f \Delta\sigma \leqslant [\Delta\sigma]_{2\times 10^6} \quad (12.40)$$

其中，$[\Delta\sigma]_{2\times 10^6}$ 为循环次数 $n=2\times 10^6$ 所对应的容许应力幅，由式(12.31) 计算，也可参见例 12.3。

轻级工作制吊车梁和吊车桁架、大多数的中级工作制吊车梁，根据多年来的使用情况和设计经验，可不进行疲劳计算。

按应力幅概念计算，承受压应力循环与承受拉应力循环是完全相同的，而国外试验资料中也有在压应力区发现疲劳开裂的现象，但鉴于裂缝形成后，残余应力即自行释放，在全压应力循环中裂缝不会继续扩展，故可不予验算。

思 考 题

12.1 何谓疲劳失效？金属材料疲劳破坏时，其断口有何特点？

12.2 循环特征 r 的含义是什么？如何根据 r 对交变应力进行分类？

12.3 什么是疲劳极限？影响构件疲劳极限的主要因素有哪些？如何提高构件的疲劳强度？

12.4 为什么构件外形会影响疲劳极限？

12.5 对称循环交变应力下的许用应力如何确定？

12.6 如何验算零件在非对称循环下的疲劳强度？

12.7 容许应力幅 $[\Delta\sigma]$ 和哪些因素有关？

12.8 为什么说由疲劳强度所控制的钢结构构件，采用强度较高的钢材是不经济的？

12.9 对于承受变幅交变应力的构件，累积损伤达到什么程度构件便发生疲劳失效？

12.10 什么是变幅疲劳的欠载效应系数？

选 择 题

12.1 人骑的自行车在平直道路上前进的过程中，前轮轮轴产生的是（ ）应力。
A. 不变的弯曲　　B. 非对称循环交变　　C. 脉冲循环交变　　D. 对称循环交变

12.2 工程上常见的交变应力循环特征 r 的数值范围应该是（ ）。
A. $-1\leqslant r\leqslant 1$　　B. $0<r<1$　　C. $0\leqslant r\leqslant 1$　　D. $-1<r<1$

12.3 通过对疲劳破坏的过程分析可知，构件的疲劳极限随表面光滑度的（ ）。
A. 降低而增大　　B. 降低而不变　　C. 提高而增大　　D. 提高而减小

12.4 为了保证构件在对称循环交变应力下正常工作，应使构件内的（ ）不大于构件的疲劳极限与安全系数之比。
A. 平均应力　　B. 应力幅值　　C. 最小应力　　D. 最大应力

12.5 金属材料在交变应力下产生疲劳破坏的特点是：最大应力（ ），这与静应力下的强度破坏是截然不同的。
A. 高于强度极限
B. 高于屈服极限
C. 高于比例极限
D. 低于强度极限，甚至低于屈服极限

12.6 一根转轴产生的是非对称循环交变应力，在应力谱（σt 曲线）上查得最大正应力 $\sigma_{max}=10\text{MPa}$，最小正应力 $\sigma_{min}=-50\text{MPa}$，由此可知应力幅值 $\sigma_a=$（ ）MPa。
A. 0　　B. 30　　C. 60　　D. -50

12.7 下述哪个因素对构件疲劳极限无影响？（ ）
A. 荷载大小　　B. 构件表面加工质量　　C. 构件外形突然变化　　D. 构件尺寸的大小

12.8 构件和连接的类别为3，要求循环次数 $n=2\times 10^6$，则容许应力幅 $[\Delta\sigma]=$（ ）MPa。
A. 176　　B. 144　　C. 118　　D. 103

12.9 构件和连接的类别数由小变大时,则容许应力幅( )。
A. 增大　　　　　　B. 减小　　　　　　C. 不变　　　　　　D. 几乎不变
12.10 重级工作制软钩吊车,欠载效应系数为:( )。
A. $\alpha_f=1.0$　　　B. $\alpha_f=0.5$　　　C. $\alpha_f=0.8$　　　D. $\alpha_f=0.3$

计 算 题

12.1 图 12.18 所示为一列车车轴的受力情况。长度 $a=500$mm、$l=1435$mm,车轴中段的直径 $d=150$mm。已知外荷载 $P=50$kN,试求车轴中段截面边缘处任一点的最大正应力 σ_{max}、最小正应力 σ_{min} 和循环特征 r。

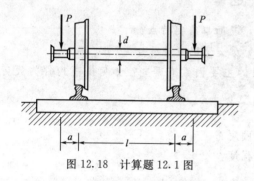

图 12.18　计算题 12.1 图

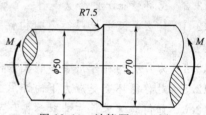

图 12.19　计算题 12.3 图

12.2 已知内燃机的连杆大头螺钉在工作时受到的最大拉力 $F_{max}=58.3$kN,最小拉力 $F_{min}=55.8$kN,螺纹处内径 $d=11.5$mm。试求其平均应力 σ_m、应力幅值 σ_a 和循环特征 r。

12.3 有一旋转阶梯轴,尺寸如图 12.19 所示,表面经过粗车加工。轴在竖直平面内受弯矩作用,已知 $M=900$N·m,材料为碳钢,$\sigma_b=600$MPa,$\sigma_{-1}=250$MPa,疲劳安全系数 $[n]=1.6$,试验算疲劳强度。

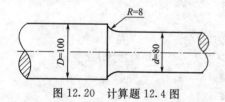

图 12.20　计算题 12.4 图

12.4 一根合金钢制作的阶梯形圆轴,尺寸如图 12.20 所示,表面精车加工。合金材料的强度极限 $\sigma_b=1200$MPa,扭转疲劳极限 $\tau_{-1}=280$MPa。在工作中轴受到对称循环的交变扭矩作用,且 $T_{max}=5500$N·m。取安全系数 $[n]=2.0$,试校核该轴的疲劳强度。

12.5 如图 12.21 所示的阶梯形截面钢杆,承受非对称循环荷载 $F_{max}=10F_{min}=150$kN 作用,已知杆的直径 $D=50$mm,$d=40$mm,圆角半径 $R=5$mm,材料为合金钢,强度极限 $\sigma_b=800$MPa,在拉压对称循环下的疲劳极限 $\sigma_{-1}=260$MPa。圆杆表面经精车加工,疲劳安全系数 $[n]=1.8$,试验算杆的疲劳强度。

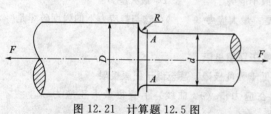

图 12.21　计算题 12.5 图

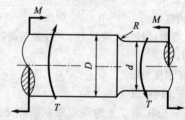

图 12.22　计算题 12.6 图

12.6 直径 $D=50$mm、$d=40$mm、圆角半径 $R=2$mm 的阶梯轴,承受弯矩和扭矩的联合作用,如图 12.22 所示。危险截面上危险点的正应力从 50MPa 变化到 -50MPa,剪应力从 40MPa 变化到 20MPa。轴的材料为碳钢,表面经抛光处理。材料的强度极限 $\sigma_b=650$MPa,疲劳极限 $\sigma_{-1}=220$MPa,$\tau_{-1}=120$MPa。试求此轴的工作安全系数。

12.7 吊车梁上危险点的最大正应力 $\sigma_{max}=215$N/mm²,最小正应力 $\sigma_{min}=110$N/mm²,梁为焊接工字

形截面,构件和连接的类别为 2,吊车工作级别为重级工作制、硬钩。试验算吊车梁的疲劳强度。

12.8 构件在承受了下表所列各应力幅的循环,试计算累积损伤值并判断是否达到疲劳失效的条件?若未能达到疲劳失效的损伤程度,试问当构件再承受应力幅 $\Delta\sigma=550\text{N/mm}^2$,还可以经历多少次应力循环才会发生疲劳断裂?

i	$\Delta\sigma_i/$ (N/mm²)	n_i(循环次数)	N_i(固有寿命数)
1	450	2000	1.6×10^5
2	500	5000	9×10^4
3	550	2500	6×10^4
4	600	3100	4×10^4
5	660	1800	2×10^4
6	720	1500	1×10^4
7	800	1100	7.5×10^3

第四篇　动力学基础

原始牲畜动力和现代运载工具并存

物体之间或物体内部各部分之间相对位置发生改变的过程，称为机械运动。它是物质运动的基本形式之一，也是最简单、最普遍的运动形式。例如列车、汽车、拖拉机、船舶的前进，飞机在空中飞行、地面滑行，都是人们可以直接观察到的机械运动。地球绕地轴自转，绕太阳公转，也是机械运动，虽然普通人不能直接观察到，但可从每日太阳东升西落，每年气候寒来暑往现象中间接感受到这种运动的存在。物体的机械运动，可通过位移、速度、加速度等物理量来描述。

物体机械运动的外因是作用于物体上的力，或动力。除风力、水力等自然力以外，人类最早利用的是牲畜力，使役骡马牛驴等动物，拉车推碾（磨）、耕田耙地。工业革命以来，出现了以热机为代表的动力机械，如蒸汽机、汽轮机、内燃机、燃气轮机、喷气式发动机等，为各种运动机械提供动力；现代也出现了以电为动力的机械，例如电动自行车、电动汽车、电力机车等交通工具，谷物粉碎机、矿石球磨机也多以电为动力。

动力学以牛顿第二定律为基础，研究物体机械运动的一般规律，即物体运动的变化和作用于物体上的力之间的定量关系。动力学知识在工程实践和科学研究中，都有着广泛的用途。例如嫦娥奔月飞船的飞行轨道变化、月面着陆问题，汽轮机转子的动平衡和动反力问题，机器的振动和隔振问题，建筑结构抗震问题等，都要以动力学的理论知识为基础。

第 13 章 运动学参数

物体受力产生的微小变形对运动的影响可以不考虑，因而可将物体或构件看成是刚体。当物体上各点间运动的差别很小而可以忽略时，即表现为物体的尺寸大小对所研究的运动几乎没有影响时，可以将物体看成是没有大小的几何点。所以，**点**（point）和**刚体**（rigid body）是运动学中的两种力学模型。

机械运动是物体之间相对位置的改变，要定量描述物体的位置和运动参数，就必须选取另一物体作为参考体。对不同的参考体而言，同一物体的运动是不相同的。例如在火车车厢内行走的乘客，其运动的路线、快慢和方向，相对于车厢而言和相对于地面而言完全不相同。物体运动的这一特性，力学中通常称为运动描述的相对性或简称运动的相对性。所以，描述任何物体的运动都必须指明参考体。对于一般工程问题，通常取地面或固定于地面的支座（机座、基础）为参考体，并将坐标系固结在参考体上。

13.1 点的运动描述

运动的点称为动点或点。点的运动学就是要确定点在空间的位置、运动轨迹、速度和加速度随时间的变化规律，为达到此目的，可采用直角坐标法和自然坐标法。

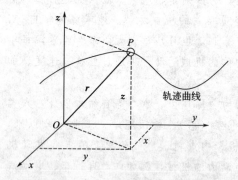

图 13.1 直角坐标系中点的运动

13.1.1 直角坐标法

建立如图 13.1 所示的直角坐标系 $oxyz$，动点 P 在空间作曲线运动，任一瞬时的位置可由坐标 x，y，z 来确定。当 P 点运动时，坐标 x，y，z 随时间 t 而变化，即 x，y，z 是 t 的函数

$$\left. \begin{array}{l} x = f_1(t) \\ y = f_2(t) \\ z = f_3(t) \end{array} \right\} \quad (13.1)$$

这个参数方程，就是动点在直角坐标系下的运动方程。确定动点空间位置的独立坐标数，称为动点的自由度。动点在空间运动时有 3 个自由度，而在平面内运动只有 2 个自由度。

如果从式 (13.1) 中消去时间参数 t，则可以得到

$$\left. \begin{array}{l} F_1(x,z) = 0 \\ F_2(y,z) = 0 \end{array} \right\} \quad (13.2)$$

这是两个曲面方程，其交线即为动点 P 的运动轨迹，如图 13.1 所示。动点运动的轨迹一般为曲线，特殊情况下为直线。

卫星的运动轨迹又称为轨道。人造卫星或飞船绕地球飞行的轨道，为椭圆形。地球绕太阳公转时，可把地球看成一个点，其公转轨道也是一个椭圆，半长轴 $a = 1.4960 \times 10^8$ km，

半短轴 $b=1.4958\times10^8\,\mathrm{km}$，半焦距 $c=2.5\times10^5\,\mathrm{km}$，周长为 $9.4\times10^8\,\mathrm{km}$❶。月球绕地球的公转轨道仍然是椭圆，地球位于该椭圆的交点之一，其半长轴，即月地之间的平均距离为 $384400\,\mathrm{km}$。一般而言，一个天体在其他天体相互引力作用下所行经的轨道，都近似于椭圆。

从坐标原点 O 到动点 P 的有向线段 OP，称为动点的**位置矢量**，用 r 表示。位置矢量也是时间 t 的函数，从几何关系可知

$$r(t)=x(t)\boldsymbol{i}+y(t)\boldsymbol{j}+z(t)\boldsymbol{k} \tag{13.3}$$

这是以矢量表示的运动方程。式中 $\boldsymbol{i}$、$\boldsymbol{j}$、$\boldsymbol{k}$ 分别是沿坐标轴 x、y、z 正方向的单位矢量，并不随时间而变。

位置矢量 $\boldsymbol{r}$ 对时间求导数，就是动点的**速度矢量**（velocity vector），用符号 $\boldsymbol{v}$ 表示

$$\boldsymbol{v}=\frac{\mathrm{d}\boldsymbol{r}}{\mathrm{d}t}=\frac{\mathrm{d}x}{\mathrm{d}t}\boldsymbol{i}+\frac{\mathrm{d}y}{\mathrm{d}t}\boldsymbol{j}+\frac{\mathrm{d}z}{\mathrm{d}t}\boldsymbol{k}$$

在数学上，时间导数可用小圆点表示，上式简写为

$$\boldsymbol{v}=\dot{\boldsymbol{r}}=\dot{x}\boldsymbol{i}+\dot{y}\boldsymbol{j}+\dot{z}\boldsymbol{k} \tag{13.4}$$

速度矢量沿 x、y、z 轴的分量为

$$\left.\begin{aligned}v_x&=\dot{x}\\v_y&=\dot{y}\\v_z&=\dot{z}\end{aligned}\right\} \tag{13.5}$$

速度矢量可以表示如下

$$\boldsymbol{v}=v_x\boldsymbol{i}+v_y\boldsymbol{j}+v_z\boldsymbol{k} \tag{13.6}$$

据此，可以方便地求出速度的大小和方向（与坐标轴的夹角）

$$v=\sqrt{v_x^2+v_y^2+v_z^2} \tag{13.7}$$

$$\left.\begin{aligned}\cos(v,x)&=v_x/v\\\cos(v,y)&=v_y/v\\\cos(v,z)&=v_z/v\end{aligned}\right\} \tag{13.8}$$

速度矢量 $\boldsymbol{v}$ 对时间求导数，结果为**加速度矢量**（acceleration vector），用符号 $\boldsymbol{a}$ 表示

$$\boldsymbol{a}=\frac{\mathrm{d}\boldsymbol{v}}{\mathrm{d}t}=\dot{v}_x\boldsymbol{i}+\dot{v}_y\boldsymbol{j}+\dot{v}_z\boldsymbol{k}=\ddot{x}\boldsymbol{i}+\ddot{y}\boldsymbol{j}+\ddot{z}\boldsymbol{k} \tag{13.9}$$

加速度矢量沿 x、y、z 轴的分量为

$$\left.\begin{aligned}a_x&=\dot{v}_x=\ddot{x}\\a_y&=\dot{v}_y=\ddot{y}\\a_z&=\dot{v}_z=\ddot{z}\end{aligned}\right\} \tag{13.10}$$

加速度矢量可以表示如下

$$\boldsymbol{a}=a_x\boldsymbol{i}+a_y\boldsymbol{j}+a_z\boldsymbol{k} \tag{13.11}$$

由加速度的分量可以求出加速度的大小和方向（与坐标轴的夹角）

$$a=\sqrt{a_x^2+a_y^2+a_z^2} \tag{13.12}$$

---

❶ 在地球上的人们，往往感觉到太阳绕地球公转。地上人看太阳于一年内在恒星之间所走的视路径，称为黄道，它是地球公转平面和天球相交的大圆。黄道与天赤道（地球赤道平面与天球相交的大圆）成 $23°26'$ 的角，相交于春分点和秋分点。月球轨道在天球上的投影，称为白道。白道平面相对于黄道平面有 $5°9'$ 的倾角，称为黄白交角。

$$\left.\begin{array}{l}\cos(a,x)=a_x/a\\ \cos(a,y)=a_y/a\\ \cos(a,z)=a_z/a\end{array}\right\} \quad (13.13)$$

【例 13.1】 摇杆机构由摇杆 BC、滑块 A 和曲柄 OA 组成，且 $OA=OB=100$mm，如图 13.2 所示。BC 绕 B 轴转动，并通过滑块 A 在 BC 上滑动而带动 OA 绕轴 O 转动。已知 $\varphi=2t$（rad），求滑块的运动方程、轨迹、速度和加速度。

【解】

滑块在平面内运动，所以取图示 Oxy 坐标系，OA 与 x 轴的夹角 θ 是等腰三角形 OAB 的一个外角，于是应有

$$\theta=2\varphi=4t$$

（1）A 点的运动方程和轨迹

$$x=OA\cos\theta=100\cos4t$$
$$y=OA\sin\theta=100\sin4t$$

从上述运动方程中消去参数 t，得 A 点的轨迹方程

$$x^2+y^2=100^2$$

说明轨迹是圆心为 O、半径为 100mm 的圆，如图 13.2 所示。

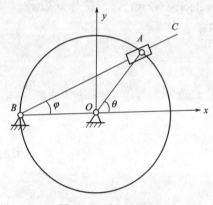

图 13.2 例 13.1 图

（2）A 点的速度

$$v_x=\dot{x}=-400\sin4t,\quad v_y=\dot{y}=400\cos4t$$

速度的大小为

$$v=\sqrt{v_x^2+v_y^2}=\sqrt{(-400\sin4t)^2+(400\cos4t)^2}=400\text{mm/s}$$

速度的方向

$$\cos(v,x)=\frac{v_x}{v}=\frac{-400\sin4t}{400}=-\sin4t=-\sin\theta$$

$$\cos(v,y)=\frac{v_y}{v}=\frac{400\cos4t}{400}=\cos4t=\cos\theta,\text{ 速度方向垂直于 }OA$$

（3）A 点的加速度

$$a_x=\dot{v}_x=-1600\cos4t,\quad a_y=\dot{v}_y=-1600\sin4t$$

加速度的大小为

$$a=\sqrt{a_x^2+a_y^2}=\sqrt{(-1600\cos4t)^2+(-1600\sin4t)^2}=1600\text{mm/s}^2$$

加速度的方向

$$\cos(a,x)=\frac{a_x}{a}=\frac{-1600\cos4t}{1600}=-\cos4t=-\cos\theta$$

$$\cos(a,y)=\frac{a_y}{a}=\frac{-1600\sin4t}{1600}=-\sin4t=-\sin\theta,\text{ 加速度沿 }AO\text{ 方向}$$

13.1.2 自然坐标法

在已知动点轨迹的情况下，可以沿着该轨迹线建立一条曲线形式的坐标轴（自然坐标轴）来确定点的位置。在轨迹线上取一定点 O（参考点）为坐标原点，并规定 O 点的一侧

为正向，另一侧为负向，如图 13.3 所示。动点 P 在轨迹线上的位置可用它到 O 点的弧长 s 来表示，并根据动点在定点的哪一侧加上相应的正负号。这种带正负号的弧长 s 称为动点 P 在自然坐标轴上的弧坐标，所以自然坐标法又称弧坐标法。

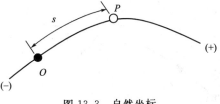

图 13.3　自然坐标

当动点 P 沿轨迹运动时，弧坐标 s 随时间 t 而变化，函数关系

$$s = f(t) \tag{13.14}$$

唯一确定动点在轨迹线上每一瞬时的位置，故称为由自然坐标法表示的动点的运动方程或弧坐标表示的运动方程。

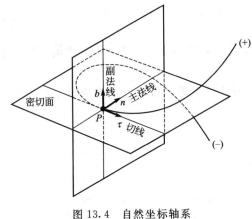

图 13.4　自然坐标轴系

自然坐标的轴系，以动点 P 为原点，由正交的切线、主法线和副法线所构成，三个方向单位矢量分别用 $\boldsymbol{\tau}$、$\boldsymbol{n}$、$\boldsymbol{b}$ 表示，如图 13.4 所示，其中 $\boldsymbol{\tau}$ 指向弧坐标的正向，$\boldsymbol{n}$ 指向轨迹曲线的曲率中心，$\boldsymbol{b} = \boldsymbol{\tau} \times \boldsymbol{n}$。主法线位于动点的**密切面**（osculating plane）内，副法线垂直于密切面。如果动点的轨迹为平面曲线，则其所在平面就是动点的密切面；如果轨迹为空间曲线，则在动点 P 附近无限小的轨迹微段近似为平面曲线，微段所在平面为动点 P 的密切面。自然坐标的轴系的单位矢量的方向随时间而变，这是和前述直角坐标系的差别。速度矢量和加速度矢量都可以在自然轴系内表达。

动点 P 的速度大小等于弧坐标对时间的一阶导数

$$v = \frac{\mathrm{d}s}{\mathrm{d}t} = \dot{s} \tag{13.15}$$

其方向沿该点轨迹的切线方向（$\boldsymbol{\tau}$ 的方向），用矢量表示为

$$\boldsymbol{v} = \frac{\mathrm{d}s}{\mathrm{d}t}\boldsymbol{\tau} = v\boldsymbol{\tau} \tag{13.16}$$

加速度等于速度对时间的一阶导数，注意到切线方向单位矢量 $\boldsymbol{\tau}$ 的方向随时间而变，所以应有

$$\boldsymbol{a} = \frac{\mathrm{d}\boldsymbol{v}}{\mathrm{d}t} = \frac{\mathrm{d}v}{\mathrm{d}t}\boldsymbol{\tau} + v\frac{\mathrm{d}\boldsymbol{\tau}}{\mathrm{d}t} \tag{13.17}$$

由矢量导数可知

$$\frac{\mathrm{d}\boldsymbol{\tau}}{\mathrm{d}t} = \frac{v}{\rho}\boldsymbol{n} \tag{13.18}$$

其中 ρ 为轨迹曲线在点 P 处的曲率半径。将式(13.18) 代入式(13.17)，得

$$\boldsymbol{a} = \frac{\mathrm{d}v}{\mathrm{d}t}\boldsymbol{\tau} + \frac{v^2}{\rho}\boldsymbol{n} \tag{13.19}$$

式(13.19) 等号右端第一项为加速度的切向分量，称为**切向加速度**（tangential acceleration），用 a_τ 表示；第二项为加速度的法向分量，称为**法向加速度**（normal acceleration），用 a_n 表示。矢量之间的几何关系如图 13.5 所示，其表达式为

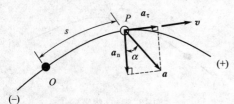

图 13.5　加速度矢量关系

$$a = a_\tau + a_n = \frac{\mathrm{d}v}{\mathrm{d}t}\tau + \frac{v^2}{\rho}n \quad (13.20)$$

切向加速度反映的是动点速度大小对时间的变化率，其大小为

$$a_\tau = \frac{\mathrm{d}v}{\mathrm{d}t} = \frac{\mathrm{d}^2 s}{\mathrm{d}t^2} \quad (13.21)$$

切向加速度的方向沿轨迹的切线，其值为正时，指向自然轴 τ 的正向；其值为负时，指向自然轴 τ 的负向。

法向加速度反映速度方向对时间的变化率，其大小为

$$a_n = \frac{v^2}{\rho} \quad (13.22)$$

方向沿主法线，始终指向曲率中心。若动点作圆周运动，则曲率中心为圆心，此时的法向加速度又称为**向心加速度**（centripetal acceleration）。

动点的加速度也称全加速度，根据图 13.5 中的几何关系，可以方便地确定全加速度的大小 a 和方向角 α（全加速度与法线的夹角）

$$\left.\begin{array}{l} a = \sqrt{a_\tau^2 + a_n^2} \\ \tan\alpha = \dfrac{|a_\tau|}{a_n} \end{array}\right\} \quad (13.23)$$

【**例 13.2**】 动点 P 从左边 A 点开始绕定点 O 作圆周运动，已知 $OA = 2\mathrm{m}$，$\varphi = 0.5t^2$（φ 的单位为 rad，t 的单位为 s），试求 $t = 2\mathrm{s}$ 时动点的速度和加速度。

【**解**】 以 A 作为弧坐标的原点，顺时针方向为正。则运动方程为

$$s = OA \times \varphi = 2 \times 0.5t^2 = t^2$$

速度

$$v = \dot{s} = 2t$$

当 $t = 2\mathrm{s}$ 时，应有

$$v = 2t = 2 \times 2 = 4\mathrm{m/s}$$

加速度

$$a_\tau = \frac{\mathrm{d}v}{\mathrm{d}t} = 2\mathrm{m/s}^2$$

$$a_n = \frac{v^2}{\rho} = \frac{4^2}{2} = 8\mathrm{m/s}^2$$

$$a = \sqrt{a_\tau^2 + a_n^2} = \sqrt{2^2 + 8^2} = 8.246\mathrm{m/s}^2$$

$$\tan\alpha = \frac{|a_\tau|}{a_n} = \frac{2}{8} = 0.25, \text{解得 } \alpha = 14.0°$$

当 $t = 2\mathrm{s}$ 时，动点绕圆周转过的角度为 $0.5 \times 2^2 = 2\mathrm{rad} = 114.59°$，动点的速度、加速度方向见图 13.6。

已知点的运动方程，通过微分运算就能得到动点的速度和加速度。反之，如果已知动点加速度随时间变化

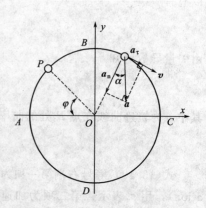

图 13.6　例 13.2 图

的函数关系，则可利用积分来求速度和运动方程。不过，积分常数的确定，还需要知道运动的初始条件，即 $t=0$ 时的速度 v_0 和弧坐标 s_0（或直角坐标 x_0、y_0、z_0）。

由式(13.21) 可得 $dv=a_\tau dt$，在任意瞬时 t 的速度 v 可由下面的积分

$$\int_{v_0}^{v} dv = \int_{0}^{t} a_\tau dt$$

求得

$$v = v_0 + \int_{0}^{t} a_\tau dt \tag{13.24}$$

再由式(13.15) 可得 $ds=vdt$，在任意瞬时 t 的弧坐标 s 可由积分

$$\int_{s_0}^{s} ds = \int_{0}^{t} v dt$$

求得

$$s = s_0 + \int_{0}^{t} v dt \tag{13.25}$$

动点作匀变速曲线运动时，切向加速度 a_τ 为常数，由式(13.24)、式(13.25) 可得

$$v = v_0 + a_\tau t \tag{13.26}$$

$$s = s_0 + v_0 t + \frac{1}{2} a_\tau t^2 \tag{13.27}$$

由式(13.26) 和式(13.27) 消去时间 t，得到速度、切向加速度和弧坐标之间的关系

$$v^2 - v_0^2 = 2a_\tau (s - s_0) \tag{13.28}$$

对于匀变速直线运动，只需取 $a_\tau = a$，代入式(13.26)～式(13.28) 即可。

13.2 刚体的基本运动

工程上各种机械和设备，不管用途如何，其构件的运动形式不外乎五种，即平行移动、定轴转动、平面运动、定点转动和一般运动。其中平行移动和定轴转动称为刚体的基本运动，它是刚体最简单的运动形式，刚体的任何复杂运动都可以归结为这两种简单运动的组合。

13.2.1 刚体的平行移动

刚体的平行移动是指刚体上任一条直线始终保持与原来方向平行的运动。如图 13.7 所示的刚体，在运动过程中直线 AB 的方位保持不变，即初始位置的 AB 线，在任意瞬时的位置为 $A'B'$ 线，恒满足 $AB \parallel A'B'$ 的关系，该刚体的运动就是平行移动。刚体的平行移动，通常简称为**平移**或**平动**（translation）。当平移刚体的点 A 作直线运动时，称为**直线平移**（rectilinear translation）；点 A 作曲线运动时，称为**曲线平移**（curvilinear translation）。

在平直轨道上行驶的列车，车厢的运动是平移，如图 13.8 所示。因为车厢上所有点的运动轨迹都是水平直线，所以车厢相对于地面作直线平移。图 13.9 所示为通过液压控制的摆动式输送机的工作原理。摆杆长 $CD=EF$，固定铰 C、E 的距离与工作平台连接铰 D、F 的距离相等，形成一个平行四边形 $EFDC$，液压动力使摆杆 EF 绕点 E 摆动，必定使得杆 CD 绕点 C 同步摆动，工作平台 DF 始终保持水平状态，故工作平台 DF 和其上的货物作平移。货物从 $\theta=0°$ 到 θ_0，即实现由平台 A 输送到平台 B。因货物上任意一点的轨迹为圆弧线，故货物的平移属于曲线平移。

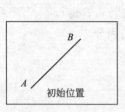
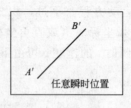

图 13.7　刚体平移　　　　　　　　　　　　图 13.8　车厢直线平移

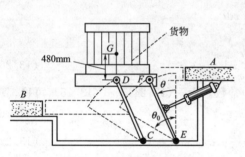
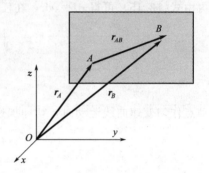

图 13.9　货物曲线平移　　　　　　　　图 13.10　平移刚体上点的位置关系

平移刚体上直线 AB 的方位不变，即由 A 到 B 的矢量 r_{AB} 是常矢量，与时间无关。以定点 O 为参考点，如图 13.10 所示，A、B 两点的位置矢量都是时间函数，矢量形式的运动方程为

$$r_A = r_A(t), \quad r_B = r_B(t)$$

两者之间有下列关系

$$r_B = r_A + r_{AB}$$

即任意两点的运动方程之间仅相差一个常矢量，说明它们不仅轨迹相同，而且运动规律也相同。

因为

$$v_B = \frac{dr_B}{dt} = \frac{d(r_A + r_{AB})}{dt} = \frac{dr_A}{dt} = v_A$$

$$a_B = \frac{dv_B}{dt} = \frac{dv_A}{dt} = a_A$$

所以，同一瞬时 A、B 两点的速度、加速度也都相等。

刚体作平移时的基本特性可以概括为：刚体上各点的轨迹相同；同一瞬时各点的速度和加速度彼此相等。在研究刚体平移时，只要得知其上某一个点的运动，就能得知刚体上所有点的运动，这说明平移刚体上任意一点的运动，就可以代表刚体的运动。所以，平移刚体的运动学问题，通常归结为点的运动学问题来处理。

13.2.2　刚体绕定轴转动

运动过程中，刚体内或其扩大部分内有一条固定不动的直线，这种运动称为刚体绕定轴转动，简称**定轴转动**（fixed-axis rotation）。保持不动的直线称为转动轴，简称为转轴。刚体定轴转动的特点是：①转轴不动，速度 v 和加速度 a 恒为零；②转轴以外的各点都分别在垂直于转轴的各平面内绕转轴作圆周运动。

机器上装有飞轮、带轮、齿轮的各种传动轴以及电机、汽轮机、涡轮机的转子等构件的转动，都是刚体绕定轴转动的实例。

(1) 定轴转动刚体的整体运动

为了确定转动刚体的空间位置，先通过转轴 z 作一个固定平面Ⅰ为参考面（定平面），再选一个通过转轴与刚体固连的平面Ⅱ，如图 13.11 所示。平面Ⅱ随刚体一起转动，称为动平面。初始瞬时，Ⅰ、Ⅱ平面重合，当刚体绕 z 轴转动时，平面Ⅱ一起转动，刚体任意瞬时 t 的空间位置，可由平面Ⅰ、Ⅱ之间的夹角 φ 来确定。夹角 φ 称为定轴转动刚体的转角或角坐标。

当刚体转动时，转角 φ 随时间 t 而变化，函数关系

$$\varphi = f(t) \tag{13.29}$$

称为刚体绕定轴转动的运动方程，简称转动方程。转角 φ 是代数量，从转轴的正向看，逆时针转向的转角为正，反之为负。角坐标的单位是弧度（rad）。

转角对时间的一阶导数定义为角速度，它是描述刚体转动快慢和转动方向的物理量。角速度用 ω 表示

$$\omega = \frac{d\varphi}{dt} = \dot{\varphi} \tag{13.30}$$

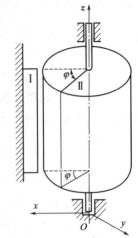

图 13.11 定轴转动刚体的转角

角速度也是代数量，逆时针方向转动 ω 为正，反之为负。ω 的单位为弧度/秒（rad/s）。

工程上一般采用转速来表示刚体的转动快慢。转速定义为每分钟转过的圈数，用 n 表示，单位为转/分（r/min）。转速 n 和角速度 ω 的关系为

$$\omega = \frac{2\pi n}{60} = \frac{n\pi}{30} \tag{13.31}$$

角速度对时间的一阶导数定义为角加速度，它是表示角速度变化快慢的物理量。角加速度用 ε 表示

$$\varepsilon = \frac{d\omega}{dt} = \frac{d^2\varphi}{dt^2} \tag{13.32}$$

角加速度也是代数量，单位为弧度/秒²（rad/s²）。若 ε 为正，则转向与 φ 的正向一致；若 ε 为负，则转向与 φ 的负向一致。当 ε 和 ω 同号时，刚体作加速转动；当 ε 和 ω 异号时，刚体作减速转动。

对于匀变速转动，角加速度 ε 恒为常量，设初始角速度为 ω_0，初始转角为 φ_0，通过简单的积分运算可得转角、角速度和角加速度之间的如下关系

$$\left. \begin{array}{l} \omega = \omega_0 + \varepsilon t \\ \varphi = \varphi_0 + \omega_0 t + \dfrac{1}{2}\varepsilon t^2 \\ \omega^2 - \omega_0^2 = 2\varepsilon(\varphi - \varphi_0) \end{array} \right\} \tag{13.33}$$

(2) 定轴转动刚体上点的运动

定轴转动刚体上任一点 P 都在垂直于转轴的平面内作圆周运动，取自然坐标系的弧坐标的起点为转动开始时该点所在位置 P_0，如图 13.12 所示。假设动点 P 到转轴的距离为 R（动点圆周运动的半径，刚体在该点的转动半径），则有运动方程

$$s = P_0P \text{ 弧长} = R\varphi \tag{13.34}$$

动点的速度

$$v = \dot{s} = R\dot{\varphi} = R\omega \tag{13.35}$$

定轴转动刚体上任一点在某一瞬时的速度，大小等于该点的转动半径与同一瞬时刚体的角速度的乘积，方向垂直于转动半径，指向与 ω 的转向一致。

动点的切向加速度和法向加速度（向心加速度）

$$a_\tau = \frac{\mathrm{d}v}{\mathrm{d}t} = R\frac{\mathrm{d}\omega}{\mathrm{d}t} = R\varepsilon \tag{13.36}$$

$$a_n = \frac{v^2}{\rho} = \frac{(R\omega)^2}{R} = R\omega^2 \tag{13.37}$$

切向加速度、法向加速度的大小都和转动半径成正比，方向如图 13.13 所示。

动点 P 的全加速度的大小和方向，由下列公式确定

$$a = \sqrt{a_\tau^2 + a_n^2} = R\sqrt{\varepsilon^2 + \omega^4} \tag{13.38}$$

$$\tan(a, n) = \frac{|a_\tau|}{a_n} = \frac{|\varepsilon|}{\omega^2} \tag{13.39}$$

由上述公式可知，任一瞬时，转动刚体上各点的速度、切向加速度、法向加速度以及全加速度的大小，均与各点转动半径成正比。因此，在与转轴相交的直线上的各点，同一瞬时速度和加速度按三角形规律分布。

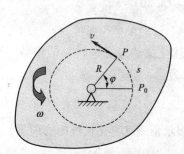

图 13.12 定轴转动刚体上点的运动

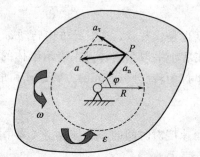

图 13.13 定轴转动刚体上点的加速度

【例 13.3】 平行四边形机构如图 13.14 所示，已知曲柄长度 $O_1A = O_2B = 0.2$m、转动方程 $\varphi = 10\pi t$，求 $t = 0.5$s 时，连杆 AB 中点 M 的速度和加速度。

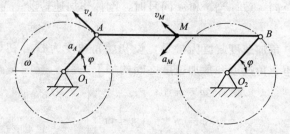

图 13.14 例 13.3 图

【解】

曲柄 O_1A 和 O_2B 作定轴转动，连杆 AB 作平移。

(1) 曲柄 O_1A 的角速度和角加速度

$$\omega = \dot{\varphi} = 10\pi = 31.4 \text{rad/s}$$

$$\varepsilon = \dot{\omega} = 0$$

角加速度等于零，说明曲柄作匀速转动。

（2）曲柄 O_1A 上 A 点的速度和加速度

$$v_A = R\omega = 0.2 \times 10\pi = 6.28 \text{m/s}，垂直于 O_1A，指向斜向上$$
$$a_{\tau A} = R\varepsilon = 0$$
$$a_A = a_{nA} = R\omega^2 = 0.2 \times (10\pi)^2 = 197.4 \text{m/s}^2，沿曲柄方向，指向 O_1。$$

（3）连杆 AB 中点 M 的速度和加速度

连杆作平移，其上各点具有相同的速度和加速度（包括大小和方向），所以

$$v_M = v_A = 6.28 \text{m/s}，a_M = a_A = 197.4 \text{m/s}^2，方向如图 13.14 所示。$$

13.2.3 定轴轮系的传动比

齿轮机构是广泛采用的传动机构，它可以改变转速大小和方向，以满足不同的工程实际需要。一系列相互啮合的齿轮装置，称为轮系。若轮系中每个齿轮都绕各自的固定轴线转动，则为定轴轮系。定轴轮系传递运动，是刚体定轴转动的一种应用。

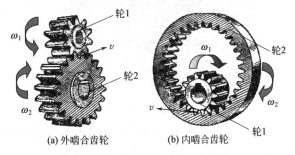

(a) 外啮合齿轮　　(b) 内啮合齿轮

图 13.15　两齿轮间的运动传递

外啮合和内啮合的直齿圆柱齿轮如图 13.15 所示，齿顶处的最大圆为齿顶圆，齿根处的最小圆为齿根圆，两轮在接触点处的圆为节圆。两齿轮在节圆处相切，只滚动而无滑动，啮合点的速度大小和方向相同，$v = v_1 = v_2$。若两轮节圆半径分别为 r_1、r_2，角速度分别为 ω_1、ω_2，则啮合点的速度为

$$v = \omega_1 r_1 = \omega_2 r_2$$

由此得到

$$\frac{\omega_1}{\omega_2} = \frac{r_2}{r_1} \tag{13.40}$$

可见角速度的比值与两轮节圆半径成反比，且外啮合转向相反，内啮合转向相同。采用不同的节圆半径，便可得到不同的角速度，且啮合方式不同转向不同，从而实现变速和换向两大功能。

变速箱（或齿轮箱）就是根据上述原理，由箱壳和若干齿轮对组成，如图 13.16 所示。有固定级数（挡位数）若干挡，包括倒挡。操纵变速杆（俗称换挡），使不同节圆大小的轮对啮合，就可使从动轴的转速提升或降低，也可改变方向。由第 6 章可知，低速轴的扭矩大，高速轴的扭矩小，所以通过换挡，也可获得所需的扭矩。

能主动带动其他齿轮的齿轮称为主动轮，而被主动轮带动的齿轮则称为从动轮。主动轮与从动轮角速度的比值，称为传动比，用 i 表示。设齿轮 1 为主动轮，齿轮 2 为从动轮，则有

$$i_{12} = \frac{\omega_1}{\omega_2} = \frac{r_2}{r_1} \tag{13.41}$$

传动比表示传动中变速的程度。传动比的值小于 1，表明升速传动；传动比的值大于 1，表

明降速传动。

因为角速度 ω 与转速 n 成正比,两啮合齿轮(齿形相同)的节圆半径 r 与齿数 z 也成正比,所以两个啮合齿轮的传动比还可以表示为

$$i_{12}=\frac{\omega_1}{\omega_2}=\frac{n_1}{n_2}=\frac{r_2}{r_1}=\frac{z_2}{z_1} \tag{13.42}$$

对于多个齿轮对的轮系传动,传动比为

$$i_{1n}=\frac{\omega_1}{\omega_n}=\frac{各从动轮齿数乘积}{各主动轮齿数乘积}=\frac{各从动轮节圆半径之积}{各主动轮节圆半径之积} \tag{13.43}$$

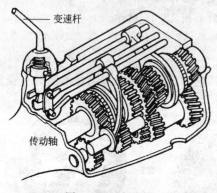

图 13.16 变速箱

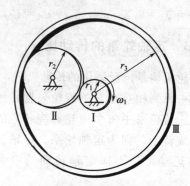

图 13.17 例 13.4 图

上述关于齿轮传动的传动比的概念可以推广至带轮、链轮传动的情况,在带和链条不打滑的条件下,可以得到两轮之间的转速比。

【例 13.4】 有一轮系由外齿轮 Ⅰ、Ⅱ 和内齿轮 Ⅲ 组成,如图 13.17 所示。已知各齿轮节圆半径分别为 $r_1=100$ mm,$r_2=200$ mm,$r_3=500$ mm。如轮 Ⅰ 的角速度为 $\omega_1=2\pi$ rad/s,求轮 Ⅲ 的角速度 ω_3。

【解】

这是轮系传动问题

$$i_{13}=\frac{\omega_1}{\omega_3}=\frac{各从动轮节圆半径之积}{各主动轮节圆半径之积}=\frac{r_2 r_3}{r_1 r_2}=\frac{r_3}{r_1}=\frac{500}{100}=5$$

所以

$$\omega_3=\frac{\omega_1}{i_{13}}=\frac{2\pi}{5}=0.4\pi=1.257 \text{ rad/s}$$

因为轮 Ⅰ、轮 Ⅱ 为外啮合,轮 Ⅱ 与轮 Ⅰ 的转向相反,轮 Ⅱ、轮 Ⅲ 为内啮合,轮 Ⅲ 与轮 Ⅱ 的转向相同,所以轮 Ⅲ 的转向与轮 Ⅰ 的转向相反,即 ω_3 逆时针方向转。

13.3 点的复合运动

运动具有相对性,在不同的参考体(系)上,同一物体或同一动点的运动不相同。在地面上看,地球静止不动,而在恒星上看,地球作曲线运动。点的复合运动,就是动点参与相对于地面不动和相对于地面运动的两种不同参考系的运动,同一瞬时其速度和加速度之间有内在关系。利用这些关系来研究点和刚体的复杂运动是运动分析的一个重要方法,还可以利用这些关系来确定机构从动件的运动。

13.3.1 复合运动基本概念

人们通常把固连于地面的参考系称为**固定参考系**（fixed reference system），简称定系，用 $Oxyz$ 表示；把相对于地面运动的参考系称为**动参考系**（moving reference system），简称动系，用 $O'x'y'z'$ 表示。动点相对于定系的运动，称为**绝对运动**（absolute motion）；动点相对于动系的运动，称为**相对运动**（relative motion）；动系相对于定系的运动，称为**牵连运动**（convected motion）。需要注意的是，绝对运动和相对运动，都是指一个点的运动，它可能是直线运动，也可能是曲线运动；而牵连运动是动系的运动，也就是刚体的运动，可能是平移、定轴转动，也可能是其他复杂的运动。

如图 13.18 所示为在平直道路上直线行驶的车辆，定系 Oxy 固结于地面，动系 $O'x'y'$ 固结于车厢，形成两套坐标系。轮缘上某点 P 的绝对运动为沿旋轮线（摆线）的曲线运动，相对运动是以 O' 为圆心、车轮半径为半径的圆周运动，牵连运动为车厢相对于地面的直线平移。这种绝对的曲线运动可以分解为圆周运动和直线平移，即绝对运动可以分解为相对运动和牵连运动，或者说相对运动和牵连运动可以合成为绝对运动。

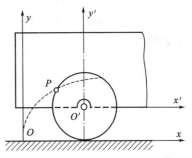

图 13.18 车辆轮缘上点的复合运动

动点 P 相对于定系的速度和加速度分别称为点 P 的**绝对速度**（absolute velocity）和**绝对加速度**（absolute acceleration），用符号 v_a 和 a_a 表示。动点 P 相对于动系的速度和加速度分别称为点 P 的**相对速度**（relative velocity）和**相对加速度**（relative acceleration），用符号 v_r 和 a_r 表示。动坐标系上与动点 P 重合的点，称为牵连点。牵连点相对于定系的速度和加速度分别称为点 P 的**牵连速度**（convected velocity）和**牵连加速度**（convected acceleration），用符号 v_e 和 a_e 表示。当动系作定轴转动时，还会存在**科里奥利加速度**（Coriolis acceleration），简称科氏加速度❶，用符号 a_c 表示。

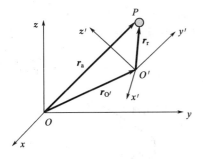

图 13.19 瞬时 t 动点 P 的位置

13.3.2 点的速度合成定理

设动点 P 在瞬时 t 的位置如图 13.19 所示，相对于定系的位置矢量为 r_a，相对于动系的位置矢量为 r_r，动系坐标原点 O' 相对于定系的位置矢量为 $r_{O'}$。相对位置矢量 r_r 在动坐标系中，可以表示为

$$r_r = x'\boldsymbol{i}' + y'\boldsymbol{j}' + z'\boldsymbol{k}' \tag{13.44}$$

其中 x'、y'、z' 分别为动点 P 在动系中的坐标值，$\boldsymbol{i}'$、$\boldsymbol{j}'$、$\boldsymbol{k}'$ 分别为沿动坐标轴 x'、y'、z' 的单位矢量，在动系上看，它们是不变的矢量，但在定系上看，它们的方向却随时间而变化。

由图 13.19 可得

$$\boldsymbol{r}_a = \boldsymbol{r}_{O'} + \boldsymbol{r}_r = \boldsymbol{r}_{O'} + x'\boldsymbol{i}' + y'\boldsymbol{j}' + z'\boldsymbol{k}' \tag{13.45}$$

---

❶ 科氏加速度是法国工程师和数学家科里奥利（G. G. Coriolis, 1792—1843）于 1835 年提出，并于 1843 年给出证明的加速度。

上式对时间的一阶导数，就是动点 P 的绝对速度

$$v_a = \frac{dr_a}{dt} = \frac{dr_{O'}}{dt} + \frac{d}{dt}(x'i' + y'j' + z'k') = \frac{dr_{O'}}{dt} + x'\frac{di'}{dt} + y'\frac{dj'}{dt} + z'\frac{dk'}{dt} + \frac{dx'}{dt}i' + \frac{dy'}{dt}j' + \frac{dz'}{dt}k' \tag{13.46}$$

而动点 P 相对于动系的速度，就是相对速度，它应为相对位移矢量 r_r 对时间的一阶导数，因为是站在动系上看，沿动坐标轴的单位矢量 i'、j'、k' 是不随时间变化的量，所以

$$v_r = \frac{dr_r}{dt} = \frac{d}{dt}(x'i' + y'j' + z'k') = \frac{dx'}{dt}i' + \frac{dy'}{dt}j' + \frac{dz'}{dt}k' \tag{13.47}$$

牵连点是动系上与动点 P 重合的点，用 E 表示，瞬时 t 的位置矢量如图 13.20 所示，数量关系为

$$r_e = r_{O'} + r' = r_{O'} + x'i' + y'j' + z'k' \tag{13.48}$$

注意到牵连点是动坐标系上的点，也就是刚体上的点，和动系一起运动，式(13.48)中的坐标 x'、y'、z' 不随时间而变，所以牵连速度为

$$v_e = \frac{dr_e}{dt} = \frac{dr_{O'}}{dt} + \frac{d}{dt}(x'i' + y'j' + z'k') = \frac{dr_{O'}}{dt} + x'\frac{di'}{dt} + y'\frac{dj'}{dt} + z'\frac{dk'}{dt} \tag{13.49}$$

将式(13.47)、式(13.49) 代入式(13.46)，得到

$$v_a = v_e + v_r \tag{13.50}$$

这一矢量关系称为点的速度合成定理：动点在每一瞬时的绝对速度等于其牵连速度与相对速度的矢量和。

点的速度合成问题，根据动点相对于动系的运动形式不同，大体上可分为以下三类：

① 两个互不相关的动点，求二者的相对速度的问题。这时可任意选一点为动点，在另一点上固结坐标系（动系平移）。

② 一个单独的点在另一个运动的物体上运动的问题。取单独点为动点，动系固结于运动物体上。

③ 两个运动物体，A 物体上始终有一个点与 B 物体接触，且在其上运动的问题，此时可选 A 物体上的接触点为动点，动系固结于 B 物体。

确定好动点、动系后，应分析绝对运动、相对运动和牵连运动，并以牵连速度和相对速度为邻边作平行四边形，对角线为绝对速度。三个速度矢量，包含大小、方向共六个要素，根据平行四边形的几何关系，能且仅能求出两个未知要素。

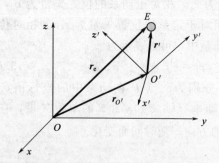

图 13.20 瞬时 t 动点 P 的牵连点位置

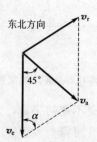

图 13.21 例 13.5 图

【例 13.5】 A 船以 $v_1 = 30\sqrt{2}$ km/h 的速度向南航行，B 船以 $v_2 = 30$ km/h 的速度向东南航行。求在 A 船上看到 B 船的速度。

【解】 以 B 为动点，定系固结于地面，动系固结于 A 船。动点的绝对运动为沿东南方向的直线运动，绝对速度的大小 $v_a = v_2$；相对运动为直线运动，相对速度的大小和方向待定；牵连运动为向南的直线平移，牵连速度的大小 $v_e = v_1$。作速度平行四边形，如图 13.21 所示。

由三角形的余弦定理，得

$$v_r^2 = v_a^2 + v_e^2 - 2v_a v_e \cos 45° = v_2^2 + v_1^2 - 2v_2 v_1 \cos 45° = 30^2 + (30\sqrt{2})^2 - 2 \times 30 \times 30\sqrt{2} \times \frac{\sqrt{2}}{2} = 900$$

所以
$$v_r = 30 \text{km/h}$$

相对速度的方向可由夹角 α 表征，由正弦定理

$$\frac{v_a}{\sin\alpha} = \frac{v_r}{\sin 45°}$$

可得
$$\sin\alpha = \frac{v_a}{v_r} \sin 45° = \frac{30}{30} \sin 45° = \sin 45°；\quad \alpha = 45°$$

说明 A 船上的人看到 B 船正以 30km/h 的速度向东北方向航行。

【例 13.6】 凸轮水平运动导致推杆 AB 沿铅垂导轨滑动，如图 13.22 所示。当 $\varphi = 60°$ 时，凸轮速度 $v = 1.2$ m/s，求推杆的速度。

【解】 以推杆上的点 A 为动点，动系固结于凸轮。绝对运动为铅垂直线运动，绝对速度沿铅垂方向，大小未知；相对运动为沿凸轮边缘的曲线运动，相对速度沿凸轮接触点的切线方向，大小未知；牵连运动为水平直线平移，牵连速度为 v，水平向右。速度平行四边形如图 13.22 所示，由三角关系得

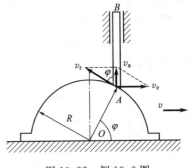

图 13.22 例 13.6 图

$$v_A = v_a = v_e \cot\varphi = 1.2 \times \cot 60° = 0.693 \text{m/s}，\text{垂直向上}$$

推杆 AB 沿铅垂方向作平移运动，各点速度相等，点 A 的速度就是杆 AB 的速度。

13.3.3 点的加速度合成定理

动点的速度合成，动坐标系可以作任意运动。式(13.50)的成立没有附加条件，即无论牵连运动是平移，还是定轴转动，速度合成定理都成立。然而，动点的加速度合成却与牵连运动有关。

动点的绝对速度对时间的一阶导数为动点的绝对加速度，由式(13.46)可得

$$\boldsymbol{a}_a = \frac{d\boldsymbol{v}_a}{dt} = \left(\frac{d^2\boldsymbol{r}_{O'}}{dt^2} + x'\frac{d^2\boldsymbol{i}'}{dt^2} + y'\frac{d^2\boldsymbol{j}'}{dt^2} + z'\frac{d^2\boldsymbol{k}'}{dt^2}\right) + \left(\frac{d^2 x'}{dt^2}\boldsymbol{i}' + \frac{d^2 y'}{dt^2}\boldsymbol{j}' + \frac{d^2 z'}{dt^2}\boldsymbol{k}'\right) +$$

$$2\left(\frac{dx'}{dt}\times\frac{d\boldsymbol{i}'}{dt} + \frac{dy'}{dt}\times\frac{d\boldsymbol{j}'}{dt} + \frac{dz'}{dt}\times\frac{d\boldsymbol{k}'}{dt}\right) \quad (13.51)$$

动点的相对速度对时间的一阶导数为动点的相对加速度，此时动系上沿动坐标轴的单位矢量 $\boldsymbol{i}'$、$\boldsymbol{j}'$、$\boldsymbol{k}'$ 是常矢量，所以由式(13.47)得

$$\boldsymbol{a}_r = \frac{d\boldsymbol{v}_r}{dt} = \frac{d^2 x'}{dt^2}\boldsymbol{i}' + \frac{d^2 y'}{dt^2}\boldsymbol{j}' + \frac{d^2 z'}{dt^2}\boldsymbol{k}' \quad (13.52)$$

牵连点的速度对时间的一阶导数为牵连加速度，注意到牵连点是刚体上的点，和动系一起运动，坐标 x'、y'、z' 不随时间而变，所以由式(13.49) 得

$$a_e = \frac{d\mathbf{v}_e}{dt} = \frac{d^2\mathbf{r}_{O'}}{dt^2} + x'\frac{d^2\mathbf{i}'}{dt^2} + y'\frac{d^2\mathbf{j}'}{dt^2} + z'\frac{d^2\mathbf{k}'}{dt^2} \tag{13.53}$$

将式(13.52)、式(13.53) 代入式(13.51)，容易得到

$$\mathbf{a}_a = \mathbf{a}_e + \mathbf{a}_r + 2\left(\frac{dx'}{dt} \times \frac{d\mathbf{i}'}{dt} + \frac{dy'}{dt} \times \frac{d\mathbf{j}'}{dt} + \frac{dz'}{dt} \times \frac{d\mathbf{k}'}{dt}\right) \tag{13.54}$$

这就是动点加速度合成的一般公式。

(1) 牵连运动为平移

牵连运动为平移时，动系的方向保持不变，沿动坐标轴的单位矢量 $\mathbf{i}'$、$\mathbf{j}'$、$\mathbf{k}'$ 的方向不随时间而变，即

$$\frac{d\mathbf{i}'}{dt} = \frac{d\mathbf{j}'}{dt} = \frac{d\mathbf{k}'}{dt} = 0$$

所以，式(13.54) 成为

$$\mathbf{a}_a = \mathbf{a}_e + \mathbf{a}_r \tag{13.55}$$

式(13.55) 称为牵连运动为平移时点的加速度合成定理：牵连运动为平移时，动点的绝对加速度等于其牵连加速度与相对加速度的矢量和。

(2) 牵连运动为定轴转动

牵连运动为定轴转动时，动系的方向随时间 t 而变化，沿动坐标轴的单位矢量 $\mathbf{i}'$、$\mathbf{j}'$、$\mathbf{k}'$ 的方向与 t 有关，式(13.54) 等号右端的第三项不为零。这部分加速度就是科氏加速度 $\mathbf{a}_c$，所以

$$\mathbf{a}_a = \mathbf{a}_e + \mathbf{a}_r + \mathbf{a}_c \tag{13.56}$$

式(13.56) 称为牵连运动为定轴转动时点的加速度合成定理：牵连运动为定轴转动时，动点的绝对加速度等于牵连加速度、相对加速度与科氏加速度的矢量和。

科氏加速度一部分是由于动系转动引起了相对速度方向的改变而产生的，另一部分是由于相对运动引起牵连速度大小的变化而产生的，它是牵连转动与相对运动相互影响的结果。将刚体转动的角速度用矢量法表示成 $\boldsymbol{\omega}$，矢量沿转动轴，指向由角速度的转向按右手法则决定，如图 13.23 所示。可以证明，牵连运动为定轴转动时，科氏加速度等于动系角速度矢量 $\boldsymbol{\omega}$ 与相对速度矢量 $\mathbf{v}_r$ 叉积（矢量积）的 2 倍，即

$$\mathbf{a}_c = 2\boldsymbol{\omega} \times \mathbf{v}_r \tag{13.57}$$

根据矢量叉积的定义，$\mathbf{a}_c$ 的大小为

$$a_c = 2\omega v_r \sin\alpha \tag{13.58}$$

此处 α 为 $\boldsymbol{\omega}$ 与 $\mathbf{v}_r$ 之间小于 $180°$ 的夹角。角速度矢量和相对速度矢量平行时，$\alpha = 0°$，对应的科氏加速度为零。$\mathbf{a}_c$ 垂直于由矢量 $\boldsymbol{\omega}$ 和 $\mathbf{v}_r$ 所确定的平面，指向按右手法则确定。

因为地球绕地轴（通过地心和南北极的直线）自西向东自转，所以物体在地面上运动时，只要速度方向不平行于地轴，相对于恒星而言，物体就有科氏加速度存在。沿经圈（子午线）或纬圈运动的物体及水流，其科氏加速度如图 13.24 所示。在北半球，沿子午线自南向北行驶的列车，科氏加速度 $\mathbf{a}_c$ 沿所在纬度圈的切线且指向西，即顺着运动方向看，指向左侧。绝对加速度中有 $\mathbf{a}_c$ 的分量，根据牛顿第二定律，列车必然受到来自钢轨的向左的侧向推力。根据作用与反作用公理，右侧钢轨必然受到向右的侧压力，致使该侧钢轨磨损厉害。同理，南北流向的河流，右岸的冲刷一般比左岸严重。

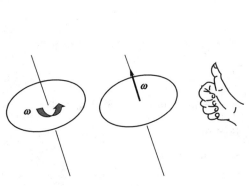

图 13.23　角速度用矢量表示

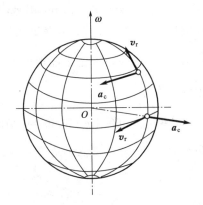

图 13.24　地面上运动物体的科氏加速度

【**例 13.7**】　曲柄滑道机构的曲柄长 $OA=100$mm，并绕 O 轴转动，如图 13.25(a) 所示。已知在图示瞬时，角速度 $\omega=1$rad/s，角加速度 $\varepsilon=1$rad/s^2。求导杆上 C 点的加速度和滑块 A 在滑道中的相对加速度。

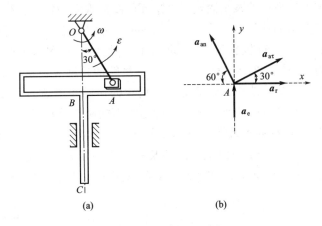

图 13.25　例 13.7 图

【**解**】

选取滑块 A 为动点，动系固结于导杆 BC。动点的绝对运动为以 O 为圆心、OA 为半径的圆周运动。绝对加速度 $\boldsymbol{a}_\mathrm{a}$ 有法向分量 $\boldsymbol{a}_\mathrm{an}$ 和切向分量 $\boldsymbol{a}_{\mathrm{a}\tau}$。其中法向加速度大小为

$$a_\mathrm{an}=OA\times\omega^2=100\times 1^2=100\mathrm{mm/s}^2，沿 AO 方向$$

切向加速度为

$$a_{\mathrm{a}\tau}=OA\times\varepsilon=100\times 1=100\mathrm{mm/s}^2，垂直于 OA，斜向上$$

相对运动为沿滑道的水平直线运动，相对加速度 $\boldsymbol{a}_\mathrm{r}$ 沿水平方向，指向待定，大小未知。牵连运动为铅垂方向直线平移，牵连加速度 $\boldsymbol{a}_\mathrm{e}$ 沿竖直方向，指向待定，大小未知。加速度矢量图如图 13.25(b) 所示。牵连运动为平移的加速度合成公式

$$\boldsymbol{a}_\mathrm{a}=\boldsymbol{a}_\mathrm{e}+\boldsymbol{a}_\mathrm{r}$$

成为

$$\boldsymbol{a}_\mathrm{an}+\boldsymbol{a}_{\mathrm{a}\tau}=\boldsymbol{a}_\mathrm{e}+\boldsymbol{a}_\mathrm{r}$$

等式左右两端的矢量同时在图 13.25(b) 所示的坐标轴 x、y 上投影

x 轴：$-a_\mathrm{an}\cos 60°+a_{\mathrm{a}\tau}\cos 30°=0+a_\mathrm{r}$

y 轴：$a_{an}\sin 60°+a_{a\tau}\sin 30°=a_e+0$

所以，滑块 A 在滑道内的相对加速度为

$$a_r=-a_{an}\cos 60°+a_{a\tau}\cos 30°=-100\times\frac{1}{2}+100\times\frac{\sqrt{3}}{2}=36.6\text{mm/s}^2，水平向右指$$

牵连加速度为

$$a_e=a_{an}\sin 60°+a_{a\tau}\sin 30°=100\times\frac{\sqrt{3}}{2}+100\times\frac{1}{2}=136.6\text{mm/s}^2，竖直向上指$$

导杆 BC 作平移，各点加速度相等。C 点的加速度为

$$a_C=a_e=136.6\text{mm/s}^2，竖直向上指$$

13.4 刚体的平面运动

在平直道路行驶的车辆（见图 13.8、图 13.18），车厢平移，而车轮绕车轴转动，但车轴本身又作直线运动，故车轮的运动既不是平行移动，也不是定轴转动。但可以发现，车轮上的任一点到与前进方向平行的某个固定铅垂平面的距离保持为常数。行星轮系在机械上广泛应用，它是一种带有运动轴线的齿轮或摩擦轮等的轮系，如图 13.26 所示。轴线能绕另一轴线作回转运动的轮子叫"行星轮"，与行星轮相接触且具有固定轴线的轮子称作"中心轮"，图中 1、4 轮为中心轮，2、3 轮为行星轮。行星轮的轮轴装在系杆 H 上，而系杆与中心轮有同一轴线，因此行星轮绕中心轮滚动。行星轮的运动非单独的平移，亦非定轴转动。但行星轮上任一点到与行星轮轴线垂直的某一固定平面的距离总是保持不变。像这种刚体内任一点到某固定参考平面的距离始终保持不变的运动，称为刚体的**平面运动**（planar motion）。刚体内的各点都在平行于该固定平面的某一平面内运动，刚体上与固定参考平面垂直的直线上各点的运动相同，所以刚体平面运动可以简化为代表刚体的平面图形的运动，而不考虑刚体的实际厚度。

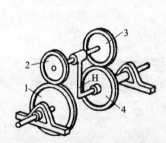

图 13.26 行星轮系示意图
1,4—中心轮；2,3—行星轮；H—系杆

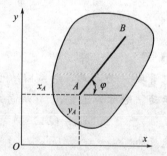

图 13.27 平面图形的定位

刚体的平面运动是一种较为复杂的运动形式。可以在刚体基本运动的基础上，通过对运动的分解与合成，利用点的复合运动公式，来分析平面运动刚体上点的速度和加速度等运动学参量。

13.4.1 刚体平面运动的描述

刚体的平面运动就是代表刚体的平面图形的运动。如图 13.27 所示为一平面图形，只需要确定平面上任意两点 A、B 的位置，该平面的位置便得以确定。众所周知，两点确定一个

运动平面的空间位置，平面上两点共有四个坐标，但两点之间的距离保持不变，所以仅有三个坐标独立，或者说平面运动的刚体有 3 个自由度。现在取点 A 的坐标 (x_A, y_A) 和线段 AB 的方位角 φ 作为描述平面运动的三个独立参数，它们是时间的单值连续函数

$$\left.\begin{array}{l} x_A = f_1(t) \\ y_A = f_2(t) \\ \varphi = f_3(t) \end{array}\right\} \tag{13.59}$$

式(13.59)称为刚体的平面运动方程。

由刚体的平面运动方程(13.59)可知：当 φ 不变时，AB 线保持平行，刚体随着 A 一起作平移运动；当点 A 不动时，刚体绕 A 作定轴转动，说明平面运动包含了刚体的平移和定轴转动这两种基本运动。换言之，刚体的平面运动是一种复合运动，可以分解为随点 A 的平移和绕点 A 的转动。点 A 是任意选定的，通常称为**基点**（base point）。平移部分与基点的选取有关，转动部分则与基点的选取无关。

如果将平移坐标系固结在基点 A 上，则刚体上任一点 B 的绝对运动为平面曲线运动，相对运动为绕基点 A 的圆周运动，牵连运动为平移（动系随同基点 A 一起平移）。

13.4.2 平面图形上点的速度分析

由刚体平面运动方程，对时间求一次导数，可得到点 A 速度的直角坐标分量和刚体转动的角速度

$$\left.\begin{array}{l} v_{Ax} = \dot{x}_A \\ v_{Ay} = \dot{y}_A \\ \omega = \dot{\varphi} \end{array}\right\} \tag{13.60}$$

平面运动刚体上另一点 B 的运动方程为

$$\left.\begin{array}{l} x_B = x_A + AB\cos\varphi \\ y_B = y_A + AB\sin\varphi \end{array}\right\} \tag{13.61}$$

式(13.61)对时间的一阶导数，就是点 B 速度的直角坐标分量

$$\left.\begin{array}{l} v_{Bx} = v_{Ax} - AB\omega\sin\varphi \\ v_{By} = v_{Ay} + AB\omega\cos\varphi \end{array}\right\} \tag{13.62}$$

工程实践中，一般不直接用上面的公式来对刚体平面运动作速度分析。通常是在已知某一瞬时点 A 的速度 v_A 和刚体的角速度 ω 的条件下，求同一瞬时刚体上另一点 B 的速度 v_B。为此，可采用下述方法来解决这样的问题。

(1) 基点法

选取 B 为动点，动系固结于 A（即以 A 为基点）。动点的绝对运动为曲线运动，绝对速度 $v_a = v_B$；牵连运动为平移，牵连速度等于动系上任意一点的速度，$v_e = v_A$；相对运动为以 A 为圆心、AB 为半径的圆周运动，相对速度 $v_r = v_{BA}$，大小为 $AB\omega$，方向垂直于 AB 线，指向与 ω 的转向一致。于是，速度合成定理的公式(13.50)变为

$$v_B = v_A + v_{BA} \tag{13.63}$$

即刚体作平面运动时，在任意一瞬时其上任意一点的速度，等于基点的速度与该点相对于基点作圆周运动的速度的矢量和，如图 13.28 所示。这种用速度合成定理求解平面图形上任意一点的速度的方法，称为速度合成**基点法**（method of base point）。

基点法求平面图形上各点速度时，一般取已知速度的点为基点 A，待求速度的点为动点 B，以 v_A 和 v_{BA} 为邻边作平行四边形，对角线所指就是 v_B，由三角形之间的边、角关系即可解算未知量。

(2) 速度投影法

因为相对速度 v_{BA} 总是垂直于 AB 线，所以它在 AB 线上的投影恒为零。将矢量方程(13.63)向 AB 线上投影

$$[v_B]_{AB}=[v_A]_{AB}+[v_{BA}]_{AB}=[v_A]_{AB} \quad (13.64)$$

式(13.64)说明，刚体作平面运动时，其上任意两点的速度在该两点连线上的投影相等，这一关系称为**速度投影定理**(theorem of projections of the velocities)。它是运动刚体上两点间距离不变的基本保证，否则，两点不是离开、就是靠近。基于此，速度投影定理对所有的刚体运动形式都适用。

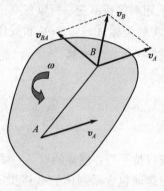

图 13.28 平面运动速度合成

(3) 速度瞬心法

在 v_A 沿 ω 的转向旋转 $90°$ 的直线上，任一点 P 的速度 v_P 可由基点法求出。基点速度、相对速度和动点 P 的速度的矢量关系，如图 13.29 所示。由式(13.63)，得

$$v_P=v_A+v_{PA}$$

因为速度都垂直于 PA 线，速度的矢量和表现为大小的代数和，所以 P 点速度的大小为

$$v_P=v_A-v_{PA}=v_A-PA\omega$$

如果距离 $PA=v_A/\omega$，则点 P 的速度为零，即 $v_P=0$。平面运动刚体上任一瞬时都存在一个速度为零的点。将平面图形或其延伸部分上某瞬时速度为零的点 P，称为图形在该瞬时的**瞬时速度中心**(instantaneous center of velocity)，简称为速度瞬心。

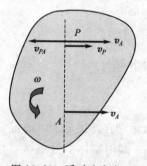

图 13.29 瞬时速度中心

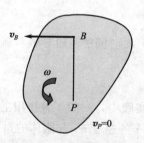

图 13.30 速度瞬心法

设已知速度瞬心 P 的位置和角速度 ω，如图 13.30 所示，则以速度瞬心为基点，图形上或刚体上任一点 B 的速度应为

$$v_B=v_P+v_{BP}=v_{BP} \quad (13.65)$$

其大小是

$$v_B=v_{BP}=PB\omega \quad (13.66)$$

方向垂直于 P、B 两点的连线，指向与 ω 的转向一致。由此可得到如下结论：

平面图形内各点的速度大小与该点到速度瞬心的距离成正比，方向与该点同速度瞬心的连线相垂直。速度分布犹如刚体或图形以角速度 ω 绕点 P 转动时一样，这种转动称为瞬时转动。与刚体定轴转动不同之处在于定轴转动的转动轴固定不动，刚体平面运动瞬时转动的

转动轴（速度瞬心）的位置随时间在变化，并不固定。也就是说，某瞬时的速度瞬心，在该瞬时速度为零，加速度不为零。

上述以速度瞬心为基点的速度分析方法，称为速度瞬心法。该法的关键在于确定速度瞬心，一旦知道了瞬心位置，刚体上各点的速度求法就和定轴转动刚体上点的速度求法一样。速度瞬心的确定，有如下几种情况：

① 已知 A、B 两点的速度方向，分别过两点作速度的垂线，两条垂线的交点就是速度瞬心，如图 13.31(a) 所示。

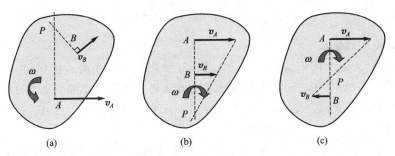

图 13.31 速度瞬心在刚体或刚体的扩大部分内

② 若已知 A、B 两点的速度方向相互平行，垂直于 A、B 两点的连线，大小不相等，则 A、B 两点的连线和两速度矢量端点的连线必然相交于一点，该交点就是速度瞬心，如图 13.31(b)、(c) 所示。

上面两种情况下刚体或平面图形的角速度为

$$\omega = \frac{v_A}{PA} = \frac{v_B}{PB}$$

③ A、B 两点的速度方向相互平行，且大小相等，速度瞬心在无穷远处，如图 13.32 所示。角速度为

$$\omega = \frac{v_A}{PA} = \frac{v_B}{PB} = 0$$

刚体或平面图形作瞬时平移，在该瞬时刚体上或平面图形上各点的速度完全相同。

④ 平面运动刚体在固定物体上作无滑动的纯滚动时，刚体和固定物体的接触点具有相同的速度，即速度为零。所以，接触点为速度瞬心。

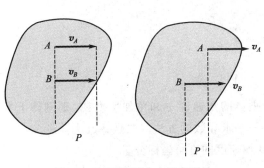

图 13.32 速度瞬心在无穷远处

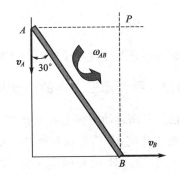

图 13.33 例 13.8 图

【**例 13.8**】 杆 AB 长 4m，A 端可沿竖直墙面下移，B 端沿水平地面右移。在杆件与墙面夹角为 30°的瞬时，$v_A = 3$m/s，求此时杆件的角速度和 B 端的速度。

【解】

杆 AB 作平面运动。点 A 的速度竖直向下,点 B 的速度水平向右,过 A 作 v_A 的垂线,过 B 作 v_B 的垂线,两垂线的交点就是速度瞬心 P,如图 13.33 所示。

几何关系有

$$PA = AB\sin 30° = 4 \times 0.5 = 2\text{m}$$
$$PB = AB\cos 30° = 4 \times 0.866 = 3.464\text{m}$$

杆 AB 的角速度

$$\omega_{AB} = \frac{v_A}{PA} = \frac{3}{2} = 1.5\text{rad/s}（逆时针转向）$$

杆 AB 上点 B 的速度

$$v_B = PB\omega_{AB} = 3.464 \times 1.5 = 5.196\text{m/s}（水平向右指）$$

【例 13.9】 半径 $R = 0.5\text{m}$ 的车轮在水平地面上沿直线作纯滚动,如图 13.34 所示。已知某瞬时轮心 O 的速度 $v_O = 2\text{m/s}$,水平向右指,试求该瞬时轮缘上点 A、B 的速度。

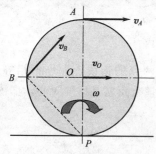

图 13.34 例 13.9 图

【解】

由于车轮作无滑动的纯滚动,故轮缘与地面的接触点 P 就是速度瞬心。由已知的轮心速度计算车轮的角速度

$$\omega = \frac{v_O}{PO} = \frac{v_O}{R} = \frac{2}{0.5} = 4\text{rad/s}（顺时针转向）$$

轮缘上点 A 的速度

$$v_A = PA\omega = 2R\omega = 2 \times 0.5 \times 4 = 4\text{m/s}$$

方向为水平向右指（指向东方）

轮缘上点 B 的速度

$$v_B = PB\omega = \sqrt{2}R\omega = \sqrt{2} \times 0.5 \times 4 = 2.828\text{m/s},\text{指向东北方向}$$

在地面上作纯滚动的圆轮,轮心速度 v_O 与轮的角速度 ω 满足关系

$$v_O = R\omega$$

上式等号两端同时对时间 t 求导数

$$\frac{\mathrm{d}v_O}{\mathrm{d}t} = R\frac{\mathrm{d}\omega}{\mathrm{d}t}$$

得到

$$a_O = R\varepsilon \quad \text{或} \quad \varepsilon = \frac{a_O}{R}$$

说明圆轮的角加速度等于轮心加速度除以轮子的半径。

13.4.3 平面图形上点的加速度分析

已知平面运动刚体上点 A 的加速度 $\boldsymbol{a}_A$、刚体的角速度 ω 和角加速度 ε,则刚体上另一点 B 的加速度 $\boldsymbol{a}_B$ 仍然有两种方式可以获得,一是求导数的方法,二是基点法合成。

由式(13.62)对时间求一次导数,得点 B 加速度的直角坐标分量

$$\left.\begin{array}{l} a_{Bx} = \dfrac{\mathrm{d}v_{Bx}}{\mathrm{d}t} = a_{Ax} - AB\varepsilon\sin\varphi - AB\omega^2\cos\varphi \\[2mm] a_{By} = \dfrac{\mathrm{d}v_{By}}{\mathrm{d}t} = a_{Ay} + AB\varepsilon\cos\varphi - AB\omega^2\sin\varphi \end{array}\right\} \quad (13.67)$$

进而可以求出加速度的大小和方向。

合成法求加速度，是以 A 为基点，B 为动点，牵连运动为平移，故点 B 的牵连加速度等于点 A 的加速度 $\boldsymbol{a}_e = \boldsymbol{a}_A$；相对运动为绕 A 的圆周运动，相对加速度 $\boldsymbol{a}_r = \boldsymbol{a}_{BA}$，它由切向加速度 $\boldsymbol{a}_{BA}^\tau$ 和法向加速度 $\boldsymbol{a}_{BA}^n$ 两项构成，其中相对切向加速度

$$a_{BA}^\tau = AB\varepsilon$$

垂直于 AB 连线，指向与 ε 的转向一致；相对法向加速度

$$a_{BA}^n = AB\omega^2$$

沿 AB 连线，由 B 指向 A。各加速度的矢量如图 13.35 所示，将其代入牵连运动为平移的加速度合成公式

$$\boldsymbol{a}_a = \boldsymbol{a}_e + \boldsymbol{a}_r$$

得

$$\boldsymbol{a}_B = \boldsymbol{a}_A + \boldsymbol{a}_{BA}$$

即

$$\boldsymbol{a}_B = \boldsymbol{a}_A + \boldsymbol{a}_{BA}^\tau + \boldsymbol{a}_{BA}^n \tag{13.68}$$

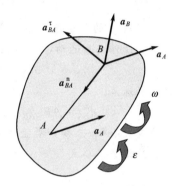

图 13.35 刚体平面运动加速度合成

该式表明，平面运动刚体上任一点的加速度等于基点加速度与该点相对于基点作圆周运动的切向加速度和法向加速度的矢量和。

由于矢量方程(13.68) 等号右端由三项构成，因此不便于采用几何作图法求解。通常选定两个恰当的投影轴，将等式左边和右边同时向投影轴投影，得到两个代数方程，以此求解未知量。

【例 13.10】 如图 13.36(a) 所示为曲柄连杆滑块机构，曲柄长 $OA = 0.2\text{m}$，以 $\omega_0 = 10\text{rad/s}$ 匀角速转动。连杆 AB 长 1m，滑块 B 沿铅垂方向作直线运动。求在图示位置时，连杆的角速度、角加速度以及滑块 B 的加速度。

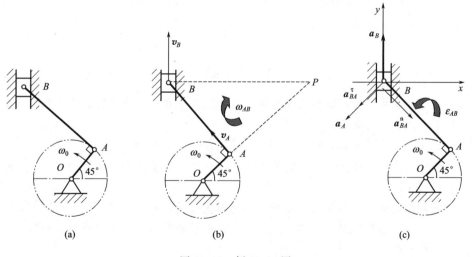

图 13.36 例 13.10 图

【解】

(1) 点 A 的速度和加速度

曲柄 OA 绕定轴 O 转动

$$v_A = OA\omega_0 = 0.2 \times 10 = 2\text{m/s}，指向西北（由 A 指向 B）$$

$$a_A = OA\omega_0^2 = 0.2 \times 10^2 = 20\text{m/s}^2，指向西南（由 A 指向 O）$$

(2) 角速度

连杆 AB 作平面运动。点 A 的速度已知，点 B 的速度沿竖直方向，速度瞬心为 P，如图 13.36(b) 所示。

$$PA = AB = 1\text{m}$$

$$\omega_{AB} = \frac{v_A}{PA} = \frac{2}{1} = 2\text{rad/s}，顺时针转向$$

(3) 滑块 B 的加速度和连杆 AB 的角加速度

连杆 AB 作平面运动，以 A 为基点，基点加速度已求得。相对切向加速度

$$a_{BA}^\tau = AB\varepsilon_{AB}，垂直于 AB，指向待定$$

相对法向加速度

$$a_{BA}^n = AB\omega_{AB}^2 = 1 \times 2^2 = 4\text{m/s}^2，指向东南（由 B 指向 A）$$

B 点加速度大小 a_B 未知，沿竖直方向，指向待定。各加速度的矢量关系见图 13.36(c)。

将加速度合成公式

$$\boldsymbol{a}_B = \boldsymbol{a}_A + \boldsymbol{a}_{BA}^\tau + \boldsymbol{a}_{BA}^n$$

向图 13.36(c) 中选定的投影轴 x、y 投影

在 x 轴上投影：$0 = -a_A\cos45° - a_{BA}^\tau\cos45° + a_{BA}^n\cos45°$

在 y 轴上投影：$a_B = -a_A\sin45° - a_{BA}^\tau\sin45° - a_{BA}^n\sin45°$

解得

$$a_{BA}^\tau = a_{BA}^n - a_A = 4 - 20 = -16\text{m/s}^2，实际指向东北（与图上指向相反）$$

$$a_B = -\frac{\sqrt{2}}{2}(a_A + a_{BA}^\tau + a_{BA}^n) = -\frac{\sqrt{2}}{2} \times (20 - 16 + 4)$$

$$= -4\sqrt{2} = -5.66\text{m/s}^2，实际指向南（与图上指向相反）$$

$$\varepsilon_{AB} = \frac{a_{BA}^\tau}{AB} = \frac{-16}{1} = -16\text{rad/s}^2，顺时针方向转（与图上转向相反）$$

思 考 题

13.1 点作直线运动时，若其速度为零，加速度是否也一定为零？点作曲线运动时，若其速度大小不变，加速度是否一定为零？

13.2 已知点的运动方程，如何求点的运动轨迹、速度和加速度？

13.3 切向加速度和法向加速度的物理意义是什么？指出在怎样的运动中出现下述的情况：(1) $a_\tau = 0$；(2) $a_n = 0$；(3) $a = 0$。

13.4 刚体作平移时，刚体上的点是否一定作直线运动？

13.5 刚体作定轴转动时，若角速度为负，是否说明刚体一定在作减速转动？

13.6 汽车在弯道上行驶，车厢的运动是平移还是转动？

13.7 什么是齿轮的传动比？对于带不打滑的带轮，如何计算传动比？

13.8 动点和牵连点有什么区别？牵连速度、牵连加速度为什么不宜说是动系的速度和加速度？

13.9 怎样确定科氏加速度的大小和方向？在什么情况下科氏加速度为零？并说明科氏

加速度产生的原因。

13.10 刚体平面运动通常分解为哪两种运动？它们与基点的选择有无关系？

13.11 速度瞬心 P 的速度为零，其加速度是否也为零？为什么？

13.12 刚体绕速度瞬心转动和绕定轴转动有什么异同？

选 择 题

13.1 动点作平面曲线运动，若其速度大小保持为常数，则其速度矢量与加速度矢量（　　）。
A. 相互平行　　　　　B. 相互垂直　　　　　C. 夹角为锐角　　　　　D. 夹角为钝角

13.2 点作直线运动，已知任意瞬时的加速度 $a=-2\text{m/s}^2$，$t=1\text{s}$ 时速度 $v_1=2\text{m/s}$，则 $t=2\text{s}$ 时，该点的速度大小为（　　）。
A. 0　　　　　B. -2m/s　　　　　C. 2m/s　　　　　D. 无法确定

13.3 圆盘绕过圆心的轴 O 作定轴转动，已知某瞬时其边缘上一点的加速度方向垂直于半径，则圆盘的角速度 ω 和加速度 ε 为（　　）。
A. $\omega=0$，$\varepsilon=0$　　B. $\omega\neq0$，$\varepsilon=0$　　C. $\omega=0$，$\varepsilon\neq0$　　D. $\omega\neq0$，$\varepsilon\neq0$

13.4 主动轮与从动轮之间的传动比为 i，若 $i<1$，则说明（　　）。
A. 降速传动　　　　　B. 升速传动　　　　　C. 等速传动　　　　　D. 从动轮转速为1

13.5 动坐标系作定轴转动，动点的牵连运动为（　　）。
A. 直线运动　　　　　B. 圆周运动　　　　　C. 平行移动　　　　　D. 定轴转动

13.6 动点加速度合成定理 $a_a=a_e+a_r$ 的适用条件是（　　）。
A. 动点作圆周运动　　B. 动系作定轴转动　　C. 动点作直线运动　　D. 动系作平移

13.7 刚体的平面运动可以分解为随基点的平移和绕基点的转动两部分，其中（　　）。
A. 平移与基点有关，转动与基点无关　　　　　B. 平移与基点无关，转动与基点无关
C. 平移与基点有关，转动与基点有关　　　　　D. 平移与基点无关，转动与基点有关

13.8 平面图形的速度分布如图 13.37 所示，试判定其是否可能。答案为（　　）。
A. 都可能　　　　　　　　　　　　　　　　　B. 都不可能
C.（3）可能，（1）（2）不可能　　　　　　　　D.（2）可能，（1）（3）不可能

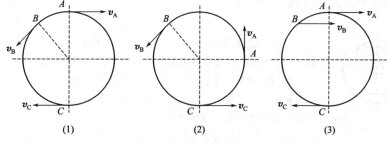

图 13.37　选择题 13.8 图

13.9 某瞬时刚体的速度瞬心在无穷远处，说明刚体（　　）。
A. 静止不动　　　　　B. 定轴转动　　　　　C. 瞬时平移　　　　　D. 平行移动

13.10 平面运动刚体上任意一点的运动轨迹是（　　）。
A. 直线　　　　　　　B. 平面曲线　　　　　C. 圆弧　　　　　　　D. 空间曲线

13.11 在平直地面上作纯滚动的圆轮，速度瞬心 P 在轮与地面的接触点，则关于该点的速度和加速度的结论为：（　　）。
A. 速度为零，加速度为零　　　　　　　　　　B. 速度不为零，加速度为零
C. 速度为零，加速度不为零　　　　　　　　　D. 速度不为零，加速度不为零

计 算 题

13.1 已知点的运动方程如下，试求其轨迹方程，并自起始位置计算弧长而求出沿轨迹的运动规律。
(1) $x=4t-2t^2$，$y=3t-1.5t^2$
(2) $x=4\cos^2 t$，$y=3\sin^2 t$
(3) $x=t^2$，$y=2t$
(4) $x=5+2\sin^2(3t)$，$y=3+2\cos^2(3t)$

13.2 动点 A 沿半径 $R=60\text{mm}$ 的圆周作圆周运动，满足方程
$$s=20\pi\sin\left(\frac{\pi}{2}t\right)\ (\text{弧长 }s\text{ 以 mm 计}, \text{时间 }t\text{ 以 s 计})$$
试求在 $t=4\text{s}$ 时动点 A 的速度和加速度。

13.3 如图 13.38 所示为滑道连杆机构，它由滑道连杆 BC、滑块 A 和曲柄 OA 组成。已知 $BO=0.1\text{m}$，$OA=0.1\text{m}$，滑道连杆 BC 绕轴 B 按 $\varphi=10t$ 的规律转动（φ 以 rad 计，t 以 s 计）。试求滑块 A 的速度和加速度。

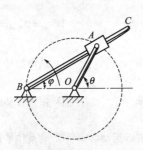

图 13.38 计算题 13.3 图

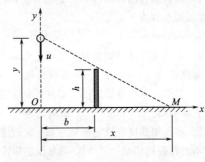

图 13.39 计算题 13.5 图

13.4 动点沿平面曲线作匀变速运动。某瞬时点的速度和加速度在 x、y 轴上的投影分别为：$v_x=3.2\text{m/s}$，$v_y=2.4\text{m/s}$，$a_x=1.0\text{m/s}^2$，$a_y=-3.0\text{m/s}^2$。试求：
（1）此时点的切向和法向加速度；
（2）点所在位置的曲率半径；
（3）在此后 6s 内点走过的路程（弧坐标距离）。

13.5 点光源以匀速 u 垂直下降，如图 13.39 所示。地上有一高为 h 的立柱，它离光源下降直线的距离为 b。试求该立柱顶端的影子 M 沿地面移动的速度和加速度与 y 的关系。

13.6 已知蒸汽涡轮机在发动时，其转轮的转角与时间的三次方成正比。当 $t=3\text{s}$ 时，转轮的转速为 $n=810\text{r/min}$。求转轮的转动方程。

13.7 轮船的螺旋桨具有初角速度 $\omega_0=20\pi\text{rad/s}$，由于水的阻力及轴承的摩擦，经过 20s 后停止转动。设螺旋桨作匀变速转动，求其角加速度及停止前所转过的周数（或圈数）。

13.8 飞轮由静止开始转动，已知轮的半径 $R=300\text{mm}$，轮缘上一点 M 的切向加速度 $a_\tau=150\pi\text{mm/s}^2$。试求：（1）第 3 秒时点 M 的法向加速度；（2）从第 4 秒到第 8 秒这 4 秒钟时间内，飞轮转过的周数。

13.9 升降机装置由半径为 $R=0.5\text{m}$ 的鼓轮带动，如图 13.40 所示。被升降物体的运动方程为 $x=5t^2$，其中 t 以 s 计，x 以 m 计。求鼓轮的角速度和角加速度，并求任意瞬时鼓轮轮缘上一点的全加速度。

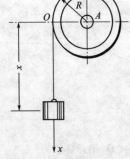

图 13.40 计算题 13.9 图

13.10 带轮传动系统如图 13.41 所示。两轮的半径分别为 $r_1=750\text{mm}$，$r_2=300\text{mm}$，轮 B 由静止开始转动，其角加速度 $\varepsilon_B=0.4\pi\text{rad/s}^2$。设带轮与带之间无滑动，问经过多少秒后轮 A 转速为 300r/min？

13.11 一名汽车驾驶员驾驶汽车以速度 25km/h 向正东北行驶，感觉风由正东南来，当以速度 30km/h 向正西北行驶时，感觉风由正西南而来。求风相对于地面的速度。

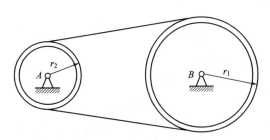

图 13.41　计算题 13.10 图

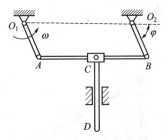

图 13.42　计算题 13.13 图

13.12　轰炸机水平飞行的速度为 800km/h，从飞机上发射的炮弹相对于飞机的速度为 780m/s。试分别计算下列情况下炮弹射出的绝对速度：(1) 水平向前；(2) 水平向后；(3) 铅垂向下。

13.13　铰接四边形机构，如图 13.42 所示。已知 $O_1A=O_2B=100$mm，$O_1O_2=AB$，杆 O_1A 以等角速度 $\omega=2$rad/s 绕 O_1 轴转动。AB 杆上有一套筒 C，此套筒与杆 CD 之间铰接，机构的各部件都在同一铅垂面内。试求当 $\varphi=60°$ 时，CD 杆的速度和加速度。

13.14　瓦特离心调速器以等角速度 ω 绕铅垂轴转动，如图 13.43 所示。由于机器负荷的变化，调速器重球以角速度 ω_1 向外张开。如 $\omega=10$rad/s，$\omega_1=1.2$rad/s，球柄长 $l=500$mm，悬挂球柄的支点到铅垂轴的距离为 $e=50$mm，球柄与铅垂轴的夹角 $\alpha=30°$，求此时重球的绝对速度。

13.15　弯成直角的曲杆 OAB 以 $\omega=$ 常数绕 O 点逆时针转动，如图 13.44 所示。在曲杆的 AB 段装有滑筒 C，滑筒又与铅直杆 DC 铰接于 C，O 点与 DC 位于同一铅垂直线上。设曲杆的 OA 段长为 r，求当 $\varphi=30°$ 时 DC 杆的速度和加速度。

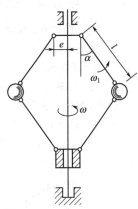

图 13.43　计算题 13.14 图

13.16　曲杆 OBC 绕 O 轴转动，使套在其上的小环 M 沿固定直杆 OA 滑动，如图 13.45 所示。已知 $OB=100$mm，OB 与 BC 垂直，曲杆的角速度 $\omega=0.5$rad/s。求当 $\varphi=60°$ 时，小环 M 的速度和加速度。

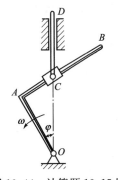

图 13.44　计算题 13.15 图

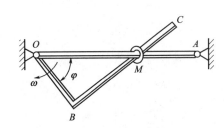

图 13.45　计算题 13.16 图

13.17　杆 AB 长 l，在固定平面内运动。已知杆两端的速度大小分别为 v_1 和 v_2，与 AB 杆的夹角分别是 α_1 和 α_2。试决定杆哪一点 M 的速度是沿杆的方向，并求杆的角速度。

13.18　四连杆机构 $OABO_1$，如图 13.46 所示。已知 $OA=O_1B=AB/2$，杆 OA 的角速度 $\omega=3$rad/s。求当 $\varphi=90°$ 而曲柄 O_1B 重合于 OO_1 的延长线上时，杆 AB 和曲柄 O_1B 的角速度。

13.19　已知图 13.47 所示机构中滑块 A 的速度 $v_A=0.2$m/s，$AB=0.4$m。求当 $AC=CB$、$\alpha=30°$ 时杆 CD 的速度（提示：以 CD 杆的 C 点为动点，动系固结于 AB 杆，牵连运动为平面运动）。

13.20　半径为 R 的车轮在水平直道上滚动而不滑动，试决定下列情况下，轮上与地面接触点的加速度大小与方向。

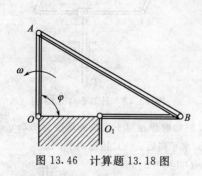

图 13.46　计算题 13.18 图

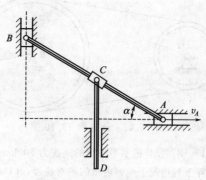

图 13.47　计算题 13.19 图

(1) 轮心以匀速 v 运动；

(2) 轮心有加速度 a，而该瞬时轮心的速度为 v，其方向与加速度同向或反向。

13.21　滚压机构的滚子沿水平滚动而不滑动，如图 13.48 所示。已知曲柄 OA 长 0.1m，以等转速 $n=30$r/min 绕 O 轴转动。如滚子半径 $R=0.1$m，连杆 AB 长为 0.173m，求当曲柄与水平面交角为 $60°$ 时，滚子的角速度和角加速度。

13.22　如图 13.49 所示机构中，曲柄 OA 以等角速度 ω_0 绕 O 轴转动，且 $OA=O_1B=r$。在图示位置 $\angle AOO_1=90°$，$\angle BAO=\angle BO_1O=45°$，求此时点 B 的加速度和 O_1B 杆的角加速度。

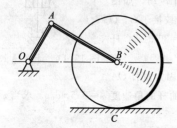

图 13.48　计算题 13.21 图

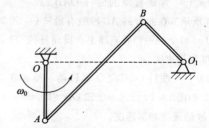

图 13.49　计算题 13.22 图

第 14 章　动力学方程

14.1　质点运动微分方程

物体运动状态的改变和所受外力之间存在因果关系，这种关系的理论表述就是**牛顿第二定律**（Newton Second Law），其数学形式称为质点运动微分方程。

14.1.1　牛顿第二定律

牛顿[1]在前人研究成果的基础上，于 1687 年在《自然哲学的数学原理》一书中，提出了运动三定律。其中第二定律表述为：**质点**（particle）受到力作用时，所获得的加速度的大小与合力的大小成正比，与质点的质量成反比；加速度的方向与合力的方向相同。若以 m 表示**质量**（mass），则有

$$a = \frac{\sum F}{m} \quad \text{或} \quad \sum F = ma \tag{14.1}$$

式中力的单位为牛（N），质量的单位为公斤（或千克，kg），加速度的单位为米/秒^2（m/s^2）。式(14.1) 所表示的关系是力和加速度之间的瞬时关系。相同的外力作用下，质量大者加速度小，而质量小者加速度大。质量是质点（或物体）惯性大小的度量，是物体的固有属性。

由式(14.1) 可知，若物体不受外力作用或所受外力的合力为零，则加速度为零，它将保持其原来静止或匀速直线运动的状态不变，这便是**牛顿第一定律**（Newton First Law）或惯性定律。质点或物体具有保持其运动状态不变的特性，这种特性称为**惯性**（inertia）。力才是改变质点或物体运动状态的外部原因。

重量是物体所受重力，即地球的万有引力 G 的大小，它等于物体的质量 m 与重力加速度 g 的乘积

$$G = mg \tag{14.2}$$

其中重力加速度与物体所在地的纬度、海拔高度有关。在离开地面很高处，重力加速度显著减小。北纬 45°海平面上，国际计量委员会在实验基础上规定的标准重力加速度之值为：$g = 9.80665\text{m/s}^2$。

牛顿第二定律适用的坐标系称为惯性坐标系（参考系），在一般工程技术领域，可将固结于地面的坐标系或相对于地面作匀速直线运动的坐标系作为惯性坐标系。牛顿力学只适用于宏观物体，不适用于微观粒子。对于微观粒子的运动，可用量子力学描述。牛顿力学适合

---

[1] 伊萨克·牛顿（Isaac Newton，1642—1727），英国物理学家。他在伽利略等人工作的基础上进行深入研究，建立了称为经典力学基础的牛顿运动定律。他还进一步发展了开普勒等人的工作，发现万有引力定律。由于他建立了经典力学的基本体系，故人们常把经典力学称为"牛顿力学"。

于运动速度远远小于光速的物体,当物体的运动速度接近于光速时,应采用相对论力学来研究其运动规律。

14.1.2 质点运动微分方程

在式(14.1)中,将加速度 a 用质点位置坐标的时间导数来表示,得到的方程称为**质点运动微分方程**(differential equations of motion of a particle)。在不同的坐标系(参见图 14.1)下,运动微分方程的形式不同。

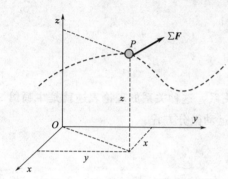

图 14.1 受力质点的运动

在直角坐标系下,将式(14.1)的矢量方程投影到 x、y、z 坐标轴上,则有

$$\left. \begin{aligned} \sum F_x &= ma_x \\ \sum F_y &= ma_y \\ \sum F_z &= ma_z \end{aligned} \right\} \qquad (14.3)$$

考虑到式(13.10),得到直角坐标形式的质点运动微分方程如下

$$\left. \begin{aligned} \sum F_x &= ma_x = m\dot{v}_x = m\ddot{x} \\ \sum F_y &= ma_y = m\dot{v}_y = m\ddot{y} \\ \sum F_z &= ma_z = m\dot{v}_z = m\ddot{z} \end{aligned} \right\} \qquad (14.4)$$

在自然轴坐标系下,式(14.1)的矢量方程向运动轨迹线的切向和法向投影,并利用式(13.21)和式(13.22),可得质点运动微分方程

$$\left. \begin{aligned} \sum F_\tau &= ma_\tau = m\frac{dv}{dt} = m\frac{d^2 s}{dt^2} \\ \sum F_n &= ma_n = m\frac{v^2}{\rho} \end{aligned} \right\} \qquad (14.5)$$

14.1.3 动力学两类问题

应用质点运动微分方程求解具体问题时,其研究的对象应该是可以抽象为质点的物体或平移刚体。对于由几个可分别视为质点的物体组成的质点系或物系,可分别取其中每个物体为研究对象。根据已知条件不同,质点动力学问题通常分为如下两类。

(1) 动力学第一类问题

已知质点的运动,求作用于质点上的力。由运动方程或速度函数对时间求导,得到加速度,并将加速度代入式(14.4)或式(14.5)便可求得质点上的力的大小。这类已知运动求力的问题称为动力学第一类问题,求解比较容易。

(2) 动力学第二类问题

已知作用于质点上的力,求质点的运动,需要由式(14.4)或式(14.5)积分。如果力是常力或时间的已知函数,则积分一次得速度,积分二次得位置坐标,其中的积分上限、下限或积分常数应由初始条件确定。如果力是位置或速度的函数,则不能直接积分求解,可先求解微分方程的通解,然后由初始条件确定任意常数。这类已知力求运动的问题称为动力学第二类问题,求解难度大于第一类问题。

所谓初始条件,就是质点的初位置和初速度($t=0$ 的位置和速度)。如果采用定积分形式求解，则需要由初始条件确定积分上限和下限；如果采用不定积分形式求解，则应由初始条件确定积分常数。从数学上讲，动力学第二类问题属于常微分方程的初值问题。

【例 14.1】 电梯携带重量为 G 的物体以匀加速度 a 上升，如图 14.2(a) 所示。试求电梯底板受到的压力。

【解】 以电梯内的物体为研究对象，受力如图 14.2(b) 所示，其中 F_N 为地板对物体的反力，其反作用力就是地板受到的压力。这是动力学第一类问题。以上升方向为 x 轴，方程成为

$$\sum F_x = ma_x$$

$$F_N - G = ma = \frac{G}{g}a$$

所以

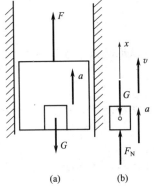

图 14.2 例 14.1 图

$$F_N = G\left(1 + \frac{a}{g}\right)$$

物体对底板的压力由两部分组成：一部分是物体的重量 G，它是电梯处于静止或匀速直线运动时的压力，通常称为静压力；另一部分是由于物体加速运动产生的压力，通常称为附加压力。全部压力称为动压力。如果定义动荷系数 $K_d = 1 + a/g$，则有 $F_N = K_d G$，说明动压力等于静压力与动荷系数的乘积。

电梯加速上升时的动压力大于静压力，这种现象称为超重；电梯加速下降时的动压力小于静压力，这种现象称为减重；加速下降时如果 $a = g$，则 $K_d = 1 - a/g = 0$，动压力 $F_N = 0$，这种现象称为失重。超重、减重和失重是普遍存在的物理现象。

【例 14.2】 工厂的桥式吊车，如图 14.3 所示。桥架上的小车带动重物 G 沿桥架以速度 v_0 作匀速直线运动。因故小车紧急制动，重物由于惯性向前摆动。已知钢丝绳长为 l，试求小车紧急制动时，钢丝绳的最大拉力 $F_{\max}$。

【解】 取重物为研究对象，在任意瞬时，所受外力为重力 G 和钢丝绳的拉力 F，如图 14.3 所示。小车制动后，重物向前作圆周运动，设运动速度为 v，取自然轴系，则由式(14.5) 的第二式得

$$F - G\cos\varphi = \frac{G}{g} \times \frac{v^2}{l}$$

所以

$$F = G\left(\cos\varphi + \frac{v^2}{gl}\right)$$

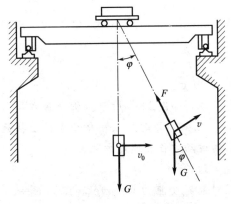

图 14.3 例 14.2 图

上式中 v 和 φ 均是变量，是时间的函数。由于制动后重物作减速运动，摆动角 φ 越大速度 v 越小，因此当 $\varphi = 0°$ 时，钢丝绳中的拉力最大

$$F_{\max} = (F)_{\varphi = 0°} = G\left(1 + \frac{v_0^2}{gl}\right) = K_d G$$

其中的动荷系数 K_d 为

$$K_d = 1 + \frac{v_0^2}{gl}$$

控制小车行走的速度，可以减小制动时钢丝绳的拉力；增大钢丝绳的长度，也可以减小钢丝绳的拉力。工程上重物起吊，都是缓慢上升，缓慢行走，以减小动荷系数。

进一步分析，重物的弧坐标为 $s = l\varphi$，由式(14.5) 的第一式得

$$-G\sin\varphi = \frac{G}{g}l\frac{d^2\varphi}{dt^2}$$

所以运动微分方程如下

$$\frac{d^2\varphi}{dt^2} + \frac{g}{l}\sin\varphi = 0$$

如果摆动角 φ 很小，$\sin\varphi \approx \varphi$，则运动微分方程可简化为

$$\frac{d^2\varphi}{dt^2} + \frac{g}{l}\varphi = 0$$

这是一个二阶常系数齐次常微分方程，其通解为

$$\varphi = A\sin\left(\sqrt{\frac{g}{l}}t + B\right)$$

常数 A、B 由题给初始条件：

$$t = 0, \varphi = 0: A\sin B = 0$$

$$t = 0, \frac{d\varphi}{dt} = \frac{v_0}{l}: A\sqrt{\frac{g}{l}}\cos B = \frac{v_0}{l}$$

解得

$$A = \frac{v_0}{\sqrt{gl}}, \quad B = 0$$

所以重物摆动的摆角方程为

$$\varphi = \frac{v_0}{\sqrt{gl}}\sin\sqrt{\frac{g}{l}}t$$

说明按简谐规律运动，此时的重物相当于一个**单摆**（simple pendulum）或**数学摆**（mathematical pendulum），其摆动周期 T 为

$$\sqrt{\frac{g}{l}}T = 2\pi, \quad \text{或} \quad T = 2\pi\sqrt{\frac{l}{g}}$$

【**例 14.3**】 质量为 m 的质点在黏性液体中自由下落，如图 14.4 所示。所受阻力 R 与速度 v 成正比，若以 c 表示黏滞阻尼系数，则有 $R = cv$。已知初始时质点在介质表面上被无初速释放，试求质点的运动方程和速度方程。

【**解**】

以质点为研究对象，受重力 $G = mg$ 和阻力 $R = cv$ 作用，方向如图 14.4 所示。取质点运动方向为 x 轴，由质点运动微分方程(14.4) 的第一式得

$$G - R = mg - c\dot{x} = m\ddot{x}$$

即

$$\ddot{x} + \frac{c}{m}\dot{x} = g$$

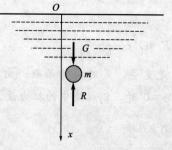

图 14.4 例 14.3 图

这是一个二阶常系数非齐次常微分方程，其解答为齐次通解和非齐次特解之和。其中本问题的非齐次特解为 $x=mgt/c$；为求齐次通解，设 $x=\mathrm{e}^{st}$，代入齐次微分方程，就有

$$\left(s^2+\frac{c}{m}s\right)\mathrm{e}^{st}=0$$

由此得到

$$s_1=0,\quad s_2=-\frac{c}{m}$$

齐次通解为

$$x=A\mathrm{e}^{s_1 t}+B\mathrm{e}^{s_2 t}=A+B\mathrm{e}^{-\frac{c}{m}t}$$

加上非齐次特解，运动方程的通解为

$$x=A+B\mathrm{e}^{-\frac{c}{m}t}+\frac{mg}{c}t$$

速度为

$$v=\frac{\mathrm{d}x}{\mathrm{d}t}=-\frac{c}{m}B\mathrm{e}^{-\frac{c}{m}t}+\frac{mg}{c}$$

任意常数 A、B，由初始条件确定

$$t=0,\ x=0：A+B=0$$

$$t=0,\ v=0：-\frac{c}{m}B+\frac{mg}{c}=0$$

解得

$$B=-A=\frac{m^2 g}{c^2}$$

所以，运动方程和速度方程分别为

$$x=\frac{mg}{c}\left[t-\frac{m}{c}(1-\mathrm{e}^{-\frac{c}{m}t})\right],\quad v=\frac{mg}{c}(1-\mathrm{e}^{-\frac{c}{m}t})$$

物体的沉降速度随时间的增加而增大。当 $t\to\infty$ 时，$v\to mg/c$，这一渐近值称为极限速度。质点最终以等速下沉。

黏滞阻尼系数 c 随着物体的大小、形状的不同而不同，因而极限速度与物体的质量、体积和形状有关，故可利用这个特点来分离大小不同的混合物。比如土的颗粒级配分析中，粒径 $\geqslant 0.075\mathrm{mm}$ 时，通常采用筛分法分离不同粒径；而当粒径 $<0.075\mathrm{mm}$ 时，则采用沉降法分离不同粒径。

14.2 质心运动定理

由 n 个质点组成的质点系中，设质量分别为 m_1、m_2、$\cdots$、m_n，相应的位置矢量为 $\boldsymbol{r}_1$、$\boldsymbol{r}_2$、$\cdots$、$\boldsymbol{r}_n$，则质心的位置矢量由下式定义

$$\boldsymbol{r}_C=\frac{\sum m_i \boldsymbol{r}_i}{\sum m_i}=\frac{\sum m_i \boldsymbol{r}_i}{m} \tag{14.6}$$

式中 $m=\sum m_i$ 为质点系的总质量。由此可得

$$m\boldsymbol{r}_C=\sum m_i \boldsymbol{r}_i$$

上式等号两端同时对时间 t 求二阶导数，得

$$m\frac{d^2 \boldsymbol{r}_C}{dt^2} = \sum m_i \frac{d^2 \boldsymbol{r}_i}{dt^2}$$

即

$$m\boldsymbol{a}_C = \sum m_i \boldsymbol{a}_i \tag{14.7}$$

式中 $\boldsymbol{a}_C$——质心的加速度，m/s²；

$\boldsymbol{a}_i$——第 i 个质点的加速度，m/s²。

质点系中各质点所受的力可分为质点系以外的力（或外部力，外力）和质点系以内质点之间的力（或内部力）两部分。第 i 个质点所受外力的合力用 $\boldsymbol{F}_i^{(e)}$ 表示，所受内部力用 $\boldsymbol{F}_i^{(i)}$ 表示，对该质点应用牛顿第二定律

$$m\boldsymbol{a}_i = \boldsymbol{F}_i^{(e)} + \boldsymbol{F}_i^{(i)} \tag{14.8}$$

对于质点系内的每个质点都能写出上述方程，并相加得到

$$\sum m_i \boldsymbol{a}_i = \sum \boldsymbol{F}_i^{(e)} + \sum \boldsymbol{F}_i^{(i)} \tag{14.9}$$

由作用与反作用公理（或牛顿第三定律）可知，质点系内任意两个质点之间相互作用的力必定成对出现，表现为等值、反向、作用线相同，其矢量和为零。就整个质点系而言，所有内部力的矢量和必然等于零，即 $\sum \boldsymbol{F}_i^{(i)} = 0$；并将质点上的外力 $\boldsymbol{F}_i^{(e)}$ 简记为 $\boldsymbol{F}$，这样一来，式 (14.9) 便成为

$$\sum m_i \boldsymbol{a}_i = \sum \boldsymbol{F} \tag{14.10}$$

现将式 (14.10) 代入式 (14.7)，得到如下关系

$$m\boldsymbol{a}_C = \sum \boldsymbol{F} \tag{14.11}$$

即质点系的质量与质心加速度的乘积等于作用于质点系上所有外力的矢量和（主矢），这一关系称为**质心运动定理**（theorem of the motion of the center of mass）。质点系的质心运动规律完全等同于一个质点的运动规律，这个质点集中了整个系统的质量，且受到作用于质点系全部外力的作用。矢量方程 (14.11) 在直角坐标轴上的投影式为

$$\left.\begin{array}{l} ma_{Cx} = m\ddot{x}_C = \sum F_x \\ ma_{Cy} = m\ddot{y}_C = \sum F_y \\ ma_{Cz} = m\ddot{z}_C = \sum F_z \end{array}\right\} \tag{14.12}$$

其中质心坐标 (x_C, y_C, z_C) 可由式 (14.6) 的位置矢量公式向坐标轴上投影得到，即

$$\left.\begin{array}{l} x_C = \dfrac{\sum m_i x_i}{m} \\[6pt] y_C = \dfrac{\sum m_i y_i}{m} \\[6pt] z_C = \dfrac{\sum m_i z_i}{m} \end{array}\right\} \tag{14.13}$$

如果作用于质点系上的外力的主矢恒为零，即 $\sum \boldsymbol{F} = 0$，则 $\boldsymbol{a}_C = 0$，$\boldsymbol{v}_C = $ 常矢量，此时质心作惯性运动。如果质心开始时是静止的，则质心将始终保持不动，这种现象称为质心运动守恒。当外力在某一方向的投影恒为零时，则在该方向上质心运动守恒。质心运动守恒可用图 14.5 所示在水面上静止中的小船来说明，不计水的阻力时，船和人组成的系统，所受外力沿铅垂方向，在水平方向不受外力作用，由质心运动守恒可知，当人在船上走动时，人和船的公共质心在水平方向始终保持静止不动。所以，当人从船头走到船尾时，船必定要向前移动，以保持总质心位置不变。

图 14.5 水面上静止的小船

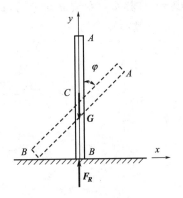

图 14.6 例 14.4 图

【**例 14.4**】 有一长为 l、质量为 m 的均质杆 AB，垂直于光滑平面，如图 14.6 所示。试求当杆无初速度倒下时，顶端 A 点的运动轨迹。

【**解**】

取初始时杆端 B 为 x、y 坐标的坐标原点，如图 14.6 所示。杆件所受外力有重力 G 和水平面的反力 F_R，它们都沿 y 轴，故有 $\sum F_x = 0$，说明质心在 x 方向运动守恒。质心 C 在运动之初静止于 y 轴上，运动过程中它应保持在 y 轴上，即质心 C 仅沿 y 轴运动。设任意瞬时杆 AB 与 y 轴的夹角为 φ，因 $AC = l/2$，所以 A 点的坐标为

$$x = AC\sin\varphi = \frac{l}{2}\sin\varphi$$

$$y = AB\cos\varphi = l\cos\varphi$$

消去参数 φ 得 A 点的运动轨迹

$$\frac{x^2}{(l/2)^2} + \frac{y^2}{l^2} = 1$$

即 A 点的轨迹为一椭圆，半长轴为 l，半短轴为 $l/2$。

【**例 14.5**】 电机定子质量 m_1，转子质量 m_2，转子旋转轴通过定子质心 O_1，转子质心 O_2 有一偏心距 r，其角速度为 ω，如图 14.7 所示。电机用地脚螺栓固定在基础上，试求螺栓受到的合力。

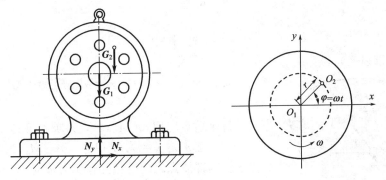

图 14.7 例 14.5 图

【**解**】

电机定子与转子组成质点系，其上外力有定子的重力 $G_1 = m_1 g$ 和转子的重力 $G_2 = m_2 g$，作用于各自的质心（重心）；螺栓反力 N_x 和 N_y，大小和方向均未知。

取 O_1xy 坐标系，则质点坐标为 $x_1=y_1=0$，$x_2=r\cos\omega t$，$y_2=r\sin\omega t$。系统的总质量 $m=m_1+m_2$，质心坐标为

$$x_C = \frac{\sum m_i x_i}{m} = \frac{m_1 x_1 + m_2 x_2}{m} = \frac{m_2 r\cos\omega t}{m}$$

$$y_C = \frac{\sum m_i y_i}{m} = \frac{m_1 y_1 + m_2 y_2}{m} = \frac{m_2 r\sin\omega t}{m}$$

质心加速度为

$$a_{Cx} = \frac{\mathrm{d}^2 x_C}{\mathrm{d}t^2} = -\frac{m_2 r\omega^2 \cos\omega t}{m}$$

$$a_{Cy} = \frac{\mathrm{d}^2 y_C}{\mathrm{d}t^2} = -\frac{m_2 r\omega^2 \sin\omega t}{m}$$

由式(14.12)可得

$$ma_{Cx} = -m_2 r\omega^2 \cos\omega t = N_x$$
$$ma_{Cy} = -m_2 r\omega^2 \sin\omega t = N_y - G_1 - G_2$$

于是解得

$$N_x = -m_2 r\omega^2 \cos\omega t$$
$$N_y = G_1 + G_2 - m_2 r\omega^2 \sin\omega t = m_1 g + m_2 g - m_2 r\omega^2 \sin\omega t$$

水平反力 N_x 使螺栓受剪。竖直反力 $N_y>0$ 时，螺栓不受力，只有基础受压力；当 $N_y<0$ 时，螺栓受拉力作用。螺栓在杆轴方向和垂直于杆轴方向的受力是变化的，承受交变应力作用，应进行疲劳验算，而不能按静力强度方法设计。

14.3 刚体定轴转动微分方程

14.3.1 定轴转动基本方程

定轴转动刚体上任一质点 m_i 距转轴 z 的距离为 r_i，该质点作圆周运动，作用力分解为切向力 $F_{i\tau}$ 和法向力 F_{in}，如图 14.8 所示。其中切向力由刚体以外的力 $F_{i\tau}^{(e)}$ 和刚体内部质点之间的相互作用力 $F_{i\tau}^{(i)}$ 两部分组成。由牛顿第二定律得

$$m_i a_{i\tau} = F_{i\tau}$$

即

$$m_i r_i \varepsilon = F_{i\tau}^{(e)} + F_{i\tau}^{(i)}$$

等式两端同时乘以 r_i，得

$$m_i r_i^2 \varepsilon = F_{i\tau}^{(e)} r_i + F_{i\tau}^{(i)} r_i = M_z(F_{i\tau}^{(e)}) + M_z(F_{i\tau}^{(i)})$$

(14.14)

对每个质点应用式(14.14)，并求和得到

$$(\sum m_i r_i^2)\varepsilon = \sum M_z(F_{i\tau}^{(e)}) + \sum M_z(F_{i\tau}^{(i)}) \quad (14.15)$$

因为刚体内部质点之间的相互作用力成对出现，所以 $\sum M_z(F_{i\tau}^{(i)})=0$，式(14.15)成为

$$(\sum m_i r_i^2)\varepsilon = \sum M_z(F_{i\tau}^{(e)}) \quad (14.16)$$

简记

$$J_z = \sum m_i r_i^2 \quad (14.17)$$

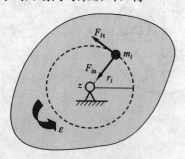

图 14.8 定轴转动刚体上质点受力

$$M_z = \sum M_z(F_{i\tau}^{(e)}) \tag{14.18}$$

则式(14.16)可表示为

$$J_z \varepsilon = M_z \tag{14.19}$$

这便是刚体定轴转动基本方程，其中 J_z 为刚体对转轴 z 的转动惯量（kg·m²），M_z 为刚体以外的力对 z 轴的力矩代数和（N·m）。式(14.19)说明，刚体对定轴的转动惯量与角加速度的乘积，等于作用在刚体上的外力系对转轴之矩。

将角加速度 ε 与角速度 ω、转角 φ 的关系式(13.32)代入式(14.19)，得到**刚体绕定轴转动的微分方程**（differential equations of rotation of rigid body with a fixed axis）

$$J_z \frac{d\omega}{dt} = J_z \frac{d^2\varphi}{dt^2} = M_z \tag{14.20}$$

14.3.2 刚体的转动惯量

由式(14.17)可知，刚体对转轴 z 的**转动惯量**（rotary inertia）就是刚体内各质点的质量与该点到 z 轴距离平方的乘积的总和。它不仅与刚体的质量大小有关，而且还与刚体的质量分布有关。刚体的质量越大，或质量分布离转轴越远，则转动惯量就越大；反之，则转动惯量越小。转动惯量是刚体作定轴转动的惯性度量。相同外力矩，转动惯量大则角加速度小，即转速变化小；转动惯量小则角加速度大，即转速变化大。仪表指针需要高的灵敏度，转动惯量应尽量小，所以做成内大外小的针尖形；飞轮的主要作用是保证运行平稳，则需要较大的转动惯量。机械中的飞轮（见图14.9）常做成边缘厚中间薄，将大部分质量分布在远离转轴的地方，以获得较大的转动惯量，使转速的变化（角加速度）减小，这就能保证平稳运转。

图14.9 机械中的飞轮

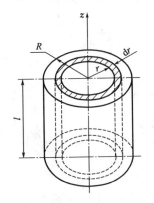

图14.10 例14.6图

当刚体的质量连续分布时，式(14.17)的求和变成如下定积分

$$J_z = \int_m r^2 \, dm \tag{14.21}$$

设想刚体的质量集中在与 z 轴相距为 ρ 的一个点上，而保持转动惯量不变，则距离 ρ 称为**回转半径**（radius of gyration）。这样，刚体的转动惯量就可表示为刚体的质量 m 与回转半径 ρ 的平方的乘积，即

$$J_z = m\rho^2 \tag{14.22}$$

当已知转动惯量和质量时，可由下式计算回转半径

$$\rho = \sqrt{\frac{J_z}{m}} \tag{14.23}$$

应该注意的是,回转半径只是一个抽象概念,并不是真实存在的一个半径。

【例 14.6】 半径为 R、长为 l 的均质圆柱体,如图 14.10 所示。已知柱体的质量为 m,试求对中心轴 z 的转动惯量和回转半径。

【解】 取一离转轴距离为 r,厚度为 dr 的微分圆筒,其体积为

$$dV = 2\pi r \times dr \times l$$

该微分圆筒的质量为

$$dm = \frac{m}{V} dV = \frac{m}{\pi R^2 l} \times 2\pi lr \times dr = \frac{2m}{R^2} r dr$$

整个圆柱对中心轴 z 的转动惯量为

$$J_z = \int_m r^2 dm = \frac{2m}{R^2} \int_0^R r^3 dr = \frac{1}{2} mR^2$$

回转半径为

$$\rho = \sqrt{\frac{J_z}{m}} = \sqrt{\frac{mR^2}{2m}} = 0.707R$$

半径为 R、质量为 m 的均质圆盘、圆轮对垂直于盘面的轮心轴的转动惯量、回转半径也可按上述公式计算。

几何形状规则的均质物体,转动惯量可用积分法计算,对转轴通过刚体质心的转动惯量的计算公式可在有关手册中查到;几何形状不规则的物体,比如图 14.11 所示的发动机连杆等构件,其转动惯量一般不能由积分公式直接计算,这时可以通过试验测定。

图 14.11 发动机连杆

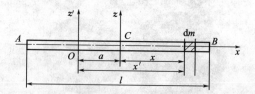

图 14.12 对平行轴的转动惯量

已知刚体对通过质心的转轴的转动惯量,可以用平行轴定理确定刚体对质心以外某轴的转动惯量。如图 14.12 所示为一旋转杆件,已知对质心轴 z 的转动惯量 J_z,现要求出对与 z 轴平行的 z' 轴的转动惯量。设两平行轴的距离为 a,则由转动惯量的定义有

$$J_{z'} = \int_m x'^2 dm = \int_m (x+a)^2 dm = \int_m x^2 dm + 2a \int_m x dm + a^2 \int_m dm$$

上式中的三个积分依次为

$$\int_m x^2 dm = J_z, \quad \int_m x dm = 0, \quad \int_m dm = m$$

所以刚体对任意平行轴的转动惯量为

$$J_{z'} = J_z + ma^2 \qquad (14.24)$$

物体对于任意轴 z' 的转动惯量，等于物体对平行于 z' 轴的质心轴 z 的转动惯量加上物体质量与两轴距离平方的乘积。这一关系称为转动惯量的平行轴定理。由此可知，物体对过质心轴的转动惯量最小。

14.3.3 刚体定轴转动方程的应用

与质点运动微分方程一样，刚体绕定轴转动基本方程(14.19)、刚体绕定轴转动微分方程(14.20)也可以求解两类动力学问题：

① 已知转动规律求力矩或力，如果已知角加速度，则可由式(14.19)直接计算作用于物体上的力矩或力；若已知转角或角速度，需进行微分运算才能求得力矩或力。

② 已知作用于物体上的外力矩求转动规律，直接积分或求解微分方程，并利用初始条件确定任意常数。

刚体定轴转动动力学基本方程或微分方程，只适用于单个转动刚体。对于具有多个固定转动轴的物体系统来说，需要将各物体拆开，分别取各个物体或构件为研究对象，列出相应方程，联立才能求出问题的解答。

【例 14.7】 重量为 G 的连杆绕通过固定轴心 O 的水平轴 z 作微幅摆动，如图 14.13(a) 所示。已测得其摆动的周期为 T，连杆的质心与其两端圆孔的中心距离分别为 $OC=a$，$O_1C=b$，试求连杆对于圆孔中心 O 和 O_1 的转动惯量。

【解】 连杆为研究对象，所受主动力仅为重力，如图 14.13(b) 所示。取逆时针转为正，则

$$M_z = -Ga\sin\varphi$$

连杆绕定轴 O 转动的微分方程为

$$J_O \frac{d^2\varphi}{dt^2} = M_z = -Ga\sin\varphi$$

即

$$\frac{d^2\varphi}{dt^2} + \frac{Ga}{J_O}\sin\varphi = 0$$

当连杆作微幅摆动时，$\sin\varphi \approx \varphi$，所以摆动微分方程简化为

$$\frac{d^2\varphi}{dt^2} + \frac{Ga}{J_O}\varphi = 0$$

方程的通解为

$$\varphi = A\sin\left(\sqrt{\frac{Ga}{J_O}}t + B\right)$$

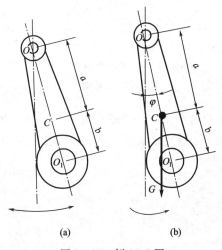

图 14.13 例 14.7 图

式中 A、B 为由初始条件确定的常数。摆动规律为正弦函数，其摆动的周期为

$$T = 2\pi\sqrt{\frac{J_O}{Ga}}$$

据此解得连杆对转轴 O 的转动惯量

$$J_O = \left(\frac{T}{2\pi}\right)^2 Ga$$

为求连杆对 O_1 的转动惯量，需要利用平行轴定理。由

$$J_O = J_C + \frac{G}{g}a^2$$

解得

$$J_C = J_O - \frac{G}{g}a^2$$

所以

$$J_{O_1} = J_C + \frac{G}{g}b^2 = J_O - \frac{G}{g}a^2 + \frac{G}{g}b^2 = \left[\left(\frac{T}{2\pi}\right)^2 a - \frac{(a^2-b^2)}{g}\right]G$$

像连杆这种在重力作用下绕固定轴摆动的物体称为**复摆**（compound pendulum）或**物理摆**（physical pendulum），复摆的质心不在悬挂轴上。对于形状复杂的杆件，通常可做成复摆测定摆动周期，从而得到转动惯量。

14.4 刚体平面运动微分方程

由第 13 章可知，刚体的平面运动可以分解为随基点的平移运动（牵连运动）和绕基点的转动（相对运动）两部分，而基点的选取是任意的，平移部分与基点的选取有关，转动部分与基点无关。现选取质心 C 为基点，则刚体的平面运动分解为随质心的平移和绕质心（过质心且垂直于平面的轴）的转动。这两部分运动可用质心坐标 x_C、y_C 和刚体的转角 φ 来描述，如图 14.14 所示。平面运动刚体上的作用力可简化为平面力系，力和运动之间的关系适用于质心运动定理和定轴转动刚体动力学基本方程，所以

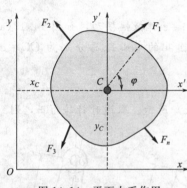

图 14.14 平面力系作用下刚体平面运动

$$\left.\begin{array}{l} m\boldsymbol{a}_C = \sum \boldsymbol{F} \\ J_C \varepsilon = M_z \end{array}\right\} \quad (14.25)$$

这就是刚体平面运动动力学基本方程，注意到 M_z 是外力对过 C 点的垂直于平面的坐标轴 z 的矩。考虑到质心坐标和质心加速度的关系以及转角和角加速度的关系，则式(14.25) 成为

$$\left.\begin{array}{l} ma_{Cx} = m\dfrac{\mathrm{d}^2 x_C}{\mathrm{d}t^2} = \sum F_x \\[2mm] ma_{Cy} = m\dfrac{\mathrm{d}^2 y_C}{\mathrm{d}t^2} = \sum F_y \\[2mm] J_C \varepsilon = J_C \dfrac{\mathrm{d}^2 \varphi}{\mathrm{d}t^2} = M_z \end{array}\right\} \quad (14.26)$$

这就是**刚体平面运动微分方程**(differential equations of planar motion of rigid body)。通过该方程组可以求解刚体平面运动动力学的两类问题。

【例 14.8】 半径为 r 的均质圆轮从静止开始，沿坡角为 θ 的斜坡（斜面）无滑动地滚下，如图 14.15 所示。试求轮心的加速度和圆轮在斜坡上不打滑的最小静滑动摩擦系数。

【解】

圆轮为研究对象，在重力 G、斜坡上的法向反力 F_N 和摩擦力 F 作用下作平面运动。

(1) 轮心加速度

根据刚体平面运动微分方程(14.26)，应有

$$\frac{G}{g}a_C = G\sin\theta - F \quad (a)$$

$$0 = G\cos\theta - F_N \quad (b)$$

$$J_C\varepsilon = Fr \quad (c)$$

上述三个方程中包含四个未知量：a_C、ε、F_N 和 F，根据圆轮纯滚动，补充角加速度和质心（圆心）加速度的关系

$$a_C = r\varepsilon \quad (d)$$

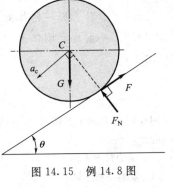

图 14.15　例 14.8 图

由 (c)、(d) 两式解得

$$F = J_C \times \frac{\varepsilon}{r} = \frac{1}{2} \times \frac{G}{g}r^2 \times \frac{a_C}{r^2} = \frac{1}{2} \times \frac{Ga_C}{g} \quad (e)$$

将式(e)代入式(a)，得轮心加速度

$$a_C = \frac{2}{3}g\sin\theta \quad (f)$$

(2) 圆轮在斜坡上不滑动的最小静滑动摩擦系数

由式(b)得

$$F_N = G\cos\theta$$

最大静摩擦力

$$F_{\max} = \mu F_N = \mu G\cos\theta$$

将式(f)代入式(e)，得摩擦力

$$F = \frac{1}{3}G\sin\theta$$

根据摩擦力的性质，应有 $F \leqslant F_{\max}$，即

$$\frac{1}{3}G\sin\theta \leqslant \mu G\cos\theta$$

得到

$$\mu \geqslant \frac{1}{3}\tan\theta$$

所以，最小摩擦系数为

$$\mu_{\min} = \frac{1}{3}\tan\theta$$

如果实际摩擦系数小于该最小值，则圆轮会产生滑动，此时 F 为动滑动摩擦力，它是一个确定值 $F = \mu' F_N$。式(a)~式(c)仍然有效，可以求解圆轮的轮心加速度和角加速度。

思 考 题

14.1　物体向正东方向运动，外力的合力是否指向正东方向？

14.2　两个质点的质量相同，在相同的力作用下运动，试问在各瞬时两质点的速度和加速度是否相同？说明理由。

14.3　质点运动微分方程的适用条件有哪些？

14.4　运动中的物体，"速度大时受力大，速度小时受力小"这个观点是否正确？

14.5　质点系的质心与重心有何区别与联系？质心运动守恒的条件是什么？

14.6 什么是回转半径？它是否就是物体的质心到转轴的距离？

14.7 为什么同一刚体对不同轴的转动惯量不同？

14.8 平面运动刚体为何一定要选质心为基点而不是任选一点为基点，来建立运动微分方程？

选 择 题

14.1 在地面上观察同一自由质点的运动轨迹，有时候观察到是铅垂直线，有时观察到是抛物线，其原因是（　　）。

A. 受力情况不同　　　　　　　　B. 初始条件不同

C. 观察位置不同　　　　　　　　D. 观察时间不同

14.2 求解质点动力学问题时，质点的初始条件是用来（　　）。

A. 分析力的变化规律　　　　　　B. 建立运动微分方程

C. 确定积分常数　　　　　　　　D. 分离积分变量

14.3 均质杆 AB 在 A 端用绳子悬吊于顶棚，B 端与光滑地面接触，如图 14.16 所示。开始时处于静止状态，若将绳子剪断，则质心 C 的运动轨迹是（　　）。

A. 沿水平直线向左运动　　　　　B. 沿水平直线向右运动

C. 沿某曲线运动　　　　　　　　D. 沿铅垂线向下运动

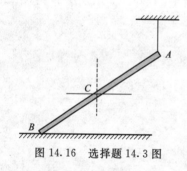

图 14.16　选择题 14.3 图　　　　　图 14.17　选择题 14.5 图

14.4 在光滑的水平桌面上，放置一根静止的均质杆 AB，杆的质心位置在 C 点，当杆受到一个力偶矩为 M 的力偶作用时，杆 AB 将（　　）。

A. 绕端点 A 点转动　　　　　　　B. 绕端点 B 转动

C. 绕质心 C 转动　　　　　　　　D. 先绕 A 点转动，后绕 C 点转动

14.5 长为 l、质量为 m 的均质杆，如图 14.17 所示。已知杆对 z 轴的转动惯量 $J_z = ml^2/3$，则杆对 z' 轴的转动惯量 $J_{z'} = (\ \ )$。

A. $\dfrac{7}{48}ml^2$　　　　B. $\dfrac{43}{48}ml^2$　　　　C. $\dfrac{11}{48}ml^2$　　　　D. $\dfrac{1}{48}ml^2$

14.6 两个大小和质量完全相同的均质圆轮，轮Ⅰ作平面运动，轮Ⅱ绕轮心作定轴转动，若所受外力对轮心 C 的力矩皆为 M_z，则下述关于速度、加速度的判断中，正确的是（　　）。

A. $\omega_Ⅰ = \omega_Ⅱ$　　　　B. $\varepsilon_Ⅰ = \varepsilon_Ⅱ$　　　　C. $a_{CⅠ} = a_{CⅡ}$　　　　D. $v_{CⅠ} = v_{CⅡ}$

14.7 已知复摆的周期为 T，质量为 m，质心到转轴的距离为 b，则复摆对转轴的回转半径 $\rho =$（　　）。

A. $\left(\dfrac{T}{2\pi}\right)^2 mgb$　　　B. $\dfrac{T}{2\pi}\sqrt{mgb}$　　　C. $\left(\dfrac{T}{2\pi}\right)^2 gb$　　　D. $\dfrac{T}{2\pi}\sqrt{gb}$

计 算 题

14.1 挂在钢索上的吊笼质量为 3000kg，由静止开始匀加速上升，在 3s 钟内上升了 1.8m，试求钢索

的拉力（不计钢索自重）。

14.2　一台电力机车重 $G=980$kN，由静止开始沿水平直线轨道作匀加速运动，经过100m行程，速度达到36km/h。假设行车阻力是车重的0.01倍，试求机车的总牵引力。

14.3　质量为0.001kg的小球在重力作用下降落，并受到空气阻力，其运动方程为
$$x=4.9t-2.45+0.01e^{-2t}$$
其中 x 以 m 计，t 以 s 计，Ox 轴铅垂向下。求小球所受阻力 F_R 与速度 v 的关系。

14.4　在上升的升降机中用弹簧秤称一个物体。物体原重50N，而弹簧秤的指示值为51N，求升降机的加速度。

14.5　质量为 m 的质点受已知作用沿直线运动，该力按规律 $F=F_0\cos\omega t$ 而变化，其中 F_0、ω 为常数。当开始运动时，质点已具有初速度 v_0，求此质点的运动方程。

14.6　质量为 M 的驳船静止于水面上，船的中间部位甲板上有一质量为 m_1 的汽车和质量为 m_2 的拖车。若汽车和拖车向船头移动一段距离 b，不计水的阻力，求驳船移动的距离。

14.7　质量为 M 的大三角块放在绝对光滑的水平面上，其斜面上另放一个和它相似的小三角块，其质量为 m，如图14.18所示。已知大小三角块的水平边长度各为 b 和 c，试求小三角块由图示位置下滑到底时大三角块的位移。

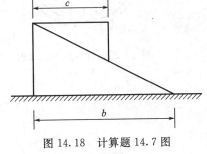

图14.18　计算题14.7图

14.8　质量为 m_1 和 m_2 的两重物，分别挂在两条绳子上，绳又分别绕在半径为 r_1 和 r_2 并装在同一轴的两鼓轮上，如图14.19所示。已知两鼓轮对于转轴 O 的转动惯量为 J，系统在重力作用下发生运动，试求鼓轮的角加速度。

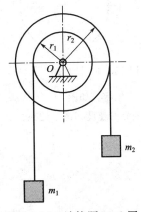

图14.19　计算题14.8图

图14.20　计算题14.10图

14.9　为求轴承中的摩擦力矩，在轴上装一质量为500kg、回转半径 $\rho=1.5$m 的飞轮，使飞轮的转速达到 $n=240$r/min，然后任其自转，飞轮在10min后停止转动，设轴承的摩擦力矩 M_f 为常数，求 M_f 的值。

14.10　飞轮轴受到扭矩 M 作用，如图14.20所示。已知飞轮质量75kg，对其转轴的回转半径为0.50m，扭矩 $M=10(1-e^{-t})$N·m，t 的单位为s。若飞轮从静止开始运动，试求 $t=3$s时的角速度 ω。

14.11　圆环的内缘支承在刀刃 A 上，如图14.21所示。已知环的内半径为1.1m，其微幅振动的周期 $T=2.93$s，求环对于中心轴 C 的回转半径。

14.12　连杆 AB 绕轴 O 作微幅振动，如图14.22所示，测得周期 $T=1$s。已知连杆的质量为15kg，$l_1=200$mm，$l_2=100$mm，C 为质心。试求连杆对于轴 B 的转动惯量。

14.13　物体 A 质量为 m，挂在绳子上，而绳子又跨过固定滑轮 D 并绕在鼓轮 B 上，如图14.23所示。

由于重物下降，带动了轮 C，使它沿水平轨道滚动而不滑动。设鼓轮 B 的半径为 r，轮 C 的半径为 R，两者固连在一起总质量为 M，对于水平轴 O 的回转半径为 ρ，求重物 A 的加速度。

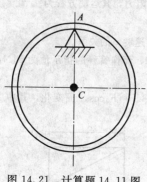

图 14.21　计算题 14.11 图

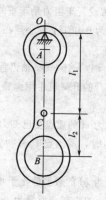

图 14.22　计算题 14.12 图

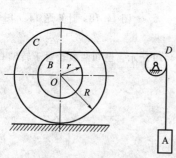

图 14.23　计算题 14.13 图

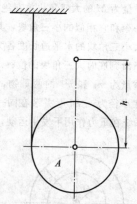

图 14.24　计算题 14.14 图

14.14 均质圆柱 A 的质量为 m，在其中部绕以细绳，绳子的一端固定，如图 14.24 所示。圆柱体因绳子解开而下降，其初速度为零，求当圆柱体的轴心下降了高度 h 时轴心的速度和绳子的拉力。

第 15 章 达朗贝尔原理

15.1 惯性力与动静法

当约束质点受到外力作用而改变原来的运动状态时，由于质点的惯性而产生对外界反抗的反作用力，称为质点的**惯性力**（inertial force）。惯性力用 F_I 表示，应有

$$F_I = -ma \tag{15.1}$$

其大小等于质量乘以加速度，方向与加速度相反，作用于施力物体（约束物体）上。应当注意的是，惯性力并非作用于质点或受力物体上的力。例如系在绳端质量为 m 的小球（质点） P，在水平面内作匀速圆周运动，如图 15.1 所示。绳子对小球的拉力为 F，即为小球作匀速圆周运动的**向心力**（centripetal force）；小球对绳子的反抗力 F_I，称为小球的惯性力。这个惯性力与向心加速度的方向相反，恒背离圆心，故常称之为离心惯性力或**离心力**（centrifugal force）。

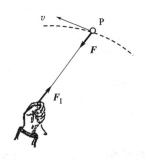

图 15.1 质点的惯性力

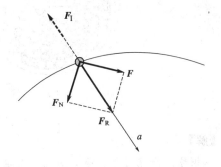

图 15.2 约束质点的运动

设约束质点的质量为 m，在主动力 F 和约束反力 F_N 作用下，沿曲线运动，如图 15.2 所示。作用于质点上的合力 $F_R = F + F_N$，若质点获得的加速度为 a，则由牛顿第二定律得

$$F_R = F + F_N = ma$$

即

$$F + F_N - ma = 0$$

引进由式(15.1)所表示的惯性力，则有

$$F + F_N + F_I = 0 \tag{15.2}$$

说明非自由质点（约束质点）在主动力 F、约束反力 F_N 和假想的惯性力共同作用下，形式上构成一个平衡力系，可用平衡方程求解动力学问题，这就是达朗贝尔[①]原理（d'Alembert

---

[①] 达朗贝尔（Jean Le. Rond d'Alembert, 1717—1783），法国数学家、启蒙思想家、哲学家，主要著作有《哲学原理》、《力学原理》、《数学论文集》等。

principle)。

引入惯性力以后，动力学问题便转化为静力平衡问题。可利用平衡方程求解约束反力，这样的方法又称为动静法。其求解问题的步骤是，首先在质点上虚拟地加上惯性力，它与主动力和约束反力构成形式上的汇交力系，然后利用如下平衡方程

$$\left.\begin{array}{l}\sum F_x=F_x+F_{Nx}+F_{Ix}=0\\ \sum F_y=F_y+F_{Ny}+F_{Iy}=0\\ \sum F_z=F_z+F_{Nz}+F_{Iz}=0\end{array}\right\} \quad (15.3)$$

求解未知量。

对于质点系，则需在每个质点上虚加惯性力，形成惯性力系，它与主动力系、约束反力系构成形式上的平衡力系，可按一般力系的平衡方程求解未知量。

【例 15.1】 球磨机滚筒以匀角速度 ω 绕水平轴 O 转动，如图 15.3(a) 所示。滚筒内装钢球和需粉碎的物料，钢球被筒壁带到一定高度的 A 处脱离筒壁，然后沿抛物线轨迹自由落下，从而击碎物料。设筒壁内半径为 r，试求脱离处半径 OA 与铅垂线的夹角（脱离角）θ。

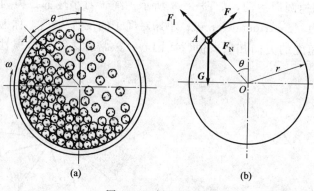

图 15.3　例 15.1 图

【解】

以钢球为研究对象，受重力 G、筒壁法向反力 F_N 和筒壁摩擦力 F 作用。只有向心加速度，惯性力为离心力

$$F_I=ma_n=\frac{G}{g}r\omega^2$$

钢球受力如图 15.3(b) 所示。取 x 轴沿 AO 方向，由

$$\sum F_x=0：F_N+G\cos\theta-F_I=0$$

得

$$F_N=F_I-G\cos\theta=G\left(\frac{r\omega^2}{g}-\cos\theta\right)$$

随着钢球上升，法向约束反力的大小 F_N 将逐渐减小。在钢球即将脱离筒壁时，约束反力 $F_N=0$。由此得脱离角

$$\theta=\arccos\left(\frac{r\omega^2}{g}\right)$$

若 $r\omega^2/g=1$，则 $\theta=0°$，说明钢球不会脱离筒壁落下，使球磨机不能工作。此时 $\omega_1=\sqrt{g/r}$，而球磨机正常工作的条件为 $\omega<\omega_1$。

【例 15.2】 人们可采用加速度测定摆来测定列车的加速度,如图 15.4 所示。这种装置是在车厢顶上用线绳悬挂一个质量为 m 的重球,当车厢作匀加速直线运动时,线绳将偏向一方,与铅锤线成不变的角 θ。试求车厢加速度 a 与摆角 θ 的关系。

【解】

以摆球为研究对象,受重力 G、线绳张力 F_T 作用。

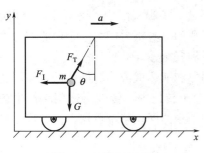

图 15.4 例 15.2 图

图 15.5 公路弯道超高

以地面为参考系,当车厢以匀加速度 a 向前运动时,偏角 θ 不变,摆球与车厢保持相对静止,摆球与车厢具有相同的加速度。施加惯性力 F_I 于摆球上,其大小为 $F_I = ma$,与加速度反向,如图 15.4 所示。

取图示坐标系,平衡方程为

$$\sum F_x = 0: F_T \sin\theta - F_I = 0$$
$$\sum F_y = 0: F_T \cos\theta - G = 0$$

消去线绳的张力得

$$\tan\theta = \frac{F_I}{G} = \frac{ma}{mg} = \frac{a}{g}$$

所以

$$a = g\tan\theta$$

惯性力在工程领域既有害也有利,人们总是趋利而避害,即设法减小不利影响,充分利用有利的一面。

汽车在直线道路上匀速行驶时,无惯性力存在,但当行驶到弯道上时,则存在所谓的离心力。设车重为 G,行驶速度为 v,公路弯道半径为 R,则离心力的大小为

$$F_I = ma_n = \frac{G}{g} \times \frac{v^2}{R}$$

与行驶速度的平方成正比,而与弯道半径成反比。离心力使乘客的舒适感下降,也使汽车有向外滑移和向外倾覆的危险。为了使乘客舒适,保证汽车行驶的稳定性,可采取的措施一是减小离心力,二是减小离心力的作用或影响。在车速一定的条件下,增大弯道半径,可使离心力减小,因此,交通运输部发布的《公路路线设计规范》(JTJ D20—2006)规定了圆曲线最小半径取值,详见表 15.1。表中"一般值"与"极限值"的区别,在于曲线行车舒适性的差异。当弯道半径(圆曲线半径)确定后,可把路面做成外侧高的单向横坡(见图 15.5),这种横坡工程上称为超高,它利用汽车重力沿斜坡的分力以抵消一部分离心力的作用,其余离心力可由汽车轮胎和路面之间的横向摩擦阻力来平衡。而超高横坡的坡度值通常为 6%~10%。

表 15.1 （公路）圆曲线最小半径

设计速度/(km/h)		120	100	80	60	40	30	20
圆曲线最小半径/m	一般值	1000	700	400	200	100	65	30
	极限值	650	400	250	125	60	30	15

注："一般值"为正常情况下的采用值；"极限值"为条件受限时可采用的值。

同样，机车车辆在曲线上行驶时，由于离心力的作用，将机车车辆推向外股钢轨，一方面加大了对外股钢轨的压力，另一方面使旅客感觉不适。工程实践中，除规定线路[1]圆曲线的最小半径以外，还将外侧轨道适当抬高，使机车车辆的自身重力产生一个向心的分力以部分抵消离心力，满足旅客舒适感，提高线路的稳定性和安全性。

离心机是利用离心力以分离粒状（或纤维状）固体和液体或液体和液体的机械设备。其主要部分是一个可旋转的圆桶，叫"转鼓"。将物料置于转鼓内，转鼓高速旋转产生的离心力将密度不同的物质分离。小到牛乳中的奶油，大到铀中的同位素都可用不同的离心机来分离，而高速离心机还可以浓缩核燃料铀。

金属的离心铸造，也是利用离心力的一个例子。操作时将金属液浇入绕垂直轴或水平轴旋转的金属制成的铸型（有时带有砂衬）内，金属液受离心力作用而附着于铸型的内壁，经冷却凝固成为所需要的铸件。此法生产的铸件组织紧密，机械性能较好。

15.2 刚体的动静法

所谓刚体的动静法，就是在运动刚体上每一点施加惯性力，形成一个连续分布的惯性力系，它与作用于刚体上的主动力、约束反力一起构成形式上的平衡力系，利用平衡方程求解动力学问题。动静法可解决动力学两类问题，但通常情况下，求解约束反力比求解刚体的运动参数更为方便。

15.2.1 刚体惯性力系简化

应用动静法或达朗贝尔原理解决刚体动力学问题时，需事先将刚体上连续分布的惯性力系进行简化，以合力或主矢、主矩的形式出现在受力图中，给写平衡方程以方便。刚体惯性力系无论向哪一点简化，其主矢保持不变，应为力系中各力的矢量和

$$F_I = \sum F_{Ii} = \sum (-m_i a_i) = -\sum m_i a_i \tag{15.4}$$

由质心运动定理，可知

$$\sum m_i a_i = m a_c \tag{15.5}$$

将式(15.5)代入式(15.4)，得到惯性力系的主矢

$$F_I = -m a_c \tag{15.6}$$

这表明，无论刚体作何种运动，惯性力系的主矢大小都等于刚体的质量 m 与质心加速度 a_c 的乘积，方向与质心加速度相反。至于惯性力系的主矩，则与刚体的运动形式和所选简化中心有关。

(1) 平移刚体惯性力系的合力

刚体作平移运动时，其上任意质点的加速度大小和方向相同，惯性力系为平行力系（类

---

[1] 从一地到另一地所经之路，在铁路上称为"线路"，而在公路上则称为"路线"。这是行业之间的差异。

似于重力），若向刚体的质心 C 简化，则主矩为零。所以，平移刚体惯性力系的合力作用于刚体的质心，方向与加速度（质心加速度）的方向相反，如图 15.6 所示，其大小为

$$F_\mathrm{I} = ma_C \tag{15.7}$$

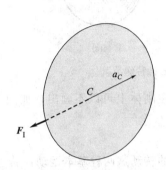

图 15.6　平移刚体惯性力系的合力

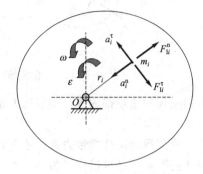

图 15.7　绕定轴转动刚体的惯性力系

(2) 绕定轴转动刚体惯性力系的主矢和主矩

绕定轴转动刚体上任意质点 m_i 作圆周运动，存在法向加速度（或向心加速度）a_i^n 和切向加速度 a_i^τ，相应的惯性力为离心力（法向惯性力）和切向惯性力，如图 15.7 所示。设质点的质量为 m_i，到转轴（定轴）O 的距离为 r_i，则其惯性力的大小为

$$\left.\begin{array}{l} F_{\mathrm{I}i}^\mathrm{n} = m_i a_i^\mathrm{n} = m_i r_i \omega^2 \\ F_{\mathrm{I}i}^\tau = m_i a_i^\tau = m_i r_i \varepsilon \end{array}\right\} \tag{15.8}$$

现以转轴 O 为简化中心，主矩为

$$M_{\mathrm{I}O} = \sum (F_{\mathrm{I}i}^\mathrm{n} \times 0) + \sum (F_{\mathrm{I}i}^\tau \times r_i)$$

将式(15.8)代入上式，得

$$M_{\mathrm{I}O} = \sum (m_i r_i \varepsilon \times r_i) = (\sum m_i r_i^2) \varepsilon$$

引入转动惯量的定义，就有

$$M_{\mathrm{I}O} = J_O \varepsilon \tag{15.9}$$

转向与角加速度 ε 相反。

以上说明，绕定轴转动刚体惯性力系向转轴 O 简化的结果为一个主矢和一个主矩：主矢的大小等于刚体的质量乘以质心加速度，方向与质心加速度相反；主矩的大小等于刚体对转轴的转动惯量乘以角加速度，转向与角加速度相反。

绕定轴转动刚体的特殊情况如下：

① 刚体作匀角速度转动且转轴不通过质心　此时角加速度为零，质心加速度为向心加速度，主矢和主矩分别为

$$F_\mathrm{I} = m r_C \omega^2, \quad M_{\mathrm{I}O} = 0$$

惯性力系合成的结果为一个作用于转轴 O 的合力，方向由 O 指向 C，如图 15.8(a) 所示。

② 转轴通过质心且角加速度不为零　转轴通过质心表明质心加速度为零，即惯性力系的主矢为零。角加速度不为零，说明惯性力系对转轴的主矩不为零

$$F_\mathrm{I} = 0, \quad M_{\mathrm{I}C} = J_C \varepsilon$$

惯性力系简化的结果为一个力偶，该惯性力偶的力偶矩的大小为刚体对质心的转动惯量 J_C 乘以角加速度 ε，转向与角加速度相反，如图 15.8(b) 所示。

③ 刚体作匀角速度转动且转轴通过质心　因为质心加速度和角加速度均为零，所以惯

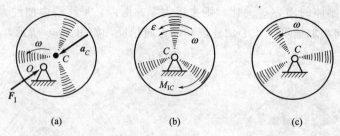

图 15.8 绕定轴转动刚体惯性力的三种特殊情况

性力系的主矢和主矩都为零,即惯性力系为平衡力系,在刚体上可以不画出,如图 15.8(c) 所示。

(3) 平面运动刚体惯性力系的主矢和主矩

刚体的平面运动可以分解为随基点的平移和绕基点的转动这两种基本运动,若以质心 C 为基点,则刚体的平面运动分解为随质心的平移和绕质心的转动。以质心为惯性力系的简化中心,平移部分的惯性力系简化为主矢,绕质心转动部分的惯性力系简化为一个惯性力偶(主矩),如图 15.9 所示,且有

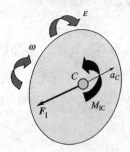

图 15.9 平面运动刚体惯性力系的简化结果

$$\left.\begin{array}{l} F_I = ma_C,\text{指向与质心加速度相反} \\ M_{IC} = J_C\varepsilon,\text{转向与角加速度相反} \end{array}\right\} \quad (15.10)$$

15.2.2 刚体动静法的应用

由以上分析可知,刚体运动的形式不同,惯性力系的简化结果也不相同。利用动静法或达朗贝尔原理时,必须先分析清楚刚体运动的形式,才能确定惯性力系的合力或惯性力系的主矢和主矩。

动静法求解刚体动力学问题的一般步骤如下:

① 选取研究对象。根据问题的要求,选取需要研究的刚体为研究对象,并画出其简图。

② 受力分析。在研究对象上画出所有主动力,并根据约束性质画出全部约束反力。

③ 虚加惯性力。分析刚体的运动形式,标出质心加速度、角加速度等运动参量,将惯性力系的合力或主矢、主矩按实际方向(转向)画在受力图上。

④ 列平衡方程求解。依据力系的类型,列出相应平衡方程,解方程得所求未知参量(约束反力、加速度、角速度、角加速度等)。

【例 15.3】 总质量为 m 的汽车通过后轮驱动,以加速度 a 作水平直线运动,如图 15.10 所示。试求汽车前后轮与路面之间的法向反力;若欲使汽车前后轮的法向反力相等,

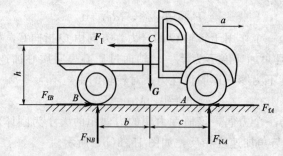

图 15.10 例 15.3 图

试问汽车的加速度应为多少？

【解】

以汽车为研究对象，受重力、地面法向反力、地面摩擦力的作用，如图 15.10 所示。因为后轮驱动，故后轮摩擦力应向前（汽车前进的力），前轮摩擦力向后。

汽车作平移运动，惯性力系的合力作用于质心 C，大小为 $F_I = ma$，方向与加速度相反。

平面一般力系，平衡方程如下

$$\sum M_A(F) = 0: F_I h + Gc - F_{NB}(b+c) = 0$$
$$\sum M_B(F) = 0: F_I h - Gb + F_{NA}(b+c) = 0$$

据此解得

$$F_{NA} = \frac{Gb - F_I h}{b+c} = \frac{m(gb - ah)}{b+c}$$

$$F_{NB} = \frac{Gc + F_I h}{b+c} = \frac{m(gc + ah)}{b+c}$$

如欲使汽车前后轮法向反力相等 $F_{NA} = F_{NB}$，应有

$$\frac{m(gb - ah)}{b+c} = \frac{m(gc + ah)}{b+c}$$

所以加速度为

$$a = \frac{g(b-c)}{2h}$$

【例 15.4】 质量为 m、半径为 r 的滑轮上绕有软绳，绳的一端固定于 A 点，令滑轮自由下落，如图 15.11(a) 所示。不计软绳质量，试求轮心 C 的加速度和软绳的拉力。

【解】

取滑轮为研究对象，受重力 G（大小为 mg）和绳子的拉力 F_T 作用。滑轮作平面运动，与绳子接触的 D 点为速度瞬心，属于纯滚动。设质心加速度为 a_C（垂直向下），因为

$$v_C = r\omega$$

所以

$$a_C = \frac{dv_C}{dt} = r\frac{d\omega}{dt} = r\varepsilon$$

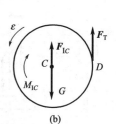

图 15.11 例 15.4 图

滑轮惯性力系的主矢和主矩的大小分别为

$$F_{IC} = ma_C, \quad M_{IC} = J_C\varepsilon = \frac{1}{2}mr^2 \times \frac{a_C}{r} = \frac{1}{2}mra_C$$

方向如图 15.11(b) 所示。

应用达朗贝尔原理可列出如下平衡方程

$$\sum F_y = 0: \quad F_T + F_{IC} - G = 0$$
$$\sum M_D(F) = 0: (G - F_{IC})r - M_{IC} = 0$$

由此解得

$$a_C = \frac{2}{3}g, \quad F_T = \frac{1}{3}mg$$

15.3 转子轴承的附加动反力

轴承（bearing）是当代机械设备中一种举足轻重的零部件，它的主要功能是支撑转轴，承受由轴或轴上零件传递而来的静力荷载（载荷）和动力荷载（载荷）。而对于由轴承支撑的旋转构件，工程上通常称之为**转子**（rotor）。工程机械中有许多高速旋转的转子，如电动机转子、汽轮机转子、纺纱机的锭子，这些转子运转时，若惯性力不能自成平衡力系，它将对轴承产生很大的附加压力，从而对转子产生很大的附加动反力。该附加力，会加速轴承磨损，并引起机械振动而产生噪声。

设转子具有质量对称面，且转轴垂直于该对称面，质量为 m，质心不在转轴上，偏心距为 e，转速为 n，则应有

$$\omega = \frac{2\pi n}{60} = \frac{n\pi}{30}, \quad \varepsilon = 0$$

惯性力系合成为一个通过质心 C 的离心力，其大小为

$$F_I = ma_C = me\omega^2 = me\left(\frac{n\pi}{30}\right)^2 \tag{15.11}$$

该力是转子重力的 α 倍，且有

$$\alpha = \frac{F_I}{mg} = \left(\frac{n\pi}{30}\right)^2 \frac{e}{g} \tag{15.12}$$

它与转速的平方成正比，还与偏心距成正比。

惯性力的合力方向随着转子的运转而不断变化，当其与重力方向一致（重心处于最低位置）时轴承的动反力最大，其值是静反力的 $(1+\alpha)$ 倍，其中轴承附加动反力达到静反力的 α 倍。因此，高速旋转的机械中，由于惯性力引起的轴承附加动反力是不能忽略的。

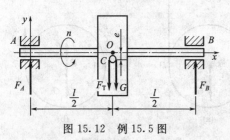

图 15.12　例 15.5 图

【**例 15.5**】已知如图 15.12 所示的转子质量 $m=10\text{kg}$，由于材质、制造或安装等原因，偏心距 $e=0.2\text{mm}$，若转子以转速 $n=6000\text{r/min}$ 绕轴作匀速转动，求当转子重心处于最低位置时轴承 A、B 的动反力。

【**解**】

取整个转子为研究对象，转子受到重力 G、轴承反力 F_A、F_B 作用。由于转子作匀速转动，虚加惯性力（离心力）F_I，转子处于形式上的平衡状态。已知主动力和离心力的大小为

$$G = mg = 10 \times 9.8 = 98\text{N}$$

$$F_I = me\left(\frac{n\pi}{30}\right)^2 = 10 \times 0.2 \times 10^{-3} \times \left(\frac{6000\pi}{30}\right)^2 = 789.6\text{N}$$

列平衡方程

$$\sum M_A(F) = 0: \quad F_B l - G \times \frac{l}{2} - F_I \times \frac{l}{2} = 0$$

$$\sum M_B(F) = 0: \quad -F_A l + G \times \frac{l}{2} + F_I \times \frac{l}{2} = 0$$

解得

$$F_A = F_B = \frac{1}{2}(G + F_I) = \frac{1}{2}(98 + 789.6) = 443.8 \text{N}$$

对于高速转动的转子，应设法消除轴承的附加动反力。消除质量偏心，方能使惯性力系的主矢为零，从而使轴承的附加动反力为零。此时的转子如果仅受重力作用，无论转到什么位置，它都能静止，这种情形称为**静平衡**（static equilibrium）。由于加工误差、安装偏差不可避免，因此制造出来的转子通常存在一些偏心。转子在如图 15.13 所示的导轨上运动，静止时重心位置向下，这样可以确定偏心所在方位，然后在偏心相对的一侧增添一些质量，可减小偏心。经过几次试验，试加质量，就可获得比较满意的平衡效果。这种平衡就是静平衡，它主要用于平衡盘形转子或长径比 $L/D \leqslant 5$ 的转子的惯性力。

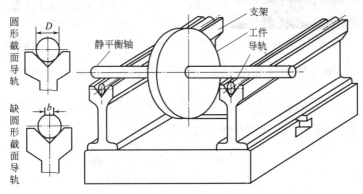

图 15.13 转子静平衡原理

如果转子轴向尺寸较大或长径比 $L/D > 5$，即使进行了静平衡，但转子在运行过程中仍然可能产生较大的动反力，这是由于转子沿长度方向质量分布不对称，惯性力系在过转轴的平面内的主矩不为零所引起的，它只有在转子运转时才表现出来，属于动不平衡。为了消除附加动反力，除了要求静平衡，即惯性力系的主矢为零之外，还要求通过转轴的平面内的惯性力系的主矩也等于零。如果达到上述要求，转子作匀速转动时，其惯性力系自相平衡，这种情况称为**动平衡**（dynamic equilibrium）。

转子的平衡可在平衡机上进行。装有电测量系统的静平衡机，通过动态测量的方法进行静平衡，其平衡精度较高。动平衡机的基本原理是通过测量支承或转子本身的振动强度和相位来测定转子不平衡量的大小和位置，并在转子任意两个横截面中的适当位置去掉（或添加）一定质量，使其达到平衡的目的。

15.4 平移构件的动应力

工程构件如预制梁、柱、桩等，都免不了运输起吊、安装起吊，这时构件通常作平移运动，如图 15.14 所示，平移加速度引起的惯性力会对构件自身和吊索产生影响。构件静止时，重力荷载（自重）称为**静荷载**（static load）；构件加速平移时，构件自重和惯性力之和称为**动荷载**（dynamical load）。由静荷载引起的构件应力称为**静应力**（static stress），用 σ_{st} 表示；由动荷载引起的构件应力称为**动应力**（dynamical stress），用 σ_d 表示。

设水平构件横截面面积为 A，单位体积的重力（容重、重度）为 γ，则杆件单位长度上的自重线荷载 q_{st} 为

$$q_{st} = \gamma A \tag{15.13}$$

图 15.14 预制构件起吊

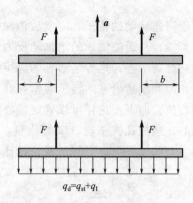

图 15.15 动荷载计算

现以匀加速度 a 向上提升，如图 15.15 所示。杆件单位长度上的惯性力 q_I 为

$$q_I = \frac{\gamma A}{g}a = \frac{a}{g}q_{st} \tag{15.14}$$

构件总的动力荷载 q_d 应为自重荷载和惯性力之和，即

$$q_d = q_{st} + q_I = \left(1+\frac{a}{g}\right)q_{st} = K_d q_{st} \tag{15.15}$$

其中

$$K_d = 1 + \frac{a}{g} \tag{15.16}$$

K_d 称为**动荷系数**（coefficient of dynamical load）或动力系数。

式(15.15)表明，沿竖直方向移动的构件，所受动力荷载为静力荷载乘以动力系数。加速度向上时，动力系数大于 1，动荷载大于静荷载；加速度向下时，动力系数小于 1，动荷载小于静荷载。加速度向上时，构件及吊索的受力最不利，通常按这种情况来计算动应力。

根据内力和外力的关系，可知动内力为静内力乘以动力系数

$$\left. \begin{array}{l} N_d = K_d N_{st} \\ M_d = K_d M_{st} \end{array} \right\} \tag{15.17}$$

在线弹性范围内，因为应力和内力之间成比例，所以动应力应为静应力乘以动力系数

$$\sigma_d = K_d \sigma_{st} \tag{15.18}$$

相应的强度条件为

$$\sigma_{dmax} = K_d \sigma_{stmax} \leqslant [\sigma] \quad \text{或} \quad \sigma_{dmax} = K_d \sigma_{stmax} \leqslant f \tag{15.19}$$

由以上分析可知，对于由吊车起吊的构件，计算构件动应力和吊索动应力时，计算步骤可分为如下三步：

① 由起吊的具体情况确定计算简图，并计算静荷载作用下构件或吊索的静应力；
② 由加速度计算动力系数；
③ 计算动应力。

对于土木工程上的预制梁（或桥梁）、楼板（或桥道板）、柱、桩等构件，设计计算时，并不知道未来的起吊加速度，行业规范通常要求取动力系数 $K_d = 1.5$，以此验算强度或配置必要的钢筋。

【例15.6】 一根构件由起重机起吊，已知构件重 $G=20\text{kN}$，吊索截面面积 $A=500\text{mm}^2$，提升加速度 $a=2\text{m/s}^2$，试求索内动应力（不计索自重）。

【解】
（1）索的静应力

$$N_{\text{st}}=G=20\text{kN}$$

$$\sigma_{\text{st}}=\frac{N_{\text{st}}}{A}=\frac{20\times10^3}{500}=40\text{N/mm}^2$$

（2）动力系数

$$K_{\text{d}}=1+\frac{a}{g}=1+\frac{2}{9.8}=1.20$$

（3）索的动应力

$$\sigma_{\text{d}}=K_{\text{d}}\sigma_{\text{st}}=1.20\times40=48.0\text{N/mm}^2$$

【例15.7】 采用双吊点法起吊一根工字钢梁，梁长6m，吊点距离端部1.2m。已知工字钢的型号为18号，提升加速度 $a=4.2\text{m/s}^2$，试求起吊过程中梁内的最大动应力。

【解】
查型钢表：梁的理论质量 24.143kg/m
截面抗弯系数 $W_z=185\text{cm}^3$

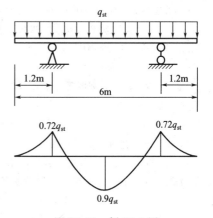

图15.16 例15.7图

（1）最大静应力

该问题可简化为外伸梁，如图15.16所示。静态线荷载为

$$q_{\text{st}}=24.143\times9.8=236.6\text{N/m}$$

最大弯矩发生在跨中截面，其值为

$$M_{\text{st max}}=0.9q_{\text{st}}=0.9\times236.6=212.9\text{N}\cdot\text{m}$$

最大弯曲静应力

$$\sigma_{\text{st max}}=\frac{M_{\text{st max}}}{W_z}=\frac{212.9\times10^3}{185\times10^3}=1.15\text{MPa}$$

（2）动力系数

$$K_{\text{d}}=1+\frac{a}{g}=1+\frac{4.2}{9.8}=1.43$$

（3）梁的最大弯曲动应力

$$\sigma_{\text{dmax}}=K_{\text{d}}\sigma_{\text{stmax}}=1.43\times1.15=1.64\text{MPa}$$

对于钢构件而言，起吊动应力较小，可以不考虑；但对于钢筋混凝土构件，起吊动应力可能使混凝土开裂，该项影响必须考虑。起吊对于吊钩、吊索的影响一般较大，通常应予以考虑。

思 考 题

15.1 什么是惯性力？怎样确定惯性力的大小和方向？

15.2 是否运动的物体都有惯性力？质点作匀速圆周运动时有无惯性力？

15.3 在加速行驶的一列货物列车内，哪一节车厢挂钩受力最大？理由是什么？

15.4 在什么条件下绕定轴转动刚体的惯性力系是一个平衡力系？

15.5 试用动静法解释公路、铁路在拐弯处外侧高于内侧（行业内叫超高）的原因。

15.6 转子轴承上的动反力与附加动反力有什么区别和联系？在什么条件下附加动反力为零？

15.7 何谓静平衡和动平衡？哪些转子只需要静平衡即可？哪些转子不仅需要静平衡，而且还应进行动平衡？

15.8 何谓静荷载和动荷载？二者有什么差别？

15.9 何谓动荷系数或动力系数？它的物理意义是什么？

选 择 题

15.1 运动物体的惯性力是（   ）。
A. 真实的力，作用于运动物体　　　B. 虚假的力，作用于施力物体
C. 真实的力，作用于施力物体　　　D. 离心力，作用于运动物体

15.2 若质点在水平面内作匀速圆周运动，则（   ）。
A. 离心力等于向心力　　　B. 离心力大于向心力
C. 离心力小于向心力　　　D. 离心力为零，向心力不为零

15.3 绕定轴转动刚体质心 C 不在转轴 O 上，惯性力系的主矢大小 $F_I = ma_C$，作用线（   ）；惯性力系的主矩 $M_{IO} = J_O\varepsilon$。
A. 通过质心　　　B. 通过转轴
C. 平行于转轴和形心的连线　　　D. 垂直于转轴和形心的连线

15.4 转子由于安装误差，其质心不在转轴上，如果偏心距为 e，以均角速度 ω 转动，轴承 A 的附加动反力的大小为 F_A，则当转子以均角速度 2ω 转动时，轴承 A 的附加动反力的大小为（   ）。
A. F_A　　　B. $2F_A$　　　C. $3F_A$　　　D. $4F_A$

15.5 均质杆 AB 重 G，可在铅垂平面内绕 A 端转动，如图 15.17 所示。若杆从水平位置无初速释放，则释放瞬时固定铰 A 的约束反力是（   ）
A. $F_{Ax}=0$, $F_{Ay}=G$　　　B. $F_{Ax}=0$, $F_{Ay}=G/2$
C. $F_{Ax}=0$, $F_{Ay}=G/4$　　　D. $F_{Ax}=0$, $F_{Ay}=G/8$

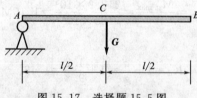

图 15.17　选择题 15.5 图

15.6 吊车以均加速度 a 提升重物到一定的高度，然后以同样大小的加速度使重物下降，则此时系重物的钢绳的动应力将（   ）。
A. 增大一倍　　　B. 减小　　　C. 增大二倍　　　D. 不变

15.7 在垂直电梯内放置重量为 G 的重物，若电梯以重力加速度 g 下降，则重物对电梯底板的压力为（   ）。
A. 0　　　B. G　　　C. $2G$　　　D. $3G$

15.8 吊车以加速度 3.5m/s^2 提升一根水平构件，已知在自重作用下构件内的最大静应力为 2.0MPa，试问起吊时的最大动应力是多少？（   ）
A. 3.5MPa　　　B. 2.0MPa　　　C. 7.0MPa　　　D. 2.7MPa

计 算 题

15.1 设飞机爬高时以均加速度 a 与水平面成仰角 β 作直线运动，如图 15.18 所示。已知装在飞机上的单摆的悬挂线与铅垂线所成的偏角为 α，摆锤的质量为 m，试求此时飞机的加速度 a 和悬挂线中的张力 F_T。

15.2 离心浇铸装置如图 15.19 所示，电动机带动支承轮 A、B 作同向转动，管模放在这两轮上靠摩擦传动。铁液注入后，由于离心惯性力的作用，铁液均匀地紧靠在管模的内壁上自动成型，从而可得到质量密实的铸件。浇铸时，转速不能过低，否则铁液将脱离模壁。已知管模内径 $D=400\text{mm}$，试求管模的最低转速 n。

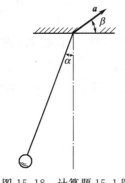

图 15.18 计算题 15.1 图

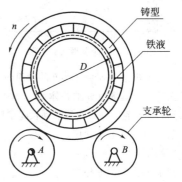

图 15.19 计算题 15.2 图

15.3 质量为 m 的列车以匀速度沿曲率半径为 R 的曲线钢轨运动，如图 15.20 所示。如果两钢轨间距离为 $2d$，列车重心 C 在钢轨上的高度为 h，试求两钢轨顶面所受压力，并求钢轨两侧所受压力相等时列车应有的速度 v。

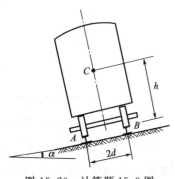

图 15.20 计算题 15.3 图

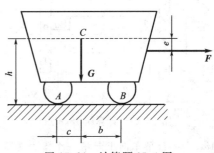

图 15.21 计算题 15.4 图

15.4 质量为 m（重力 $G=mg$）的小车在水平拉力 F 作用下沿水平轨道运行，如图 15.21 所示。已知小车质心 C 到拉力作用线的距离为 e，到轨道顶面的距离为 h，两轮与水平面接触点到重力作用线的距离分别为 c 和 b，车轮与轨道之间的总水平摩擦力为 μmg，试求两轮受到的竖向约束反力及小车获得的加速度。

15.5 滑动门的质量为 60kg，质心为 C，相应的几何尺寸如图 15.22 所示。门上的滑轮 A 和 B 可沿固定的水平梁滑动，若已知动滑动摩擦系数为 0.25，欲使门获得加速度 $a=0.49\text{m/s}^2$，求作用在门上的水平力 F 的大小以及作用在滑轮 A 和 B 上的法向约束反力。

15.6 质量为 m_1 的物体 A 沿三角柱体 D 的斜面下降，用绳子绕

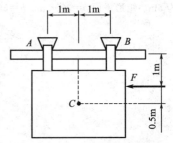

图 15.22 计算题 15.5 图

过滑轮 C 使质量为 m_2 的物体 B 上升,如图 15.23 所示。设斜面与水平面的夹角为 α,绳子质量与摩擦不计。求下列两种情况下水平约束 E 对三角柱体的约束反力:

(1) 不计滑轮 C 的质量;

(2) 均质滑轮 C 的质量为 m_3,半径为 r。

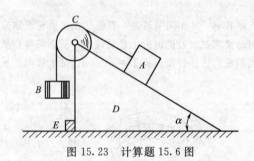

图 15.23 计算题 15.6 图

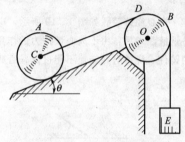

图 15.24 计算题 15.7 图

15.7 一个滚子 A 沿倾角为 θ 的斜面向下作无滑移的纯滚动,如图 15.24 所示。滚子借一条跨过滑轮 B 的绳子提升一个质量为 m 的物体 E,同时带动滑轮 B 绕轴 O 转动。滚子和滑轮可看成均质圆盘,半径为 r、质量为 m_1。滑轮与绳子间无滑动,绳子质量不计。试求:

(1) 滚子 A 的质心加速度;

(2) CD 段绳子的拉力;

(3) 滚子 A 受到的摩擦力。

15.8 如图 15.25 所示为电动机带动的两个砂轮,已知左边砂轮Ⅰ质量 $m_1=1.0$ kg,其偏心距 $e_1=0.5$ mm(在下),右边砂轮Ⅲ质量 $m_3=0.5$ kg,其偏心距 $e_3=1.0$ mm(在上),中间电动机转子Ⅱ质量 $m_2=8.0$ kg,无偏心($e_2=0$),转速 $n=3000$ r/min。试求图示瞬时轴承 A、B 的附加动反力。

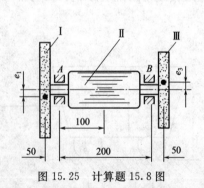

图 15.25 计算题 15.8 图

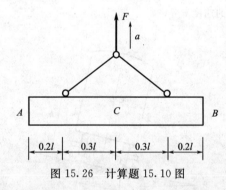

图 15.26 计算题 15.10 图

15.9 一台吊车向上起吊一个重力为 50kN 的物体,加速度为 4.5m/s²,若吊索的截面面积为 500mm²,试求索内动应力。

15.10 钢筋混凝土预制梁 AB,由起重机以加速度 $a=4.9$ m/s² 向上吊装,如图 15.26 所示。设梁长为 6m、矩形截面 $b=300$mm、$h=500$mm,材料容重 25kN/m³,试求吊索拉力 F,并画出梁的弯矩图。

第 16 章　单自由度系统的振动

振动或**机械振动**（mechanical vibration）是物体（机器或结构物）在静平衡位置附近的一种往复运动，是自然界中常见的物理现象。例如桥梁在车辆通过及风荷载作用下发生振动，旋转机械由于转子不平衡产生振动，汽车由于路面不平引起的振动，地震引起建筑物左右摇摆、上下颠簸等，都是振动的实际例子。产生振动的原因，无非是外界干扰或外力的作用。

根据物体振动的原因，可将振动分为**自由振动**（free vibration）、**受迫振动**（forced vibration）和**自激振动**（self-excited vibration）三类。当物体受到初始激励后，仅靠弹性恢复力维持的振动称为自由振动；在外界交变激励的持续作用下产生的振动，则称为受迫振动；若振动的激励在一定条件下由物体本身运动诱发和控制，则称为自激振动。根据物体振动的规律，又可将其分为简谐振动、非简谐振动和随机振动三类。凡能用一项正弦函数或余弦函数表达其运动规律的周期性振动称为简谐振动，不能用一项正弦函数或余弦函数表达其运动规律的周期性振动称为非简谐振动，不能用函数表达其运动规律、只能用统计方法来研究的非周期振动称为随机振动。

许多情况下，机械振动是有害的，它影响机器设备的工作性能和寿命，产生于环境不利的噪声，惯性力过大时可导致结构破坏。因此，实际工程中往往要采取减振、隔振、抗震等措施，以减小振动的不利影响。但是，振动也可为人们所利用，例如振动压路机、振动筛等设备都是根据振动原理而工作的，应使它们产生所希望的振动。

16.1　单自由度系统的自由振动

16.1.1　无阻尼自由振动

确定物体空间位置所需独立坐标数目，称为物体的自由度。质点在空间中运动有三个自由度，在平面内运动则只有两个自由度。若质点沿已知直线或曲线运动，则仅有一个自由度。

物体在已知直线或圆弧线上的振动，属于一个自由度的问题，即单自由度问题。将振动物体抽象为一个质点，以初始平衡位置（静平衡位置）作为坐标原点，坐标 x 可以确定质点在任意时刻的位置，其动力学模型如图 16.1 所示。当弹性恢复力用弹簧模拟时，则形成

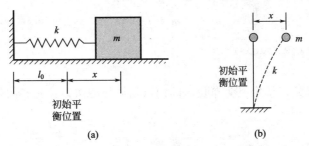

图 16.1　单自由度振动系统的动力学模型

"质量-弹簧"系统,如图16.1(a)所示;若用弹性杆来模拟弹性恢复力,则形成"质量-弹性杆"系统,如图16.1(b)所示。

以物体或质点为脱离体,受力如图16.2所示。受自重G、弹性恢复力F和反力F_N作用,其中重力和反力在y方向平衡,对运动无影响。设弹簧或弹性杆的刚度系数或弹性系数(即力与位移的比值)为k,则弹性恢复力$F=kx$。质点运动加速度为a,给质点虚加惯性力F_I,且有

$$F_I = ma = m\ddot{x}$$

由

$$\sum F_x = 0: \quad -F_I - F = 0$$

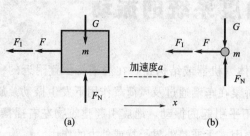

图16.2 振动质点受力图

得到质点运动微分方程

$$m\ddot{x} + kx = 0 \tag{16.1}$$

若令$\omega^2 = k/m$,则式(16.1)成为

$$\ddot{x} + \omega^2 x = 0 \tag{16.2}$$

这是一个二阶常系数齐次常微分方程,其通解为

$$x = B\sin\omega t + C\cos\omega t \tag{16.3}$$

它包含两个频率相同的简谐振动。这两个频率相同的简谐振动,合成后仍然是一个简谐振动。取积分常数$B = A\cos\varphi$、$C = A\sin\varphi$,则有

$$x = A\sin\omega t\cos\varphi + A\cos\omega t\sin\varphi = A\sin(\omega t + \varphi) \tag{16.4}$$

其中A和φ是两个待定的常数,取决于振动的初始条件。

设已知初始时刻($t=0$时)的速度和位移分别为$\dot{x}_0$和x_0,则应有

$$t=0, \ x=x_0: \quad A\sin\varphi = x_0$$

$$t=0, \ \dot{x}=\dot{x}_0: \quad A\omega\cos\varphi = \dot{x}_0$$

所以

$$A = \sqrt{x_0^2 + \left(\frac{\dot{x}_0}{\omega}\right)^2} \tag{16.5}$$

$$\varphi = \arctan\frac{x_0 \omega}{\dot{x}_0} \tag{16.6}$$

系统振动的特性参数有**圆频率**(natural circular frequency)ω,**固有频率**(natural frequency)f和**周期**(period)T三个量。只要知道其中一个参量,便可计算另外两个参量。

① 圆频率

$$\omega = \sqrt{\frac{k}{m}} \tag{16.7}$$

圆频率的单位为弧度/秒(rad/s)。

② 固有频率

振动频率或固有频率f定义为单位时间内振动循环的次数,它和圆频率的关系为$2\pi f = \omega$,所以

$$f = \frac{\omega}{2\pi} = \frac{1}{2\pi}\sqrt{\frac{k}{m}} \tag{16.8}$$

固有频率的单位为赫（Hz）。

③ 周期

质点振动经历一次完整的循环所需的时间，就是周期 T。因为正弦函数以 2π 为周期，即是

$$[\omega(t+T)+\varphi]-(\omega t+\varphi)=2\pi$$

所以

$$T=\frac{2\pi}{\omega}=\frac{1}{f}=2\pi\sqrt{\frac{m}{k}} \tag{16.9}$$

周期的单位为秒（s）。

系统的圆频率和固有频率只与系统本身的物理性质（弹性和惯性）有关，而与其他外部条件无关。这种线性系统自由振动所具有的性质称为"等时性"。根据这一性质可以判断：刚度相同的两个系统，质量大的系统固有频率低（周期长），质量小的系统固有频率高（周期短）；质量相同的两个系统，刚度小的系统固有频率低（周期长），刚度大的系统固有频率高（周期短）。

常数 A 是系统自由振动的**振幅**（amplitude of the oscillation），它表示质点离开静平衡位置的最大位移；φ 是初相位或**相位角**（phase angle），表示质点的初始位置。由式(16.5)和式(16.6)可知，振幅和初相位取决于圆频率、初始速度和初始位移。即振幅和初相位不仅由系统的惯性和弹性确定，而且还与运动的初始条件有关。振幅和初相位都决定于初始条件，这是自由振动的共同特性。

常力作用在系统上，只改变系统的平衡位置，而不影响系统的运动规律、固有频率、振幅和初相位，即不影响系统的振动特性。所以，在分析振动时，只要取静平衡位置为坐标原点，就可以不考虑像自重那样的常力。

【**例 16.1**】 如图 16.3 所示为自来水水塔，图 16.3(a) 为成都火车南站附近的足球形水柜，图 16.3(b) 为广泛采用的锥壳式水柜。可将这类结构简化为质点-弹性杆系统（单质点体系），如图 16.3(c) 所示。已知质量 $m=4\times10^5$ kg，弹性系数 $k=3500$ kN/m，试求结构的自振周期。

【**解**】

自振周期由式(16.9) 计算

$$T=2\pi\sqrt{\frac{m}{k}}=2\pi\sqrt{\frac{4\times10^5}{3500\times10^3}}=2.12 \text{s}$$

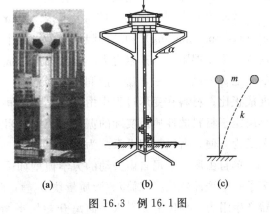

图 16.3　例 16.1 图

【**例 16.2**】 一个质量为 m 的物体安放在长度为 l 的简支梁的中点，如图 16.4(a) 所示。已知梁的抗弯刚度为 EI，不计梁的质量，试求此系统的圆频率和固有频率。

【**解**】

题给系统可以简化为一个单自由度系统，可用"质量-弹簧"来模拟，其中简支梁相当于一根弹簧，如图 16.4(b) 所示。

在梁的中点作用一个竖向集中力 F 时，该点的挠度 y 由第 7 章可得

$$y=\frac{Fl^3}{48EI}$$

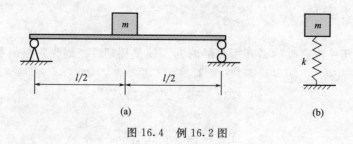

图 16.4 例 16.2 图

系统的弹性系数为

$$k = \frac{F}{y} = \frac{48EI}{l^3}$$

系统的圆频率由式(16.7)算出

$$\omega = \sqrt{\frac{k}{m}} = \sqrt{\frac{48EI}{ml^3}} = 6.93\sqrt{\frac{EI}{ml^3}}$$

系统的固有频率由式(16.8)算出

$$f = \frac{\omega}{2\pi} = \frac{6.93}{2\pi}\sqrt{\frac{EI}{ml^3}} = 1.10\sqrt{\frac{EI}{ml^3}}$$

16.1.2 有阻尼自由振动

无阻尼自由振动是一种理想情况,由式(16.4)可知,一旦起振,振幅不随时间而衰减,振动将永远持续下去。但现实情况并不如此,比如因风扰动树枝会摇摆,风停以后,树枝的摆动会越来越小,最后回到静止状态。一切自由振动都会衰减,振幅随时间的增加而减小,最后停止振动。这是因为系统在振动过程中要受到和运动方向相反的阻力影响,从而消耗系统的能量,使振动逐渐衰减,直至停止。

振动中所受到的阻力,统称为**阻尼**(damping)。阻尼大致可分为干摩擦阻尼、**黏性阻尼**(viscous damping)和结构阻尼三种。两个干燥表面相互压紧并产生相对运动时出现的阻尼称为干摩擦阻尼,其阻力大小与法向压力成正比;物体以中等速度在流体中运动时所产生的阻尼称为黏性阻尼,物体沿润滑表面运动产生的阻尼就是黏性阻尼,其阻力大小与运动速度成正比;材料在变形过程中由内部晶体之间的摩擦所产生的阻尼称为结构阻尼,其阻力大小决定于材料的性质。实际的振动系统中,阻尼往往不止一种,但由于黏性阻尼在数学处理上最为方便,所以都假设系统为黏性阻尼。

单自由度有阻尼自由振动的力学模型如图 16.5 所示,与无阻尼自由振动系统相比,只多了一个缓冲器(打气筒)。当质量块 m 静止时,缓冲器不起作用。当质量块运动时,缓冲器产生阻力。物体沿光滑水平面离开初始平衡位置 x 时,受到与运动方向相反的弹性恢复力 F 和阻力 F_c 的作用,且有 $F = kx$,$F_c = c\dot{x}$,其中比例系数 c 称为**黏性阻尼系数**(coefficient of viscous damping)或**阻尼系数**。

由牛顿第二定律 $\sum \boldsymbol{F} = m\boldsymbol{a}$,得

$$-c\dot{x} - kx = m\ddot{x}$$

即

$$\ddot{x} + \frac{c}{m}\dot{x} + \frac{k}{m}x = 0 \tag{16.10}$$

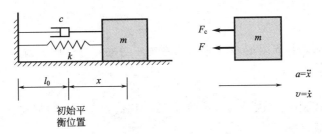

图 16.5 有阻尼振动系统的力学模型和质点受力

因 $\omega^2 = k/m$，并令

$$\zeta = \frac{c}{2\omega m} \tag{16.11}$$

则式 (16.10) 可以写成如下形式

$$\ddot{x} + 2\omega\zeta\dot{x} + \omega^2 x = 0 \tag{16.12}$$

引进的参数 ζ 称为**阻尼比**。$\zeta > 1$ 为过阻尼状态，$\zeta = 1$ 为临界阻尼状态，$\zeta < 1$ 为欠阻尼状态。只有在欠阻尼状态下，系统才会振动。建筑结构阻尼比的取值为：钢筋混凝土结构 $\zeta = 0.05$、钢结构高度不大于 50m 时 $\zeta = 0.04$、高度大于 50m 且小于 200m 时 $\zeta = 0.03$、高度不小于 200m 时 $\zeta = 0.02$，说明建筑结构的阻尼比很小。

设质点振动的位移响应 $x = e^{st}$，代入式 (16.12)

$$(s^2 + 2\omega\zeta s + \omega^2)e^{st} = 0$$

得到特征方程

$$s^2 + 2\omega\zeta s + \omega^2 = 0$$

解这个一元二次方程，得相应的两个特征根为

$$\left. \begin{array}{l} s_1 = -\zeta\omega + \omega\sqrt{\zeta^2 - 1} \\ s_2 = -\zeta\omega - \omega\sqrt{\zeta^2 - 1} \end{array} \right\} \tag{16.13}$$

质点的运动规律与阻尼比 ζ 的取值有关。

(1) 过阻尼状态（$\zeta > 1$）

因为阻尼比 $\zeta > 1$，所以特征根为两个不相等的实根，且 $s_1 < 0$、$s_2 < 0$，位移通解为

$$x = B_1 e^{s_1 t} + B_2 e^{s_2 t} \tag{16.14}$$

位移响应是指数下降曲线，最终趋于零，不是周期函数，不具有振动的性质。因为黏性阻尼过大，使振体在初始干扰下离开平衡位置后，根本不发生振动，而是缓慢地又回到平衡位置。

(2) 临界阻尼状态（$\zeta = 1$）

当 $\zeta = 1$ 时，特征根具有重根，$s_1 = s_2 = -\zeta\omega$，方程 (16.12) 的通解为

$$x = B_1 e^{s_1 t} + B_2 t e^{s_2 t} = (B_1 + B_2 t)e^{-\zeta\omega t} \tag{16.15}$$

仍然表现为非周期运动。这时阻尼的大小正好是系统在衰减过程中振动与不振动的分界线，故称为临界阻尼状态。此时的黏性阻尼系数称为**临界黏性阻尼系数**（coefficient of critical viscous damping），简称临界阻尼，用符号 c_c 表示。

由式 (16.11) 可得

$$1 = \frac{c_c}{2\omega m}$$

即
$$c_c = 2\omega m \tag{16.16}$$

式(16.16)说明，临界阻尼 c_c 只取决于系统本身的物理性质。因为

$$\zeta = \frac{c}{2\omega m} = \frac{c}{c_c} \tag{16.17}$$

所以，ζ 是系统的实际阻尼系数与临界阻尼系数的比值，故称为阻尼比。

(3) 欠阻尼状态（$\zeta < 1$）

当 $\zeta < 1$ 时，由式(16.13)可知，特征方程的特征根为一对共轭复根，令

$$\omega_d = \omega\sqrt{1-\zeta^2} \tag{16.18}$$

则有

$$\left.\begin{array}{l} s_1 = -\zeta\omega + i\omega_d \\ s_2 = -\zeta\omega - i\omega_d \end{array}\right\} \tag{16.19}$$

式中 $i = \sqrt{-1}$。

运动微分方程(16.12)的通解为

$$x = B_1 e^{(-\zeta\omega+i\omega_d)t} + B_2 e^{(-\zeta\omega-i\omega_d)t} = e^{-\zeta\omega t}(B_1 e^{i\omega_d t} + B_2 e^{-i\omega_d t}) \tag{16.20}$$

因为复指数函数可以由欧拉公式表示成三角函数，即

$$e^{i\omega_d t} = \cos\omega_d t + i\sin\omega_d t, \quad e^{-i\omega_d t} = \cos\omega_d t - i\sin\omega_d t$$

所以式(16.20)成为

$$\begin{aligned} x &= e^{-\zeta\omega t}[(B_1+B_2)\cos\omega_d t + i(B_1-B_2)\sin\omega_d t] = e^{-\zeta\omega t}(C_1\sin\omega_d t + C_2\cos\omega_d t) \\ &= B e^{-\zeta\omega t}\sin(\omega_d t + \varphi) \end{aligned} \tag{16.21}$$

式中，ω_d 为有阻尼自由振动的圆频率（或衰减振动的圆频率）；B、φ 为待定常数。由系统的初始条件（初始速度、初始位移）计算 B 和 φ

$$B = \sqrt{x_0^2 + \left(\frac{\dot{x}_0 + \zeta\omega x_0}{\omega_d}\right)^2} \tag{16.22}$$

$$\varphi = \arctan\left(\frac{\omega_d x_0}{\dot{x}_0 + \zeta\omega x_0}\right) \tag{16.23}$$

系统表现为以相同频率或周期的衰减振动，振幅按指数规律下降，如图16.6所示。

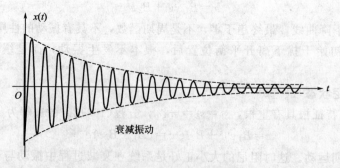

图 16.6 衰减振动的运动规律

由式(16.18)可知，衰减振动的圆频率 ω_d 小于无阻尼自由振动的圆频率 ω。但对于实际结构而言，阻尼比通常较小，两者相差不大。例如 $\zeta = 0.05$ 时，$\omega_d = 0.9987\omega$，所以此时可以近似地取 $\omega_d \approx \omega$。衰减振动的周期 T_d 应为

$$T_d = \frac{2\pi}{\omega_d} = \frac{2\pi}{\omega\sqrt{1-\zeta^2}} = \frac{T}{\sqrt{1-\zeta^2}} \tag{16.24}$$

由于阻尼的作用，振动周期增大了。当 $\zeta = 0.05$ 时，$T_d = 1.00125T$，周期增大仅仅 0.125%，此时可近似地认为衰减振动的周期与无阻尼自由振动的周期相等。

衰减振动的振幅 A 为

$$A = Be^{-\zeta\omega t} \tag{16.25}$$

相邻两个振幅之比 η 称为减幅系数

$$\eta = \frac{A_1}{A_2} = \frac{Be^{-\zeta\omega t}}{Be^{-\zeta\omega(t+T_d)}} = e^{\zeta\omega T_d} \tag{16.26}$$

减幅系数的自然对数称为对数减幅系数，用 δ 表示

$$\delta = \ln\eta = \zeta\omega T_d = \frac{2\pi\zeta}{\sqrt{1-\zeta^2}} \tag{16.27}$$

【例 16.3】 某一个设备中的减振系统，已知刚度系数 $k = 18\text{kN/m}$，质量 $m = 20\text{kg}$，阻尼系数 $c = 351.5\text{N·s/m}$。开始时，系统在平衡位置，以初速度 0.127m/s 沿 x 轴正向运动。试求该系统衰减振动的周期、对数减幅系数和振动规律（位移响应）。

【解】
(1) 周期和对数衰减系数
系统的圆频率

$$\omega = \sqrt{\frac{k}{m}} = \sqrt{\frac{18 \times 10^3}{20}} = 30\text{rad/s}$$

阻尼比

$$\zeta = \frac{c}{2\omega m} = \frac{351.5}{2 \times 30 \times 20} = 0.293$$

衰减振动的周期

$$T_d = \frac{2\pi}{\omega_d} = \frac{2\pi}{\omega\sqrt{1-\zeta^2}} = \frac{2\pi}{30\sqrt{1-0.293^2}} = \frac{2\pi}{28.68} = 0.219\text{s}$$

对数减幅系数

$$\delta = \zeta\omega T_d = 0.293 \times 30 \times 0.219 = 1.925$$

(2) 振动规律
初始位移为零，仅有初速度，所以

$$B = \sqrt{x_0^2 + \left(\frac{\dot{x}_0 + \zeta\omega x_0}{\omega_d}\right)^2} = \frac{\dot{x}_0}{\omega_d} = \frac{0.127 \times 10^3}{28.68} = 4.43\text{mm}$$

$$\varphi = \arctan\left(\frac{\omega_d x_0}{\dot{x}_0 + \zeta\omega x_0}\right) = 0$$

振动规律为

$$x = Be^{-\zeta\omega t}\sin(\omega_d t + \varphi) = 4.43e^{-8.79t}\sin 28.68t，\text{单位为 mm}$$

16.2 单自由度系统的受迫振动

16.2.1 稳态位移响应

单自由度系统对初始干扰的响应，就是自由振动，而系统对长期激振力的响应称为受迫

振动或强迫振动。最常见的激振力是如下形式的简谐激振力

$$F = F_0 \sin\omega_p t \tag{16.28}$$

在简谐激振力作用下，有阻尼单自由度体系的动力学模型和质点受力情况如图 16.7 所示。根据牛顿第二定律，可得

$$m\ddot{x} = -kx - c\dot{x} + F_0\sin\omega_p t$$

令

$$\omega^2 = \frac{k}{m}, \quad \zeta = \frac{c}{2\omega m}, \quad b = \frac{F_0}{m}$$

则运动微分方程可写为

$$\ddot{x} + 2\zeta\omega\dot{x} + \omega^2 x = b\sin\omega_p t \tag{16.29}$$

这是一个二阶常系数线性非齐次微分方程，其解答由齐次通解和非齐次特解两部分构成。齐次通解对应于有阻尼自由振动，是衰减振动，很快就会消失，通常称为**瞬态响应**（transient response）；而非齐次特解才是由激振力引起的受迫振动，不会随时间而消失，这部分响应称为**稳态响应**（steady-state response）。在分析受迫振动时，一般情况下不考虑瞬态响应，只考虑稳态响应。

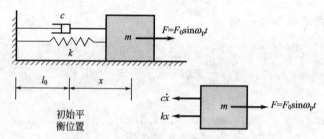

图 16.7 单自由度有阻尼受迫振动系统

设受迫振动的特解为

$$x = B\sin(\omega_p t - \psi) \tag{16.30}$$

将式(6.30)代入式(6.29)，得

$$-B\omega_p^2 \sin(\omega_p t - \psi) + 2\zeta\omega B\omega_p \cos(\omega_p t - \psi) + \omega^2 B\sin(\omega_p t - \psi) = b\sin\omega_p t$$

经过移项整理，上式可化为

$$[B(\omega^2 - \omega_p^2) - b\cos\psi]\sin(\omega_p t - \psi) + [2B\zeta\omega\omega_p - b\sin\psi]\cos(\omega_p t - \psi) = 0$$

上式必须是恒等式，在任意时刻 t 均恒等于零，因此要求 $\sin(\omega_p t - \psi)$ 和 $\cos(\omega_p t - \psi)$ 项前面的系数均为零，所以

$$B(\omega^2 - \omega_p^2) - b\cos\psi = 0$$

$$2B\zeta\omega\omega_p - b\sin\psi = 0$$

由此解得稳态响应的振幅 B 和相位差 ψ

$$B = \frac{b}{\sqrt{(\omega^2 - \omega_p^2)^2 + (2\zeta\omega\omega_p)^2}} \tag{16.31}$$

$$\psi = \arctan\left(\frac{2\zeta\omega\omega_p}{\omega^2 - \omega_p^2}\right) \tag{16.32}$$

以上说明，在简谐激振力作用下，受迫振动的位移响应也是简谐运动。振动的频率与激振力的频率相同，即受迫振动按激振力的频率进行。振动过程中，振体的位移落后于激振力

一个相位角 ψ。由式(16.31) 和式(16.32) 可知，受迫振动的振幅 B 和相位差 ψ 只取决于系统本身的特性和激振力的性质，与运动的初始条件无关。阻尼越大，受迫振动的振幅越小。

16.2.2 受迫振动的特性

受迫振动的特性包括幅频特性和相频特性两方面。

(1) 幅频特性

将激振力的圆频率与系统的固有圆频率之比，定义为频率比 λ，即

$$\lambda = \frac{\omega_p}{\omega} \tag{16.33}$$

有了频率比 λ 以后，式(16.31) 成为

$$B = \frac{b}{\omega^2 \sqrt{(1-\lambda^2)^2 + (2\zeta\lambda)^2}}$$

上式中 $b/\omega^2 = F_0/k = B_0$ 称为静力偏移，它表示系统在激振力的幅值 F_0 的静力作用下产生的偏移，所以

$$B = \frac{B_0}{\sqrt{(1-\lambda^2)^2 + (2\zeta\lambda)^2}} \tag{16.34}$$

引入**振幅放大因子**（amplitude magnification factor）或**动力放大系数**（dynamic magnification factor）β

$$\beta = \frac{B}{B_0} = \frac{1}{\sqrt{(1-\lambda^2)^2 + (2\zeta\lambda)^2}} \tag{16.35}$$

它是受迫振动的振幅与静力偏移的比值，与频率比和阻尼比有关。对于不同的阻尼比 ζ，可画出 β-λ 曲线族，如图 16.8 所示。β-λ 曲线称为幅频特性曲线，表明系统位移对频率的响应特性。

① $\lambda = 0$ 附近（低频段或弹性控制区）

当激振力的频率 ω_p 远小于系统的固有频率 ω 时，各条曲线的 $\beta \approx 1$，即受迫振动的振幅 B 接近于静力偏移 B_0，激振力的动力作用接近于静力作用。对应于不同的 ζ 值，曲线较密集，说明阻尼影响不大。

② $\lambda \gg 1$（高频段或惯性控制区）

当激振力的频率 ω_p 远大于系统的固有频率 ω 时，各条曲线的 β 都趋近于零。表明激振力的变化极其迅速时，振体由于惯性而几乎来不及振动。各条曲线密集，阻尼的影响也不大。

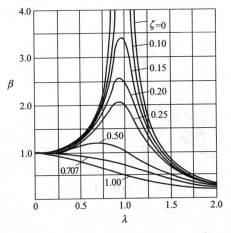

图 16.8 幅频特性曲线

综上所述，在低频段和高频段，阻尼影响不大，为简化计算，可将 $\zeta < 1$ 的振动系统简化为无阻尼系统。

③ $\lambda = 1$ 附近（共振区）

对于 $\zeta < 0.707$ 的各条曲线，随着频率比 λ 的增加而先升后降，说明 β 都存在最大值。β 达到最大值（即受迫振动的振幅达到峰值）时，系统振动最强烈，这种现象称为**共振**（resonance）。由式(16.35) 可求出极值点

$$\frac{d\beta}{d\lambda}=-2\lambda[(1-\lambda^2)^2+(2\zeta\lambda)^2]^{-3/2}[\lambda^2-(1-2\zeta^2)]=0$$

得到三个根

$$\lambda_{01}=0, \quad \lambda_{02}=\infty \quad 和 \quad \lambda_{03}=\sqrt{1-2\zeta^2}$$

第一个根对应 $\beta=1$，第二个根对应 $\beta=0$，皆非所需。而第三个根

$$\lambda_{03}=\sqrt{1-2\zeta^2} \tag{16.36}$$

才是所需要的解。说明在 λ 略小于 1 附近，β 取极大值。通常将 $\lambda=1$ 时的激振力频率 $\omega_p=\omega$ 称为共振频率。振幅放大因子的最大值为

$$\beta_{\max}=\beta|_{\lambda=\lambda_{03}}=\frac{1}{2\zeta\sqrt{1-\zeta^2}} \tag{16.37}$$

通常阻尼比都较小，上式可简化为

$$\beta_{\max}\approx\frac{1}{2\zeta} \tag{16.38}$$

阻尼对共振的影响极为显著。$\zeta=0.01$ 时，$\beta_{\max}=50$；$\zeta=0.05$ 时，$\beta_{\max}=10$；$\zeta=0.10$ 时，$\beta_{\max}=5$。加大阻尼，可减小共振时的振幅。在 $\zeta=0$ 的无阻尼情况下，由式(16.35)得

$$\beta=\left|\frac{1}{1-\lambda^2}\right| \tag{16.39}$$

当 $\lambda=1$ 时，β 变为无穷大。

为了避免共振，往往规定将固有频率前后各 20%～30% 的区域作为禁区，使激振力的频率避免在这一频率区域出现，或尽快越过这一区域。

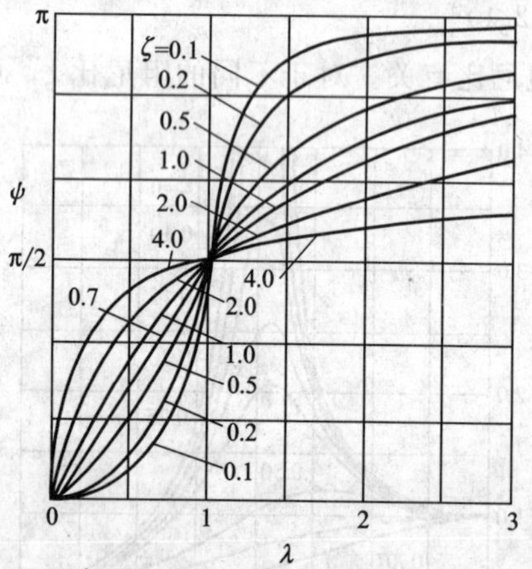

当阻尼比 $\zeta\geq 0.707$ 时，β-λ 曲线随 λ 的增加而单调下降，在 $\lambda=0$ 处 $\beta=1$，不存在共振现象。

(2) 相频特性

相位差的计算公式(16.32)也可以用频率比 λ 来表示

$$\psi=\arctan\left(\frac{2\zeta\lambda}{1-\lambda^2}\right) \tag{16.40}$$

对于不同的 ζ，可以画出 ψ-λ 曲线族，如图 16.9 所示。ψ-λ 曲线称为相频特性曲线。可以看出，当频率比 λ 改变时，相位差 ψ 也随之发生变化，其范围为零到 π。

图 16.9 相频特性曲线

① $\lambda=0$ 附近，$\psi\approx 0$，受迫振动与激振力基本上同相位；

② 若 $\lambda\gg 1$，则 $\psi\approx\pi$，响应与激振力反相；

③ 当 $\lambda=1$ 时，$\psi\approx\pi/2$，说明共振时相位差为 90°，且与阻尼无关，这是共振时的一个重要特征。

【例 16.4】 在刚度系数 $k=10.5\text{kN/m}$ 的弹簧上悬挂着一个质量 $m=46\text{kg}$ 的物体。物体上作用了一个激振力 $F=F_0\sin\omega_p t$，其中力的幅值 $F_0=40\text{N}$。系统的阻尼系数 $c=120\text{N}\cdot\text{s/m}$。试求该系统的共振频率、共振振幅。

【解】

(1) 共振频率

通常所说的共振频率就是指系统的固有频率,所以

$$\omega_p = \omega = \sqrt{\frac{k}{m}} = \sqrt{\frac{10.5 \times 10^3}{46}} = 15.1 \text{rad/s}$$

(2) 共振振幅

静力偏移

$$B_0 = \frac{F_0}{k} = \frac{40}{10.5} = 3.81 \text{mm}$$

阻尼比

$$\zeta = \frac{c}{2\omega m} = \frac{120}{2 \times 15.1 \times 46} = 0.0864$$

最大振幅放大因子

$$\beta_{\max} = \frac{1}{2\zeta \sqrt{1-\zeta^2}} = \frac{1}{2 \times 0.0864 \times \sqrt{1-0.0864^2}} = 5.81$$

共振振幅

$$B_{\max} = \beta_{\max} B_0 = 5.81 \times 3.81 = 22.1 \text{mm}$$

16.3 隔振的基本原理

所谓隔振,就是在振源与要防振的设备或结构之间安放具有弹性性能的隔振装置(如钢板橡胶支座、铅芯橡胶支座、软木、毛毡、螺旋弹簧等)使振源所产生的大部分振动由隔振装置来吸收,以减小振源对设备或地基的干扰。

根据振源的不同,隔振可以分为**主动隔振**(active vibration isolation)和**被动隔振**(passive vibration isolation)两类,以下利用受迫振动的知识来介绍它们的隔振原理。

16.3.1 主动隔振的原理

对于本身是振源的设备,为了减小它通过地基传递到周围其他设备或物体上的振动,这就是主动隔振。例如减少电机、风机、泵等设备或机器传递到地基上的交变力,就属于主动隔振。主动隔振是将振源隔离。

单自由度主动隔振系统的力学模型如图 16.10 所示。振源是设备(振体)本身的激振力 $F = F_0 \sin\omega_p t$,未隔振时,设备与支承之间为刚性接触($k \to \infty$),设备传给地基的最大荷载是 F_0。在有弹性元件和阻尼元件隔振时,系统为受迫振动,运动方程为

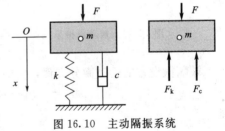

图 16.10 主动隔振系统

$$x = B\sin(\omega_p t - \psi)$$

其中振幅为

$$B = \frac{B_0}{\sqrt{(1-\lambda^2)^2 + (2\zeta\lambda)^2}}$$

振动时设备传递到地基上的交变力由两部分组成(见图 16.10),一部分是弹簧作用于地基上的力 F_k,

$$F_k = kx = kB\sin(\omega_p t - \psi)$$

另一部分是通过阻尼作用于地基上的力 F_c

$$F_c = c\dot{x} = cB\omega_p \cos(\omega_p t - \psi)$$

这两部分力的相位始终相差 90°，而频率相同，故可以合成为一个合力 F_R，其最大值是

$$F_{Rmax} = \sqrt{F_{kmax}^2 + F_{cmax}^2} = \sqrt{(kB)^2 + (cB\omega_p)^2} = kB\sqrt{1+(2\zeta\lambda)^2}$$

$$= \frac{kB_0\sqrt{1+(2\zeta\lambda)^2}}{\sqrt{(1-\lambda^2)^2+(2\zeta\lambda)^2}}$$

因为 $kB_0 = F_0$，所以

$$F_{Rmax} = \frac{F_0\sqrt{1+(2\zeta\lambda)^2}}{\sqrt{(1-\lambda^2)^2+(2\zeta\lambda)^2}} \tag{16.41}$$

主动隔振的隔振效果用隔振系数 η 来表示。η 定义为设备隔振后传给地基的最大动荷载 F_{Rmax} 与未隔振时设备传给地基的最大荷载 F_0 的比值，即

$$\eta = \frac{F_{Rmax}}{F_0} = \frac{\sqrt{1+(2\zeta\lambda)^2}}{\sqrt{(1-\lambda^2)^2+(2\zeta\lambda)^2}} \tag{16.42}$$

从隔振系数的定义来讲，主动隔振又叫隔力。只有当 $\eta < 1$ 时才能有隔力效果，并且 η 值越小隔力效果越好。

16.3.2 被动隔振的原理

对于需要防振的设备，为了减小周边振源对其影响，需要将它与整个地基隔离开来。这种将设备进行隔离，防止地基运动传给设备的隔振称为被动隔振。

单自由度被动隔振系统的力学模型如图 16.11 所示。地基产生竖向振动位移 x_g，引起设备受迫振动位移为 x。设备与地基之间的相对位移为 $(x-x_g)$，相对速度为 $(\dot{x}-\dot{x}_g)$，则弹性恢复力为

$$F_k = k(x-x_g)$$

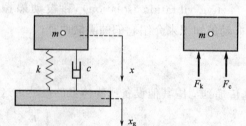

图 16.11 被动隔振系统

阻尼力为

$$F_c = c(\dot{x}-\dot{x}_g)$$

被隔振设备的运动微分方程，由牛顿第二定律给出

$$m\ddot{x} = -F_k - F_c = -k(x-x_g) - c(\dot{x}-\dot{x}_g)$$

即

$$\ddot{x} + \frac{c}{m}\dot{x} + \frac{k}{m}x = \frac{k}{m}x_g + \frac{c}{m}\dot{x}_g$$

仍然令

$$\omega^2 = \frac{k}{m}, \quad \zeta = \frac{c}{2\omega m}$$

则有

$$\ddot{x} + 2\zeta\omega\dot{x} + \omega^2 x = \omega^2 x_g + 2\zeta\omega\dot{x}_g \tag{16.43}$$

设地面按简谐规律 $x_g = a\sin\omega_p t$ 运动，则式(16.43) 成为

$$\ddot{x} + 2\zeta\omega\dot{x} + \omega^2 x = a(\omega^2\sin\omega_p t + 2\zeta\omega\omega_p\cos\omega_p t) = A_1\sin(\omega_p t + \theta) \tag{16.44}$$

其中
$$A_1 = a\omega^2 \sqrt{1+(2\zeta\lambda)^2}$$
$$\theta = \arctan(2\zeta\lambda)$$

式(16.44)为被隔设备的受迫振动微分方程。位移响应的振幅由式(16.31)可得

$$B = \frac{A_1}{\sqrt{(\omega^2-\omega_p^2)^2+(2\zeta\omega\omega_p)^2}} = a\frac{\sqrt{1+(2\zeta\lambda)^2}}{\sqrt{(1-\lambda^2)^2+(2\zeta\lambda)^2}} \qquad (16.45)$$

被动隔振的隔振系数 η 用被隔设备的振幅 B 与振源的振幅 a 的比值来表示

$$\eta = \frac{B}{a} = \frac{\sqrt{1+(2\zeta\lambda)^2}}{\sqrt{(1-\lambda^2)^2+(2\zeta\lambda)^2}} \qquad (16.46)$$

就定义而言，被动隔振又叫隔幅。式(16.46)与式(16.42)完全一样，说明主动隔振（隔力）和被动隔振（隔幅）的原理和隔振系数均相同。

为方便地表明隔振效果，可定义隔振效率 ξ

$$\xi = (1-\eta) \times 100\% \qquad (16.47)$$

它表示隔振系统（装置）所隔离振动的百分比。显然，ξ 的百分比越大，隔振效果越好；反之，隔振效果就差。

进一步分析式(16.42)或式(16.46)，可以得到关于隔振性能的几点结论：

① 在频率比 $\lambda \leqslant \sqrt{2}$ 的区域内，$\eta \geqslant 1$，不仅没有隔振效果，反而会将原来的振动放大，而且当 $\lambda \approx 1$ 时系统还会发生共振。所以，人们将 $\lambda \leqslant \sqrt{2}$ 的区域称为放大区。

② 在 $\lambda > \sqrt{2}$ 的区域内，$\eta < 1$。此频率范围内有隔振效果，故称为隔振区。随着 λ 的增加，η 值逐渐减小并趋近于零，隔振效果越来越好。因为当 $\lambda = 2.5 \sim 5.0$ 时，$\xi = 81\% \sim 96\%$，所以实用中取 $\lambda = 2.5 \sim 5.0$ 已经足够。

③ 放大区内增大阻尼可减小共振振幅，但在隔振区内增大阻尼却会使隔振效果降低。不能盲目地增大阻尼，也不能一味地降低阻尼，应综合考虑放大区和隔振区两方面的要求。

【**例 16.5**】 电机连同基础的质量 $m=245\text{kg}$，安装在六个螺旋弹簧式的隔振垫上，每个隔振垫的弹性系数为 45kN/m。不计阻尼，求电机连同基础上下振动的固有频率。若电机的工作转速为 3000r/min，问隔振效率是多少？

【**解**】

(1) 系统的固有频率

六个隔振垫的总弹性系数

$$k = 6 \times 45 = 270\text{kN/m}$$

系统的固有圆频率

$$\omega = \sqrt{\frac{k}{m}} = \sqrt{\frac{270 \times 10^3}{245}} = 33.2\text{rad/s}$$

(2) 隔振效率

电机的扰动频率（激振力频率）

$$\omega_p = \frac{n\pi}{30} = \frac{3000\pi}{30} = 314.2\text{rad/s}$$

频率比

$$\lambda = \frac{\omega_p}{\omega} = \frac{314.2}{33.2} = 9.46$$

不计阻尼时的隔振系数

$$\eta = \frac{\sqrt{1+(2\zeta\lambda)^2}}{\sqrt{(1-\lambda^2)^2+(2\zeta\lambda)^2}} = \left|\frac{1}{1-\lambda^2}\right| = \left|\frac{1}{1-9.46^2}\right| = 0.0113$$

隔振效率

$$\xi = (1-\eta) \times 100\% = (1-0.0113) \times 100\% = 98.87\%$$

16.4 建筑结构抗震简介

16.4.1 地震的基本概念

地球表层（地壳）由岩石圈组成，分成若干板块，运动过程中岩石的应变超过其极限应变时，岩层会突然断裂、错动和碰撞引起振动。这种发生在地球内部的特殊的机械振动，称为**地震**❶（earthquake）。地震同刮风下雨一样，是一种自然现象。地球上每年大约要发生500多万次地震，人们能够感知的地震却是非常少的。

地壳深处岩层断裂、错动和碰撞的地方称为**震源**（earthquake focus）。震源深度＜60km的地震为浅源地震，震源深度介于60km到300km之间的地震为中源地震，震源深度＞300km的地震为深源地震。浅源地震造成的破坏性最大，而我国发生的地震绝大多数属于浅源地震，比如2008年5月12日四川汶川地震的震源深度仅10km。

(1) 地震波

岩层断裂、错动和碰撞产生的强烈振动以波的形式通过质点从震源向四周传播，这种向外传播地震的波称为**地震波**（seismic wave）。地震波是一种弹性波，包括体波和面波。

在地球内部传播的波称为体波。体波又分为纵波和横波两种，其质点振动的形式如图16.12所示，纵波在固体、液体里都可以传播，横波只能在固体里传播。纵波是压缩波（P波），介质质点振动方向与波的前进方向相同，周期短、振幅小，传播速度最快，可致建筑物上下颠簸；横波是剪切波（S波），其介质质点运动方向与波的前进方向垂直，周期长、振幅大，传播速度慢于纵波，可致建筑物左右摇晃。

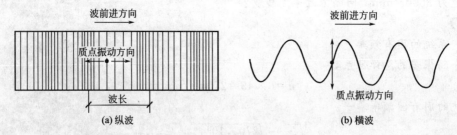

图 16.12 体波质点振动形式

沿地球表面传播的波称为面波。面波是体波经地层界面多次反射、折射形成的次生波，其波速慢、振幅大，振动方向复杂，对建筑物的影响较大。

震源正上方的地面位置，称为**震中**（earthquake epicenter），分仪器震中和宏观震中。

---

❶ 中华人民共和国行业标准 JGJ/T 97—2011《工程抗震术语标准》对地震的定义是：由于地球内部运动累积的能量突然释放或地壳中空穴顶板塌陷，使岩体剧烈振动，并以波的形式传播而引起的地面颠簸和摇晃。

地面上某点到震中的距离 R 称为**震中距**（epicentral distance）。因为地震波在前进过程中需要消耗能量，所以会逐渐衰减，随着震中距的增加，地震影响逐渐减弱，破坏作用也逐渐减轻。

(2) 地震震级

衡量一次地震释放能量大小的尺度，称为**地震震级**（earthquake magnitude），用符号 M 表示。目前国际上通用的里氏震级，是依据美国学者里希特（Richter）于1935年提出的方法来确定的。里氏震级的基本定义是：标准地震仪（周期0.8s，阻尼系数0.8，放大倍数2800）在距离震中100km处记录下的以 μm（微米，10^{-3}mm）为单位的最大水平地面位移（振幅）A 的常用对数，即

$$M = \lg A \tag{16.48}$$

地震的远近和深浅不同，所用仪器不一，实际应用时需要对式(16.48)进行修正。

根据震级 M 的大小，我国将地震分为6个级别：小地震（$M<3$）、有感地震（$3 \leqslant M \leqslant 4.5$）、中强地震（$4.5 < M < 6$）、强烈地震（$6 \leqslant M < 7$）、大地震（$7 \leqslant M < 8$）和特大地震（$M \geqslant 8$）。比如1976年唐山大地震M7.8，2004年印度尼西亚特大地震M8.9，2008年汶川特大地震M8.0，2011年日本特大地震M9.0，这几次地震在世界范围内的影响都较大。

震级 M 与震源释放能量 E（单位为尔格，1尔格＝10^{-7}焦）之间的关系为

$$\lg E = 1.5M + 11.8 \tag{16.49}$$

据估算，一次4级地震所释放的能量相当于3000吨炸药爆炸所产生的能量。由式(16.48)和式(16.49)可知，震级相差一级，地面运动位移相差10倍，而释放的能量却相差32倍。

(3) 地震烈度

地震引起的地面震动及其影响的强弱程度，称为**地震烈度**（seismic intensity），简称**烈度**（intensity），用符号 I 表示。一次地震，只有一个震级，但却存在很多个烈度 I。距震中近，烈度高；距震中远，烈度低；震中烈度最高，故震中又称为极震区。对于浅源地震，根据震级 M，可以按下式估算震中烈度 I_0

$$I_0 = 1.5(M-1) \tag{16.50}$$

调查发现，唐山地震和汶川地震，震中烈度都达到了11度。

中国地震烈度表共分十二度。它是在没有仪器记录的情况下，地震时凭人们的感觉或地震发生后根据建筑物的破坏程度、地表的变化状况而定的一种宏观尺度。评定烈度时，Ⅰ～Ⅴ度以人的感觉为主，Ⅵ～Ⅹ度以房屋震害为主、人的感觉为辅，Ⅺ度、Ⅻ度则以地表现象为主。

在工程抗震领域中将地震烈度分为三个水准。第一水准烈度是指在50年期限内，一般场地条件下，可能遭遇的超越概率为63%的地震烈度值，对应于统计"众值"的烈度，相当于50年一遇的地震烈度，比基本烈度约低一度半，又称为"多遇地震"、"小震"；第二水准烈度是指在50年期限内，一般场地条件下，可能遭遇的超越概率为10%的地震烈度值，即1990中国地震区划图中规定的"地震基本烈度"，相当于475年一遇的地震烈度值，又称为"设防烈度"、"中震"；第三水准烈度是指在50年期限内，一般场地条件下，可能遭遇的超越概率为2%～3%的地震烈度值，相当于1600～2500年一遇的地震烈度值，比基本烈度高一度，又称为"罕遇地震"、"大震"。

按照国家规定的权限批准，作为一个地区抗震设防依据的地震烈度称为**抗震设防烈度**（seismic precautionary intensity），简称设防烈度。设防烈度通常取基本烈度（中震烈度），

比如北京市区 8 度，唐山 8 度，上海市区 7 度，天津市区 7 度，成都市区 7 度，重庆市区 6 度，康定、西昌不低于 9 度。

（4）地震灾害

由地震造成的人员伤亡、财产和物质损失、环境和社会功能的破坏称为地震灾害，简称震害或震灾。破坏性地震造成的震灾通常分为原生灾害（表现为地表破坏、建筑物破坏）和次生灾害两个方面。

① 地表破坏　地表破坏指地震直接引起地面开裂、地面下沉、喷水、冒砂和山体滑坡等。图 16.13 为汶川地震引起的地裂缝和山体滑坡。

图 16.13　地裂缝和山体滑坡

② 建筑物破坏　建筑物破坏由地震直接引起，可因承载力不足、变形过大、连接不牢、构件失稳或整体倾覆而破坏。如图 16.14 所示为汶川地震引起的民房和工业厂房的破坏情况。

图 16.14　建筑物的震害

建筑物的震害根据受损程度划分为基本完好（含完好）、轻微损坏、中等破坏、严重破坏和倒塌五个等级。其划分标准如下。

a. 基本完好：承重构件完好，个别（5％以下）非承重构件轻微损坏；附属构件有不同程度破坏。一般不需修理即可继续使用。

b. 轻微损坏：个别承重构件轻微裂缝，个别非承重构件明显破坏，附属构件有不同程度的破坏。不需要修理或需稍加修理，仍可继续使用。

c. 中等破坏：多数（超过 50％）承重构件轻微裂缝，部分（30％以下）承重构件明显裂缝；个别非承重构件严重破坏，一般需修理，采取安全措施后可适当使用。

d. 严重破坏：多数承重构件严重破坏或部分倒塌。应采取排险措施，需大修、局部拆除。

e. 倒塌：多数承重构件倒塌。需拆除。

③ 次生灾害　次生灾害是由地震引起的间接灾害。比如地震造成的大量人员伤亡，是由于建筑物的垮塌或山体滑坡所致，并非由地震直接震伤或震死人。1976 年唐山地震一次

死亡 24.2 万人、重伤 16.4 万人，震后唐山市区成了一片废墟；2008 年汶川地震引起山体滑坡、房倒屋塌，遇难 6.9 万人、受伤 37.4 万人、失踪 1.8 万人。

地震时，水坝、燃气管道、供电线路的破坏，以及易燃、易爆、有毒物质容器的破坏，均可造成水灾、火灾、空气污染等次生灾害。地震导致海啸，可引起人员伤亡和重大财产损失。2004 年印度尼西亚地震，引发海啸，周边 9 个国家近 30 万人遇难；2011 年日本地震，引起福岛核电站的核泄漏，对环境造成重大污染！

16.4.2 单自由度弹性体系水平地震反应

建筑结构中的单层房屋，可将质量集中在楼盖标高处，柱或墙简化为一根无质量的弹性杆，它除了弹性以外，还含有一定的阻尼。若忽略杆的轴向变形，当体系只作水平振动时，质点仅一个自由度，故为单自由度体系。计算模型如图 16.15 所示，弹性杆的弹性系数（刚度系数）为 k，系统的阻尼系数为 c。

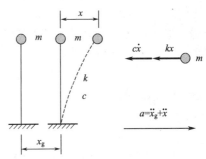

图 16.15 单自由度体系水平地震计算模型

地震发生时，由于地震波的传播而引起的地面振动，称为地震动。设建筑物所在地的地震动位移为 x_g，质点相对于地面的位移为 x，则质点运动绝对加速度为

$$a = \ddot{x}_g + \ddot{x}$$

系统的弹性恢复力为 kx，黏性阻尼力 $c\dot{x}$，依据牛顿第二定律应有

$$-kx - c\dot{x} = ma = m(\ddot{x}_g + \ddot{x})$$

整理后得

$$\ddot{x} + 2\zeta\omega\dot{x} + \omega^2 x = -\ddot{x}_g \tag{16.51}$$

这就是单自由度弹性体系水平地震作用下的运动微分方程，其中 $\ddot{x}_g$ 为地面运动加速度。该微分方程的特解（受迫振动）是质点相对于地面的位移，由杜哈梅（Duhamel）积分给出

$$x(t) = -\frac{1}{\omega_d}\int_0^t \ddot{x}_g(\tau) e^{-\zeta\omega(t-\tau)} \sin\omega_d(t-\tau)d\tau \tag{16.52}$$

因为建筑结构的阻尼比很小（$\zeta \leq 0.05$），$\omega_d \approx \omega = 2\pi/T$，所以水平地震位移反应可取为

$$x(t) = -\frac{T}{2\pi}\int_0^t \ddot{x}_g(\tau) e^{-\zeta\frac{2\pi}{T}(t-\tau)} \sin\frac{2\pi}{T}(t-\tau)d\tau \tag{16.53}$$

若已知地面运动加速度与时间 t 的函数关系，则由式 (16.53) 积分可求出质点的位移反应。但由于地震的随机性，地面加速度不可能有解析表达式，故直接积分不可行。现实中利用由强震仪记录的地震波（见图 16.16），按一定时间间隔（通常取 0.02s）将加速度数字化，利用式 (16.53) 进行数值积分，得到 x 和 t 的一一对应关系，这样形成的 x-t 曲线称为位移时程曲线。再由位移对时间求导数，容易得到速度时程曲线和加速度时程曲线。在此基础上，还可进一步计算地震惯性力及相应的结构内力和变形。这种分析法称为**时程分析法**（time history method），是建筑结构设计的补充分析方法。

由式 (16.53) 还可以发现，结构的地震反应与周期有关。单自由度体系在给定的地震作用下，某个最大反应与周期的关系曲线称为**反应谱**（response spectrum），有位移反应谱 $S_d(T)$、速度反应谱 $S_v(T)$ 和加速度反应谱 $S_a(T)$。地震引起建筑物振动，是一个动力学

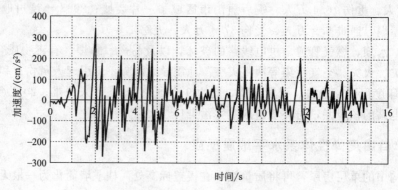

图 16.16 强震仪记录的地震波

问题，但加上惯性力以后，可以按静力学方法来处理。于是人们所关心的是质点所受到的水平方向的最大惯性力，该力称为水平地震作用，其值可由加速度反应谱来计算

$$F = ma_{\max} = m|\ddot{x}_g + \ddot{x}|_{\max} = mS_a(T) \tag{16.54}$$

对式(16.54)进行如下改造，得到实用公式

$$F = mg\frac{S_a(T)}{g} = \alpha G \tag{16.55}$$

式中　　G——体系的重力，$G = mg$；

　　　　α——地震影响系数，$\alpha = S_a(T)/g$。它与系统的周期、阻尼比、场地类型、设防烈度等因素有关，取值可参见《建筑抗震设计规范》。

由式(16.55)计算单自由度弹性体系水平地震作用的方法，称为反应谱法。而对于多层及高层建筑，属于多自由度弹性体系，水平地震作用的计算通常采用振型分解反应谱法，此不赘述。

16.4.3　建筑抗震设防的目标和实施

设防烈度为6度及6度以上地区建筑，必须进行抗震设计。建筑抗震设防的目标，分成三个水准，每个水准提出不同的要求。第一水准的要求是，当遭受低于本地区设防烈度的多遇地震影响时，一般不受损坏或不需修理可继续使用；第二水准的要求是，当遭受相当于本地区抗震设防烈度的地震影响时，可能损坏，经一般修理或不需修理仍可继续使用；第三水准的要求是，当遭受高于本地区抗震设防烈度预估的罕遇地震影响时，不致倒塌或发生危及生命的严重破坏。以上三水准的抗震设计思想，可以概括为"小震不坏，中震可修，大震不倒"。

按照三水准的设防目标，从结构受力角度看，当建筑遭遇小震时，结构应处于弹性工作状态，可采用弹性体系动力理论进行结构和地震反应分析，满足强度要求，构件应力与按弹性反应谱理论分析的结果基本一致；当建筑遭遇到中震时，结构变形进入弹塑性阶段，但变形量被控制在一定范围内，震后残留的永久变形不大；当建筑遭遇大震时，建筑物虽然破坏比较严重，但整个结构的塑性变形小于结构倒塌的临界变形，从而保证建筑内部人员的安全。

建筑抗震设计的三水准设防目标是通过"二阶段设计"方法来实现的。

第一阶段设计：按与设防烈度对应的多遇地震的地震动参数，计算地震作用，按弹性方法进行结构内力和变形计算，并验算结构构件的承载力（或强度）、弹性变形，以确保结构构件和非结构构件不坏，实现第一水准目标。同时采用相应的抗震构造措施，保证结构具有足够的延性、变形能力，满足第二水准要求。

第二阶段设计：按与设防烈度对应的罕遇地震的地震动参数，计算结构薄弱部分的弹塑性变形，使其满足限值的要求；并采取相应的抗震构造措施，从而满足第三水准的防止倒塌要求。

思 考 题

16.1 分别增大系统的刚度和质量，自振周期将如何变化？

16.2 什么是黏性阻尼？如何计算阻尼力？在什么情况下，即使存在初始速度和位移，系统也不会产生自由振动？

16.3 衰减振动的频率与阻尼比之间有何关系？

16.4 受迫振动的激振力振幅和频率能否改变系统的固有频率或自振频率？

16.5 什么是共振现象？如何避免出现共振？

16.6 什么是主动隔振？什么是被动隔振？

16.7 隔振系统的阻尼和刚度对隔振效果有什么影响？

16.8 什么是地震震级？什么是地震烈度？它们之间是否存在一定的关系？

16.9 何谓大震、中震和小震？

16.10 建筑抗震设防的目标是什么？如何实现这些目标？

选 择 题

16.1 将刚度系数均为 k 的两根弹簧串联在一起，则整体的刚度系数为（   ）。
A. $2k$　　　　　B. $4k$　　　　　C. $0.5k$　　　　　D. $0.25k$

16.2 一个质量-弹簧系统，当质量为 m_1 时，测得周期为 T_1，而当质量改为 m_2 时，再次测得周期为 T_2，则该系统的弹簧的刚度系数应等于（   ）。
A. $\dfrac{4\pi^2(m_1-m_2)}{T_1^2-T_2^2}$　　B. $\dfrac{m_1-m_2}{T_1^2-T_2^2}$　　C. $\dfrac{4\pi^2(T_1^2-T_2^2)}{m_1-m_2}$　　D. $\dfrac{T_1^2-T_2^2}{m_1-m_2}$

16.3 在一个无阻尼受迫振动系统中，振体的质量为 m，弹簧的刚度系数为 k，简谐激振力 $F=F_0\sin\omega_\mathrm{p}t$，当激振力的频率（   ）时系统发生共振。
A. $\omega_\mathrm{p}=\dfrac{k}{m}$　　B. $\omega_\mathrm{p}=\sqrt{\dfrac{k}{m}}$　　C. $\omega_\mathrm{p}=\dfrac{k}{2m}$　　D. $\omega_\mathrm{p}=\sqrt{\dfrac{k}{2m}}$

16.4 质量-弹簧系统自由振动的固有频率取决于（   ）。
A. 初始位移大小　　B. 初始速度方向　　C. 坐标原点的位置　　D. 系统本身的特性

16.5 有阻尼受迫振动中，当激振力的频率接近于系统的固有频率时，一般会发生共振。但是，如果阻尼比（   ），振幅不再有最大值，则共振现象不复存在。
A. $\zeta<0.707$　　B. $\zeta<0.5$　　C. $\zeta>0.707$　　D. $\zeta>0.5$

16.6 当阻尼比 $\zeta=0.05$ 时，共振时的振幅可达到静力偏移值的（   ）倍。
A. 5　　　　　B. 10　　　　　C. 20　　　　　D. 40

16.7 无论是主动隔振，还是被动隔振，只有当隔振系数 $\eta<1$ 时才有隔振的效果，显然频率比（   ）时才能达到隔振的目的。
A. $\lambda>\sqrt{2}$　　B. $\lambda>1$　　C. $\lambda<\sqrt{2}$　　D. $\lambda<1$

16.8 增大系统的阻尼，对隔振效果的影响是：（   ）。
A. 无影响　　　　　　　　　　　　B. 提高隔振效率

C. 降低隔振效率 D. 对主动隔振有利，对被动隔振不利

16.9 建筑抗震设防烈度是根据（ ）确定的。
A. 多遇地震烈度 B. 基本地震烈度 C. 罕遇地震烈度 D. 里氏震级

16.10 建筑抗震设防的目标可以概括为"小震不坏，中震可修，大震不倒"。所谓的大震是指（ ）
A. 7级以上地震 B. 8级以上地震 C. 基本烈度的地震 D. 罕遇烈度的地震

计 算 题

16.1 弹簧不受力时原长 $l_0=0.65$m，当下端挂上质量 $m=10$kg 的物体后，弹簧长度增大到 0.85m。设用手把物体托住，使弹簧回到原来的长度 l_0，然后突然释放，物体初速度为零。试求物体的运动方程、振幅、周期以及弹簧力的最大值。

16.2 一个质点按 $x=3\sin2t-\cos2t$ 的规律作简谐运动（单位：mm），试求该质点振动的振幅和周期。

16.3 某一个单自由度系统，测得无阻尼自由振动的周期为 1.8s，加上黏性阻尼后相邻两振幅的比为 4.2:1。试求此系统的衰减振动阻尼比和圆频率。

16.4 弹簧上悬挂质量 $m=6$kg 的物体。在没有阻尼时，物体的振动周期 $T=0.4\pi$ 秒，而系统加上黏性阻尼后，振动周期变为 $T_d=0.5\pi$ 秒。设开始时将弹簧从其平衡位置拉长 40mm，而后无初速度释放。求当速度等于 10mm/s 时的阻尼力，并求物体的振动规律。

16.5 某一个单自由度受迫振动系统，已知 $m=2$kg，$k=2000$N/m，$c=25.6$N·s/m。作用于质点上的激振力 $F=16\sin60t$，式中 t 以秒（s）计，F 以牛（N）计。试求：
(1) 无阻尼时，物体受迫振动方程和动力放大系数 β；
(2) 有阻尼时，物体受迫振动方程和动力放大系数 β。

16.6 单自由度系统，已知固有圆频率 $\omega=20\pi$ rad/s，阻尼系数 $c=0.2$N·s/m，激振力 $F=4\sin\omega t$（F 的单位：N）。试求受迫振动的振幅 B。

16.7 机器零件在黏性油液中振动，施加一个幅值 $F_0=55$N、周期 $T=0.2$s 的激振力使该零件发生共振，设此时振幅为 15mm，已知零件的质量 $m=4$kg，试求阻尼比 ζ。

16.8 飞机仪表板连同仪表的质量 $m=24.5$kg，四角由 4 个橡皮垫支持。如橡皮垫的刚度系数 $k=30$kN/m，发动机的振动频率为 36.66Hz，求飞机振动传到仪表板上的百分比。

16.9 一台设备的质量为 $m=90$kg，支承在刚度系数 $k=715$kN/m、阻尼比 $\zeta=0.2$ 的减震器上。设备中有一不平衡的质量，当其转速为 $n=3000$r/min 时，产生干扰力（激振力）的幅值为 360N。试求：
(1) 设备受迫振动的振幅；
(2) 隔振系数 η；
(3) 通过减震器传到基础上的最大力。

附　　录

附录1　材料的强度设计值

附表1.1　钢材的强度设计值（GB 50017—2003）　　　N/mm²

钢材		抗拉、抗压和抗弯 f	抗剪 f_v	端面承压（刨平顶紧）f_{ce}
牌号	厚度或直径/mm			
Q235钢	≤16	215	125	325
	>16～40	205	120	
	>40～60	200	115	
	>60～100	190	110	
Q345钢	≤16	310	180	400
	>16～35	295	170	
	>35～50	265	155	
	>50～100	250	145	
Q390钢	≤16	350	205	415
	>16～35	335	190	
	>35～50	315	180	
	>50～100	295	170	
Q420钢	≤16	380	220	440
	>16～35	360	210	
	>35～50	340	195	
	>50～100	325	185	

注：表中厚度系指计算点的钢材厚度，对轴心受拉和轴心受压构件系指截面中较厚板件的厚度。

附表1.2　普通钢筋强度设计值　　　N/mm²

建筑结构钢筋：GB 50010—2010		
牌号	抗拉强度设计值 f_y	抗压强度设计值 f'_y
HPB300	270	270
HRB335、HRBF335	300	300
HRB400、HRBF400、RRB400	360	360
HRB500、HRBF500	435	410

续表

公路桥涵结构钢筋:JTG D62—2004

钢 筋 种 类	抗拉强度设计值 f_{sd}	抗压强度设计值 f'_{sd}
R235	195	195
HRB335	280	280
HRB400	330	330
KL400	330	330

附表1.3　螺栓连接的强度设计值（GB 50017—2003）　　　　　N/mm²

螺栓的性能等级、锚栓和构件钢材的牌号		普通螺栓					锚栓	承压型连接高强度螺栓		
		C级螺栓			A级、B级螺栓					
		抗拉 f_t	抗剪 f_v	承压 f_c	抗拉 f_t	抗剪 f_v	承压 f_c	抗拉 f_t	抗拉 f_t	抗剪 f_v	承压 f_c
普通螺栓	4.6级、4.8级	170	140								
	5.6级				210	190					
	8.8级				400	320					
锚栓	Q235钢							140			
	Q345钢							180			
承压型连接高强度螺栓	8.8级								400	250	
	10.9级								500	310	
构件	Q235钢			305			405				470
	Q345钢			385			510				590
	Q390钢			400			530				615
	Q420钢			425			560				655

注：1. A级螺栓用于 $d \leq 24mm$ 和 $l \leq 10d$ 或 $l \leq 150mm$（按较小直径）的螺栓；B级螺栓用于 $d > 24mm$ 或 $l > 10d$ 或 $l > 150mm$（按较小直径）的螺栓。d 为公称直径，l 为螺杆公称长度。

2. A、B级螺栓孔的精度和孔壁表面粗糙度，C级螺栓孔的允许偏差和孔壁表面粗糙度，均应符合现行国家标准《钢结构工程施工质量验收规范》(GB 50205) 的要求。

附表1.4　混凝土的轴心抗压和轴心抗拉强度设计值　　　　　　　　N/mm²

建筑结构混凝土:GB 50010—2010

强度种类	混凝土强度等级													
	C15	C20	C25	C30	C35	C40	C45	C50	C55	C60	C65	C70	C75	C80
f_c	7.2	9.6	11.9	14.3	16.7	19.1	21.1	23.1	25.3	27.5	29.7	31.8	33.8	35.9
f_t	0.91	1.10	1.27	1.43	1.57	1.71	1.80	1.89	1.96	2.04	2.09	2.14	2.18	2.22

公路桥涵混凝土:JTG D62—2004

强度种类	混凝土强度等级													
	C15	C20	C25	C30	C35	C40	C45	C50	C55	C60	C65	C70	C75	C80
f_{cd}	6.9	9.2	11.5	13.8	16.1	18.4	20.5	22.4	24.4	26.5	28.5	30.5	32.4	34.6
f_{td}	0.88	1.06	1.23	1.39	1.52	1.65	1.74	1.83	1.89	1.96	2.02	2.07	2.10	2.14

注：计算现浇钢筋混凝土轴心受压和偏心受压构件时，如截面的长边或直径小于300mm，表中数值应乘以系数0.8；当构件质量（混凝土成型、截面和轴线尺寸等）确有保证时，可不受此限。

附表1.5 烧结砖砌体的抗压强度设计值（GB 50003—2001）   MPa

砖强度等级	砂浆强度等级					砂浆强度
	M15	M10	M7.5	M5	M2.5	0
MU30	3.94	3.27	2.93	2.59	2.26	1.15
MU25	3.60	2.98	2.68	2.37	2.06	1.05
MU20	3.22	2.67	2.39	2.12	1.84	0.94
MU15	2.79	2.31	2.07	1.83	1.60	0.82
MU10	—	1.89	1.69	1.50	1.30	0.67

注：当砌体采用水泥砂浆砌筑时，表中值应乘以调整系数0.9；当构件截面面积A小于0.3m²时，应乘以调整系数$0.7+A$（其中A以m²计）。

附表1.6 木材的强度设计值（GB 50005—2003）   N/mm²

强度等级	组别	抗弯 f_m	顺纹抗压 f_c	顺纹抗拉 f_t	顺纹抗剪 f_v
TC17	A	17	16	10	1.7
	B		15	9.5	1.6
TC15	A	15	13	9.0	1.6
	B		12	9.0	1.5
TC13	A	13	12	8.5	1.5
	B		10	8.0	1.4
TC11	A	11	10	7.5	1.4
	B		10	7.0	1.2
TB20		20	18	12	2.8
TB17		17	16	11	2.4
TB15		15	14	10	2.0
TB13		13	12	9.0	1.4
TB11		11	10	8.0	1.3

附录 2 型 钢 表

附表 2.1 热轧等边角钢（GB 9787—1988）

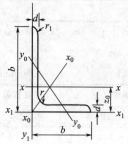

符号意义：
b——边宽度；　　　　　　I——惯性矩；
d——边厚度；　　　　　　i——惯性半径；
r——内圆弧半径；　　　　W——截面系数；
r_1——边端内圆弧半径；　z_0——形心距离。

角钢号数	尺寸/mm			截面面积/cm²	理论质量/(kg/m)	外表面积/(m²/m)	参考数值										
							x-x			x_0-x_0			y_0-y_0			x_1-x_1	z_0/cm
	b	d	r				I_x/cm⁴	i_x/cm	W_x/cm³	I_i/cm⁴	i_{x0}/cm	W_{x0}/cm³	I_{y0}/cm⁴	i_{y0}/cm	W_{y0}/cm³	i_{x1}/cm⁴	
2	20	3	3.5	1.132	0.889	0.078	0.40	0.59	0.29	0.63	0.75	0.45	0.17	0.39	0.20	0.81	0.60
		4		1.459	1.145	0.077	0.50	0.58	0.36	0.78	0.73	0.55	0.22	0.38	0.24	1.09	0.64
2.5	25	3		1.432	1.124	0.098	0.82	0.76	0.46	1.29	0.95	0.73	0.34	0.49	0.33	0.157	0.73
		4		1.859	1.459	0.097	1.03	0.74	0.59	1.62	0.93	0.92	0.43	0.48	0.40	2.11	0.76
3.0	30	3		1.749	1.373	0.117	1.46	0.91	0.68	2.31	1.15	1.09	0.61	0.59	0.51	2.71	0.85
		4		2.276	1.786	0.117	1.84	0.90	0.87	2.92	1.13	1.37	0.77	0.58	0.62	3.63	0.89
3.6	36	3	4.5	2.109	1.656	0.141	2.58	1.11	0.99	4.09	1.39	1.61	1.07	0.71	0.76	4.68	1.00
		4		2.756	2.163	0.141	3.29	1.09	1.28	5.22	1.38	2.05	1.37	0.70	0.93	6.25	1.04
		5		3.382	2.654	0.141	3.95	1.08	1.56	6.24	1.36	2.45	1.65	0.70	1.09	7.84	1.07
4.0	40	3		2.359	1.852	0.157	3.59	1.23	1.23	5.69	1.55	2.01	1.49	0.79	0.96	6.41	1.09
		4		3.086	2.422	0.157	4.60	1.22	1.60	7.29	1.54	2.58	1.91	0.79	1.19	8.56	1.13
		5		3.791	2.976	0.156	5.53	1.21	1.96	8.76	1.52	3.10	2.30	0.78	1.39	10.74	1.17
4.5	45	3	5	2.659	2.088	0.177	5.17	1.40	1.58	8.20	1.76	2.58	2.14	0.89	1.24	9.12	1.22
		4		3.486	2.736	0.177	6.65	1.38	2.05	10.56	1.74	3.32	2.75	0.89	1.54	12.18	1.26
		5		4.292	3.369	0.176	8.04	1.37	2.51	12.76	1.72	4.00	3.33	0.88	1.81	15.25	1.30
		6		5.076	3.985	0.176	9.33	1.36	2.95	14.76	1.70	4.64	3.89	0.88	2.06	18.36	1.33
5	50	3	5.5	2.971	2.332	0.197	7.18	1.55	1.96	11.37	1.96	3.22	2.98	1.00	1.57	12.50	1.34
		4		3.897	3.059	0.197	9.26	1.54	2.56	14.70	1.94	4.16	3.82	0.99	1.96	16.69	1.38
		5		4.803	3.770	0.196	11.21	1.53	3.13	17.79	1.92	5.03	4.64	0.98	2.31	20.90	1.42
		6		5.688	4.650	0.196	13.05	1.52	3.68	20.68	1.91	5.85	5.42	0.98	2.63	25.14	1.46

续表

角钢号数	尺寸/mm			截面面积/cm²	理论质量/(kg/m)	外表面积/(m²/m)	参考数值											z_0/cm
							x-x			x_0-x_0			y_0-y_0			x_1-x_1	
	b	d	r				I_x/cm⁴	i_x/cm	W_x/cm³	I_i/cm⁴	i_{x0}/cm	W_{x0}/cm³	I_{y0}/cm⁴	i_{y0}/cm	W_{y0}/cm³	i_{x1}/cm⁴	
5.6	56	3	6	3.343	2.624	0.221	10.19	1.75	2.48	16.14	2.20	4.08	4.24	1.13	2.02	17.56	1.48
		4		4.390	3.446	0.220	13.18	1.73	3.24	20.92	2.18	5.28	5.46	1.11	2.52	23.43	1.53
		5		5.415	4.251	0.220	16.02	1.72	3.97	25.42	2.17	6.42	6.61	1.10	2.98	29.33	1.57
		8		8.367	6.568	0.219	23.63	1.68	6.03	37.37	2.11	9.44	9.89	1.09	4.16	47.24	1.68
6.3	63	4	7	4.978	3.907	0.248	19.03	1.96	4.13	30.17	2.46	6.78	7.89	1.26	3.29	33.35	1.70
		5		6.143	4.822	0.248	23.17	1.94	5.08	36.77	2.45	8.25	9.57	1.25	3.90	41.73	1.74
		6		7.288	5.721	0.247	27.12	1.93	6.00	43.03	2.43	9.66	11.20	1.24	4.46	50.14	1.78
		8		9.515	7.469	0.247	34.46	1.90	7.75	54.56	2.40	12.25	14.33	1.23	5.47	67.11	1.85
		10		11.657	9.151	0.246	41.09	1.88	9.39	64.85	2.36	14.56	17.33	1.22	6.36	84.31	1.93
7	70	4	8	5.570	4.372	0.275	26.39	2.18	5.14	41.80	2.74	8.44	10.99	1.40	4.17	45.74	1.86
		5		6.875	5.397	0.275	32.21	2.16	6.32	51.08	2.73	10.32	13.34	1.39	4.95	57.21	1.91
		6		8.160	6.406	0.275	37.77	2.15	7.48	59.93	2.71	12.11	15.61	1.38	5.67	68.73	1.95
		7		9.424	7.398	0.275	43.09	2.14	8.59	68.35	2.69	13.81	17.82	1.38	6.34	80.29	1.99
		8		10.667	8.373	0.274	48.17	2.12	9.68	76.37	2.68	15.43	19.98	1.37	6.98	91.92	2.03
7.5	75	5	9	7.412	5.818	0.295	39.97	2.33	7.32	63.30	2.92	11.94	16.63	1.50	5.77	70.56	2.04
		6		8.797	6.905	0.294	46.95	2.31	8.64	74.38	2.90	14.02	19.51	1.49	6.67	84.55	2.07
		7		10.160	7.976	0.294	53.57	2.30	9.93	84.96	2.89	16.02	22.18	1.48	7.44	98.71	2.11
		8		11.503	9.030	0.294	59.96	2.28	11.20	95.07	2.88	17.93	24.86	1.47	8.19	112.97	2.15
		10		14.126	11.089	0.293	71.98	2.26	13.64	113.92	2.84	21.48	30.05	1.46	9.56	141.71	2.22
8	80	5	9	7.912	6.211	0.315	48.79	2.48	8.34	77.33	3.13	13.67	20.25	1.60	6.66	85.36	2.15
		6		9.397	7.376	0.314	57.35	2.47	9.87	90.98	3.11	16.08	23.72	1.59	7.65	102.50	2.19
		7		10.860	8.525	0.314	65.58	2.46	11.37	104.07	3.10	18.40	27.09	1.58	8.58	119.70	2.23
		8		12.303	9.658	0.314	73.49	2.44	12.83	116.60	3.08	20.61	30.39	1.57	9.46	136.97	2.27
		10		15.126	11.874	0.313	88.43	2.42	15.64	140.09	3.04	24.76	36.77	1.56	11.08	171.74	2.35
9	90	6	10	10.637	8.350	0.354	82.77	2.79	12.61	131.26	3.51	20.63	34.28	1.80	9.95	145.87	2.44
		7		12.301	9.656	0.354	94.83	2.78	14.54	150.47	3.50	23.64	39.18	1.78	11.19	170.30	2.48
		8		13.944	10.946	0.353	106.47	2.76	16.42	168.97	3.48	26.55	43.97	1.78	12.35	194.80	2.52
		10		17.167	13.476	0.353	128.58	2.74	20.07	203.90	3.45	32.04	53.26	1.76	14.52	244.07	2.59
		12		20.306	15.940	0.352	149.22	2.71	23.57	236.21	3.41	37.12	62.22	1.75	16.49	293.76	2.67
10	100	6	12	11.932	9.366	0.393	114.95	3.10	15.68	181.98	3.90	25.74	47.92	2.00	12.69	200.07	2.67
		7		13.796	10.830	0.393	131.86	3.09	18.10	208.97	3.89	29.55	54.74	1.99	14.26	233.54	2.71
		8		15.638	12.276	0.393	148.24	3.08	20.47	235.07	3.88	33.24	61.41	1.98	15.75	267.09	2.76
		10		19.261	15.120	0.392	179.51	3.05	25.06	284.68	3.84	40.26	74.35	1.96	18.54	334.48	2.84
		12		22.800	17.898	0.391	208.90	3.03	29.48	330.95	3.81	46.80	86.84	1.95	21.08	402.34	2.91
		14		26.256	20.611	0.391	236.53	3.00	33.73	374.06	3.77	52.90	99.00	1.94	23.44	470.75	2.99
		16		29.627	23.257	0.390	262.53	2.98	37.82	414.16	3.74	58.57	110.89	1.94	25.63	539.86	3.06

续表

| 角钢号数 | 尺寸/mm | | | 截面面积/cm² | 理论质量/(kg/m) | 外表面积/(m²/m) | 参考数值 | | | | | | | | | | z_0/cm |
| | | | | | | | x-x | | | x_0-x_0 | | | y_0-y_0 | | | x_1-x_1 | |
	b	d	r				I_x/cm⁴	i_x/cm	W_x/cm³	I_i/cm⁴	i_{x0}/cm	W_{x0}/cm³	I_{y0}/cm⁴	i_{y0}/cm	W_{y0}/cm³	i_{x1}/cm⁴	
11	110	7	12	15.196	11.928	0.433	177.16	3.14	22.05	280.94	4.30	30.12	73.38	2.20	17.51	310.64	2.96
		8		17.238	13.532	0.433	199.46	3.40	24.95	316.49	4.28	40.69	82.42	2.19	19.39	355.20	3.01
		10		21.261	16.690	0.432	242.19	3.38	30.60	384.39	4.25	49.42	99.98	2.17	22.91	444.65	3.09
		12		25.200	19.782	0.431	282.55	3.35	36.05	448.17	4.22	57.62	116.93	2.15	26.15	534.60	3.16
		14		29.056	22.809	0.431	320.71	3.32	41.31	508.01	4.18	65.31	133.40	2.14	29.14	625.16	3.24
12.5	125	8	14	19.750	15.504	0.492	297.03	3.88	32.52	470.89	4.88	53.28	123.16	2.50	25.86	521.01	3.37
		10		24.373	19.133	0.491	361.67	3.85	39.97	573.89	4.85	64.93	149.46	2.48	30.62	651.93	3.45
		12		28.912	22.696	0.491	423.16	3.83	41.17	671.44	4.82	75.96	174.88	2.46	35.03	783.42	3.53
		14		33.367	26.193	0.490	481.65	3.80	54.16	763.73	4.78	86.41	199.57	2.45	39.13	915.61	3.61
14	140	10	14	27.373	21.488	0.551	514.65	4.34	50.58	817.27	5.46	82.56	212.04	2.78	39.20	915.11	3.82
		12		32.512	25.522	0.551	603.68	4.31	59.80	958.79	5.43	96.85	248.57	2.76	45.02	1099.28	3.90
		14		37.567	29.490	0.550	688.81	4.28	68.75	1093.56	5.40	110.47	284.06	2.75	50.45	1284.22	3.98
		16		42.539	33.393	0.549	770.24	4.26	77.46	1221.81	5.36	123.42	318.67	2.74	55.55	1470.07	4.06
16	160	10	16	31.502	24.729	0.630	779.53	4.98	66.70	1237.30	6.27	109.36	321.76	3.20	52.76	1365.33	4.31
		12		37.441	29.391	0.630	916.58	4.95	78.98	1455.68	6.24	128.67	377.49	3.18	60.74	1639.57	4.39
		14		43.296	33.987	0.629	1048.36	4.92	90.95	1665.02	6.20	147.17	431.70	3.16	68.24	1914.68	4.47
		16		49.067	38.518	0.629	1175.08	4.89	102.63	1865.57	6.17	164.89	484.59	3.14	75.31	2190.82	4.55
18	180	12		42.241	33.159	0.710	1321.35	5.59	100.82	2100.10	7.05	165.00	542.61	3.58	78.41	2332.80	4.89
		14		48.896	38.383	0.709	1514.48	5.56	116.25	2407.42	7.02	189.14	621.53	3.56	88.38	2723.48	4.97
		16		55.467	43.542	0.709	1700.99	5.54	131.13	2703.37	6.98	212.40	698.60	3.55	97.83	3115.29	5.05
		18		61.955	48.634	0.708	1875.12	5.50	145.64	2988.24	6.94	234.78	762.01	3.51	105.14	3502.43	5.13
20	200	14	18	54.642	42.894	0.788	2103.55	6.20	144.70	3343.26	7.82	236.40	863.83	3.98	111.82	3734.10	5.46
		16		62.013	48.680	0.788	2366.15	6.18	163.65	3760.89	7.79	265.93	971.41	3.96	123.96	4270.39	5.54
		18		69.301	54.401	0.787	2620.64	6.15	182.22	4164.54	7.75	294.48	1076.74	3.94	135.52	4808.13	5.62
		20		76.505	60.056	0.787	2867.30	6.12	200.42	4554.55	7.72	322.06	1180.04	3.93	146.55	5347.51	5.69
		24		90.661	71.168	0.785	3338.25	6.07	236.17	5294.97	7.64	374.41	1381.53	3.90	166.65	6457.16	5.87

注：截面图中的 $r_1 = d/3$ 及表中 r 值的数据用于孔型设计，不做交货条件。

附表 2.2 热轧不等边角钢 (GB 9788—1988)

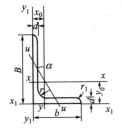

符号意义：
- B——边长宽度；
- b——短边宽度；
- d——边厚度；
- r——内圆弧半径；
- r_1——边端内圆弧半径；
- I——惯性矩；
- i——惯性半径；
- W——截面系数；
- x_0——重心距离；
- y_0——形心距离。

角钢号数	尺寸/mm				截面面积/cm²	理论质量/(kg/m)	外表面积/(m²/m)	参考数值													
								x-x			y-y			x_1-x_1		y_1-y_1		u-u			
	B	b	d	r				I_x/cm⁴	i_x/cm	W_x/cm³	I_y/cm⁴	i_y/cm	W_y/cm³	I_{x1}/cm⁴	y_0/cm	I_{y1}/cm⁴	x_0/cm	I_u/cm⁴	i_u/cm	W_u/cm³	$\tan\alpha$
2.5/1.6	25	16	3	3.5	1.162	0.912	0.080	0.70	0.78	0.43	0.22	0.44	0.19	1.56	0.86	0.43	0.42	0.14	0.34	0.16	0.392
			4		1.499	1.176	0.079	0.88	0.77	0.55	0.27	0.43	0.24	2.09	0.90	0.59	0.46	0.17	0.34	0.20	0.381
3.2/2	32	20	3	3.5	1.492	1.171	0.102	1.53	1.01	0.72	0.46	0.55	0.30	3.27	1.08	0.82	0.49	0.28	0.43	0.25	0.382
			4		1.939	1.522	0.101	1.93	1.00	0.93	0.57	0.54	0.39	4.37	1.12	1.12	0.53	0.35	0.42	0.32	0.374
4/2.5	40	25	3	4	1.890	1.484	0.127	3.08	1.28	1.15	0.93	0.70	0.49	5.39	1.32	1.59	0.59	0.56	0.54	0.40	0.385
			4		2.467	1.936	0.127	3.93	1.26	1.49	1.18	0.69	0.63	8.53	1.37	2.14	0.63	0.71	0.54	0.52	0.381
4.5/2.8	45	28	3	5	2.149	1.687	0.143	4.45	1.44	1.47	1.34	0.79	0.62	9.10	1.47	2.23	0.64	0.80	0.61	0.51	0.383
			4		2.806	2.203	0.143	5.69	1.42	1.91	1.70	0.78	0.80	12.13	1.51	3.00	0.68	1.02	0.60	0.66	0.380
5/3.2	50	32	3	5.5	2.431	1.908	0.161	6.24	1.60	1.84	2.02	0.91	0.82	12.49	1.60	3.31	0.73	1.20	0.70	0.68	0.404
			4		3.177	2.494	0.160	8.02	1.59	2.39	2.58	0.90	1.06	16.65	1.65	4.45	0.77	1.53	0.69	0.87	0.402
5.6/3.6	56	36	3	6	2.743	2.153	0.181	8.88	1.80	2.32	2.92	1.03	1.05	17.54	1.78	4.70	0.80	1.73	0.79	0.87	0.408
			4		3.590	2.818	0.180	11.45	1.79	3.03	3.76	1.02	1.37	23.39	1.82	6.33	0.85	2.23	0.79	1.13	0.408
			5		4.415	3.466	0.180	13.86	1.77	3.71	4.49	1.01	1.65	29.25	1.87	7.94	0.88	2.67	0.78	1.36	0.404
6.3/4	63	40	4	7	4.058	3.185	0.202	16.49	2.02	3.87	5.23	1.14	1.70	33.30	2.04	8.63	0.92	3.12	0.88	1.40	0.398
			5		4.993	3.920	0.202	20.02	2.00	4.74	6.31	1.12	2.71	41.63	2.08	10.86	0.95	3.76	0.87	1.71	0.396
			6		5.908	4.638	0.201	23.36	1.96	5.59	7.29	1.11	2.43	49.98	2.12	13.12	0.99	4.34	0.86	1.99	0.393
			7		6.802	5.339	0.201	36.53	1.98	6.40	8.24	1.10	2.78	58.07	2.15	15.47	1.03	4.97	0.86	2.29	0.389
7/4.5	70	45	4	7.5	4.547	3.570	0.226	23.17	2.26	4.86	7.55	1.29	2.17	45.92	2.24	12.26	1.02	4.40	0.98	1.77	0.410
			5		5.609	4.403	0.225	27.95	2.23	5.92	9.13	1.28	2.65	57.10	2.28	15.39	1.06	5.40	0.98	2.19	0.407
			6		6.647	5.218	0.225	32.54	2.21	6.95	10.62	1.26	3.12	68.35	2.32	18.58	1.09	6.35	0.98	2.59	0.404
			7		7.657	6.011	0.225	37.22	2.20	8.03	12.01	1.25	3.57	79.99	2.36	21.84	1.13	7.16	0.97	2.94	0.402
(7.5/5)	75	50	5	8	6.125	4.808	0.245	34.86	2.39	6.83	12.61	1.44	3.30	70.00	2.40	21.04	1.17	7.41	1.10	2.74	0.435
			6		7.260	5.699	0.245	41.12	2.38	8.12	14.70	1.42	3.88	84.30	2.44	25.37	1.21	8.54	1.08	3.19	0.435
			8		9.467	7.431	0.244	52.39	2.35	10.52	18.53	1.40	4.99	112.50	2.52	34.23	1.29	10.87	1.07	4.10	0.429
			10		11.590	9.098	0.244	62.71	2.33	12.79	21.96	1.38	6.04	140.80	2.60	43.43	1.36	13.10	1.06	4.99	0.423

续表

角钢号数	尺寸/mm				截面面积/cm²	理论质量/(kg/m)	外表面积/(m²/m)	参考数值											
								x-x			y-y			x_1-x_1		y_1-y_1		u-u			
	B	b	d	r				I_x/cm⁴	i_x/cm	W_x/cm³	I_y/cm⁴	i_y/cm	W_y/cm³	I_{x1}/cm⁴	y_0/cm	I_{y1}/cm⁴	x_0/cm	I_u/cm⁴	i_u/cm	W_u/cm³	tanα
8/5	80	50	5	8	6.375	5.005	0.255	41.96	2.56	7.78	12.82	1.42	3.32	85.21	2.60	21.06	1.14	7.66	1.10	2.74	0.388
			6		7.560	5.935	0.255	49.49	2.56	9.25	14.95	1.41	3.91	102.53	2.65	25.41	1.18	8.85	1.08	3.20	0.387
			7		8.724	6.848	0.255	56.16	2.54	10.58	16.96	1.39	4.48	119.33	2.69	29.82	1.21	10.18	1.08	3.70	0.384
			8		9.867	7.745	0.254	62.83	2.52	11.92	18.85	1.38	5.03	136.41	2.73	34.32	1.25	11.38	1.07	4.16	0.381
9/5.6	90	56	5	8	7.212	5.661	0.287	60.45	2.90	9.92	18.32	1.59	4.21	121.32	2.91	29.53	1.25	10.98	1.23	3.49	0.385
			6		8.557	6.717	0.286	71.03	2.88	11.74	21.42	1.58	4.96	145.59	2.95	35.58	1.29	12.90	1.23	4.13	0.384
			7		9.880	7.756	0.286	81.01	2.86	13.49	24.36	1.57	5.70	169.60	3.00	41.71	1.33	14.67	1.22	4.72	0.382
			8		11.183	8.779	0.286	91.03	2.85	15.27	27.15	1.56	6.41	194.17	3.04	47.93	1.36	16.42	1.21	5.29	0.380
10/6.3	100	63	6	10	9.617	7.550	0.320	99.06	3.21	14.64	30.94	1.79	6.35	199.71	3.24	50.50	1.43	18.42	1.38	5.25	0.394
			7		11.111	8.722	0.320	113.45	3.20	16.88	35.26	1.78	7.29	233.00	3.28	59.14	1.47	21.00	1.38	6.02	0.394
			8		12.584	9.878	0.319	127.37	3.18	19.08	39.39	1.77	8.21	266.32	3.32	67.88	1.50	23.50	1.37	6.78	0.391
			10		15.467	12.142	0.319	153.81	3.15	23.32	47.12	1.74	9.98	333.06	3.40	85.73	1.58	28.33	1.35	8.24	0.387
10/8	100	80	6	10	10.637	8.350	0.354	107.04	3.17	15.19	61.24	2.40	10.16	199.83	2.95	102.68	1.97	31.65	1.72	8.37	0.627
			7		12.301	9.656	0.354	122.73	3.16	17.52	70.08	2.39	11.71	233.20	3.00	119.98	2.01	36.17	1.72	9.60	0.626
			8		13.944	10.946	0.353	137.92	3.14	19.81	78.58	2.37	13.21	266.61	3.04	137.37	2.05	40.58	1.71	10.80	0.625
			10		17.167	13.476	0.353	166.87	3.12	24.24	94.65	2.35	16.12	333.63	3.12	172.48	2.13	49.10	1.69	13.12	0.622
11/7	110	70	6	10	10.637	8.350	0.354	133.37	3.54	17.85	42.92	2.01	7.90	265.78	3.53	69.08	1.57	25.36	1.54	6.53	0.403
			7		12.301	9.656	0.354	153.00	3.53	20.60	49.01	2.00	9.09	310.07	3.57	80.82	1.61	28.95	1.53	7.50	0.402
			8		13.944	10.946	0.353	172.04	3.51	23.30	54.87	1.98	10.25	354.39	3.62	92.70	1.65	32.45	1.53	8.45	0.401
			10		17.167	13.476	0.353	208.39	3.48	28.54	65.88	1.96	12.48	443.13	3.70	116.83	1.72	39.20	1.51	10.29	0.397
12.5/8	125	80	7	11	14.096	11.066	0.403	227.98	4.02	26.86	74.42	2.30	12.01	454.99	4.01	120.32	1.80	43.81	1.76	9.92	0.408
			8		15.989	12.551	0.403	256.77	4.01	30.41	83.49	2.28	13.56	519.99	4.06	137.85	1.84	49.15	1.75	11.18	0.407
			10		19.712	15.474	0.402	312.04	3.98	37.33	100.67	2.26	16.56	650.09	4.14	173.40	1.92	59.45	1.74	13.64	0.404
			12		23.351	18.330	0.402	364.41	3.95	44.01	116.67	2.24	19.43	780.39	4.22	209.67	2.00	69.35	1.72	16.01	0.400
14/9	140	90	8	12	18.038	14.160	0.453	365.64	4.50	38.48	120.69	2.59	17.34	730.53	4.50	195.79	2.04	70.83	1.98	14.31	0.411
			10		22.261	17.475	0.452	445.50	4.47	47.31	140.03	2.56	21.22	913.20	4.58	245.92	2.12	85.82	1.96	17.48	0.409
			12		26.400	20.724	0.451	521.59	4.44	55.87	169.79	2.54	24.95	1096.09	4.66	296.89	2.19	100.21	1.95	20.54	0.406
			14		30.456	23.908	0.451	594.10	4.42	64.18	192.10	2.51	28.54	1279.26	4.74	348.82	2.27	114.13	1.94	23.52	0.403
16/10	160	100	10	13	25.315	19.872	0.512	668.69	5.14	62.13	205.03	2.85	26.56	1362.89	5.24	336.59	2.28	121.74	2.19	21.92	0.390
			12		30.054	23.592	0.511	784.91	5.11	73.49	239.06	2.82	31.28	1635.56	5.32	405.94	2.36	142.33	2.17	25.79	0.388
			14		34.709	27.247	0.510	896.30	5.08	84.56	271.20	2.80	35.83	1908.50	5.40	476.42	2.43	162.23	2.16	29.56	0.385
			16		39.281	30.835	0.510	1003.04	5.05	95.33	301.60	2.77	40.24	2181.79	5.48	548.20	2.51	182.57	2.16	33.44	0.382
18/11	180	110	10	14	28.373	22.273	0.571	956.25	5.80	78.96	278.11	3.13	32.49	1940.40	5.89	447.22	2.44	166.50	2.42	26.88	0.376
			12		33.712	26.464	0.571	1124.72	5.78	93.53	325.03	3.10	38.32	2328.38	5.98	538.94	2.52	194.87	2.40	31.66	0.374
			14		38.967	30.589	0.570	1286.91	5.75	107.76	369.55	3.08	43.97	2716.60	6.06	631.95	2.59	222.30	2.39	36.32	0.372
			16		44.139	34.649	0.569	1443.06	5.72	121.64	411.85	3.06	49.44	3105.15	6.14	726.46	2.67	248.94	2.38	40.87	0.369
20/12.5	200	125	12	14	37.912	29.761	0.641	1570.90	6.44	116.73	483.16	3.57	49.99	3193.85	6.54	787.74	2.83	285.79	2.74	41.23	0.392
			14		43.867	34.436	0.640	1800.97	6.41	134.65	550.83	3.54	57.44	3726.17	6.62	922.47	2.91	326.58	2.73	47.34	0.390
			16		49.739	39.045	0.639	2023.35	6.38	142.18	615.44	3.52	64.69	4258.86	6.70	1058.86	2.99	366.21	2.71	53.32	0.388
			18		55.526	43.588	0.639	2238.30	6.35	169.33	677.19	3.49	71.74	4792.00	6.78	1197.13	3.06	404.83	2.70	59.18	0.385

注：1. 括号内型号不推荐使用。

2. 截面图中的 $r_1 = d/3$ 及表中 r 的数据用于孔型设计，不做交货条件。

附表 2.3　热轧槽钢（GB 707—1988）

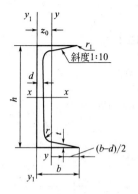

符号意义：
- h——高度；
- b——腿宽度；
- d——腰厚度；
- t——平均腿厚度；
- r——内圆弧半径；
- r_1——腿端圆弧半径；
- I——惯性矩；
- W——截面系数；
- i——惯性半径；
- z_0——y-y 轴与 y_1-y_1 轴间距。

型号	尺寸/mm						截面面积 /cm²	理论质量 /(kg/m)	参数数值							z_0 /cm
									x-x			y-y			y-y	
	h	b	d	t	r	r_1			W_x /cm³	I_x /cm⁴	i_x /cm	W_y /cm³	I_y /cm⁴	i_y /cm	I_{y1} /cm⁴	
5	50	37	4.5	7	7.0	3.5	6.928	5.438	10.4	26.0	1.94	3.55	8.3	1.10	20.9	1.35
6.3	63	40	4.8	7.5	7.5	3.8	8.451	6.634	16.1	50.8	2.45	4.50	11.9	1.19	28.4	1.36
8	80	43	5.0	8	8.0	4.0	10.248	8.045	25.3	101	3.15	5.79	16.6	1.27	37.4	1.43
10	100	48	5.3	8.5	8.5	4.2	12.748	10.007	39.7	198	3.95	7.8	25.6	1.41	54.9	1.52
12.6	126	53	5.5	9	9.0	4.5	15.692	12.318	62.1	391	4.95	10.2	38.0	1.57	77.1	1.59
14a	140	58	6.0	9.5	9.5	4.8	18.516	14.535	80.5	564	5.52	13.0	53.2	1.70	107	1.71
14b	140	60	8.0	9.5	9.5	4.8	21.316	16.733	87.1	609	5.35	14.1	61.1	1.69	121	1.67
16a	160	63	6.5	10	10.0	5.0	21.960	17.240	108	866	6.28	16.3	73.3	1.83	144	1.80
16	160	65	8.5	10	10.0	5.0	25.162	19.752	117	935	6.10	17.6	83.4	1.82	161	1.75
18a	180	68	7.0	10.5	10.5	5.2	25.699	20.174	141	1270	7.04	20.0	98.6	1.96	190	1.88
18	180	70	9.0	10.5	10.5	5.2	29.299	23.000	152	1370	6.84	21.5	111	1.95	210	1.84
20a	200	73	7.0	11	11.0	5.5	28.837	22.637	178	1780	7.86	24.2	128	2.11	244	2.01
20	200	75	9.0	11	11.0	5.5	32.837	25.777	191	1910	7.64	25.9	144	2.09	268	1.95
22a	220	77	7.0	11.5	11.5	5.8	31.846	24.999	218	2390	8.67	28.2	158	2.23	298	2.10
22	220	79	9.0	11.5	11.5	5.8	36.246	28.453	234	2570	8.42	30.1	176	2.21	326	2.03
25a	250	78	7.0	12	12.0	6.0	34.917	27.410	270	3370	9.82	30.6	176	2.24	322	2.07
25b	250	80	9.0	12	12.0	6.0	39.917	31.335	282	3530	9.41	32.7	196	2.22	353	1.98
25c	250	82	11.0	12	12.0	6.0	44.917	35.260	295	3690	9.07	35.9	218	2.21	384	1.92
28a	280	82	7.5	12.5	12.5	6.2	40.034	31.427	340	4760	10.9	35.7	218	2.33	388	2.10
28b	280	84	9.5	12.5	12.5	6.2	45.634	35.823	366	5130	10.6	37.9	242	2.30	428	2.02
28c	280	86	11.5	12.5	12.5	6.2	51.234	40.219	393	5500	10.4	40.3	268	2.29	463	1.95
32a	320	88	8.0	14	14.0	7.0	48.513	38.083	475	7600	12.5	46.5	305	2.50	552	2.24
32b	320	90	10.0	14	14.0	7.0	54.913	43.107	509	8140	12.2	49.2	336	2.47	593	2.16
32c	320	92	12.0	14	14.0	7.0	61.313	48.131	543	8690	11.9	52.6	374	2.47	643	2.09
36a	360	96	9.0	16	16.0	8.0	60.910	47.814	660	11900	14.0	63.5	455	2.73	818	2.44
36b	360	98	11.0	16	16.0	8.0	68.110	53.466	703	12700	13.6	66.9	497	2.70	880	2.37
36c	360	100	13.0	16	16.0	8.0	75.310	59.118	746	13400	13.4	70.0	536	2.67	948	2.34
40a	400	100	10.5	18	18.0	9.0	75.068	58.928	879	17600	15.3	78.8	592	2.81	1070	2.49
40b	400	102	12.5	18	18.0	9.0	83.068	65.208	932	18600	15.0	82.5	640	2.78	1140	2.44
40c	400	104	14.5	18	18.0	9.0	91.068	71.488	986	19700	14.7	86.2	688	2.75	1220	2.42

注：截面图和表中标注的圆弧半径 r、r_1 的数据用于孔型设计，不做交货条件。

附表 2.4　热轧工字钢（GB 706—1988）

符号意义：
- h——高度；
- b——腿宽度；
- d——腰厚度；
- t——平均腿厚度；
- r——内圆弧半径；
- r_1——腿端圆弧半径；
- I——惯性矩；
- W——截面系数；
- i——惯性半径；
- S——半截面的静力矩。

型号	尺寸/mm						截面面积/cm²	理论质量/(kg/m)	参数数值						
									x-x				y-y		
	h	b	d	t	r	r_1			I_x/cm⁴	W_x/cm³	i_x/cm	$I_x:S_x$/cm	I_y/cm⁴	W_y/cm³	i_y/cm
10	100	68	4.5	7.6	6.5	3.3	14.345	11.261	245	49.0	4.14	8.59	33.0	9.72	1.52
12.6	126	74	5.0	8.4	7.0	3.5	18.118	14.223	488	77.5	5.20	10.8	46.9	12.7	1.61
14	140	80	5.5	9.1	7.5	3.8	21.516	16.890	712	102	5.76	12.0	64.4	16.1	1.73
16	160	88	6.0	9.9	8.0	4.0	26.131	20.513	1130	141	6.58	13.8	93.1	21.2	1.89
18	180	94	6.5	10.7	8.5	4.3	30.756	24.143	1660	185	7.36	15.4	122	26.0	2.00
20a	200	100	7.0	11.4	9.0	4.5	35.578	27.929	2370	237	8.15	17.2	158	31.5	2.12
20b	200	102	9.0	11.4	9.0	4.5	39.578	31.069	2500	250	7.96	16.9	169	33.1	2.06
22a	220	110	7.5	12.3	9.5	4.8	42.128	33.070	3400	309	8.99	18.9	225	40.9	2.31
22b	220	112	9.5	12.3	9.5	4.8	46.528	36.524	3570	325	8.78	18.7	239	42.7	2.27
25a	250	116	8.0	13.0	10.0	5.0	48.541	38.105	5020	402	10.20	21.6	280	48.3	2.40
25b	250	118	10.0	13.0	10.0	5.0	53.541	42.030	5280	423	9.94	21.3	309	52.4	2.40
28a	280	122	8.5	13.7	10.5	5.3	55.404	43.492	7110	508	11.3	24.6	345	56.6	2.50
28b	280	124	10.5	13.7	10.5	5.3	61.004	47.888	7480	534	11.1	24.2	379	61.2	2.49
32a	320	130	9.5	15.0	11.5	5.8	67.156	52.717	11100	692	12.8	27.5	460	70.8	2.62
32b	320	132	11.5	15.0	11.5	5.8	73.556	57.741	11600	726	12.6	27.1	502	76.0	2.61
32c	320	134	13.5	15.0	11.5	5.8	79.956	62.765	12200	760	12.3	26.8	544	81.2	2.61
36a	360	136	10.0	15.8	12.0	6.0	76.480	60.037	15800	875	14.4	30.7	552	81.2	2.69
36b	360	138	12.0	15.8	12.0	6.0	83.680	65.689	16500	919	14.1	30.3	582	84.3	2.64
36c	360	140	14.0	15.8	12.0	6.0	90.880	71.341	17300	962	13.8	29.9	612	87.4	2.60
40a	400	142	10.5	16.5	12.5	6.3	86.112	67.598	21700	1090	15.9	34.1	660	93.2	2.77
40b	400	144	12.5	16.5	12.5	6.3	94.112	73.878	22800	1140	15.6	33.6	692	96.2	2.71
40c	400	146	14.5	16.5	12.5	6.3	102.112	80.158	23900	1190	15.2	33.2	727	99.6	2.65
45a	450	150	11.5	18.0	13.5	6.8	102.446	80.420	32200	1430	17.7	38.6	855	114	2.89
45b	450	152	13.5	18.0	13.5	6.8	111.446	87.485	33800	1500	17.4	38.0	894	118	2.84
45c	450	154	15.5	18.0	13.5	6.8	120.446	94.550	35300	1570	17.1	37.6	938	122	2.79
50a	500	158	12.0	20.0	14.0	7.0	119.304	93.654	46500	1860	19.7	42.8	1120	142	3.07
50b	500	160	14.0	20.0	14.0	7.0	129.304	101.504	48600	1940	19.4	42.4	1170	146	3.01
50c	500	162	16.0	20.0	14.0	7.0	139.304	109.354	50600	2080	19.0	41.8	1220	151	2.96
56a	560	166	12.5	21.0	14.5	7.3	135.435	106.316	65600	2340	22.0	47.7	1370	165	3.18
56b	560	168	14.5	21.0	14.5	7.3	146.635	115.108	68500	2450	21.6	47.2	1490	174	3.16
56c	560	170	16.5	21.0	14.5	7.3	157.835	123.900	71400	2550	21.3	46.7	1560	183	3.16
63a	630	176	13.0	22.0	15.0	7.5	154.658	121.407	93900	2980	24.5	54.2	1700	193	3.31
63b	630	178	15.0	22.0	15.0	7.5	167.258	131.298	98100	3160	24.2	53.5	1810	204	3.29
63c	630	180	17.0	22.0	15.0	7.5	179.858	141.189	102000	3300	23.8	52.9	1920	214	3.27

注：截面图和表中标注的圆弧半径 r、r_1 的数据用于孔型设计，不做交货条件。

附表 2.5　热轧 H 型钢（GB/T 11263—2005）

热轧 H 型钢分宽翼(HW)、中翼(HM)、窄翼(HN)和薄壁(HT)四种类型。

产品规格：高度×宽度×腹板厚度×翼缘厚度

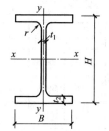

H——高度；
B——宽度；
t_1——腹板厚度；
t_2——翼缘厚度；
r——圆角半径。

类别	型号(高度×宽度)/mm	截面尺寸/mm					截面面积/cm²	理论质量/(kg/m)	惯性矩/cm⁴		惯性半径/cm		截面系数/cm³	
		H	B	t_1	t_2	r			I_x	I_y	i_x	i_y	W_x	W_y
HW	100×100	100	100	6	8	8	21.59	16.9	386	134	4.23	2.49	77.1	26.7
	125×125	125	125	6.5	9	8	30.00	23.6	843	293	5.30	3.13	135	46.9
	150×150	150	150	7	10	8	39.65	31.1	1620	563	6.39	3.77	216	75.1
	175×175	175	175	7.5	11	13	51.43	40.4	2918	983	7.53	4.37	334	112
	200×200	200	200	8	12	13	63.53	49.9	4717	1601	8.62	5.02	472	160
		200	204	12	12	13	71.53	56.2	4984	1701	8.35	4.88	498	167
	250×250	244	252	11	11	13	81.31	63.8	8573	2937	10.27	6.01	703	233
		250	250	9	14	13	91.43	71.8	10689	3648	10.81	6.32	855	292
		250	255	14	14	13	103.93	81.6	11340	3875	10.45	6.11	907	304
	300×300	294	302	12	12	13	106.33	83.5	16384	5513	12.41	7.20	1115	365
		300	300	10	15	13	118.45	93.0	20010	6753	13.00	7.55	1334	450
		300	305	15	15	13	133.45	104.8	21135	7102	12.58	7.29	1409	466
	350×350	338	351	13	13	13	133.27	104.6	27352	9376	14.33	8.39	1618	534
		344	348	10	16	13	144.01	113.0	32545	11242	15.03	8.84	1892	646
		344	354	16	16	13	164.65	129.3	34581	11841	14.49	8.48	2011	669
		350	350	12	19	13	171.89	134.9	39637	13582	15.19	8.89	2265	776
		350	357	19	19	13	196.39	154.2	42138	14427	14.65	8.57	2408	808
	400×400	388	402	15	15	22	178.45	140.1	48040	16255	16.41	9.54	2476	809
		394	398	11	18	22	186.81	146.6	55597	18920	17.25	10.06	2822	951
		394	405	18	18	22	214.39	168.3	59165	19951	16.61	9.65	3003	985
		400	400	13	21	22	218.69	171.7	66455	22410	17.43	10.12	3323	1120
		400	408	21	21	22	250.69	196.8	70722	23804	16.80	9.74	3536	1167
		414	405	18	28	22	295.39	231.9	93518	31022	17.79	10.25	4518	1532
		428	407	20	35	22	360.65	283.1	12089	39357	18.31	10.45	5649	1934
		458	417	30	50	22	528.55	414.9	19093	60516	19.01	10.70	8338	2902
		*498	432	45	70	22	770.05	604.5	30473	94346	19.89	11.07	12238	4368
	*500×500	492	465	15	20	22	257.95	202.5	115559	33531	21.17	11.40	4698	1442
		502	465	15	25	22	304.45	239.0	145012	41910	21.82	11.73	5777	1803
		502	470	20	25	22	329.55	258.7	150283	43295	21.35	11.46	5987	1842

续表

类别	型号(高度×宽度)/mm	截面尺寸/mm					截面面积/cm²	理论质量/(kg/m)	惯性矩/cm⁴		惯性半径/cm		截面系数/cm³	
		H	B	t_1	t_2	r			I_x	I_y	i_x	i_y	W_x	W_y
HM	150×100	148	100	6	9	8	26.35	20.7	995.3	150.3	6.15	2.39	134.5	30.1
	200×150	194	150	6	9	8	38.11	29.9	2586	506.6	8.24	3.65	266.6	67.6
	250×175	244	175	7	11	13	55.49	43.6	5908	983.5	10.32	4.21	484.3	112.4
	300×200	294	200	8	12	13	71.05	55.8	10858	1602	12.36	4.75	738.6	160.2
	350×250	340	250	9	14	13	99.53	78.1	20867	3648	14.48	6.05	1227	291.9
	400×300	390	300	10	16	13	133.25	104.6	37363	7203	16.75	7.35	1916	480.2
	450×300	440	300	11	18	13	153.89	120.8	54067	8105	18.74	7.26	2458	540.3
	500×300	482	300	11	15	13	141.17	110.8	57212	6756	20.13	6.92	2374	450.4
		488	300	11	18	13	159.17	124.9	67916	8106	20.66	7.14	2783	540.4
	550×300	544	300	11	15	13	147.99	116.2	74874	6756	22.49	6.76	2753	450.4
		550	300	11	18	13	165.99	130.3	88470	8106	23.09	6.99	3217	540.4
	600×300	582	300	12	17	13	169.21	132.8	97287	7659	23.98	6.73	3343	510.6
		588	300	12	20	13	187.21	147.0	112827	9009	24.55	6.94	3838	600.6
		594	302	14	23	13	217.09	170.4	132179	10572	24.68	6.98	4450	700.1
HN	100×50	100	50	5	7	8	11.85	9.3	191.0	14.7	4.02	1.11	38.2	5.9
	125×60	125	60	6	8	8	16.69	13.1	407.7	29.1	4.94	1.32	65.2	9.7
	150×75	150	75	5	7	8	17.85	14.0	645.7	49.4	6.01	1.66	86.1	13.2
	175×90	175	90	5	8	8	22.90	18.0	1174	97.4	7.16	2.06	134.2	21.6
	200×100	198	99	4.5	7	8	22.69	17.8	1484	113.4	8.09	2.24	149.9	22.9
		200	100	5.5	8	8	26.67	20.9	1753	133.7	8.11	2.24	175.3	26.7
	250×125	248	124	5	8	8	31.99	25.1	3346	254.5	10.23	2.82	269.8	41.1
		250	125	6	9	8	36.97	29.0	3868	293.5	10.23	2.82	309.4	47.0
	300×150	298	149	5.5	8	13	40.80	32.0	5911	441.7	12.04	3.29	396.7	59.3
		300	150	6.5	9	13	46.78	36.7	6829	507.2	12.08	3.29	455.3	67.6
	350×175	346	174	6	9	13	52.45	41.2	10456	791.1	14.12	3.88	604.4	90.9
		350	175	7	11	13	62.91	49.4	12980	983.8	14.36	3.95	741.7	112.4
	400×150	400	150	8	13	13	70.37	55.2	17906	733.2	15.95	3.23	895.3	97.8
	400×200	396	199	7	11	13	71.41	56.1	19023	1446	16.32	4.50	960.8	145.3
		400	200	8	13	13	83.37	65.4	22775	1735	16.53	4.56	1139	173.5

续表

类别	型号(高度×宽度)/mm	截面尺寸/mm					截面面积/cm²	理论质量/(kg/m)	惯性矩/cm⁴		惯性半径/cm		截面系数/cm³	
		H	B	t_1	t_2	r			I_x	I_y	i_x	i_y	W_x	W_y
HN	450×200	446	199	8	12	13	82.97	65.1	27146	1578	18.09	4.36	1217	158.6
		450	200	9	14	13	95.43	74.9	31973	1870	18.30	4.43	1421	187.0
	500×200	496	199	9	14	13	99.29	77.9	39628	1842	19.98	4.31	1598	185.1
		500	200	10	16	13	112.25	88.1	45685	2138	20.17	4.36	1827	213.8
		506	201	11	19	13	129.31	101.5	54478	2577	20.53	4.46	2153	256.4
	550×200	546	199	9	14	13	103.79	81.5	49245	1842	21.78	4.21	1804	185.2
		550	200	10	16	13	149.25	117.2	79515	7205	23.08	6.95	2891	480.3
	600×200	596	199	10	15	13	117.75	92.4	64739	1975	23.45	4.10	2172	198.5
		600	200	11	17	13	131.71	103.4	73749	2273	23.66	4.15	2458	227.3
		606	201	12	20	13	149.77	117.6	86656	2716	24.05	4.26	2860	270.2
	650×300	646	299	10	15	13	152.75	119.9	107794	6688	26.56	6.62	3337	447.4
		650	300	11	17	13	171.21	134.4	122739	7657	26.77	6.69	3777	510.5
		656	301	12	20	13	195.77	153.7	144433	9100	27.16	6.82	4403	604.6
	700×300	692	300	13	20	18	207.54	162.9	164101	9014	28.12	6.59	4743	600.9
		700	300	13	24	18	231.54	181.8	193622	10814	28.92	6.83	5532	720.9
	750×300	734	299	12	16	18	182.70	143.4	155539	7140	29.18	6.25	4238	477.6
		742	300	13	20	18	214.04	168.0	191989	9015	29.95	6.49	5175	601.0
		750	300	13	24	18	238.04	186.9	225863	10815	30.80	6.74	6023	721.0
		758	303	16	28	18	284.78	223.6	271350	13008	30.87	6.76	7160	858.6
	800×300	792	300	14	22	18	239.50	188.0	242399	9919	31.81	6.44	6121	661.3
		800	300	14	26	18	263.50	206.8	280925	11719	32.65	6.67	7023	781.3
	850×300	834	298	14	19	18	227.46	178.6	243858	8400	32.74	6.08	5848	563.8
		842	299	15	23	18	259.72	203.9	291216	10271	33.49	6.29	6917	687.0
		850	300	16	27	18	292.14	229.3	339670	12179	34.10	6.46	7992	812.0
		858	301	17	31	18	324.72	254.9	389234	14125	34.62	6.60	9073	938.5
	900×300	890	299	15	23	18	266.92	209.5	330588	10273	35.19	6.20	7419	687.1
		900	300	16	28	18	305.85	240.1	397241	12631	36.04	6.43	8828	842.1
		912	302	18	34	18	360.06	282.6	484615	15652	36.69	6.59	10628	1037
	1000×300	970	297	16	21	18	276.00	216.7	382977	9203	37.25	5.77	7896	619.7
		980	298	17	26	18	315.50	247.7	462157	11508	38.27	6.04	9432	772.3
		990	298	17	31	18	345.30	271.1	535201	13713	39.37	6.30	10812	920.3
		1000	300	19	36	18	395.10	310.2	626396	16256	39.82	6.41	12528	1084
		1008	302	21	40	18	439.26	344.8	704572	18437	40.05	6.48	13980	1221

续表

类别	型号(高度×宽度)/mm	截面尺寸/mm					截面面积/cm²	理论质量/(kg/m)	惯性矩/cm⁴		惯性半径/cm		截面系数/cm³	
		H	B	t_1	t_2	r			I_x	I_y	i_x	i_y	W_x	W_y
HT	100×50	95	48	3.2	4.5	8	7.62	6.0	109.7	8.4	3.79	1.05	23.1	3.5
		97	49	4	5.5	8	9.38	7.4	141.8	10.9	3.89	1.08	29.2	4.4
	100×100	96	99	4.5	6	8	16.21	12.7	272.7	97.1	4.10	2.45	56.8	19.6
	125×60	118	58	3.2	4.5	8	9.26	7.3	202.4	14.7	4.68	1.26	34.3	5.1
		120	59	4	5.5	8	11.40	8.9	259.7	18.9	4.77	1.29	43.3	6.4
	125×125	119	123	4.5	6	8	20.12	15.8	523.6	186.2	5.10	3.04	88.0	30.3
	150×75	145	73	3.2	4.5	8	11.47	9.0	383.2	29.3	5.78	1.60	52.9	8.0
		147	74	4	5.5	8	14.13	11.1	488.0	37.3	5.88	1.62	66.4	10.1
	150×100	139	97	3.2	4.5	8	13.44	10.5	447.3	68.5	5.77	2.26	64.4	14.1
		142	99	4.5	6	8	18.28	14.3	632.7	97.2	5.88	2.31	89.1	19.6
	150×150	144	148	5	7	8	27.77	21.8	1070	378.4	6.21	3.69	148.6	51.1
		147	149	6	8.5	8	33.68	26.4	1338	468.9	6.30	3.73	182.1	62.9
	175×90	168	88	3.2	4.5	8	13.56	10.6	619.6	51.2	6.76	1.94	73.8	11.6
		171	89	4	6	8	17.59	13.8	852.1	70.6	6.96	2.00	99.7	15.9
	175×175	167	173	5	7	13	33.32	26.2	1731	604.5	7.21	4.26	207.2	69.9
		172	175	6.5	9.5	13	44.65	35.0	2466	849.2	7.43	4.36	286.8	97.1
	200×100	193	98	3.2	4.5	8	15.26	12.0	921.0	70.7	7.77	2.15	95.4	14.4
		196	99	4	6	8	19.79	15.5	1260	97.2	7.98	2.22	128.6	19.6
	200×150	188	149	4.5	6	8	26.35	20.7	1669	331.0	7.96	3.54	177.6	44.4
	200×200	192	198	6	8	13	43.69	34.3	2984	1036	8.26	4.87	310.8	104.6
	250×125	244	124	4.5	6	8	25.87	20.3	2529	190.9	9.89	2.72	207.3	30.8
	250×175	238	173	4.5	8	13	39.12	30.7	4045	690.8	10.17	4.20	339.9	79.9
	300×150	294	148	4.5	6	13	31.90	25.0	4342	324.6	11.67	3.19	295.4	43.9
	300×200	286	198	6	8	13	49.33	38.7	7000	1036	11.91	4.58	489.5	104.6
	350×175	340	173	4.5	6	13	36.97	29.0	6823	518.3	13.58	3.74	401.3	59.9
	400×150	390	148	6	8	13	47.57	37.3	10900	433.2	15.14	3.02	559.0	58.5
	400×200	390	198	6	8	13	55.57	43.6	13819	1036	15.77	4.32	708.7	104.6

注：1. 同一型号的产品，其内侧尺寸高度一致。
2. 截面面积计算公式为：$t_1(H-2t_2)+2Bt_2+0.858r^2$。
3. "*"所示规格表示国内暂不能生产。

附录3 习题答案

第1章 静力学基本概念

选择题

1.1 A 1.2 B 1.3 D 1.4 C 1.5 A 1.6 A 1.7 D

计算题

1.1 $M_A(F) = -30\text{N} \cdot \text{m}$

1.2 $M_O(F) = -150\text{N} \cdot \text{m}$，带轮的转动力矩与包角 α 无关。

1.3~1.6 （略）

第2章 平面力系简化

选择题

2.1 B 2.2 C 2.3 C 2.4 B 2.5 D 2.6 A 2.7 B

计算题

2.1 $R = 32.78\text{kN}$，位于第二象限 $\alpha = 109.24°$

2.2 证（略）

2.3 $\theta = 51.32°$，合力与 x 轴的夹角 $\alpha = 18.19°$（第一象限）

2.4 $R = 3.16\text{kN}$，合力作用线的方程 $x - 3y + 40 = 0$

2.5 $R = 5.66\text{kN}$，$\alpha = 45°$（第一象限），合力作用线通过 B 点

2.6 合成的结果为力偶，顺时针转向，力偶矩的大小为 $M = 17.32\text{N} \cdot \text{m}$

2.7 $q = 2.64\text{kN/m}$

2.8 $R = 104.20\text{N}$，位于第三象限 $\alpha = 208.68°$；合力作用线与 AB 的交点到 A 点的距离为 134.3mm，合力作用线与 BC 的交点到 B 点的距离为 145.3mm

2.9 $\dfrac{h}{b} \leqslant \sqrt{\dfrac{3\gamma}{\gamma_w}}$

2.10 $F_{坝前} = 3645\text{kN/m}$，距水面 18m；$F_{坝后} = 1125\text{kN/m}$，距水面 10m

第3章 平面力系平衡问题

选择题

3.1 C 3.2 B 3.3 D 3.4 A 3.5 B

3.6 D 3.7 A 3.8 B

计算题

3.1 (a) $N_{AB} = 1154.7\text{N}$（拉），$N_{AC} = 577.4\text{N}$（压）

   (b) $N_{AB} = 866\text{N}$（拉），$N_{AC} = 500\text{N}$（拉）

3.2 $F_{DC} = \dfrac{l}{2h}P$

3.3 $N_{AB} = 242.9\text{kN}$（压），$N_{AC} = 136.7\text{N}$（拉）

3.4 (a) $R_A = 18\text{kN}$（↑），$R_B = 54\text{kN}$（↑）

(b) $R_A = \frac{3}{2}ql$ (↑), $M_A = \frac{9}{8}ql^2$ (逆)

(c) $R_{Ax} = 20\text{kN}$ (←), $R_{Ay} = 2\text{kN}$ (↓), $R_B = 38\text{kN}$ (↑)

3.5　$G \geqslant 4P = 60\text{kN}$

3.6 (a) $F_A = 4\text{kN}$ (↑), $F_B = 24\text{kN}$ (↑), $F_D = 4\text{kN}$ (↑)

(b) $F_{Ay} = 10\text{kN}$ (↓), $F_{Ax} = 8.125\text{kN}$ (←)
$F_{By} = 22\text{kN}$ (↑), $F_{Bx} = 11.875\text{kN}$ (←)

3.7 本题答案中正为受拉，负为受压

(a) $N_{HC} = N_{HE} = N_{BE} = N_{AD} = 0$, $N_{CE} = -\sqrt{2}F$, $N_{CB} = N_{AB} = F$
$N_{EA} = \sqrt{2}F$, $N_{ED} = -2F$

(b) $N_1 = -60\text{kN}$, $N_2 = -42.4\text{kN}$, $N_3 = 90\text{kN}$, $N_4 = 0$

3.8　$\alpha_{\max} = 26.565°$

3.9　$a = 166.7\text{mm}$

第4章　空间力系简介

选择题

4.1　C　　　4.2　B　　　4.3　D　　　4.4　A　　　4.5　D

计算题

4.1　$M_x(F) = -692.8\text{N·m}$, $M_y(F) = 86.6\text{N·m}$, $M_z(F) = -400\text{N·m}$

4.2　$P = 70.9\text{N}$, $F_{Ay} = 68.4\text{N}$ (↓), $F_{Az} = 47.6\text{N}$ (向后), $F_{By} = 207.4\text{N}$ (↓), $F_{Bz} = 19.0\text{N}$ (向后)

4.3　$b = 942.5\text{mm}$

4.4 (a) $x_c = 0$, $y_c = 105\text{mm}$　　(b) $x_c = -33.3\text{mm}$, $y_c = 0$

4.5　$A = \frac{1}{3}bh$, $x_c = \frac{3}{4}b$, $y_c = \frac{3}{10}h$

第5章　轴向拉伸与压缩

选择题

5.1　C　　　5.2　B　　　5.3　A　　　5.4　A　　　5.5　D　　　5.6　D
5.7　C　　　5.8　D　　　5.9　C　　　5.10　B　　　5.11　A　　　5.12　C

计算题

5.1 (a) BC 杆段危险, $N_{BC} = 40\text{kN}$

(b) CD 杆段危险, $N_{CD} = 100\text{kN}$

5.2　固定端截面轴力最大, $N_{\max} = 55\text{kN}$

5.3 (a) $\sigma_{AB} = -60\text{MPa}$, $\sigma_{BC} = 80\text{MPa}$

(b) $\sigma_{AB} = -160\text{MPa}$, $\sigma_{BC} = 40\text{MPa}$, $\sigma_{CD} = 200\text{MPa}$

5.4　边长 $b = 76\text{mm}$, 伸长量 $\Delta l = 1.30\text{mm}$

5.5　$\sigma = 5\text{N/mm}^2$, 满足强度条件

5.6　$F_{\max} = 193.2\text{kN}$

5.7　$\sigma_s = 277.6\text{MPa}$, $\sigma_b = 460.9\text{MPa}$, $\delta = 24.3\%$, $\psi = 60.6\%$

5.8　$E = 205\text{GPa}$, $\mu = 0.32$

5.9　$\Delta D = 0.699\text{mm}$

5.10　$N_1 = 21.43\text{kN}$, $\sigma_1 = 26.8\text{MPa}$; $N_2 = 64.29\text{kN}$, $\sigma_2 = 53.6\text{MPa}$

第6章 剪切与扭转

选择题

6.1 B　　　　6.2 D　　　　6.3 A　　　　6.4 C　　　　6.5 B
6.6 B　　　　6.7 D　　　　6.8 C

计算题

6.1　$d/h=2.4$

6.2　$\tau_{铜}=50.9\text{MPa}$，$\tau_{销}=61.1\text{MPa}$

6.3　$F \geqslant 100.5\text{kN}$

6.4　$n=5$

6.5　(a) $|T|_{\max}=4\text{kN}\cdot\text{m}$，(b) $T_{\max}=4\text{kN}\cdot\text{m}$

6.6　$P_k=20\text{kW}$

6.7　$\rho=10\text{mm}$ 处：$\tau_\rho=19.65\text{MPa}$，$\gamma_\rho=2.49\times10^{-4}\text{rad}$
　　圆轴边缘点处：$\tau_{\max}=58.95\text{MPa}$，$\gamma_{\max}=7.46\times10^{-4}\text{rad}$

6.8　$\tau_{\max}=46.0\text{MPa}$，$P_k=70.9\text{kW}$

6.9　$E=205.4\text{GPa}$，$G=79.5\text{GPa}$，$\mu=0.292$

6.10　$d=32.3\text{mm}$

6.11　$\tau_{\max}=16.4\text{MPa}$

6.12　$\tau_{\max闭}\approx\dfrac{2T}{\pi d^2 t}$，$\tau_{\max开}\approx\dfrac{3T}{\pi d t^2}$

第7章 梁的弯曲

选择题

7.1 B　　　　7.2 A　　　　7.3 B　　　　7.4 C　　　　7.5 D
7.6 A　　　　7.7 D　　　　7.8 D　　　　7.9 B　　　　7.10 C
7.11 C　　　7.12 D　　　7.13 C　　　7.14 D　　　7.15 D

计算题

7.1　$V_{C左}=\dfrac{1}{3}F$，$V_{C右}=-\dfrac{2}{3}F$，$M_C=\dfrac{1}{3}Fa$
　　$V_D=-\dfrac{2}{3}F$，$M_{D左}=-\dfrac{1}{3}Fa$，$M_{D右}=\dfrac{2}{3}Fa$

7.2　(a) $|V|_{\max}=6\text{kN}$，B 支座；$M_{\max}=4.5\text{kN}\cdot\text{m}$，距 B 支座 1.5m。
(b) $|V|_{\max}=40\text{kN}$，B 支座左侧；负弯矩最大值 $60\text{kN}\cdot\text{m}$，B 支座；正弯矩最大值 $20\text{kN}\cdot\text{m}$，距 A 支座 2m。
(c) $V_{\max}=\dfrac{5}{8}ql$，固定端 A；负弯矩最大值 $\dfrac{1}{8}ql^2$，固定端 A；正弯矩最大值 $\dfrac{9}{128}ql^2$，与固定端 A 相距 $\dfrac{5}{8}l$。
(d) $|V|_{\max}=4\text{kN}$；负弯矩最大值 $8\text{kN}\cdot\text{m}$，C 截面右侧；正弯矩最大值 $4\text{kN}\cdot\text{m}$；C 截面左侧。

7.3　(a) $V_{\max}=\dfrac{5}{9}ql$，B 支座左侧；负弯矩最大值 $\dfrac{1}{18}ql^2$，B 支座；正弯矩最大值 $\dfrac{8}{81}ql^2$，距 A 支座 $\dfrac{4}{9}l$。
(b) $V_{\max}=8.33\text{kN}$，集中力 10kN 作用点与 B 支座之间；$M_{\max}=8.33\text{kN}\cdot\text{m}$，集中力 10kN 作用处。

7.4　$V_1=1\text{kN}$，$V_2=-1\text{kN}$，$V_3=0$；$F_{左端}=1\text{kN}$（↑），$M_{右端}=1\text{kN}\cdot\text{m}$（逆），其余略。

7.5　(a) $M_{\max}=11\text{kN}\cdot\text{m}$；(b) 正弯矩最大值 $1\text{kN}\cdot\text{m}$，负弯矩最大值 $1.25\text{kN}\cdot\text{m}$。

7.6 (a) $I_z = \dfrac{9\pi^2-64}{1152\pi^2}\pi D^4$; (b) $I_z=1.654\times 10^8 \text{mm}^4$; (c) $I_z=8.776\times 10^9 \text{mm}^4$。

7.7 $a=111.2\text{mm}$

7.8 $h/b=\sqrt{2}$

7.9 圆截面直径 $D=113.6\text{mm}$，矩形截面边长 $b=60\text{mm}$，$h=120\text{mm}$；
耗材比即面积比，其值为 1.41∶1，说明圆截面不如矩形截面合理。

7.10 $\sigma_{\max}=9.3\text{MPa}$，$\tau_{\max}=0.5\text{MPa}$

7.11 $F_{\max}=23.22\text{kN}$

7.12 $\sigma_{\max}=208\text{N/mm}^2$，$\tau_{\max}=27.6\text{N/mm}^2$，满足强度条件

7.13 (a) $v_{\max}=\dfrac{Fl^3}{3EI}$，$\theta_{\max}=\dfrac{Fl^2}{2EI}$；(b) $v_{\max}=\dfrac{M_e l^2}{2EI}$，$\theta_{\max}=\dfrac{M_e l}{EI}$

7.14 (a) 挠曲线函数 $v=-\dfrac{M_e}{6EIl}x^3+\dfrac{M_e l}{6EI}x$

$v_{中}=\dfrac{1}{16}\dfrac{M_e l^2}{EI}$，$\theta_A=\dfrac{1}{6}\dfrac{M_e l}{EI}$（顺），$\theta_B=-\dfrac{1}{3}\dfrac{M_e l}{EI}$（逆）

(b) 挠曲函数：当 $0\le x\le l/2$ 时，$v=-\dfrac{ql}{16EI}x^3+\dfrac{q}{24EI}x^4+\dfrac{3ql^3}{128EI}x$

当 $l/2\le x\le l$ 时，$v=\dfrac{ql}{48EI}x^3-\dfrac{ql^2}{16EI}x^2+\dfrac{17ql^3}{384EI}x-\dfrac{ql^4}{384EI}$

$v_{中}=\dfrac{5}{768}\dfrac{ql^4}{EI}$，$\theta_A=\dfrac{3}{128}\dfrac{ql^3}{EI}$（顺），$\theta_B=-\dfrac{7}{384}\dfrac{ql^3}{EI}$（逆）

7.15 (a) $v_C=\dfrac{1}{8}\dfrac{Fl^3}{EI}$，$\theta_C=\dfrac{7}{24}\dfrac{Fl^2}{EI}$；(b) $v_C=\dfrac{1}{128}\dfrac{ql^4}{EI}$，$\theta_C=\dfrac{1}{48}\dfrac{ql^3}{EI}$

7.16 $v_{\max}=10.1\text{mm}<[v]=\dfrac{l}{400}=15\text{mm}$，满足刚度条件。

第 8 章 压杆稳定

选择题

8.1 D   8.2 A   8.3 A   8.4 D   8.5 B
8.6 C   8.7 C   8.8 B

计算题

8.1 $F_{cr}=\dfrac{\pi^2 EI}{(2l)^2}$

8.2 $F_{cr}=183\text{kN}$

8.3 $F=866\text{kN}$

8.4 $\dfrac{N}{\varphi A}=12.8\text{N/mm}^2<f_c=13\text{N/mm}^2$

8.5 $N\le 175\text{kN}$

8.6 (1) 梁 $\sigma_{\max}=105.5\text{N/mm}^2$；(2) 立柱 $\dfrac{N_{CD}}{\varphi A}=39.7\text{N/mm}^2$

第 9 章 应力状态分析

选择题

9.1 D   9.2 A   9.3 C   9.4 C   9.5 B   9.6 B   9.7 D   9.8 A

计算题

9.1 (a) $\sigma_\alpha=-109.8\text{MPa}$，$\tau_\alpha=236.6\text{MPa}$，$\sigma_1=416.2\text{MPa}$ $(\alpha_0=-35.78°)$

$\sigma_2=0$，$\sigma_3=-216.2\text{MPa}$，$\tau_{\max}=316.2\text{MPa}$

(b) $\sigma_\alpha=10\text{MPa}$, $\tau_\alpha=30\text{MPa}$, $\sigma_1=66.1\text{MPa}$ ($\alpha_0=73.15°$)
$\sigma_2=0$, $\sigma_3=-6.1\text{MPa}$, $\tau_{\max}=36.1\text{MPa}$

(c) $\sigma_\alpha=-18.9\text{MPa}$, $\tau_\alpha=-51.3\text{MPa}$, $\sigma_1=210.4\text{MPa}$ ($\alpha_0=47.38°$)
$\sigma_2=0$, $\sigma_3=-30.4\text{MPa}$, $\tau_{\max}=120.4\text{MPa}$

9.2 （略）

9.3 (a) $\sigma_\alpha=-3.84\text{MPa}$, $\tau_\alpha=0.6\text{MPa}$
(b) $\sigma_\alpha=-0.625\text{MPa}$, $\tau_\alpha=-1.08\text{MPa}$

9.4 $\sigma_y=20\text{MPa}$, $\sigma_1=33.5\text{MPa}$ ($\alpha_0=70.05°$), $\sigma_2=0$, $\sigma_3=-82.7\text{MPa}$

9.5 $\sigma_{\max}=80\text{MPa}$, $\tau_{\max}=120\text{MPa}$

9.6 (a) $\sigma_1=50\text{MPa}$, $\sigma_2=30\text{MPa}$, $\sigma_3=-30\text{MPa}$, $\tau_{\max}=40\text{MPa}$
(b) $\sigma_1=107.7\text{MPa}$, $\sigma_2=100\text{MPa}$, $\sigma_3=22.3\text{MPa}$, $\tau_{\max}=42.7\text{MPa}$
(c) $\sigma_1=153.1\text{MPa}$, $\sigma_2=60\text{MPa}$, $\sigma_3=-73.1\text{MPa}$, $\tau_{\max}=113.1\text{MPa}$

9.7 $E=69\text{GPa}$, $\mu=0.33$

9.8 钢板厚度减小 0.002mm

9.9 $\sigma_1=322.7\text{MPa}$, $\sigma_2=30.5\text{MPa}$, $\sigma_3=0$, $\tau_{\max}=161.4\text{MPa}$

9.10 $\sigma_z=-7500\text{kPa}$, $\sigma_x=\sigma_y=-1875\text{kPa}$

第10章 强度理论及其应用

选择题

10.1 C   10.2 C   10.3 A   10.4 B   10.5 A   10.6 D

计算题

10.1 $\sigma_{\text{eq3}}=240\text{MPa}<[\sigma]=300\text{MPa}$, $\sigma_{\text{eq4}}=219\text{MPa}<[\sigma]=300\text{MPa}$

10.2 $\sigma_{ab}=96.0\text{MPa}$, $\tau_{ab}=-2.3\text{MPa}$; $\sigma_1=96.1\text{MPa}$, $\sigma_2=23.9\text{MPa}$, $\sigma_3=0$; $\sigma_{\text{eq4}}=86.7\text{MPa}$

10.3 (1) $\sigma_{\text{eq3}}=120\text{MPa}$ (2) $\sigma_{\text{eq3}}=161.2\text{MPa}$ (3) $\sigma_{\text{eq3}}=90\text{MPa}$

10.4 (1) 跨中截面：$\sigma_{\max}=159.1\text{N/mm}^2<f=215\text{N/mm}^2$
(2) 支座截面：$\tau_{\max}=71.5\text{N/mm}^2<f_v=125\text{N/mm}^2$
(3) C 或 D 截面：$\sigma_{\max}=155.1\text{N/mm}^2<f$, $\tau_{\max}=71.0\text{N/mm}^2<f_v=125\text{N/mm}^2$
腹翼交界处 $\sigma_{\text{eq4}}=166.6\text{N/mm}^2<1.1f=236.5\text{N/mm}^2$
该梁满足强度条件

10.5 (1) $t_0=14.54\text{mm}$ (2) $t_0=12.57\text{mm}$

10.6 最大工作压力 $p_{\max}=3.57\text{MPa}$

第11章 杆件组合变形

选择题

11.1 B   11.2 C   11.3 D   11.4 B   11.5 D   11.6 C

计算题

11.1 $b=19.373\text{m}$, $\sigma_{c\max}=705\text{kPa}$

11.2 C 截面危险（压弯组合），$\sigma_{\max}=125.5\text{MPa}$

11.3 $\sigma_{\max}=74.35\text{MPa}<80\text{MPa}$

11.4 $\sigma_{(a)}=\dfrac{4}{3}\times\dfrac{F}{a^2}$, $\sigma_{(b)}=\dfrac{F}{a^2}$, $\dfrac{\sigma_{(a)}}{\sigma_{(b)}}=\dfrac{4}{3}$

11.5 $\sigma_{\max}=12.0\text{N/mm}^2<f=13\text{N/mm}^2$

11.6 $F_{\max}=80.5\text{kN}$

11.7 A 点：$\sigma_1=139.4\text{MPa}$, $\sigma_2=0$, $\sigma_3=-1.4\text{MPa}$; $\sigma_{\text{eq4}}=140.1\text{MPa}$; $\tau_v=1.1\text{MPa}$

B 点：$\tau_B = 12.7\text{MPa}$

C 点：$\tau_C = 14.9\text{MPa}$

11.8 $\sigma_{eq3} = 77.2\text{MPa} < [\sigma] = 80\text{MPa}$

第 12 章　交变应力

选择题

12.1　D　　12.2　A　　12.3　C　　12.4　D　　12.5　D
12.6　B　　12.7　A　　12.8　C　　12.9　B　　12.10　C

计算题

12.1　$\sigma_{max} = -\sigma_{min} = 75.5\text{MPa}, r = -1$

12.2　$\sigma_m = 549\text{MPa}, \sigma_a = 12\text{MPa}, r = 0.957$

12.3　$n_\sigma = 1.8 > [n] = 1.6$，符合要求

12.4　$n_\tau = 2.5 > [n] = 2.0$，符合要求

12.5　$n_\sigma = 1.95 > [n] = 1.8$，符合要求

12.6　$n_{\sigma\tau} = 1.93$

12.7　$\alpha_f \Delta\sigma = 105\text{MPa} < [\Delta\sigma]_{2\times10^6} = 144\text{MPa}$，满足要求

12.8　$\sum \dfrac{n_i}{N_i} = 0.5740 < 1.0$，未达到疲劳失效的损伤程度，剩余寿命 $n = 25560$ 次。

第 13 章　运动学参数

选择题

13.1　B　　13.2　A　　13.3　C　　13.4　B　　13.5　B
13.6　D　　13.7　A　　13.8　D　　13.9　C　　13.10　B
13.11　C

计算题

13.1　(1) 半直线　$y = 0.75x\ (x \leqslant 2, y \leqslant 1.5); s = 5t - 2.5t^2$

(2) 直线段　$y = 3 - 0.75x\ (0 \leqslant x \leqslant 4, 0 \leqslant y \leqslant 3); s = 5\sin^2 t$

(3) 半抛物线　$y = 2\sqrt{x}; s = t\sqrt{1+t^2} + \ln(t + \sqrt{1+t^2})$

(4) 直线段　$y = 10 - x\ (5 \leqslant x \leqslant 7, 3 \leqslant y \leqslant 5); s = 2\sqrt{2}\sin^2(3t)$

13.2　$v = 98.70\text{mm/s}$（圆周的切线方向），$a = 162.35\text{mm/s}^2$（指向圆心）

13.3　$v = 2\text{m/s}$（垂直于 OA），$a = 40\text{m/s}^2$（由 A 指向 O）

13.4　(1) $a_n = 3.0\text{m/s}^2, a_\tau = 1.0\text{m/s}^2$（与 v 反向）；(2) $\rho = 5.33\text{m}$；(3) $s = 6\text{m}$

13.5　$v = \dfrac{bhu}{(y-h)^2}, a = \dfrac{2bhu^2}{(y-h)^3}$

13.6　$\varphi = \pi t^3$

13.7　$\varepsilon = -\pi\ \text{rad/s}^2$，螺旋桨转过 100 圈

13.8　(1) $a_n = 6.66\text{m/s}^2$；(2) 飞轮转过 6 圈

13.9　$\omega = 20t\ \text{rad/s}, \varepsilon = 20\text{rad/s}^2, a = 10\sqrt{1+400t^4}\ \text{m/s}^2$

13.10　$t = 10\text{s}$

13.11　$v_a = 39.05\text{km/h}$，与正北方向的夹角（西偏）$\theta = 5°12'$

13.12　(1) $v_a = 1002\text{m/s}$；(2) $v_a = -558\text{m/s}$；(3) $v_a = 811\text{m/s}$

13.13　$v_{CD} = 100\text{mm/s}, a_{CD} = 346.4\text{mm/s}^2$

13.14　$v_a = 3.06\text{m/s}, \tan(\boldsymbol{v}_a, \boldsymbol{v}_e) = 0.2$

13.15 $v_{CD}=\frac{2}{3}r\omega$, $a_{CD}=\frac{10\sqrt{3}}{9}r\omega^2$

13.16 $v_M=173.2\text{mm/s}$, $a_M=350\text{mm/s}^2$

13.17 $AM=\frac{l\tan\alpha_1}{\tan\alpha_1+\tan\alpha_2}$, $\omega=\frac{v_1\cos\alpha_1}{l}(\tan\alpha_1+\tan\alpha_2)$

13.18 $\omega_{AB}=3\text{rad/s}$, $\omega_{O_1B}=5.2\text{rad/s}$

13.19 $v_{CD}=0.116\text{m/s}$

13.20 $a_P=v^2/R$（指向轮心）

13.21 $\omega=3.63\text{rad/s}$, $\varepsilon=2.19\text{rad/s}^2$

13.22 $a_B=\frac{\sqrt{2}}{2}r\omega_0^2$, $\varepsilon_{O_1B}=\frac{1}{2}\omega_0^2$

第14章 动力学方程

选择题

14.1 B　　14.2 C　　14.3 D　　14.4 C　　14.5 A　　14.6 B　　14.7 D

计算题

14.1 $F_t=30.6\text{kN}$

14.2 $F_t=59.8\text{kN}$

14.3 $F_R=0.002v$ N

14.4 $a=0.196\text{m/s}^2$

14.5 $x=\frac{F_0}{m\omega^2}(1-\cos\omega t)+v_0 t$

14.6 $x=\frac{m_1+m_2}{M+m_1+m_2}b$（后移）

14.7 $x=\frac{m}{M+m}(b-c)$（左移）

14.8 $\varepsilon=\frac{m_1 r_1-m_2 r_2}{J+m_1 r_1^2+m_2 r_2^2}g$

14.9 $M_f=47.1\text{N}\cdot\text{m}$

14.10 $\omega=1.09\text{rad/s}$

14.11 $\rho=1.07\text{m}$

14.12 $J_B=0.295\text{kg}\cdot\text{m}^2$

14.13 $a_A=\frac{m(R+r)^2}{M(\rho^2+R^2)+m(R+r)^2}g$

14.14 $v_C=\frac{2}{3}\sqrt{3gh}$, $F=\frac{1}{3}mg$

第15章 达朗贝尔原理

选择题

15.1 C　　15.2 A　　15.3 B　　15.4 D　　15.5 C

15.6 B　　15.7 A　　15.8 D

计算题

15.1 $F_T=\frac{mg\cos\beta}{\cos(\alpha+\beta)}$, $a=\frac{g\sin\alpha}{\cos(\alpha+\beta)}$

15.2 $n\geq 67\text{r/min}$

15.3 $F_A = \dfrac{1}{2d}\left[mg(d\cos\alpha + h\sin\alpha) + \dfrac{mv^2}{R}(d\sin\alpha - h\cos\alpha)\right]$

$F_B = \dfrac{1}{2d}\left[mg(d\cos\alpha - h\sin\alpha) + \dfrac{mv^2}{R}(d\sin\alpha + h\cos\alpha)\right]$

当 $F_A = F_B$ 时，$v = \sqrt{gR\tan\alpha}$

15.4 $a = \dfrac{F}{m} - \mu g$, $F_{NA} = \dfrac{mgb + Fe - \mu mgh}{b+c}$, $F_{NB} = \dfrac{mgc - Fe + \mu mgh}{b+c}$

15.5 $F = 176.4\text{N}$, $F_{NA} = 227.9\text{N}$, $F_{NB} = 360.1\text{N}$

15.6 (1) $F_R = \dfrac{m_1 g(m_1 \sin\alpha - m_2)}{m_1 + m_2}\cos\alpha$

(2) $F_R = \dfrac{m_1 g(m_1 \sin\alpha - m_2)}{m_1 + m_2 + 0.5m_3}\cos\alpha$

15.7 (1) $a_C = \dfrac{m_1 \sin\theta - m}{2m_1 + m}g$

(2) $F_{CD} = \dfrac{3m + (2m + m_1)\sin\theta}{2(2m_1 + m)}m_1 g$

(3) $F_{fA} = \dfrac{m_1 \sin\theta - m}{2(2m_1 + m)}m_1 g$

15.8 $F_{NA} = 74.0\text{N}$, $F_{NB} = -74.0\text{N}$

15.9 $\sigma_d = 146\text{N/mm}^2$

15.10 $F = 33.75\text{kN}$, $M_C = 5.06\text{kN}\cdot\text{m}$

第16章 单自由度系统的振动

选择题

16.1 C   16.2 A   16.3 B   16.4 D   16.5 C
16.6 B   16.7 A   16.8 C   16.9 B   16.10 D

计算题

16.1 $A = 0.2\text{m}$, $x = 0.2\sin(7t + \pi/2)$, $T = 0.90\text{s}$, $F_{k\max} = 196\text{N}$

16.2 $A = 3.16\text{mm}$, $T = 3.14\text{s}$

16.3 $\zeta = 0.223$, $\omega_d = 3.40\text{rad/s}$

16.4 $F_c = 0.36\text{N}$, $x = 50e^{-3t}\sin(4t + 0.927)\text{mm}$

16.5 (1) $x = 3.08\sin 60t \text{ mm}$, $\beta = 0.385$

(2) $x = 2.95\sin(60t + 0.288)\text{mm}$, $\beta = 0.369$

16.6 $B = 318\text{mm}$

16.7 $\zeta = 0.387$

16.8 2.36%

16.9 (1) $B = 0.0437\text{mm}$; (2) $\eta = 0.15$; (3) $F_{R\max} = 54\text{N}$

参 考 文 献

[1] 北京钢铁学院,东北工学院编.工程力学(上、中、下册).北京:人民教育出版社,1979.
[2] 范钦珊主编.工程力学教程(Ⅰ、Ⅱ、Ⅲ).北京:高等教育出版社,1998.
[3] 李章政,熊峰主编.简明工程力学.成都:四川大学出版社,2006.
[4] 苏德胜,韩淑洁主编.工程力学简明教程.北京:机械工业出版社,2009.
[5] 王长连主编.土木工程力学.第2版.北京:机械工业出版社,2009.
[6] 郭应征,李兆霞主编.应用力学基础.北京:科学出版社,2000.
[7] 南京工学院,西安交通大学主编.理论力学(上、下册).北京:高等教育出版社,1978.
[8] 哈尔滨工业大学理论力学教研室.理论力学.第4版.北京:高等教育出版社,1984.
[9] 王铎主编.理论力学题解指导及习题集(上、下册).第2版.北京:高等教育出版社,1984.
[10] 邓危梧,林茉君主编.理论力学.重庆:重庆大学出版社,1994.
[11] 刘鸿文主编.材料力学(上、下册).第3版.北京:高等教育出版社,1992.
[12] 成都科技大学,陕西工学院合编.材料力学实验.成都:成都科技大学出版社,1994.
[13] 龚志钰,李章政主编.材料力学.北京:科学出版社,1999.
[14] 韩秀清,王纪海主编.材料力学.北京:中国电力出版社,2005.
[15] 李章政编.弹性力学.北京:中国电力出版社,2011.
[16] 天津大学主编.机械原理:下册.北京:人民教育出版社,1979.
[17] 英汉双解技术词典.马登杰,包冠乾翻译.北京:中国对外翻译出版公司,英国贝尔-海曼有限公司合作出版,1984.
[18] 贺兴书编.机械振动学(修订本).上海:上海交通大学出版社,1989.
[19] 贾正甫,李章政主编.土木工程概论.成都:四川大学出版社,2006.
[20] 祝英杰主编.建筑抗震设计.北京:中国电力出版社,2006.
[21] 何敏娟等编著.木结构设计.北京:中国建材工业出版社,2008.
[22] 李章政,熊峰编著.建筑结构设计原理.北京:化学工业出版社,2009.
[23] 赵风华,齐永胜主编.钢结构原理与设计:上册.重庆:重庆大学出版社,2010.
[24] 李章政主编.土力学与地基基础.北京:化学工业出版社,2011.
[25] 辞海编辑委员会.辞海(1979年,缩印本).上海:上海辞书出版社,1980.
[26] 杨春风主编.道路工程.第2版.北京:中国建材工业出版社,2005.
[27] 陈秀方主编.轨道工程.北京:中国建筑工业出版社,2005.